# 昭和・平成
# オカルト
# 研究読本

ASIOS・編著

# はじめに

ASIOS《アシオス》代表　本城達也

２０１９年5月1日。30年あまり続いた平成という時代が終わりを迎え、元号は新しく「令和」へと変わることになりました。

実際のところ、元号が変わったからといって、その前と後に起きる出来事に明確な違いが生じるわけではありません。ですが、ひとつの区切りとしては使えるかもしれません。

この改元にあたり、以前からお世話になっている編集者さんから、ひとつの企画のご提案を受けました。昭和と平成のオカルトをテーマにした本を出しませんか、というのです。

そういえば、ちょうどここ数年、主に昭和40年代後半から50年代前半にかけて、西暦では１９７０年代のオカルトブームを振り返るような本が何冊も刊行されていました。そうした本では過去を懐かしみ、オカルトが溢れていた当時を「イカレつつも古き良き時代」としていることもしばしばです。

私は1979年生まれですので、残念ながら当時をリアルタイムでは知りません。記憶をもとに思い出を語ることもできません。そのため、近年に刊行されている懐古本と同じような目的の企画でしたら、お断りしていたと思います。

しかし、ご提案を受けた企画の趣旨は、そうした既存のものとは異なるようでした。本書の編著者であるASIOS（超常現象を懐疑的に調査する団体）として、昭和と平成のオカルトを振り返り、しっかり考察を深めた本を出せないか、というのです。

人の記憶は意外と曖昧です。勘違いも起こります。数十年前の出来事の記憶ともなれば、必ずしも正確とは限りません。

それでも、ときに記憶が頼りになることもあるでしょう。ですが、それを主な情報源としてしまうのではなく、地道に資料を集め、裏付けを取りながら、より正確な記述を心がける。昔を懐かしむことは他書にお任せし、自分たちにできることをやれないだろうか……そう考えました。こうして企画をお引き受けすることにして、構成の検討を行い、出版されることになったのが本書です。

調査と執筆にあたっては、ASIOSのメンバーの他に、外部から、それぞれに専門的な知識をお持ちの方々（有江富夫さん、隈元浩彦さん、塚田穂高さん、中根ユウサクさん、長山靖生さん、新田五郎さん、廣田龍平さん、藤倉善郎さん、幕張本郷猛さん、山津寿丸さん、横山茂雄さん）にもご参加いただけることになりました。

本書で扱うのは、昭和と平成のオカルトです。ここでいう「オカルト」とは、常識では説明がつかないとされる現象や能力、存在、出来事などを指しています。

具体的には、超能力、心霊、占い、予言、奇跡、UFO（未確認飛行物体という意味だけでなく、宇宙人の乗り物という意味も含む）、UMA《ユーマ》（謎の未確認動物）、さらには超古代文明、古史古伝、都市伝説……などなど。

こうしたオカルトと呼ばれるものは、今も人々を惹《ひ》きつけてやみません。２０１８年10月12日から同月29日にかけては、東京の池袋パルコで「ムー展」というものが開催されました。これは、１９７９年10月創刊のオカルト雑誌『ムー』が、創刊40周年に先駆けて行った企画展です。

そこでは、同誌のオカルト記事や関連する物品が展示され、それらに興味を持つ多くの人たちが集まりました。その盛況ぶりによって、２０１８年12月から２０１９年１月には福岡、２０１９年２月には名古屋でも企画展は続いたそうです。

オカルトは、昭和の時代をよく知る人たちから、そうした時代をあまり知らず、最近興味を持ち始めた人たちまで、幅広く親しまれるコンテンツともなっているのかもしれません。

本書では、そうしたオカルトのなかでも、日本に関わるものを中心に集めるようにしました。平成になってもたびたび登場するオカルトの源流を探り、いくつものブームをピックアップし、決して忘れてはならない事件を振り返ります。さらに昭和と平成のオカルトを彩り、支えたテレビ番組、漫画、雑誌、出版社、オカルト研究会、そして人物。それらを次の時代へ記録しておく意味も込めて、取り上げるように努めました。

もちろん昭和と平成のオカルトというテーマは広く、1冊に収めることは難しくもあります。ですので、決して、すべてを取り上げられたわけではありません。好みや思い入れも人によって違うことがあるでしょう。「なぜあれが入っていない」と思われることもあるかもしれません。ですが紙幅に限りがあるなかでも、自分たちにできることは尽くしたつもりです。

本書が読者の皆さんにとって、過去を知る手がかりとなり、考えを深めるきっかけになれば幸いです。

2019年5月

昭和・平成オカルト研究読本

# 目次

## 第4章 昭和・平成のオカルトを検証し、論じる



## 第5章 昭和・平成のオカルトを彩ったテレビ番組、漫画・雑誌、出版社、オカルト研究会・人物伝

第1章

# 後世に影響を与えた オカルトの源流

# 人々の願望を飲み込み 様々な素材を取り込んだ 『竹内文書』

長山靖生

## 周辺には様々な偽史運動家が集まった

『竹内文書《たけうちもんじょ》』は竹内巨麿《きよまろ》が明治末期から徐々に開示した史料全般を意味する語であり、神代《じんだい》文字で書かれた文書、それを武烈天皇の勅命を受けた武内宿禰《たけのうちのすくね》の孫である平群《へぐりの》真鳥《まとり》が漢字カタカナ交じり文に訳したとする文書、さらには石に文字もしくは記号を彫り付けたものや金属製の剣など、超古代の遺物と称する品々も含んでいる。巨麿はこれらを先祖から伝承された神宝《しんぽう》であると称し、勿来《なこそ》の関に程近い茨城県北辺の多賀郡磯原に創建（巨麿によれば復興）した天津教《あまつきょう》の皇祖皇太《こうそこうたい》神宮で公開した。『竹内文書』はいくつかの系統に分かれており、現在「超古代」に関わる偽書偽物として知られる品々以外に、南朝の後醍醐天皇、長慶天皇の御宸筆《ごしんぴつ》など中世の天皇や宗教家の真筆と称するものなどもあった。

巨麿は遅くとも大正前期には宝物・文献の存在を語り始めていたが、他人に開示するようになるのは１９２１年（大正10）頃からだった。『竹内文書』公開当初には、まず歴史上の人物の書跡で人気を集めた。22年に日蓮上人真筆五幅他3点を公開した際には京都妙顕寺《みょうけんじ》管長、身延山久遠寺管長、池上本門寺管長、法経寺《ほうきょうじ》大僧長、本妙法華寺管長ら日蓮宗の指導層ら60人が参観に訪れた（天津教側記録による。以下同）。また25年に後醍醐天皇、長慶天皇の御宸筆など数十点を公開し、地元の名士や軍人の拝観者を集めた。

偽史は偽史を呼ぶというか、怪しげな人物や学説は互いに惹かれ合う性格があるらしい。『竹内文書』周辺には様々な偽史運動家が集まり、また後年も時節に都合よく引用拡張が続いた。そんな一人に、戦後に南朝系天皇の後嗣であると唱え、熊沢天皇と自称した熊沢寛道《ひろみち》がいる。彼は自家に南朝資料がない理由を問われた際に、明治中期に史料を預けてあった福島の観福寺から、虚無僧・斎藤慈教《じきょう》によって盗まれたとし、それを20年に古物商から買い取ったのが竹内巨麿だったと説明している。ここでいう史料とは南朝天皇の御宸筆類のことで、まさか超古代史関係ではあるまい。

竹内巨麿

ちなみに南朝天皇御宸筆と称した品については、鑑定を依頼された歴史学者・狩野亨《かのうこう》吉《きち》が贋作と判定し、「天津教古文書の批判」（『思想』昭和11年6月号）でその根拠を示している。それでも、これらの文物には吸引力があった。

天津教が神武天皇以前に、多くの「天皇」がいたとする超古代王朝に関する遺物を公開しはじめるのは昭和に入ってからだった。そこには数人の〝協力者〟の影が見え隠れする。

前田常蔵《つねぞう》、高畠康次郎は１９２７年（昭和２）に拝観して以来しばしば訪れるようになり、軍上層部や華族貴顕層への喧伝に努め、教団飛躍のきっかけとなった。28年には一条実孝《さねたか》公爵、有馬良橘《りょうきつ》海軍大将、福田雅太郎陸軍中将、筑紫熊七《つくしくましち》陸軍中将、斎藤鉄太郎海軍中将らが訪れたほか、海軍士官学校や三宅坂の参謀本部に神宝を持ち込んで展観したりもしている。さらに29年には鳥谷幡山《とやばんざん》、酒井勝軍《かつとき》（３７０ページ参照）、30年には矢野祐太郎、33年には秦真次《はたしんじ》憲兵司令官、35年には安江仙弘《のりひろ》陸軍大佐、真崎甚三郎陸軍大将、秦真次陸軍中将、畑俊六《はたしゅんろく》陸軍中将なども拝観した。

こうして軍上層部の人々が『竹内文書』に関心を示す一方、超古代史やユダヤ陰謀説ないし日ユ同祖論（17ページ参照）にかかわる人々の集結が見られた。実際、彼らとの交流以降、『竹内文書』の公開史料は超古代史に関するものが中心となり、日本人とユダヤ人は同じ祖先から分かれたとする日ユ同祖説を含むすべての人類文化の始原としての超古代の神国日本という物語が強く打ち出されるようになっていく。

日本の歴代天皇は神武天皇に始まる（これも神話だが、戦前は公式に歴史として扱われていた）とされていたが、『竹内文書』では現天皇に至る歴代を「神倭《かむやまと》朝《ちょう》」とし、それ以前に不合朝七三代があったとして神武をウガヤ朝最後の七三代目に位置付け、さらに遡って上古《じょうこ》二五代、天神七代の「天皇」がいたとする神話体系を構築していった。

『竹内文書』が語る超古代の日本は、全世界を統治する神聖国家だった。釈迦やモーゼをはじめとする各宗教の開祖・預言者、古代の賢者たちはみな日本を訪れ、天皇に仕えてその教化を受けたとする。

天皇は「天空浮船《あめのうきふね》」に乗って、五色人（黄色人、白人、黒人など五つの全人類）の住む全世界を経巡り、徳治を施した。『竹内文書』に含まれる世界地図には、オセアニアはもちろん、ムー大陸らしきものも見られる。また今はその技術は失われてしまったが超古代にはヒヒイロカネという金属があり、三種の神器をはじめとする様々な器物が作られていたという。ヒヒイロカネはダイヤモンドよりも硬く、驚異的な熱伝導性を持ち、永久不変で決して錆びないという。

日本の神代文字運動は江戸後期から好事家や国学者の間で言われはじめるが、『竹内文書』など日本の古史古伝のパターンは、奇《く》しくも十九世紀に欧米でみられた神秘主義・心霊主義の流行とよく似たところがある。例えばモルモン教はアメリカを聖なる大地とし、ヘレナ・P・ブラヴァツキーらは超古代文明の存在と、その叡智が少数の賢者にのみ伝承されてきたとした。天津教の主張は、この構図とよく似ている。

## 記紀神話や国家神道の枠組みとの対立

ところで酒井勝軍は竹内巨麿の許で、ヒヒイロカネで作られた「草薙剣《くさなぎのつるぎ》」を発見したというが、それは錆び付いており、酒井が特殊な方法で磨いて輝きを取り戻したと主張しており、決して錆びないというヒヒイロカネの「設定」と矛盾する酒井の能力も顕示された。

超国家的尊皇神話の創造は、一面からみると皇国の偉大さをより誇張する「国粋的信仰」であり、その意味では天皇中心の国体思想と齟齬《そご》はないように思えるかもしれない。だが記紀の記述とは異なる独自解釈、まして神武天皇以前に天皇がいたという主張は、現皇室ならびに現政府の公式見解に背くもので、皇統譜の偽造であった。まして草薙剣が巨麿の許にあるとの主張は大問題だった。

ちなみに草薙剣は平家滅亡の際に壇ノ浦で安徳天皇と共に海中に沈んだまま遂に戻らず、伊勢神宮の神宝から代品を選んだことが知られているが、そもそも平安期の宮中にあったのは形代《かたしろ》だったとされる。本物の草薙剣は、景行天皇の時代、東征する日本武尊に授けられたが、武尊が大和に帰還する途中、尾張で没したために草薙剣も同地にとどまり熱田神宮にまつられた。

ところが天智天皇の時代、新羅人による盗難事件が勃発、幸い奪い戻して宮中に保管されたが、天武天皇の末期（６８６年）に再び熱田神宮に戻されたとされる。

竹内文書は、その権威性を強調しようとするあまり、記紀神話や国家神道の枠組みと対立する側面を露《あらわ》にしていくようになる。さらに竹内文書は、あらゆる宗教を超古代日本から発し、また日本に回帰すべきものと唱えはじめる。なかでも有名なのはイエス・キリストは日本で死んだという主張だろう。

酒井勝軍は日ユ同祖説に基づいて巨麿に「十戒石《じっかいせき》があるはずだ」と示唆し、モーゼが神から授かったとする「表十戒石」のほか「裏十戒石」「真十戒石」などを竹内文書の中から「発見」した。さらに「天之御中主天皇の御神骨」まで登場。またイエス・キリストはゴルゴタで死なず（処刑されたのは身代わりとなった弟のイスキリだとする）日本に逃れたとする文

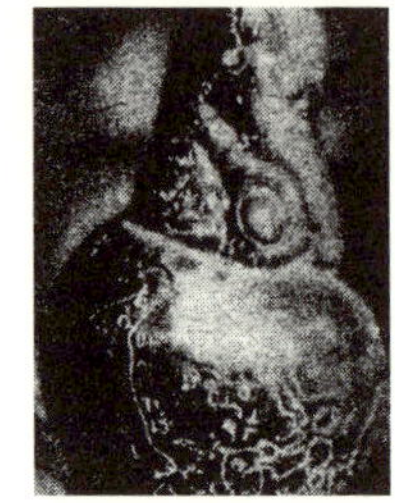
「天之御中主天皇の御神骨」の写真（『神皇御記録』第一・二巻、小島光枝編、私刊本、1942年より）

献も『竹内文書』から「発見」。1935年（昭和10）、青森県戸来《へらい》村の十来塚がキリストの墓だと主張するに至った。

竹内巨麿と酒井勝軍の関係は、依座《よりまし》（神霊を一時的に宿らせる存在）と審神者《さにわ》（神慮を判断し意味を見出す者）のそれを連想させる面がある。特にユダヤ＝キリスト教と超古代日本の関係に関する『竹内文書』の記述は、酒井のリードによって構築された可能性が高い。

酒井勝軍（1874〜1940）は山形県上山《かみのやま》町に生まれ、キリスト教系の学校である東北学院に学んだ後、米国留学を経て牧師となった人物だ。そんな酒井は日露戦争時、英米からの観戦武官接待係として従軍した。そこで彼らの露骨な有色人種差別に激しい嫌悪を抱いた。

なお軍医として白人観戦武官と接していた森鴎外も、『うた日記』などで彼らの差別意識を痛烈に批判している。そんな鴎外は酒井を、歌うような陶酔的説教で信者を集める牧師として認識していた。

酒井勝軍がユダヤ問題に強い関心を持つようになったのは、シベリア出兵の際に通訳として再び従軍した際だった。この時期、彼は白軍（ロシア帝国復興派）将校を通じて『シオン賢者の議定書』（既存の世界秩序を破壊しようとするユダヤ人の陰謀計画書の体裁をとった文書だが、実際は1902年にロシアの反ユダヤ主義者によって捏造されたとみられる）の存在を知り、反ユダヤ主義に傾倒した。

ロシア帝国はユダヤ人を弾圧していたため、革命当初、ユダヤ人勢力はロシア革命に協力的だった。このため白軍は諸外国の協力を取り付ける工作の一環として、反ユダヤ思想の喧伝にも努めていた。

青森県新郷村にあるキリストの墓（2015年撮影）

しかし反ユダヤ思想を受容した酒井勝軍は、次第に日ユ同祖説に傾いていく。そして彼は日本人こそは古代ユダヤ人の中でも最も優れた氏族の末裔であると主張、イエスもまた東方の聖なる国で生涯を終えたと唱えるに至る。酒井はこの理論で日本こそはユダヤ＝キリスト教文化の真の正統であるとし、キリスト教系の信仰と超国家主義が結び付き、欧米人の有色人種差別を反転させたような日本人優越論を導いた。

## 天皇を中心とする国体思想のパロディ

『竹内文書』は記紀神話をベースにしながら、江戸後期に始まる国学的な神代文字運動や、諸外国の宗教・神話・伝説、またジェームズ・チャーチワードがインドの古代記録から見つけたと称する（実際には彼の創作だったとみられる）ムー大陸のような近代の偽史偽説まで、様々な素材を取り込んでブレンドしている。また荒唐無稽なレベルで超古代の日本を称揚する姿勢は、たとえ竹内巨磨らにその意図はなかったとしても、天皇を中心とする国体思想のパロディであるかのような印象を与えた。

そんな天津教が一部の軍人や華族までも引き付け、また大本教関係者とも連絡しつつあることに危機感を募らせた当局は、１９３０年に詐欺罪で巨磨らを取り調べており、この時は不起訴で終わったものの、36年には不敬罪、文書偽造行使罪、詐欺罪などで巨磨らを逮捕した。

武田崇元《すうげん》氏は『竹内文書』に関心を寄せた人々について「この人たちにおおむね共通するのは、エスタブリッシュメントではあるけれども、たとえば将軍ではあっても、軍部中枢から追われていたり、総力戦体制下で中堅層によってロボット化されたり（中略）支配層の再編成の過程によって疎外されていった人たちなんです。たとえば一条実孝なんかは五摂家ですからね。だけど近衛文麿のようにはなれなかった。要するに支配層ではあるけれども、その政治委員会からはじき出された人たちなんです」と述べ、「大本事件、二・二六事件、『竹内文書』事件というのは、すべて目に見えない糸で連動していた」と指摘している（「神道霊学のコンスピラシー」）。

武田崇元氏は多くのオカルト雑誌に関わり、自ら八幡書店（317ページ参照）を起こした人物で、武内裕名義で『日本のピラミッド』（1975）、『日本の宇宙人遺跡』（76）、『日本のキリスト伝説』（同）など、竹内文書・酒井勝軍系の超古代史の紹介書を出版した。

1980年代に流行したニュー・アカデミズムは、宗教学者である鎌田東二氏や中沢新一氏はもちろん、英文学者の四方田《よもた》犬彦氏や横山茂雄氏など、オカルトをも関心領域に含む者が少なくなかったが、武田崇元氏の手になる出版物が影響していた節がある。

麻原彰晃は『ムー』1985年11月号に「幻の超古代金属ヒヒイロカネは実在した⁉」との記事を寄稿し、酒井勝軍と面識があったという老人からヒヒイロカネを譲り受けたと称した。当時、麻原は「オウムの会」を主宰しており、これがオウム神仙の会を経てオウム真理教へとなっていくのだが、『ムー』はオウムの会を「日本のヨガ団体」として紹介、また麻原はしばしば記事や広告を同誌に寄せていた。

なおオウム真理教ではヒヒイロカネと称するものを宗教儀礼に用いていたが、それは金属ではなく黒い石だったという。人々の願望を飲み込んで変幻自在に形を変える偽史は、自己肯定の物語を欲する人々に、今も受容され続けている。なおヒヒイロカネはドラクエ11やグランブルーファンタジーなどのゲームでも稀少アイテム名として使用されており「物語」の増殖は今も続いている。

［参考文献］
酒井勝軍『猶太民族の大陰謀』（内外書房、1914年）
酒井勝軍『神代秘史百話』（国教宣明団、1930年）
酒井勝軍『モーゼの裏十誡』（国教宣明団、1929年）
熊沢寛道『南朝と足利天皇血統秘史』（三秘同心会、1962年）
武田崇元インタビュー「神道霊学のコンスピラシー」（『GS』vol.7 特集「神国／日本」、1988年9月）
長山靖生『偽史冒険世界』（筑摩書房、1996年）

# 日猶《にちゅ》同祖論の誕生と系譜

藤野七穂

## 日猶同祖論の起源――『古代日本史梗《こう》概《がい》――附日本案内記』の刊行

日猶同祖論は「日ユ同祖論」とも表記される。イスラエルの「失われた十部族《テン・ロスト・トライブ》」に日本人（日本民族）の起源を求める説である。BC722年、今から2700年前にアッシリア人に「カナンの地」（約束の地。パレスチナ地方の古代の地名）から追放された古代イスラエル人（ヘブライ民族）が日本列島に渡来し、日本人（日本民族）の祖先となったというものである。

古代イスラエルには指導者ヤコブ（イスラエル）の子孫である12部族があった。『聖書』によると、ルベン、シメオン、（レビ）、ユダ、イサカル、ゼブルン、ベニヤミン、ダン、ナフタリ、ガド、アシェル、マナセ、エフライム――土地を持たなかったレビ族を数えないのが通常――で、後世ユダヤ民族の直系の祖とされるのはユダ族・ベニヤミン族（とレビ族）であり、この2族（レビ族を数えない）を除いた残りの10部族（といってもユダヤ人と共通の先祖ヤコブを持つ兄弟民族ではある）が「失われた十部族」ということになる。したがって、厳密には（「希伯来《ヘブライ》」の漢字一語表記がないので）日へ同祖論とでもいうべきものであるが、日本ではユダヤの漢字「猶太」から採って日ユ（猶）同祖論と呼び習わしている。

ただ、いつから日猶同祖論が唱えられ出したのかはじつのところ定かではない。

法制史の牧健二《まきけんじ》によると、スペインのイエズス会宣教師ペドロ・モレホン（1562～1639）が、『日本と中国の歴史と通信記事』（1621年刊）のなかで日本人などをユダヤ人の後裔《こうえい》だとする説に反対を表明しているという。反対するということは当時、宣教師の間には中国人・韃靼《だったん》人（モンゴル系部族のひとつで、タタール人）・日本人をイスラエルの10部族の系統だという考えがあったことになる。

実際、1586年（天正14）に来日したイエズス会士ジョアン・ロドリゲス（1558～1633）は晩年の著作で稿本のまま残された『日本教会史』のなかで、アッシリア捕囚後の「十の民族」が東遷して中国に至り、そこにいた先住民族と混血したと述べている。

1690年（元禄3）の9月にオランダ商館付の医師として来日した、エンゲルベルト・ケンペル（1651～1716）も『日本誌《ヒストリア・インペリイ・ジャポニチ》』で、日本人のバビロン起源説を述べていた（第1章）。幕末に来日したシーボルトが『日本誌』を読んでいたことはよく知られているが、1866年（慶応2）来日のノーマン・マクラウドもその影響を受けた一人だった。マクラウドは明治になって、『古代日本史梗概――附日本案内記』を刊行する（ライジング・サン・オフィス、1875年）。マクラウドは元ニシン業者だったとも、宣教師だったともいわれる。マクラウドの来日目的は「失われた十部族」探索にあったらしい。マクラウドは1874年から日猶同祖論の講演も行っていたが、『朝鮮とイスラエルの失われた十部族』（1879年）も書いており、「朝猶」「中猶」同祖論者でもあった。

マクラウドは、日本列島には①アイヌ（北方ユーラシア原住民）、②小人族（南島オーストロネシア原住民）、③ヘブライ（ユダヤ）の三大民族が渡来したと主張した（これ以外に少数派の朝鮮人と黒人がいたとする）。そのうちの③のヘブライ（ユダヤ）民族がバビロン捕囚（バビロニア王ネブカドネザル2世がユダ王国を滅ぼした後、イスラエル人をバビロンに連行・移住させた事件）後、神武天皇に率いられて、パレスチナから渡来した「イスラエルの失われた十部族」だと唱えた（マクラウドは鹿児島県浜之市《はまのいち》に上陸して本州中央を制し、各地のアイヌを支配下に組み込んでいったとする）。

10部族が再編されて9部族となり、エフライム（天皇家の子孫）とマナセ（公家の子孫）、それにルベン（薩摩の武士）の3部族の来日は確実で、他の6部族も日本に渡来していたと考えていた。マクラウドは日本の習俗・儀礼・神道・祭礼・武器・道徳や日本人の容貌（上流階級と庶民の違い）などを根拠に、ユダヤとの共通性を見出しており、日猶同祖論の方法論、基本形はマクラウドで始まっていたと思われる。

## 尾島眞治の日猶同祖論

『古代日本史梗概』は英文で初版２０００部刷られ、１８７８年には大阪で挿絵を加えた第2版を出したが、「間諜による汚損事件」（発行元に預けていた在庫本を、政府の密偵に汚損されたとマクラウドが政府高官に訴えた事件）もあり、実際にどのくらい流通したかさだかではない。

歴史学者の三宅米吉《みやけよねきち》をはじめ、森三渓《さんけい》（貞二郎）が2度、井上哲次郎《てつじろう》・菅菊太郎・宮武外骨《みやたけがいこつ》などもマクラウド説に言及しているものの、唱道された日猶同祖論を継承・支持したわけではなかった。

日本人で最初に日猶同祖論を唱えたのは、おそらく尾島眞治《おじまさねはる》（羔舟《こうしゅう》。１８６７〜１９５１）の「日本人種に就きて」だろう。これは週刊キリスト教伝道紙『福音新報』（東京・福音新報社）第６５２号（１９０７・明治40年12月26日）に一書を投じ（寄書）て発表した短文だった。尾島は江戸牛込《うしごめ》（現・新宿区）生まれの日本基督教会の牧師で、１９４１年に「渋谷日本基督教会」を設立した人物である。

冒頭、尾島眞治は「日本人種は研究の結果、ユダヤ人なりと信ず」と断言、「フヒニシヤ人（フェニキア人？）」説、久米邦武《くめくにたけ》のインド説、ケンペル・田口《たぐち》鼎軒《ていけん》（卯吉《うきち》）のバビロン説などを斥《しりぞ》ける。２３００年前頃というニニギ尊の上陸時期（人類学者の一致する見解だという）とユダヤ人の俘囚《ふしゅう》（バビロン捕囚？）後の年月が符合する。①日本人の勇猛さ、②日本人には偶像がない、③日本人は代議政的である、④日本人には贖罪《しょくざい》・滅罪《めつざい》思想がある、⑤祖先崇拝は日本人の上古・中古にはない、⑥日本人は潔癖、といった点がユダヤ人と共通するのだとして、日猶同祖論を唱えたのである。

尾島眞治は翌年、第659号（2月13日）から第675号（6月4日）まで『福音新報』紙に「日本民族人種論」を「補遺」を含めて8回断続的に連載しさらに詳述することになるが、同じ日猶同祖論者の中山忠直《なかやまただなお》（皇漢医学者・詩人。1895〜1957）によると、1942年（昭和17）には尾島の個人誌『基督知識』の附録として日猶同祖論を一書にまとめたらしい（中山「天皇譲位論」。実物は未確認）。

1928年（昭和3）にはキリスト教伝道者の酒井勝軍（1874〜1940）が反ユ主義から転じて『神州天子国』（万里閣書房）を刊行する。メインテーマではなかったが、同書で酒井は、「十二部族」のうちエフライム・マナセの2族（酒井は2族をヤコブ族と呼ぶ）とエドム族（ユダ王国が制圧して同化したエドム地方に住んでいた人たち）が渡来し、ヤコブ族が天孫族になったと主張した（酒井はエドム→イヅモと転訛したとして、エドム族は「出雲族」になったという）。

翌1929年（昭和4）1月には、義経＝ジンギスカン説で知られた小谷部全一郎《おやべぜんいちろう》が、『日本及日本国民之起原』（厚生閣）で日猶同祖論に参入する。小谷部（1867〜1941）は「失われた十部族《テン・ロスト・トライブ》」のうち、「ガド族」が渡来したと唱えた。

本書は当初、酒井勝軍にユダヤ関連書籍で実績のあった万里閣書房への紹介を依頼したが断られたため、厚生閣からの出版となった。同書はかなり売れたらしく、31年（昭和6）5月には訂正8版が刊行されている。小谷部全一郎は、米バージニア大学やエール大学などで神学を修めて牧師の資格を得たアイヌ救済運動家である。

1933年には東洋宣教会ホーリネス教会の創始者・中田重治《なかたじゅうじ》（1870〜1939）の講演をまとめた『聖書より見たる日本』（ホーリネス教会出版部）が出た。中田は渡米して酒井勝軍と同じムーディ聖書学院に学んだ人物で、ノアの子のセムから出たユダヤ人、ハムから出たヘテ人、ヤペテから出たアイヌ人などから日本人種は形成されたと説いた。

１９３４年（昭和９）12月には山本蔚《やまもとしげる》『聖書より見たる次の世界大戦争』（山本蔚、発売・警醒社）が刊行されている。山本は2回ユダヤ人が渡来したといい、バビロン捕囚後にヘテ人が2年かけて来日、12部族のガド族・マナセ族のヘテ人３５００人が第二陣として融通王《ゆうずうおう》（弓月君《ゆつきのきみ》）に引率されて応神《おうじん》天皇14年（２８３年）に日本に移住したという。山本のプロフィルは不明ながら、１９００年に洗礼を受けて翌年渡米し在米30年という人物だった（刊行時は世田谷区居住）。『黙示録註解』（１９３４年）という著作もある。

このあたりまで、ほとんどの日猶同祖論者には宣教師かキリスト者であるという共通点があった。日猶同祖論を唱えるためには、『聖書』の読み込みや知識が必要だからだろう。キリスト者としての宗教的な使命感もあったと思われるが、西洋に対する文化的コンプレックスもあったようだ。

## サイドストーリーの発生と多様化——秦氏＝ユダヤ人説などの登場

尾島眞治による日猶同祖論と時を同じくして、歴史学者の佐伯好郎《さえきよしろう》（１８７１～１９６５）が「太秦《うずまさ》（禹豆麻佐）を論ず」を『歴史地理』（日本歴史地理研究會編・吉川弘文館発売）１９０８年（明治41）1月号に発表する（『景教碑文研究』待漏書院、１９１１年〈明治44〉所収）。佐伯は日清戦争後に景教（ネストリウス派キリスト教）研究を志した専門家だった。

この学術論文のなかで佐伯好郎は、古代日本の渡来人として知られる秦氏がじつは景教を奉じるユダヤ人だったと主張する。佐伯説は「失われた十部族」渡来説を唱えたものではなく、本来はサイドストーリーだった。だが、秦氏が創建した広隆寺の近辺にある縁地について、伊佐良《いさら》井《い》の井を中国での「イスラエル」の漢訳「一賜楽業《イスラエ》」（イスラエル）の井戸、大辟《おおさけ》神社（大酒《おおさけ》神社の古名）の「大辟」を「ダビデ」の漢訳「大闢」と同じとみなしたうえで、大酒神社はダビデ王を祀る

大酒神社（京都市太秦蜂岡町、2007年撮影）

伊佐良井（いさら井とも。京都市太秦西蜂岡町 、2007年撮影）

神社だと解釈したため、のちの日猶同祖論に大きな理論的根拠を与えるものとなった。

　佐伯説に関しては1905年（明治38）に北海道開発を思いたった佐伯好郎がユダヤ資本を呼び込むため、ユダヤ人の注意を日本に向ける必要から意図的に構想されたものだったことが明らかになっている（服部之聡「旧刊案内」）。しかし、佐伯自身は「日本および三韓経由のキリスト教について（上・下）」（1961年）、「極東における最初のキリスト教王国弓月、及びその民族に関する諸問題」（1966年）でさらに自説を補強しており、説自体には自信をもっていたらしい。

　1909年（明治42）9月、キリスト教と仏教の教えが同根だとする仏耶《ふつや》一元論を説いたゴルドン夫人（エリザベス・アンナ・ゴルドン、1851〜1925）による『弘法大師と景教——一名、物言ふ石、教ふる石』（高楠順次郎訳・高島大円編。丙午出版社）が刊行された。同年8月の『新仏教』誌（新仏教徒同志会）に載った「弘法大師と景教との関係（一名、物云ふ石、教ふる石）」を初出とするものだった。単行本『弘法大師と景教』には表紙の色が異なるいくつかバージョンがある。

　同書でゴルドン夫人は、入唐中の空海（弘法大師）が大秦寺《たいしんじ》（唐代の景教の寺院）に建立された「大秦景教流行中国碑」（中国・長安〈現・西安《シーアン》〉）を見ていただろうと主張した。師承関係から空海（真言宗）へ景教教義が伝わった可能性を信じた夫人は、実際に1911年（明治44）高野山に景教碑のレプリカを建立することになる（景教碑の近くには夫人の墓もある）。

　1928年には茨城県磯原《いそはら》の神道系新興宗教・天《あま》津教《つきょう》（現・北茨城市の皇祖皇太《こうそこうたい》神宮）の『神代文字神霊宝巻』が公開される。ユダヤ人等を日本から枝分かれしたように位置づけた超古代からの皇統譜だった。翌年に天津教からモーゼの十誡石《じっかいせき》が出現すると、酒井勝軍『参千年間日本に秘蔵せられたるモーセの裏十誠』（国教宣明団、1929年）が刊行された。1935年（昭和10）には青森県の戸来《へらい》村（現・新郷村）で天津教の神主・竹内巨麿（373ページ参照）によって「キリスト墓」が発見され、キリストの遺言書などが出現すると、ヘブライ民族（ユダヤ人）の渡来ではなく、逆に日本を起源として広がったとする日猶同祖論に立脚した本が見られるようになる。

さらに同時期に青森県の八戸・南部地方に伝わる民謡「ナニャドヤラ」（ナギァド・ヤラ）がユダヤの進軍歌だとする川守田英二《かわもりたえいじ》（1891～1961）の説が登場する。川守田は東北学院神学部を出て渡米。アメリカの大学を卒業して、二つの学位をとり、サンフランシスコで牧師をしていた。戦前から『民謡「ナギァド・ヤラ」略解』（1939年）などのパンフレットを出して、自説を公表していたが、戦後、川守田は研究を集大成した『日本ヘブル詩歌の研究』上下2巻（日本ヘブル詩歌出版委員会、発売教文館、1956年）を上梓する。同書のなかで川守田は「失われた十部族」仮説や『竹内文献』と一緒にされることを嫌っていたが、川守田説自体は独り歩きし、戦前にはキリスト映画に利用され、戦後はキリスト墓と結びついて、なぜかキリスト墓の周りで「ナニャドヤラ」の盆踊りを踊るキリスト祭り（1964年に始まる）に影響を与えるのである。

第54回キリスト祭（2017年）のポスター

戦前にはさらに、『聖書』を日本の言霊学で解釈し、四国剣山《つるぎさん》に失われた聖櫃《アーク》が眠っていると主張する人たちが現れる。高根正教《たかねまさのり》・内田文吉《うちだぶんきち》・角田清彦《つのだきよひと》・山《やま》本英輔《もとえいすけ》（海軍大将。1876～1962）といった人たちである。彼らは特高警察にマークされていたが、長島法律事務所に勤めていた内田や教師だった高根らが1936年6月から剣山頂上を発掘するも、中断。戦後も山本・仲木貞一《なかきていいち》（日本大学講師〈当時〉・映画監督。戸来村キリスト伝説を映像化した。1886～1954）らが1952年8月から剣山発掘を試みている。1953年3月3日付の『新関西』紙によると、実際にミイラ百

『ユダヤ問題と裏返して見た日本歴史』書影

体余りが見つかったともいう（三《み》村三郎《むらみつろう》『ユダヤ問題と裏返して見た日本歴史』）。しかし、発掘にあたった山本の記録『真理の光』「附録」には記載はない。

　高根正教らは江の島にもユダヤの秘宝が眠っていると主張し、実際に掘ってもみたらしい。戦後、高根正教『世界の謎・江の島』（四国剣山顕彰学会、1956年）・『四国剣山千古の謎——世界平和の鍵此処《ここ》に有り』（四国剣山顕彰学会、1957年）や高根の息子・三教《かずのり》『ソロモンの秘宝——四国・剣山に眠る黙示録』（大陸書房、1979年）が刊行される。剣山・江の島発掘は、埋蔵金関係の記事では定番ネタにもなっていく。

　さらにややこしいことに、『竹内文献』信奉者だった児玉天民《てんみん》（山根菊子〈キク〉の内縁の夫）は、未発表の『竹内文献』「人の巻」には剣山のことがあり、剣山には外国を征伐した5人の大将の墓があると、竹内巨麿から聞いたと言っている（第11回「ヘブライ研究座談会報告書」1964年）。剣山の失われた聖櫃伝説は、ヒストリーチャンネル「古代の宇宙人」シリーズでも扱われた。

　これとは別に、戦後淡路島で「ユダヤの遺跡」が「発見」されるということがあった。1952年（昭和27）10月ごろのことである。発見者は淡路古代文化解放協会会長・白山義高で、理論的に裏付けたのが白山の義父、伊勢古事記研究会長・武《たけ》智《ち》時三郎《ときさぶろう》（塩翁・竹雷）だった。白山義高は神道系新宗教の三五《あなない》教《きょう》信者で、鉱山技師だったという。兵庫県・洲本《すもと》市郊外菰江《こもえ》海岸の旅館「四州園」内に「イスラエルの塚」があったというのだが（発見自体は1934年9月に遡る）、1952年10月20日付の『神戸新聞』によると発掘は中止になったようだ。武智塩翁『淡路の神秘　ヱル・ヱロヘ・イスラヱル』（淡路古文化開放協会、1953年）がまとまった唯一の本だが、複数の復刻版（成錦堂・八幡書店）や翻刻版（『日本学とイスラヱル』〈思兼《おもいかね》書房、1972年〉）も出ている。

戦前のホーリネス教会関係者からは、伊勢神宮（内宮《ないくう》）神鏡（三種の神器のひとつで、八咫《やたの》鏡）裏のヘブライ文字説の噂が立つ（発表されたのは戦後）。青山学院大学教授（当時）の左近義弼《よしすけ》（聖書学者・聖書翻訳者。1865～1944）が宮中賢所《かしこどころ》に置かれていた神宮と同種とされる神鏡裏のヘブライ文字を見たというのだ。左近は口止めされていたが、中田重治だけに語ったのだという。

神鏡裏のヘブライ文字説については、明治初期の逓信《ていしん》大臣・森有礼《ありのり》がこれを見たために暗殺されたというエピソードが加わり、さらに戦後三笠宮《みかさのみや》が調査を言明した話や高坂和導《こうさかわどう》（本名・勝己《かつみ》。筆名に高坂剋魅、『竹内古文献《たけのうちこぶんけん》』＝『竹内文献』信奉者。431ページ参照）が神政龍神会の神鏡裏のヘブライ文字についての秘説を託されて宮中に奉納した話など、次第に重層的な物語世界を形成していく。

さらに1970年代には、伊勢神宮（外宮と内宮を結ぶ）参道に並ぶ石灯籠にユダヤのダビデの星が刻まれているとの話が流布し、ユダヤの秘宝「水の玉」や五色人の神面を秘蔵する熊本の幣立《へいたて》神宮も注目されるようになった。

## 日猶同祖論が静かなブームに

こうしたサイドストーリーの組み合わせや一部を取り込みながら、新たに組み立てられるのが戦後の日猶同祖論となる。

秦氏＝ユダヤ人説は戦中はクリスチャン作家の沖《おき》野《の》岩三郎《いわさぶろう》によって、戦後は三村三郎（本名・三浦一郎。大本教信者。1904～77）の『世界の謎 日本とイスラエル』（日猶関係研究会、1950年）、批判的な文脈では杉田六一『日猶同祖論を追って』（音羽書房、1972年）で集大成された。サイドストーリーの大半も三村三郎の『ユダヤ問題と裏返して見た日本歴史』（日猶関係研究会、1953年）に網羅されたが、多くは非売品だった。三村の本を使った武内裕《たけうちゆう》『日本のキリスト伝説』（大陸書房、1976年）は、サイドストーリーにも詳しい。本書をはじめ、多くの本が1

970年代以降、一般書として出ている。山根キク（菊子）・川守田英二・小谷部全一郎らの本も復刻などされ、マクラウドも復権し、翻訳本が出版される。

雑誌でも『季刊 パイデイア』12号（竹内書店、1972年夏）、『地球ロマン復刊I号』1巻3号（絃映社、1978年8月1日）が取り上げ、『歴史読本臨時増刊』でも関連記事が載っている。小学館発行の子ども向きオカルト雑誌（「スーパーサイエンスマガジン」と銘打つ）の『ワンダーライフ』15号（1991年1月）と22号（1992年3月）には、菊池千城「日本＝ユダヤ 驚愕の同祖論を探る」、林崎真宏「日猶同祖論の正体」が載っている。

『歴史Ｅｙｅ』4巻7号（日本文芸社、1993年8月）は第1特集で「古代ユダヤは日本に渡来した⁉」という企画を組んだ。執筆陣は宇野正美・富永浩嗣・小石豊・水上涼・中見利男・高橋良典といった、当時の日猶同祖論者が多く寄稿している。

といっても、日本文芸社からユダヤ本を出していた人が多いようで、近年、日猶同祖論の文脈で活躍しているのは、久保有政《ありまさ》氏と飛鳥《あすか》昭雄氏だろう。二人は単著のほかに、日猶同祖論をテーマに対談本も出している。

［参考文献］

牧健二『近代に於ける西洋人の日本歴史観』（弘文堂、1950年）
三村三郎『世界の謎 日本とイスラエル』（日猶関係研究会、1950年）
山本英輔「附録 世界の三大謎」（『真理の光』〈千代田書院、1952年再版〉所収）
三村三郎『ユダヤ問題と裏返して見た日本歴史』（日猶関係研究会、1953年）
村尾力太郎「京の古社にみる集団移民の宗教」『早稲田商学』第201号（早稲田商学同攷会、1968年6月）
村尾力太郎「古社寺にみる神秘化された伝説――日本人原郷と神代文字」『早稲田商学』第209号（早稲田商学同攷会、1969年6月）
杉田六一『東アジアへ来たユダヤ人』（音羽書房、1967年）
杉田六一「日猶同祖論その後――拙著「東アジアへ来たユダヤ人」補遺」『ユダヤ・イスラエル研究』第5・6合併号（日本ユダヤ学会、1970年10月）
杉田六一『日猶同祖論を追って――「東アジアへ来たユダヤ人」補遺2』（音羽書房、1972年）
飛鳥博「「日ユ同祖論」の全面的検証」『バベル』第3号（「バベル」編纂局、

１９８６年４月）
西村真『現代社会における「伝説」の発生と定着――青森県新郷村のキリスト伝説を素材として』（１９８８年３月３日寄贈。八戸市立図書館蔵）
デイヴィッド・グッドマン＋宮沢正典『ユダヤ人陰謀説――日本の中の反ユダヤと親ユダヤ』（藤本和子訳。１９９９年）
関根真保「二人の「ユダヤ問題専門家」――安江仙弘と犬塚惟重（２００５ ユダヤ文化講座より）」『ナマール』第10号（神戸・ユダヤ文化研究会、２００５年）
檜垣麟三「猶太人の書いた古代猶太人日本移住に就いて」『芸備医事』第38年第10号（芸備医学会、１９３３年10月）
国体明徴生「両刃之剣【其二】小谷部全一郎著『日本及日本人の起原』」『神秘之日本』１９３７年２月号（神秘之日本社、１９３７年２月）
中山忠直『我が日本学』（嵐山荘、１９３９年）
中山忠直「天皇譲位論」『共通の広場』第１巻第４号（独立評論社、１９５２年９月）
服部之総「旧刊案内」『図書新聞』１９５４年10月号（のち『原敬百歳（朝日文化手帖）』〈朝日新聞社、１９５５年〉・『明治維新史』〈ぺりかん社、１９６７年〉所収）
鳥谷幡山『回顧六十年』（鳥谷画房、１９５８年）
法本義弘編『佐伯好郎遺稿並伝』（佐伯好郎伝記刊行会、１９７０年）
無署名「御幸通りの石灯籠にダビデの星？　皇祖神はユダヤ渡来の噂……」『瑞垣』第１４５号（神宮司庁、１９８７年11月）
マーヴィン・トケィヤー『ユダヤと日本　謎の古代史』（箱崎総一訳。産能大出版部、１９７５年）
ラビ・マーヴィン・トケイヤー『聖書に隠された日本・ユダヤ封印の古代史――失われた10部族の謎』（久保有政訳。徳間書店、１９９９年）
高井憲夫『鳥谷幡山――草莽の画家』（高井憲夫、２００６年）
ポール・ジョンソン『ユダヤ人の歴史［古代・中世篇］』（石田友雄監修、阿川尚之＋池田潤＋山田恵子訳。徳間文庫、２００６年）
ヘブライ研究会「巻末　ヘブライ研究座談会報告書」（小笠原孝次〈七沢賢治監修〉『神道から観たヘブライ研究三部書――言霊学事始』〈和器出版、２０１７年１月〉所収）
内田樹『私家版・ユダヤ文化論』（文春新書、２００６年）
太田昭子「幕末明治初期の近代日本における「人種」論――久米邦武の「人種」論を中心に」『近代日本研究』第25号（慶応義塾福沢研究センター、２００８年）
藤野七穂「「キリストの墓伝説」を撮った幻の映画とは？」（『あなたの知らない青森県の歴史』〈洋泉社新書、２０１３年〉）
齋藤桂『〈裏〉日本音楽史――異形の近代』（春秋社、２０１５年）
宮澤正典『近代日本のユダヤ論議』（思文閣出版、２０１５年）
藤野七穂「「日猶同祖論」の源流を探る」『謎解き超常現象Ⅳ』（彩図社、２０１５年）
李凱航「田口卯吉における人種論の展開――内地雑居論から黄禍論まで」『史学研究』第２９７号（広島史学研究会、２０１７年９月）
藤野七穂「伊勢神宮の神鏡にヘブライ文字がある？」『「新」怪奇現象41の真実』（彩図社、２０１８年）
奥山直司「Ｅ・Ａ・ゴルトンと高野山景教碑」『高野山大学図書館紀要』第２号（高野山大学図書館、２０１８年３月）

# 「日本ピラミッド」説の誕生と系譜

藤野七穂

## 日本ピラミッド説の誕生

「日本ピラミッド説」は賛美歌の普及活動をしていたキリスト者・酒井勝軍が唱え始めた「日本にピラミッドが発祥した」という説である。すでに講演活動を通じて存在自体は発表していたが、詳細が活字になったのは１９３４年（昭和９）７月刊行の『太古日本のピラミツド』（国教宣明団）が初めてだった。詳細といっても、該書は70ページ足らずの小冊子にすぎず、しかも過半を占めるのは１９３４年４月の「葦嶽山《あしたけやま》ピラミッド」（広島県庄原市）探索の苦労話であって、いまだ研究途上といった趣の中間的で、ピラミッド発見の速報的な著作だった。

冒頭酒井勝軍は、ピラミッドは「天照日神《あまてらすひのかみ》を祭祀する神殿」だと断定し、その原義としては「天の御柱《みはしら》」（天を支える柱？）であり、霊廟《れいびょう》（墓）ではなく「祭壇」でなければならない、とする。酒井の理解によれば、ギザ台地の三大ピラミッドは祭壇であって、墓ではない。エジプトのピラミッドの雄大さゆえに誤解されているが、石で造る必要はないのだと主張する。中心の太陽石を囲繞《いじょう》する配石構造からピラミッドを「単様内宮式《たんようないくう》」以下の四様式に分類している（葦嶽山は複様内宮式になるらしい）。なお、四様式の図は神鏡（銅鏡）裏の模様から発想された。内宮・外宮という呼び名も伊勢神宮からきているようだが、方形・円形のどちらを内宮・外宮とするのかを決めたのは酒井のようである。

『神秘之日本』掲載の「本誌用語義解」によると、

その「ピラミッド」という言葉自体が、日本語だという。「ピラミツトノ」（日光満ち溢るる神殿）の転訛《てんか》したもので、『古事記』に登場する「八尋殿《やいろとの》」がピラミッドのことだとする。

酒井勝軍がエジプトでの実地調査と英国人エドガー・モートン『大ピラミッド』（1924年刊。これはパレスチナ行の前に海軍大将・山本英輔から贈られたもの）からのインスパイアによって到達したのは、次のような「大原理」だった（『神秘之日本』創刊号）。

一、ピラミツドは天照日神を祀る祭壇なり。
二、ピラミツドの設計には左の四様式あり。

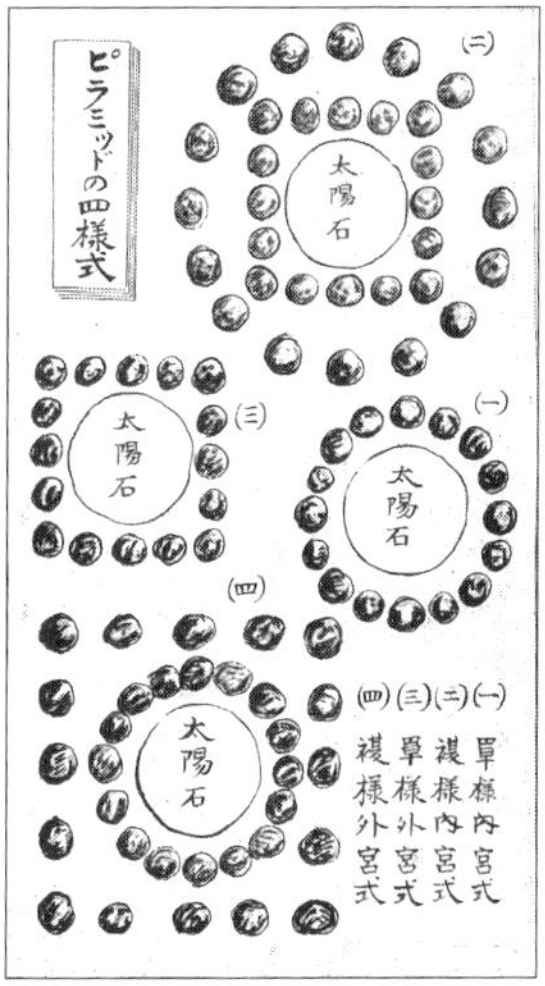

ピラミッド四様式の図（『太古日本のピラミツド』口絵より）

其一　単様内宮式
其二　複様内宮式
其三　単様下宮式
其四　複様下宮式
三、ピラミツドは自然の山に此《この》様式を加工するを原則とするも、山なき所にては人工に由《よ》るものあり。
四、ピラミツドは本殿なり、参拝は凡《すべ》て拝殿に於《おい》て行《おこな》はる。

さらに酒井勝軍は、自分の経験を踏まえて、今後のピラミッド探索者のために次のような発見の指標《ヒント》も発表している（『神秘之日本』第6号）。

其一　ピラミツドの頂上には四様式中の何《いず》れか丶石にて加工されてある。併《しか》し何れも神武（天皇の）以前或《あるい》は何万年の古い時代の建造であるから到底《とうてい》完全には現存して居《お》らぬと思ふ。
其二　様式の中央の巨石は太陽石即《たいようせきすなわ》ち御神体であるから原則として隕石《いんせき》であるが日光を反射さ

せるために一部に水を盛る凹《くぼ》みの加工がある。
其三　此《この》様式が発見されたら其《その》附近にては断じて不信の行為あるべからず。
其四　拝殿はピラミツドと分離されてあるが、其所《そこ》には自然石を机のやうに三つ重ねたドルメン（今の八脚《はっきゃく》）自然又《また》は加工の方位石《ほういせき》（其《その》面又は継目にて方位を示す今の高麗狗《こまいぬ》）及《および》上部に球状の凹みある石柱《せきちゅう》（今の神燈）の三つが必ず有り。
其五　ピラミツドの山は原則として七十六度五十分の角度を保つべきであるが、大抵八十度以上にも崩れて居るのが通例である。
其六　附近の地名は其地方の通称に仮名を附して調査すること。

酒井のピラミッド理論がこま切れに発表されたのには理由があった。『太古日本のピラミッド』は１９３４年（昭和９）７月25日発行し内務省に納本されたが、２日後には発禁処分をうけたのだ（安寧秩序紊乱《びんらん》）。発行部数３０００部のところ、１５２５部が国教宣明団（酒井勝軍の自宅）で警察に差し押さえられたので、１４７５部しか出回っていないことになる。

ついで『ピラミツドの正体』の翻訳の体裁で、東京・京橋区（現在の中央区。現在の吉川弘文館の所在地は文京区）にあった歴史系専門出版社・吉川弘文館から１９３５年５月20日発行で24日に発禁となった（安寧秩序紊乱）。発行部数は『太古日本のピラミツド』より少なく５００部で、差し押さえ部数は２７５部（今回は吉川弘文館で差し押さえられた）。差し引き２２５部しか世の中には出なかったのである。

天津教（竹内家）からは『太古日本のピラミッド』刊行後ピラミッドに関する新資料が見つかっており、酒井勝軍としてはモーセの十誡石の場合のように改訂新版を出したいところだったろうが、たび重なる発禁により、その後、関係書籍はもう出なかった。雑誌『神秘之日本』（神秘之日本社）でピラミッド関連記事が掲載されていくことになる。

しかし、創刊号は無事刊行できたものの、第二のピラミッド発見を報じた『神秘之日本』第６号「高山特輯号」（3月1日発行）はまたしても発禁処分となった。巻頭の酒井勝軍の「神境高山」他の数編記事中に「天津教ノ竹内古記録」を引用するか、その内容を敷衍《ふえん》していたせいだった。削除処分では済まなかったらしく、１２００部発行して５４９部の差し押さえであるから、６５１部は流通したことになる。「ピラミツドの原理」を載せた創刊号は１２００部前後が出回ったのだろう。

## ピラミッド説の再興とブーム——『サンデー毎日』の一大キャンペーン

酒井勝軍が１９４０年（昭和15）に他界し、『神秘之日本』も廃刊となったことで、「日本ピラミッド説」の発表の場そのものがなくなった。それでも、「葦嶽山ピラミッド」は〝発見〟当時は新聞で報じられ、参道が整備された。地元商工会が絵葉書を売り出し、広島県も『神武天皇聖蹟誌』（１９４１年）で「伝説」としてではあるが、公的な書籍で紹介するほど有名となっていたのである。

酒井に触発された『神秘之日本』会員で元陸軍砲兵大佐・上原清二《かみはらせいじ》（１８８０〜１９６２）が、飛騨地方の巨石遺構を調査した『太古乃日本』（１９５０年）、『世界の母国』（１９５２年）を自費出版したものの、注目されることはなかったようだ。

北備後の本村に
ピラミツド發見
エジプトよりも古い

「葦嶽山ピラミッド」発見を報じる『中国新聞』（中国新聞社）1934年5月13日付４面（『〈広島〉のうがピラミッド』より）。紙面には４月半ばに第一報を掲載したことが記されているが、未確認。

葦嶽山で鏡石を発見して賞賛された日本画家の鳥谷幡山（又蔵《またぞう》）は、観光資源の視察に招聘された青森県戸来《へらい》村（現在の新郷村）で大石神《おおいしがみ》ピラミッドを発見し、『東奥日報』に手記を発表するが、その後は調査を継続していないようだ。

もう一人、長崎出身の洋画家・石河光哉《いしこみつや》が飛驒高山の5万年前の「綜合《そうごう》平面ピラミツド」や葦嶽山ピラミッドを訪問し、自らの考察も加えた謄写版刷りの『日本旅行記』を1935年頃に出したくらいで(伊達俊光『大大阪と文化』)、ピラミッド探索は敗戦を機にいったん中絶したものと思われる。

これが再興されたのは、1975年3月に武内裕『日本のピラミッド』(大陸書房)が出版されてからだ。本書は酒井勝軍の「日本のピラミッド」説を復権させた著作であるが、新たに「六甲山《ろっこうさん》(甲山《かぶとやま》)ピラミッド」説を提起。黒又山・十和利山・ドコの森など多くのピラミッドを紹介し、ピラミッド〝発見〟の気運を作り出した。また、おりからのピラミッド・パワーの流行を受けて、日本のピラミッドはなんらかのエネルギーを発する「農業生産増大機」ではないかと主張した。後年の別名義(伊集院卿。大平光人との共著)の『ピラミッド超文明――古代遺跡に甦る人類発生の謎とは何か?』(学習研究社、1986年9月)でのピラミッド・ネットワークへとつながるものだろう。そのために、科学技術者・楢崎皐月《ならさきさつき》の大地・大気の電位差理論や古神道家・荒深道斉《あらふかみちなり》の巨石論を利用しているのも見逃せない。

飛驒高山で発見された上野平“平面ピラミッド”中央の「太陽石」(上原清二『日靈国』口絵より)。右に立つ人物は、上原清二

以降の〝日本のピラミッド探し〟は本書の影響を受けることになる。

六甲山に続く戦後二番目のピラミッド「発見」は広島県の「のうがピラミッド」だろう。

1976年9月に発見された。発見者は稲留左《すけ》治《はる》・鍛治岡義人・山根昭彦の3氏。のうが高原開発構想の一環で発見されたものだ(坂本弘『〈広島〉のうがピラミッド』)。翌年3月には武内裕グループも調査を行ったらしく、古代人が現代科学では解明できない力で、建設したピラミッドだと主張したと報道されている（『東京新聞』1977年3月6日付）。

　1977年2月には広島陽光クラブ・真正人類史研究会から、坂本弘『〈広島〉のうがピラミッド――発見された人類宝庫』が刊行された。本書は酒井勝軍『太古日本のピラミッド』『ピラミツドの正体』、武内裕『日本のピラミツド』などを参考にあげている。そして、青年男性誌『GORO』（小学館）は1977年3月24日号で「新発見広島〝のうがピラミッド〟の謎を解く！」と題して取材している。『日本のピラミッド』の著者・武内裕氏はこの年の京都大学11月祭に招聘され、講演を行っている。『宇宙波動』を出していた京大UFO超心理研究会の主催だった。京大U超研はこの頃、『日本のピラミッド』に触発され、六甲山や葦嶽山など各地の巨石調査などを行っていた。

坂本弘『〈広島〉のうがピラミッド』書影

　その成果を近代ピラミッド協会の『ピラミッドの友』に発表した（近代ピラミッド協会は、京大U超研の一部のメンバーが武内裕氏の『日本のピラミッド』に触発されてつくった団体）。1号には「伊予国大洲巨石遺構調査報告」（中高政道）・「広島比婆山系葦嶽山」（中村比婆次）などが、2号には「竹内古文献と神体山――巨石遺構との接点を求めて」（中村守雄）・「大湯環状列石について――諏訪《すわ》富多《とみた》氏に聞く」（井戸慶治）が載っている。3号に載った桑原満「日本における巨石遺跡研究史」は、とくに重要文献である。桑原氏は古代山城の一種ともいわれる神籠石《こうごいし》類似遺跡から考古学者の鳥居龍蔵《とりいりゅうぞう》や人類学者の西村真次《にしむらしんじ》、『竹内文献』派の酒井勝軍までも俯瞰《ふかん》して〝異端の巨石研究〟の系譜に位置づけているのである。酒井勝軍の「日本のピラミッド」説が巨石研究史のうえでどういう位置にあるのかがよくわかる（桑原氏は京大U超研機関誌『宇宙波動』第20号に続編を書いている)。

1978年7月刊の寄増賢壱《よりますけんいち》『太古日本の遺跡を求めて』(北星印刷所)は、「五葉山《ごようざん》ピラミッド」を中心とする〝東北のピラミッド〟事例を報告する。武内裕氏と同じく、酒井勝軍のピラミッド原理や偽史『竹内文献』『東日流外三郡誌』をも取り込んでいる。寄増は3年後、『幻の古代金属』(たま出版)を著し、五葉山ピラミッドを再論、とくにその麓に産する餅鉄《べいてつ》との関係で、神秘金属ヒヒイロカネについて詳論している。五葉山ピラミッドについては85年、麻原彰晃が『ムー』60号(学研)に「幻の古代金属ヒヒイロカネは実在した⁉」を寄稿していたため、オウム事件が起こると脚光を浴びることとなる(記事の重点は「ヒヒイロカネ」だったが)。記事を読むと麻原は、復刻された酒井勝軍の『太古日本のピラミッド』や『神秘之日本』を読んでいたことがわかる。

1984年6月16日付の『毎日新聞』の「記者の目」欄に、「ピラミッド日本にもあった⁉」と題する岸井成格《しげただ》の署名記事が載った。『サンデー毎日』での長期連載を予告。6月19日発売の7月1日号の『サンデー毎日』誌から「大追跡　日本に世界最大・最古のピラミッドがあった⁉」の大型連載が始まった。東京放送(TBS。現在は東京放送ホールディングス〈TBSHD〉)と共同取材という形だった。

信州・皆神山《みなかみ》を手始めに、酒井勝軍によって第1号ピラミッドに「認定」された広島県庄原の葦嶽山、戦後見つかった廿日市市ののうが高原、青森の大石神、秋田の黒又山《くろまたやま》、奈良の大和三山《さんざん》、韓国・弥勒山、信州飛驒高山の位山《くらいやま》などに及ぶ未曾有の一大キャンペーンだった。TBS系列の朝の報道・情報ワイド番組『朝のホットライン』(1981年9月28日〜90年3月30日)は、同年8月中、番組枠内で夏休み企画としてピラミッド追跡の情報を放送。酒井勝軍のひとり娘の嫁ぎ先、萬澤家から見つかった酒井の割れたピラミッドレコード(たぶん『ピラミッドの新研究』)から拾える音声を流した(特別取材班「50年前のレコード発見/昭和の異端　酒井勝軍のピラミッド大演説再生」『サンデー毎日』8月5日号)。酒井の肉声が放送で流れたのは、あとにも先にもこの時だけだったろう。

皆神山が最初に選ばれたのは、１９６５年（昭和40）８月３日から約５年半も群発地震が続いて注目されたことと、大手重工業メーカーのエンジニアだった山田久延彦《くえひこ》が皆神山＝ピラミッド説を唱えていたからだろう。当時山田は、「仮説論理学《ハイポロジクス》研究会」なるものを主宰しており、ハイポロジクスで『古事記』を解読。『真説・古事記』シリーズを世に問うていた。

まず、『真説古事記――コンピュータをもった神々』（徳間書店、１９７９年５月）で大和三山の人工造山説を採り（人工造山説は八木力雄・渡辺豊和氏の方が早い）、続く『古事記と宇宙工学――ＵＦＯ＝天の羅摩船に乗って来た神々』（徳間書店、１９７９年12月）で皆神山ピラミッド説を唱え始める。『古事記』にみえる「波の穂」は、なんらかの電磁気的な推進力だと解釈できるらしい。御毛沼命《みけぬのみこと》が「波の穂を踏んで常世国《とこよのくに》に行った」とあれば（『神武記』）、ＵＦＯで宇宙ステーションに行ったことを意味する。皆神山頂には熊野出速雄《くまのいずはやお》神社（皆神神社）が鎮座するが、祭神名は熊野出速雄の神＝宇宙脱出特急号と理解されるのだとか。さらに山田は『サンデー毎日』のキャンペーンが始まると、『日本にピラミッドが実在していた!!――皆神山が語る驚異の超古代文明』（徳間書店、１９８５年１月）を刊行する。

## 尖山《とんがりやま》ピラミッド説の登場

ところで、『サンデー毎日』発売日と同じ１９８４年６月19日のこと。この日の『北日本新聞』夕刊は一面トップで「尖山はピラミッド!?　いや、ＵＦＯ基地！　ナゾがナゾを呼び、諸説紛ぷん」と報じている。『産経新聞』（全国版）も同日夕刊社会面トップで「尖山はピラミッド」説を扱った（『名古屋タイムズ』は６月20日付朝刊トップ）。これは当時、共同通信社富山支局にいた布施泰和《ふせやすかず》記者（支局長）が富山大人文学部教授（当時）の山口博《ひろし》氏に取材してまとめた記事で、『サンデー毎日』の話を伝え聞いて、発売当日にぶつけて配信されたものだったらしい

（布施『「竹内文書」の謎を解く』成甲書房）。

　1984年10月号の『ムー』47号（学研）は「日本のピラミッド全調査」を「総力特集」した。葦嶽山（広島）、位山（飛騨）、五葉山（岩手）、大石神・十和利山《とわりやま》（青森）、黒又山・大湯《おおゆ》ストーンサークル（秋田）、姫神山（岩手）……など。「全調査」をうたうだけあって扱った数では『サンデー毎日』を完全に凌駕していた。しかも、これは「追跡シリーズ第1弾」であり、以下52号・85年3月号まで関連記事が連続掲載される。たとえば、48号・11月号は巻末綴じ込み特集として、シリーズ第2弾、秋山眞人・高坂剋魅・ムー編集部「日本のピラミッドと超古代文明の謎を追う」が載り、49号・12月号は総力特集「『古事記』が明かす神代の超科学」（監修・山田久延彦）だ。監修者名からもわかるが、この第3弾は皆神山ピラミッド説の検証である。第4弾50号・1985年2月には伊集院卿・武中泰弘による「諸君！　あの山がピラミッドである」。協力として八幡書店がクレジットされている。

　1986年秋（11月初旬）には、立命館大学の学園祭に同大学探検部の招きで、『サンデー毎日』のピラミッド取材班キャップの岸井成格と茂木和行氏（現在は聖徳大学教授）の講演会が催された。立命館大学古代史探険部は巨石班名で『東アジアの古代文化』28号「巨石信仰と古代祭祀」（大和書房、1981年夏）に、「巨石ラインの謎」を発表するほど、巨石調査に力を入れており、飛騨高山調査の際には立命館大学古代史探険部も協力している。『サンデー毎日』の講演会では筆者も質問してみた。古史古伝研究はこれから進めるような話だったのであるが、結局なにも解明されることはなかった。

　ただ、反響は大きく、連載10週に入ったところで、半月刊の雑誌『ダカーポ』（マガジンハウス）1984年9月20日号が「『サンデー毎日』はなぜピラミッドにこだわるのか」と題した批判記事を掲げた。同誌によると毎日新聞社内には、企画自体に反対する向きもあったらしい。読者からは1週目からワッと感想が寄せられ、30本に1本の割りで批判もあったものの、超古代史好きの人からはよくやってくれたと好評だった（連載9回に批判も含めて掲載）。部数も2〜3万部伸びたという。そのせいか、連載記事を集めた緊急増刊号を3冊も出すこととなる。しかし、考古学などの専門家の評価は、さんざんだったようである（『ダカーポ』9月20日号）。

ついで、日本で唯一の風俗批評誌『ばば』（総研出版）1984年11月号は、薄冊ながら1冊まるごと「日本にピラミッドはあった⁉」特集に当て、新日本出版社の『文化評論』は翌年3月号と4月号の2回にわたって批判記事を載せている。

## 「新たなピラミッド3原則」――「日本のピラミッド」から「古代山岳祭祀遺跡」へ

1990年3月、「環太平洋に関する学術的研究」の深化と「研究者間の情報交換」を目的として同志社大文学部教授・小川光暘《こうよう》（1926〜95。日本美術史）を会長に「日本環太平洋学会」が発足すると、日本のピラミッド研究も変わってくる。同会は同年10月に会誌『環太平洋文化』を創刊する。

創刊号の特集は「環太平洋のピラミッド」で、会長による「環太平洋のピラミッド」以下、「日韓の階段ピラミッド状遺構」「対馬のピラミッド」「ジャワ島のピラミッド寺院」などの論考が載り、以後も〝ピラミッド〟関連論考を載せている。『環太平洋文化』6号の特集は「クロマンタ・聖なる山と石」である。秋田県北東隅（鹿角《かづの》市大湯）にある「黒又山（標高280・6メートル）」は、その方錐《ほうすい》型の山容から酒井勝軍の「理論」にもとづき「ピラミッド説」が唱えられていた（諏訪富多編『太古の神都十和田高原』）。日本環太平洋学会は1991年8月に予備調査を行い、翌年4月には本調査を実施している。

日本環太平洋学会では、ピラミッドの条件をつぎのように規定している（田中嗣人「黒又山見聞記」『環太平洋文化』第6号〈1993年4月〉）。

一、美しい三角形の自然の山。又は、人工的に形を整えた山。

二、山頂部が儀式を行える様に平らである。

三、その山を中心に祀り場が存在すること。

さらに、ピラミッドの呼称自体も「古代山岳祭祀遺跡」へと変わっていく。

これは、同会会員でもある、鈴木旭の著作『古代史の封印を解く日本ピラミッドの謎』（学習研究社、1994年9月）をみるとわかる。

佐治芳彦（392ページ参照）は2011年5月11日、WEB上の国際縄文学協会HPに発表したコラム「日本列島の巨石文化・2」で、鈴木旭氏の所属する環太平洋学会の定義にふれてつぎのように述べている。

「これらの条件を一応満たしている人工的整形を施した山（日本のピラミッド）としては秋田県の黒又山を典型とするというのが鈴木氏の見解である。なお氏はピラミッドというよりも『山岳祭祀遺跡』として捉えるほうがよいと考えているようだ。脱古史古伝派の鈴木氏らしいアプローチである」とする。

そのいっぽうで佐治は、「日本のピラミッドを山岳祭祀遺跡と限定してしまうことは、ある意味で巨石文化の矮小化に繋がりはしないかというのが日本のピラミッド・ファンの危惧である。UFOとの連絡施設などというのは一応論外としても『太陽の神殿』としての可能性が考えられる。ちなみに太陰（月）信仰から太陽信仰への移行は古代文明の大きな画期である」と述べる。

黒又山（2014年撮影）

婉曲ながら「危惧」しているのは佐治芳彦自身だろう。現在のピラミッド探しは、酒井勝軍に由来するオカルト的な「日本のピラミッド」説に立脚する立場と、「ピラミッド」という言葉も使わず山岳祭祀遺跡としてより学問的な世界に近づけようという動きとがあることがうかがえる。

しかし酒井の四様式にも合致しないのであれば、「日本のピラミッド」ではないはずで、学問にするのかオカルトのままなのか、いま「日本のピラミッド」は難しい局面に立たされているようだ。

［参考文献］

酒井勝軍『太古日本のピラミッド』（国教宣明団、1934年）
「『ピラミッド神体石御写真』案内葉書」（国教宣明団、1934年。寶方直行氏蔵・提供）
モルトン・エドガア『ピラミッドの正体』（酒井勝軍訳、吉川弘文館、1935年）
上原清二『日霊国——飛騨神代遺跡』（上原清二、1941年）
上原清二『世界之日（霊）乃本』（飛騨神代遺跡研究会、1943年）
『ピラミッドの友』第1号・第2号（近代ピラミッド協会、1977年11月・1979年4月。吉永進一氏提供）
桑原満「日本における巨石遺跡研究史」『ピラミッドの友』第3号（近代ピラミッド協会、1979年）
広島郷土史研究会編『廣島古代史の謎』（広島郷土史研究会、1981年）
上原清二『世界の神都　飛騨高山』（八幡書店、1985年）
山田久延彦『日本にピラミッドが実在していた!!』（徳間書店、1985年）
廣田照夫「飛騨の超古代を追った上原大佐」上・中・中続・下『超古代ロマン』第11号・13号～15号（岐阜県超古代文化研究会、1999年1月～2000年1月）
鈴木旭『日本超古代遺跡の謎——「日本のピラミッド」が明かす世界文明発祥の謎』（日本文芸社、1991年9月）
鈴木陽悦『クロマンタ——日本ピラミッドの謎を追う』（評論社、1993年）
鈴木旭『古代史の封印を解く日本ピラミッドの謎』（学習研究社、1994年）
田中嗣人「荒深道斉の巨石文明論」『環太平洋文化』第12号（日本環太平洋学会、1996年12月）
鈴木旭「「クロマンタ原理」について——笠置山(岐阜県恵那市)とハンの木山(山岡町)の巨石文化と太陽信仰」『環太平洋文化』第13号（日本環太平洋学会、1997年10月）
『サンデー毎日』1984年7月1日号～85年3月24日号
『サンデー毎日』緊急増刊（1984年9月8日・11月10日、85年3月30日）
多田治三郎「「サンデー毎日」追跡連載を追跡する上——日本にピラミッドがあったか?」「「サンデー毎日」追跡連載を追跡する下——テクノ時代の〝建国神話〟」『文化評論』第288～289号（新日本出版社、1985年3月～4月）
岩本小喜楽「幻想円盤金字塔異聞」『ピラミッドの友』第12号（丹後時報社、1997年10月）
寶方直行「解題」（復刻版『ピラミッドの正体』〈八幡書店、2001年〉）
皆神龍太郎「皆神山のピラミッド伝説」『謎解き古代文明』（彩図社、2011年）
鈴木旭『神々のピラミッド「黒又山」の謎』（学習研究社、2006年）
無署名「『サンデー毎日』はなぜピラミッドにこだわるのか」『ダカーポ』第4巻第18号（マガジン・ハウス、1984年9月20日）
布施泰和『「竹内文書」の謎を解く——封印された超古代史』（成甲書房、2003年）
市川慎『兵庫・はにおか・巨石遺構　八幡山ピラミッド・封印の謎を解く』（TS企画、2003年）

# CBA事件を起こした宇宙友好協会（CBA）

羽仁礼

「宇宙友好協会（英名はＣｏｓｍｉｃ　Ｂｒｏｔｈｅｒｈｏｏｄ　Ａｓｓｏｃｉａｔｉｏｎで略称ＣＢＡ《シービーエー》）」は、１９６０年代から１９７０年代初頭にかけて活発な活動を展開し、しばしばマスメディアの注目を集めたＵＦＯ研究団体である。

遮光器《しゃこうき》土偶が古代に地球を訪れた異星人をかたどったものであるなどと主張する、いわゆる「宇宙考古学」を日本で広めたのもこの団体だし、ＵＦＯを呼び出すのに「ベントラ」という呪文を唱えはじめたのもこの団体だ。

フランス文学者の平野威馬雄《いまお》（３８１ページ参照）や絵物語作家の山川惣治《そうじ》といった有名人の他、天宮《あまみや》清《きよし》、高坂和導《こうさかわどう》、橋野昇一《しょういち》、浅川嘉富《よしとみ》など、ＣＢＡ活動停止後もＵＦＯ界で活躍を続けた会員も大勢いた。

ＣＢＡは１９５７年8月、久保田八郎、松村雄亮《ゆうすけ》、小川定時《さだとき》、桑田力《つとむ》、橋本健《けん》、小川昌子の6名により設立された。

設立の趣旨として、当時既にあった「日本空飛ぶ円盤研究会」（３５９ページ参照）や「近代宇宙旅行協会」（３６０ページ参照）が異星人とのコンタクトに懐疑的な態度をとっていたことに対し、これを肯定し、できれば宇宙人との友好関係に入ることをうたっていた。

設立者のうち松村雄亮は、当時の国際的な航空雑誌『インタラビア』の日本代表を務めており、「Ｕ

FO研究グループ」という団体を主催していたが、CBA設立に伴い「UFO研究グループ」は発展的に解散し、CBAに合流することになった。

久保田八郎は、郷里の島根県益田《ますだ》市で英語教師をしていた1954年、アメリカのコンタクティー（UFOに搭乗している宇宙人と会ったと語る人）、ジョージ・アダムスキーの『空飛ぶ円盤実見記』を読んで彼と文通を開始、CBA設立に際しては、アダムスキーからのあらゆる情報を提供することが期待されていた。

橋本健は工学者で、橋本電子研究所を主催、アルファコイル（橋本健によれば、脳内のアルファ波を人為的に増幅する装置）やマンモステレビ（野球場等で使用される超大型テレビ）などの発明者にして、「日本空飛ぶ円盤研究会」会員でもあった。他にバクスター効果（サボテンにウソ発見機の電極をつなぐと、実験者の思考に反応するというもので、発見者クリーブ・バクスターにちなんでこう呼ばれる）を紹介するなど、UFOだけでなく超能力や心霊現象その他オカルト関係全般に手を染めた人物で、自ら「日本超科学会」を設立、「日本サイ科学会」会長を務めたこともある。他方、宗教団体「生長の家」の熱心な信者でもあった。他に桑田力や小川定時も「生長の家」の信者だった。

設立後CBAには、畑野房子《ふさこ》や三上皓造《こうぞう》といった研究家も加入した。

こうして設立の翌年（1958年）5月には、松村雄亮を編集発行人として機関誌『空飛ぶ円盤ニュース』が発刊される。

コンタクトを支持する団体だけあって、機関誌には毎回、海外の事件や、アダムスキー、ダナ・ハワード（生没年不詳）やハワード・メンジャー（1922～2009）、ラインホルト・シュミット（1897～？）といった、アメリカ人コンタクティーたちの活動が紹介された。一方で、橋本健が開発した宇宙交信機を用いた異星人との交信実験や、海外のコンタクティーが著した書籍の翻訳出版も行った。こうして松村雄亮の人脈を活かして海外の研究家とも緊密な連絡を保っていた。

CBAと「日本空飛ぶ円盤研究会」とは立場の違いはあったが、当初は一定の協力関係にあった。松村雄亮や久保田八郎、それに、もともと「日本空飛ぶ円盤研究会」会員でもあった畑野房子や三上皓造も、「日本空飛ぶ円盤研究会」機関誌『宇宙機』に何度か寄稿している。

しかし、1960年の「CBA事件」(181ページ参照)、そして事件と並行して松村雄亮が異星人とのコンタクトを発表したことで、CBAと他の研究団体との関係は決定的に悪化する。

事件後、CBA執行部は総辞職し、久保田八郎を代表とする新体制が発足したが、1960年9月になると小川定時を代表理事とする新体制の発足が公表された。さらに『空飛ぶ円盤ニュース』1961年6月号では、松村雄亮が代表に就任し、心霊的コンタクトを行っていた、いわゆるボード派(西洋式コックリさんを通じて異星人とのコンタクトを試みていた一派)の渡辺大起《だいき》らが理事を辞任したことや、CBAはアダムスキー支持団体ではないことが宣言されている。

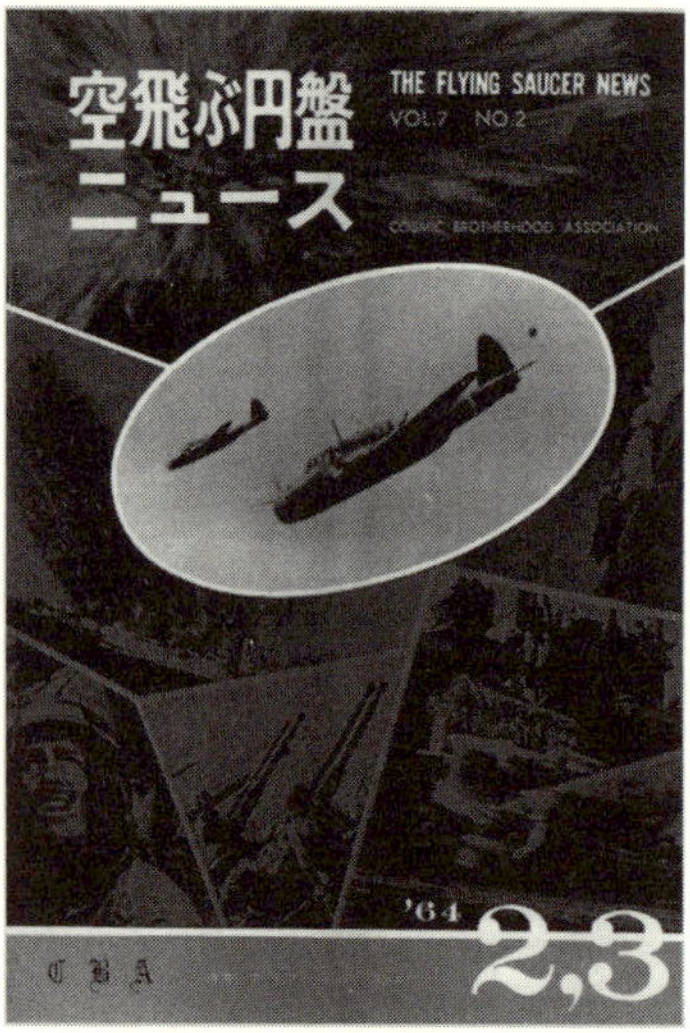

『空飛ぶ円盤ニュース』1964年2・3月号

こうした一連の動きの背後に何があったのか、外部からは判然としない。だが、表面的に見れば、内部でいくつかの派閥間の勢力争いがあり、最終的には異星人とコンタクトしていると称する松村雄亮が指導権を握ったと総括することができる。以後松村のカリスマ的指導力の下、「CBA」の活動は非常に活発化する。

まず機関誌『空飛ぶ円盤ニュース』が新聞調の活

版印刷からコート紙使用の豪華版に刷新され、資生堂やソニーなど一流企業の広告も掲載されるようになった。さらに『空飛ぶ円盤ニュース』に加え、研究者向けと銘打った『空飛ぶ円盤ダイジェスト』、年少者向けの『ジュニアえんばんニュース』、研究報告ともいうべき『CBA Report』や海外向けの『Brothers』などを続々と発刊している。1962年にはアメリカ人コンタクティーのジョージ・ハント・ウィリアムソン（1926〜1986）を訪日招待し講演会を実施している。

　活動の中心は古代宇宙飛行士説（古代に異星人が地球を訪れ、さまざまな痕跡を残したとする説、CBAは「宇宙考古学」と呼ぶ）を中心とした内容となり、『空飛ぶ円盤ニュース』には毎号のように古代遺跡と異星人の関係、古代から中世の記録におけるUFOらしき記述が掲載された。またCBA古代日本学術調査隊やCBA科学研究部門といった名称で各種のレポートが掲載された。

　前述した遮光器土偶の他、大湯のストーンサークル（秋田県鹿角《かづの》市十和田大湯にある縄文時代後期の環状列石）や熊本のチプサン古墳（熊本県山鹿《やまが》市にある前方後円墳）など日本各地の遺跡を異星人と関連付け、さらには光学現象と考えられていた不知火《しらぬい》の学術調査なども大規模に実施した。こうした報告は、英文機関誌を通じて海外の団体とも共有された。

　他方、独断的な歴史解釈がさまざまな軋轢を生むこともあり、1963年（昭和38）には、チプサン古墳入り口に無届けでアーチを建設したことで熊本教育委員会から注意を受け（チプサン遺跡事件）、独自の古代史解釈は、天皇を絶対的に支持する宗教団体「生長の家」との対立も招いた（生長の家事件）。

　こうした宇宙考古学路線の頂点ともいうべきものが、1964年（昭和39）から始まった北海道平取《びらとり》町におけるハヨピラのピラミッド建設である。

　CBAはアイヌ神話の文化神オキクルミを古代に地球を訪れた友好的な異星人（ブラザーズ）だと主張し、そのオキクルミの聖地に、ピラミッドなどの記念碑を建造する計画が、1963年12月20日に発

北海道平取町の沙流川歴史館では、2018年10月2日～12月2日に「ハヨピラのいま・むかし」と題した特別展が開催された（写真はそのときのポスター）。

表された。建設には会員が手弁当で参加し、1966年（昭和41）6月24日には、太陽ピラミッドなどの完成を記念し、イギリスのUFO研究家ブリンズリー・ル・ポア・トレンチ等を招いた式典が開催された。

1970年6月24日には、ハヨピラでオキクルミカムイ1200年式典が開催されたが、松村雄亮が公衆の面前に姿を見せたのはこのときが最後だったようだ。機関誌『空飛ぶ円盤ニュース』は1967年を最後に事実上廃刊となっており、後継の『UFOニュース』はページ数も少なく、不定期刊行となった。

その『UFOニュース』も、1974年春号で刊行は停止し、松村雄亮のその後の消息についても、いくつか証言があるものの正確なところは不明なままである。一説には、CBAは1973年に解散宣言を出したとも言われるが、少なくとも外部には公表されていない。

［参考文献］
『アイヌ文化神オキクルミカムイに学ぶもの』（天宮清、トリトンクラブ）
『空飛ぶ円盤ニュース』（宇宙友好協会、各号）
『宇宙友好協会（CBA）のあゆみ』（宇宙友好協会）
「ドキュメントCBA」『地球ロマン』（絃映社、1979年10月号）

# 何度もよみがえっては人を騙し続けるM資金詐欺

隈元浩彦

## 南朝系天皇家の代理人と称する男からの電話

「私は『事業再生資金』の決裁人に近いところにいる。あなたの取材もまだ半端なままでしょう。あなたが持っている『評価リスト』と私の資料を突き合わせませんか」

　野太い男の声だった。年の頃は60歳前後であろうか。ずいぶんと高飛車《たかびしゃ》な、それでいて自信に満ちあふれた口調だった。記録的な猛暑日が続いた２０１８年（平成30）夏。私の勤務先に一本の電話がかかってきた。東北地方に住むという男はササキと名乗った。見え透いた偽名であることは分かった。

〈取材が半端か……。痛いところをついてくる〉

内心で舌打ちした。ざらついた記憶がよみがえってきた。

　その年の春、縁あってあるテレビ局のドキュメンタリー番組（２０１８年5月22日放送の『アナザーストーリーズ　運命の分岐点▽M資金の伝説』）に協力した。M資金をテーマにすえた内容で、私はM資金詐欺を追跡したことのあるジャーナリストの一人という触れ込みだった。ウソではない。と言っても20年近くも前の話だ。週刊誌で数週間にわたってキャンペーン報道した。ざっとこんな事案だった。

〈皇族関係者を自称する男らが「莫大な皇室財産が

ある。申し込めば資本金の10倍以上のカネを提供する。融資だが、返済する必要はない」などと企業のトップらに持ちかけて、「協力金」などを名目にカネを集めた。申し込んだ企業は一部上場企業を含む350社にのぼり、総額は数億円を超えている〉（『サンデー毎日』2000年7月23日号より）

グループはその資金を「事業再生資金」と呼んでいた。当時は、バブル崩壊後の「失われた20年」のまっただ中。金融機関の貸し渋りは常態化し、企業倒産は相次いでいた。中心人物の70代の男は「南朝系の天皇家」の〝代理人〟と称し、「陛下は苦境にあえぐ民間企業の行く末を憂えている」という触れ込みだった。

南朝系の天皇――。室町時代の初期、幕府との関係をめぐって朝廷は二つに分かれた。南北朝時代である。50年余の争乱を経て、幕府の息のかかった北朝が南朝を吸収する形で異常事態は終息した。それが歴史学の〝常識〟のはずだが、時折、間欠泉のように南朝の子孫を自称する者が現れる。終戦直後、天皇として認めるよう裁判を起こした「熊沢天皇」がよく知られている。いわゆる「困った人たち」である。

その代理人は「南公信《みなみきみのぶ》」を名乗っていた。南朝の忠臣、楠木正成《くすのきまさしげ》の子孫とも話していた。取り巻きの連中からは「先生」と呼ばれ、数千億円を動かすと吹聴していた割には、自宅は場末のアパートだった。典型的なM資金詐欺事件（のちほど説明）と思われた。

もっともらしい書類を作っていた。被害者である経営者の個人通帳はもちろん、パスポートのコピーまで提出させていて、それらの情報はすべてデータベース化されていた。ある一部上場企業の経営者は私の取材に、不快感をあらわにし「誌面に出したら、法的手段に訴える」と恫喝してきた。

だが、その経営者の個人情報が「南公信」のデータベースに記録され、その事実を私が把握していると知るや、広告代理店の名前を持ち出して、今度は懐柔しようとしてきた。つまりこういうことだ。

〈記事を書かなければ、広告を出そうか〉

もちろん、露骨には言わない。あうんの呼吸というやつだ。記事を書くのをやめれば広告を出してやるとにおわせてくるわけだ。

一方、南ら「事業再生資金」グループの男たちからは再三、暴力的言辞を浴びせられた。

「お前の行動は、公安によって24時間監視されている」

「お前は殺される運命なんだ」

誰が殺すのか、言わないところがミソだ。公安が時にＣＩＡになったりした。およそ漫画にも出て来ないような言葉がもっともらしく、繰り出された。とはいえ、「殺される」と言われてあまり気持ちのいいものではない。しばらくは駅ホームの隅には立たなかった。

自信を持って報じたはずだった。しかし、記事で取り上げたＭ資金詐欺の被害事案は、知能犯（詐欺）事件としては立件されることはなく、取材記者としては敗北感を味わった。

理由ははっきりしていた。カネを騙し取られたというのに、経営者たちは正式な「被害届」を出さなかったからだ。私に、「被害届を出す」と確約した経営者は「こんな話に乗ってしまったことが表沙汰になれば、経営者失格の烙印を押されてしまう。自分の名前が出たらビジネス界には戻れない」と、すまなそうな表情を浮かべた。一方で、事件化には至らなかったとはいえ、事業再生資金を扱っていた連中から脅されることはあっても、訴えられなかったことは取材が間違いないものであったことを確信した。

そんな一昔前のキャンペーン記事に、番組制作会社がいくばくかの価値を認めて、冒頭のテレビ番組の中で取り上げたのだった。ただ、資料の扱いは慎重を期した。現在も存続している企業も多かった。

とりわけ、データベースに載っていた企業のいくつかはいまもテレビでＣＭが放映されるなど広く知られている。番組内での資料の公開は最小限度にとどめた。「事業再生資金」という名称すらも伏せた。

ところが、冒頭の電話の男は、「事業再生資金」

と明言した。それだけでない。「南公信」のグループがつくったデータベースのことを正しく「評価リスト」と呼んだ。事業再生資金を申し込んだ企業経営者の個人情報のことだった。そのリストには南公信らによる、経営者の「評価」が書かれていたことから、組織内ではそう呼ばれていた。

「決済人」も同じだ。皇室財産である「事業再生資金」の支払い決済の権限者をそう呼び、南らは「南朝の血統を引き、天皇陛下もあいさつに出向かわれるほど尊い方だ」と話していた。電話の主は、関係者でなければ知り得ない言葉を並べ立てた。また、私がどんな記事を書いてきたのかについても、調べ上げていた。

「私も数百万円の協力金を払った」と話していたことから、最初のうちは被害者の一人かと思ったがそうではなかった。

「事業再生資金が近々支払われる。昔、申し込んだ人たちにもそのことを伝えたい。あなたはそのリストを持っているんでしょう?」

男の目的が何であるかを悟った。結局、申込者のリストを手に入れて、新たに「協力金」名目にカネをせしめようという算段なのだろう。世の中には、「振り込み詐欺」や「悪徳商法」といった特殊詐欺に騙されやすいタイプの人というのはいるようで、被害者のリストが詐欺グループに出回り、新たな被害を生んでいる実態がある。

一度騙された者は、二度三度騙される――。電話をかけてきた男には、私が持っている資料が「カモリスト」に思えたのだろう。だが、男が数百万円の「協力金」を支払っているという話は本当だろう。被害者が、今度は「騙す側」になってしまうことは、M資金事件ではしばしば起こりうる話だ。男は「恥ずかしい話だが、自分の会社を潰した」とも話した。「事業再生資金」に入れ込んだせいだろう。

経営者としては〝騙された〟とは信じたくない。経営者としての恥辱であり、自身を否定することになるからだ。

それから、電話の男がたどった道のりはおよそ想像がつく。南公信のような、中心にいる人物――得てして「先生」とか「尊い方」と呼ばれる――から「お前が私に協力してくれたら、『事業再生資金』はほどなく出る。資金が交付されたら、いの一番にお前のところに提供しよう」と持ちかけられる。少なくとも「協力金」は取り戻したいという心理に追い込まれ、ますます〝深み〟にはまっていく。

多額の金を騙し取られたというのに、その存在を信じ続けてしまう。そんな〝魔力〟がＭ資金には潜んでいる。

もちろん、男からの申し出は断った。すると、こんな捨て台詞で電話を切られた。

「本当のところ、あなただってＭ資金があると思っているんじゃないの？」

## ローソンのカリスマ会長まで毒牙に…

そもそもＭ資金とは何か。終戦直後、米軍が旧日本軍あるいは皇室の巨額資産を接収、その一部が秘密の復興資金としてプールされ、無担保、低金利で融資される、というのが典型的なＭ資金話のパターンとされる。ちなみにＭについてはＧＨＱ（連合国軍総司令部）の経済科学局長のマーカット少将、あるいはマッカーサー元帥の頭文字とも、ＭＳＡ協定（１９５４年に日米間で結ばれた相互防衛援助、経済措置などに関する協定）を指したものとも言われている。

話がわき道にそれることをお許しいただきたい。ポール中岡という男がいた。やはり、私が事業再生資金の一件を書いてから間もない頃に、「Ｍ資金を知っている」という連絡があり会った。住んでいたのは下町の安普請《やすぶしん》のアパートだった。まさか――と思いながらも出向いたのは、「ポール中岡」という名前が私の耳に引っかかったからだ。

もしかして――と問うと、あっさり認めた。

日本初のハイジャック事件から2年後の１９７２年（昭和47）11月、羽田発福岡行きボーイング７２７型機が乗っ取られる事件があった。米国行きを要求したが、７２７型機は国内線で運用される中距離旅客機である。喜劇のような展開の末、あっさり逮捕された。当時47歳。凶悪事件を起こすにはとうが立っていた。

懲役20年の実刑を食らってシャバに出ていた。

「北米に別れた家族がいて、パラシュートで降下しようと思ったんだ」

禿頭《はげあたま》の好々爺然《こうこうや》とした小男はそう言った。いかにも日系二世の名前だったが、れっきとした日本人である。元特攻兵。自分の青春を奪った日本に復讐しようと誓い、英語を必死に勉強して二世になりすましたと話した。

その経緯はそれだけで別の原稿になってしまうほどの興味深い内容だったが、ポール中岡は「M資金は『MOVIE』の『M』であり、占領軍が映画制作の資金名目で日本に提供したカネだ」と説明した。「自分が決済人で、日本の名だたる企業の育成に使われた。原資はユダヤ・マネー――ロスチャイルドのカネだ」とも。

ことほどさように、語る者によって〝資金〟の中身が異なるのもM資金の特徴だ。ただ一点、共通項があるとすれば、いとも簡単に何百億、何千億、時には豆腐屋が1丁、2丁と数えるように、何兆円という単位のカネの話をすることだ。M資金ブローカーが「豆腐屋」と呼ばれるゆえんだ。

そんな話に騙される経営者が今時いるのかと思ってしまうが、前述のように「事業再生資金」はいまも生き続けている。『週刊新潮』2017年4月27日号によれば、大手コンビニエンスストア、ローソン会長（当時）の玉塚元一氏も騙された口のようだ。ブローカーに差し出した確約書のコピーが出回り、会長職の退任に追い込まれたという。確約書にはこう書かれていた。

〈この資金をお受けします。宜しくお願い致します〉

社名の入った便せんに、名刺が張られ、ごていねいに割り印が4カ所押されている。

差し出した先はM資金ブローカーだったという。

「資金」というのは、事業再生資金の類いだ。

名誉も地位もあるのに、どうしてかと首をかしげ

## 主な「M資金」事件

| 時期 | 概要 |
|---|---|
| 1969年5月 | 全日空社長がM資金からの3000億円の融資話を信用。念書が出回り退陣に追い込まれる |
| 1978年12月 | 俳優の田宮二郎が猟銃自殺。背景には2000億円の架空の融資話があったとされる |
| 1984年4月 | 「3兆8000億円の国債が還付される」という巨額国債還付金話を持ちかけて、約220人から手数料名目に総額26億円を騙し取った詐欺グループが逮捕。偽造公文書が出回る |
| 1992年4月 | 国債還付金を装った詐欺事件が横行。その小道具に使われる「還付金残高確認書」について、大蔵省は「架空のものである」とする通達を金融機関に出す |
| 同年7月 | 昭和天皇のご落胤（らくいん）「白仁王（しろひとおう）」を名乗る男が融資話を持ちかけて、300人近くから約16億円を騙し取った事件が発覚 |
| 1993年 | 総額5000億円のG7資金を貸し付ける、という「Gマネー」話が出回る |
| 1994年2月 | 大日本インキ社長が架空の融資話に引っかかったとして辞任 |
| 同年5月 | 日産自動車副社長が架空の融資話に引っかかったことをうかがわせる念書が出回る。副社長は病気を理由に辞任 |
| 1995年3月 | 阪神大震災復興を掲げた架空の巨額融資話が出回る |
| 1997年 | マルタ騎士団（注）を偽装し、架空の融資話で金を騙し取る事件が相次いで発覚 |
| 同年5月 | 第一家庭電器社長の辞任に絡んで、M資金話に巻き込まれたと一部で報じられる |
| 1999年4月 | 旧華族関係者などを名乗り架空の融資話を持ちかけて、1億円を騙し取る事件が摘発される |
| 1999年6月 | フィンガーファイブ（1970年代に活躍したアイドルグループ）の元メンバー（不動産会社社長）に、「GHQが接収した200兆円が分配される。印紙代400万円が必要」と持ちかけた男が逮捕 |
| 2000年7月 | 皇族を自称する男らが「事業再生資金」を立ち上げて、300社を超える企業から多額のカネを集めていたことが発覚 |
| 2001年7月 | 宮崎県日南市長らがM資金グループと企業との交渉の場に立ち会っていたことが判明 |
| 2004年7月 | 業務上横領に問われた著名病院乗っ取りグループを率いる男が、M資金話を持ちかけていたことが明るみに出る |
| 2005年11月 | 皇室の隠し財産を融資すると言って20人から3億円を騙し取っていたとして、警視庁が男2人を逮捕 |
| 2011年3月 | 東日本大震災に絡んで復興資金名目の巨額融資話が出回る |
| 同年11月 | 元横綱・朝青龍が1兆円の融資話に乗り、1億円を騙し取られていたことが発覚 |
| 2012年3月 | 「M資金を運用している」と言って、200万円を騙し取ったとして、70代の女が逮捕。母方は元華族。映画界に進みピンク映画の女王と呼ばれた。M資金を扱う元女優としてその世界では知られていた |
| 2013年11月 | 人気タレントの剛力彩芽らがM資金詐欺に巻き込まれ、ギャラが未払いになっていると、週刊文春が報じる |
| 2017年5月 | ローソン会長の退任に絡んで、M資金絡みの「確約書」が出回る |

（注）マルタ騎士団……歴史的には1099年、十字軍の遠征に伴いカトリック諸国の貴族たちが編成した。現在も領土、国民をもたない会員制国家として存在し、医療や福祉事業を行っているとされる（The Sovereign Military Order of Maltaで検索すると公式サイトも見つかる）。詐欺師はその歴史的事実を踏まえ、「マルタ財団」職員を名乗り「巨額の秘密資金がある。協力金を払えば融資する」と言ってはカネを騙し取る。マルタ財団なるものは存在しない。虚実ないまぜの口上こそが、M資金詐欺事件の手口だ。

てしまう。同誌は〈5兆円でローソン乗っ取り?〉などという説を紹介した。一時はカリスマ経営者ともてはやされた玉塚元一氏だが、雇われ経営者にすぎない。オーナーへの野心があったということだろうか。

確約書のコピーが出回り、新潮誌の報道から間もない同年5月末に、会長職を辞めた。会長就任から1年足らずのことだった。株主から経営者としてふさわしくないと判断されたであろうことは想像するにかたくない。玉塚氏は同誌の取材に〈甘かったと言われればその通りです〉と答えたという。

別表をご覧いただきたい。過去に報じられた記事をもとに主立ったM資金事件とみられる事案を表にしたものだが、全日空や、いま注目の日産の経営陣まで引っかかっている。玉塚元一氏も含めて、高学歴を誇り、生き馬の目を抜くようなビジネス界の経験を積んだ経営者である。なぜ、ころりと騙されてしまうのか。もっともらしく見せるための「小道具」の力も大きい。

M資金という言葉が使われるようになったのは、1950年代とされる。冷戦時代を象徴してか、もともとは共産主義の脅威から日本を守るための運動資金として提供する、という話だったという。まだそれほど大仕掛けではなく、「反共運動資金」という内容に牧歌的な感じすらする。

しかし、高度成長時代を迎えると、新たに登場したのが「国債還付金残高確認証」なるものを使った新たな手口である。建設国債などが相次いで発行された時代を反映したのであろうか、持ち歩く連中はこんなふうに会社の経営者らに近づいたという。

「政府は戦後間もなく、復興資金として秘密裏に大量の国債を発行した。この確認証をしかるべきところに持ち込めば、同額の国債と引き換える手筈になっている。ただし、国債の還付には手数料と印紙代が必要だ」

確認証は100億円から5000億円までの6種類あり、その発行を裏付けるような当時の大蔵大臣らの公印の押された書類まで出回った。一連の書類を偽造したとされる女性詐欺師を中心とするグループが１９８４年（昭和59）に摘発された。騙し取ったカネは数十億円に達するとも言われ、当時としては空前のM資金詐欺事件となった。

## 警告を発し続ける財務省

国債還付金の〝都市伝説〟は、今も生き続けている。試しに財務省のホームページから「国債」のページに入っていただきたい。そこにはこんな項目がある。

〈「還付金残高確認証」（架空の証書）についてのご注意〉

こう書かれている。

〈「還付金残高確認証」とは、証書上に記載された金額の国債還付金の残高の存在を示し、これと同額の国債に引き換えることを大蔵大臣が約束したとする架空の証書です。この架空の証書を用いた詐欺事件は昭和59年に摘発されましたが、その後もこの証書を使った事案が発生しています。

財務省（大蔵省）は、この「還付金残高確認証」なるものを発行したことはありません。同確認証は、法律上も存在しないものですので、ご注意下さい。

また、「還付金残高確認証」を用いた資金提供等を持ちかけられた場合には、最寄りの警察にご相談下さい。〉

私はこの関連書類一式を持っている。１９７９年（昭和54）１月26日付で大蔵省（当時）理財局国債課が発行した体裁をとり、５００億円を支払うという内容だ。片面には「財政審議会」として、大平正芳・自民党総裁、保利茂・衆議院議長、金子一平・大蔵大臣らのタイプ署名に、各人の実印らしきものが押されている。

目を引くのが出資者総代に名を連ねている堤清《つつみせい》二《じ》と、佐藤寛子《ひろこ》の名前。堤はセゾングループの総帥だった実業家。佐藤寛子は佐藤栄作元首相の妻で、

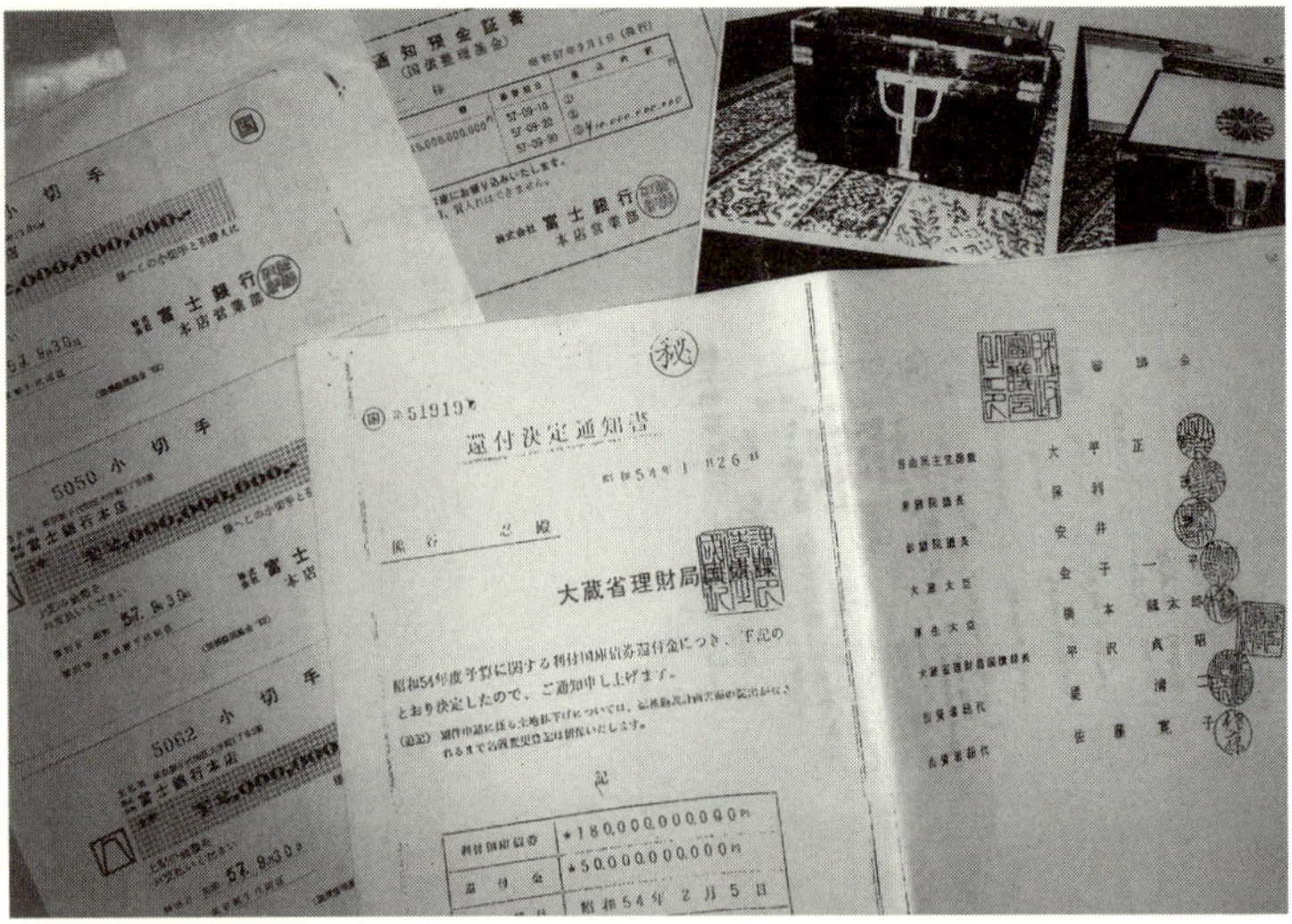


M資金詐欺に使われる小道具。右下の「還付決定通知書」には政財界実力者の印鑑が……。

当時は輝いている女性の代表格だった。

初期の頃のM資金ブローカーは、堤清二、佐藤寛子の2人が「資金の決済人」だと説明していたという。片や二代目ボンボンの文化人気質、こなた宰相夫人。持ち上げられやすいタイプだったのかもしれない。

今となっては2人とも故人である。ブローカーたちは、決済人の後継者として、「事業再生資金」で紹介したようなニセ皇室、皇族らを仕立てているのだろう。

「国債還付金残高確認証」など一連の偽造書類は亡霊のように繰り返しよみがえり、いまもM資金の小道具に使われることが多い。たとえば、1995年（平成7）の阪神大震災、2011年（同23）の東日本大震災では、復興資金名目にこの確認証を使ったM資金詐欺が頻発したとされる。

また、ユーロ通貨の統一が具体的に進み出した1990年代後半から猛威をふるったのがマルク債。第一次世界大戦後の1923年に発行されたもので、額面は５０００億マルク。といっても、当時のドイツは４兆マルクでやっと１ドルという天文学的なインフレに襲われていた。翌年のデノミ政策などで、新券と交換されるなどすでに処理が終わっていた債券である。要は紙くずにしかすぎない。ところがＭ資金ブローカーの手にかかると錬金術のツールに化ける。私の取材メモからダマシのテクニックをご覧いただきたい。

九州の地方都市にある商社のオフィス。１９９９年夏のことだ。数年前から仕事を通じてつき合うようになった男が訪ねてきた。おもむろに紙幣のようなものを手にすると、こう切り出した。

「これは第一次大戦後、ドイツが発行した鉄道債券です。台湾の知人から入手しました。１００枚以上まとまって、さる方の仲介があれば、日本政府が責任をもって換金することになっています」

手にした債券の額面は５００ミリアルデン・マルクと書かれていた。ミリアルデン――10億、つまり５０００億マルクである。男の説明によると、元々日本軍の財産で、日本の敗戦後、蒋介石の手に渡り、現在はその関係財団が管理。ある「宮家」の保証があれば、大蔵省（当時）にプールされている資金を元に日本政府が換金することになっているのだという。男は一呼吸おいて言葉を継いだ。

「１億円あれば１００枚集めることができます。大蔵省による審査に２日間かかりますが、１００枚をそろえれば東京三菱銀行本店経由で15億円に換金されます」

むろん社長はそんな話を鵜呑みにしなかった。しかし、男が〝さる方〟と呼ぶ「宮家」が作成したという「買い付け証明書」などを見せられると気持ちがぐらついた。その気持ちの揺れを見透かしたように、男はたたみ込んだ。

「とりあえず２０００万円を用意して下さい。残りは私の方で立て替えておくので、換金したときに返してくれれば結構です」

託した２０００万円が戻ってくることはなかった。

その当時、同じようなマルク債詐欺が横行した。細部は違っても、「皇室」「旧軍」「日本国政府の買い上げ」という言葉が共通アイコンとして使われた。詐欺師たちは歴史の動きに敏感だ。欧州連合が発足したのは1992年。そして99年に決済用の通貨として「ユーロ」が誕生した。そうした欧州統一の動きは、株価などにも直結し、欧州相場といってもてはやされた。そうした時期に、マルク債が詐欺のツールに使われた。

マルク債はしばらくなりを潜めていたが、2016年に英国がEU離脱を決め、EU内でのドイツの地位が一段と高まると、再びマルク債が出回り始めたという話を聞くようになった。

## 改元の年、新・都市伝説の蠢動《しゅんどう》が

このように時代、世相とともに微妙に変化しているM資金だが、変わらない常套句が2つある。「GHQ（占領軍）」であり、「皇室」である。とはいえ、占領時代（1945〜52年）が終わって70年近くを経ていながら、なおもGHQが〝権威〟を伴いながら通用するのは、不可解な気がしないでもない。

だが、この時代が主権喪失という有史以来の混乱期であればこそ、M資金という〝神話〟の源泉になり得ているのであろう。そして、一つの事実がある。この時期、多額の〝国有財産〟が失われているのだ。

たとえば、日銀ダイヤ蒸発事件である。終戦時、日銀の金庫内には36万カラットという膨大なダイヤモンドがあったとされる。政府は戦争末期の1944年、工業用ダイヤの不足を補うために、買い上げを実施しており、それらを保管していた。敗戦と同時に、日銀の金庫はダイヤ、金など含めて占領軍に接収された。

独立回復後に返還されたが、戻ってきたダイヤは16万1000カラットにすぎなかった。同様に、金・銀などの相当の量が行方知れずとなった。加えてとてつもない量の軍事物資も敗戦を機に、どこかしらに消え去った。

むろん、こうした財産の散逸は早い時期から問題視され、１９４７年2月に経済安定本部（占領下当時の官公庁の一つで、経済企画庁の前身）に隠退蔵物資等処理委員会が設置。副委員長の世耕弘一衆院議員（世耕弘成《ひろしげ》経済産業大臣の祖父）が中心となって摘発に乗り出すが、絶対的な権限を持つGHQの前に、結局うやむやのまま幕引きとなった。

M資金ブローカーが持ち歩く、「占領軍が残した復興資金の原資にあてられた」などという話はまゆつばにしろ、横領あるいは窃取といった犯罪的手口で多額の〝国有財産〟が占領という混乱期に〝蒸発〟したのは間違いない。もっと言ってしまえば、M資金が語るところの「巨額資金」は、占領時代に大量の国有財産が行方不明になるという歴史的事実に依拠しているのである。

加えて、権威に弱い国民性なのだろうか、M資金事件には、必ずといっていいほど「皇室関係者」を名乗る人物が登場するのも特徴だ。皇室、皇族の名がこの種の事件で公然と使われているにもかかわらず、奥ゆかしいというか、鷹揚《おうよう》というか、宮内庁自らが出て否定するようなことはしない。「菊のカーテン」が厚いほど、破天荒な話がまかり通る。

十数年前の話になるが、旧有栖川《ありすがわ》宮家の子孫を名乗る男らによる詐欺事件でも、宮内庁が積極的に「ニセ者」と宣することはなかった。他にも「有栖川宮」を騙《かた》る者はいるし、明治天皇の孫だと称する女性ジャーナリストが活動しているのは周知の事実だ。

かつてマルク債を持ち歩いていたとされる男が、ちゃっかり旧皇族の養子におさまっているケースもあると聞く。こうなると、奥ゆかしいからでなく、宮内庁は単に無防備すぎるのではないかとさえ思えてしまう。

もう一つある。歴史を軽んずる国民性、国柄だ。取材メモから一例を紹介したい。

20世紀が終わろうとしている頃、私は引き揚げ船をめぐる詐欺疑惑事件を取材した。船名は舞鶴《まいづる》港沖に沈む第二氷川丸《ひかわまる》。終戦直後に自沈した。実は、この船はもともとオプテンノール号というオランダの病院船だった。

第一次世界大戦後に戦争のルールを定めたジュネーブ協定では、病院船を拿捕《だほ》してはならないと定めていた。

だが、日本海軍は太平洋戦争開戦間もない1942（昭和17）年2月、バタビア（現在のジャカルタ）沖海戦の前哨戦でオプテンノール号を拿捕し、自軍の病院船に転用した。直後は「天応丸」と改名され、敗色が濃くなった44年には「第二氷川丸」という船名に改められた。

20年近く昔の話だ。当時、防衛庁防衛研究所戦史部図書館と呼ばれていた公文書館で、「軍極秘」のスタンプが押された、第二氷川丸の「戦闘日誌」を見た。罫紙をめくっていくと、奇妙な記述に行き当たった。

〈昭和十九年十一月一日付元天応丸ヲ第二氷川丸ト改名セラレ新造病院船トシテ交戦国ニ通告ノコトニ手続セラル〉

つまり、「第二氷川丸」に改名すると同時に、海軍内では「新造船」に位置づけることで、その前身がオランダ船であること隠蔽しようとしていた。もちろん、病院船拿捕が戦争犯罪であることを承知していたからにほかならない。その〝工作〟を確実なものにするために、自沈させたのだろう。

その経緯を把握したオランダ政府は日本に対し、補償を求め続けたが、日本はサンフランシスコ条約で解決済みという理由で突っぱねようとした。現在の韓国との間で起きている徴用工問題と同じ対応である。

転機が訪れる。昭和天皇、皇后夫妻が1971年にオランダなど訪欧の旅に出た。オランダでは車に生卵がぶつけられるなど手痛い〝歓迎〟だったという。オランダの怒りに驚いたのだろうか、日本政府はその2年後に、病院船拿捕の見舞金として1億円を支払った。このことは当時、日本国内では伏せられた。そうした情報にめざといのがM資金ブローカーたちだ。そのうちの一人は私にこんな話をした。

「日本政府がオランダ政府に秘密裏にカネを支払っ

たのにはわけがある。第二氷川丸には海軍復活の資金として大量の金塊、プラチナを積んでいた。いずれ日本国のために使うのだが、オランダ政府が文句を言ってくるかもしれない。黙らせるためにそっと1億円を払ったんだ」

ブローカーの目的は、引き揚げへの協力金名目でカネを集めることだった。沈没現場ははっきりしているのに、いまだ金塊が見つかったという話は聞かない。ただ、カネを騙し取られたという者が複数いることを私は知っている。これなども、日本政府の不可解な対応が〝詐欺話〟の小道具に使われた。

２０１９年は改元の節目である。平成から令和になったのは5月1日である。世界史的な常識でいえば、国際共産主義運動の労働者の祭典――メーデーに当たる。国内においても、１９５２年（昭和27）のこの日、多数の死傷者が出たメーデー事件として記憶されている。

上皇（平成の天皇）の父君、昭和天皇は何よりも共産革命を恐れていた。にもかかわらず、そうした日になぜあえて新天皇の即位（改元）の日としたのか。平成の天皇は4月30日に退位され、新天皇は5月1日に即位されるという日程は、２０１７年（平成29）12月の政府主催の皇室会議で決まった。いったいどういう議論がなされたのか。

驚くことに、政府は会議の内容について公文書として残していない。すなわち、即位の日が5月1日に決まった経緯は、すでに〝永遠のナゾ〟と化してしまったのである。

おそらくM資金の黒い紳士たちはさっそく考えていることだろう。

「なぜ、新しい天皇陛下が共産主義者の記念日に即位されるのか知っていますか？　南朝方の陛下に遠慮され、あえてこの日を選んだ。その真意は――」

ともあれ、「M資金」伝説は、戦後「日本」という国の成り立ち、占領という異常な歴史に加え、拭《ぬぐ》いがたい官尊民卑《かんそんみんぴ》の国柄、歴史を軽んじる国民性を鋭く照射している。

令和の時代を迎えても、M資金伝説は生き続ける。

［参考文献］

『週刊新潮』（2017年4月27日号「ローソン『玉塚会長』退任の裏に『M資金』と『美人詐欺師』」）

『サンデー毎日』（1999年11月21日号「巨額マルク債の謎」、2000年3月26日号「沈没船に旧海軍財宝2兆円分が眠る」、2000年5月28日号「徳川埋蔵金騒動　伝説の相場師が激怒」、2000年7月23日号「戦後最大級のM資金詐欺!?」、2000年7月30日号「M資金詐欺疑惑　被害者の怨嗟の声を聞け」［いずれも限元浩彦が取材、執筆］）

『SAPIO』（2006年8月9日号「小道具は「100万ドル札」常套句は『GHQ』『皇室』」［限元浩彦］）

そのほか、毎日新聞、朝日新聞、読売新聞など

## 第2章

# 昭和・平成のオカルトブームを振り返る

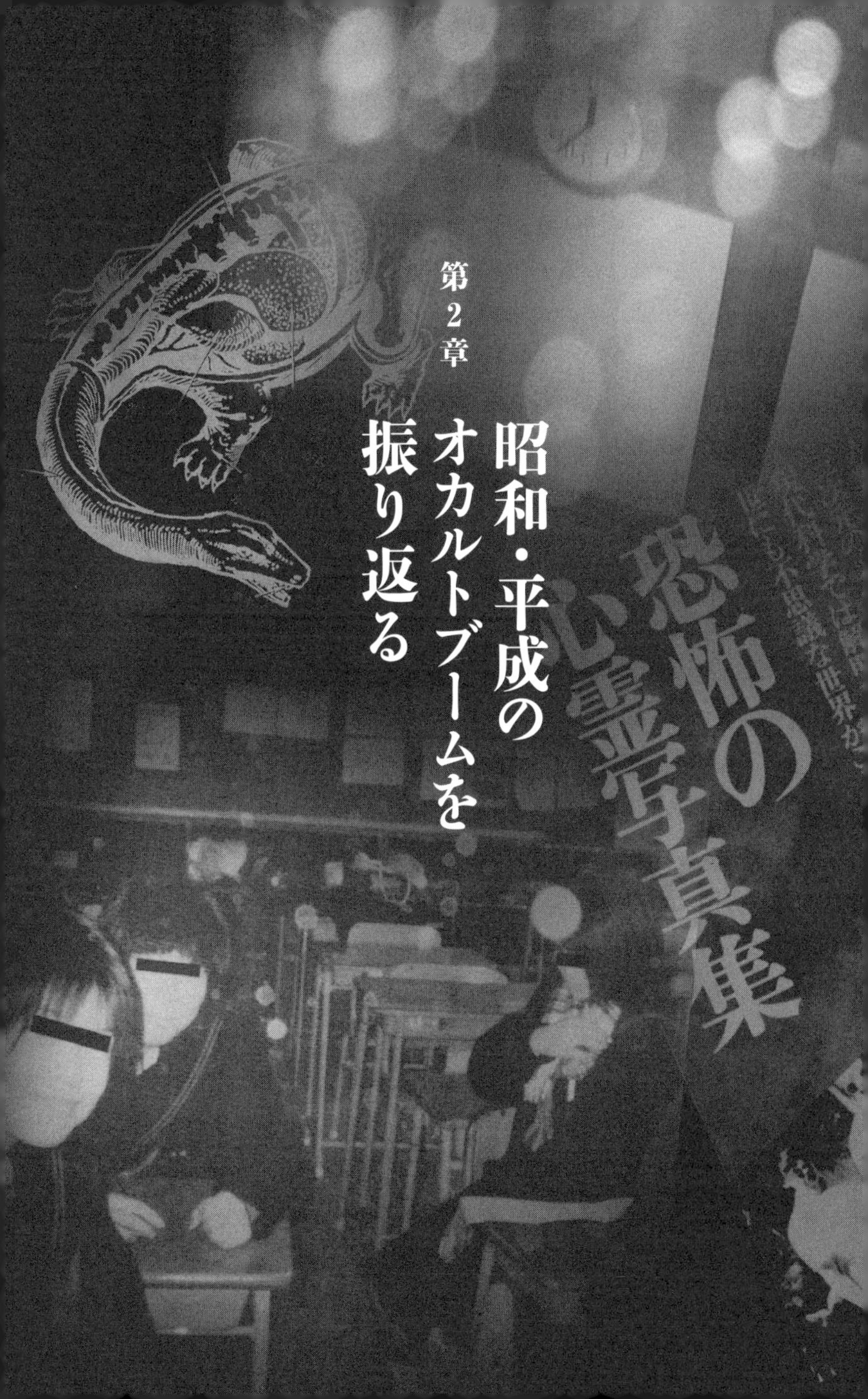

# 昭和・平成の代に現れたUMAたち

横山雅司

## ネッシーも雪男も海外で話題になるや すぐに日本でも記事に

日本でUMA《ユーマ》とは、狭義には怪物的な未確認動物のことであり、単に「未発見だが存在が予測される新種」は含めない場合が多い。UMAを研究対象とするのは、海外では「隠棲《いんせい》動物学（Crypto《クリプト》zoology《ズォーロジィ》）」と呼ばれる研究分野に当たる。日本でUMA（未確認動物）と呼ばれる生物は、英語では「Cryptid《クリプティッド》」と呼ぶのが普通である。「UMA」はあくまで和製英語なので注意が必要だ（台湾の日本カルチャー好きなど、海外でも一部には通じるようである）。

UMAという用語は「Unidentified《アンアイデンティファイド》 Mysterious《ミステリアス》 Animal《アニマル》」（謎の未確認動物という意味）の頭文字を取ったもので、超常現象研究家の南山宏氏が考案し、動物研究家の実吉達郎《さねよしたつお》氏が自著で頻繁に使用したことで広まった。

UMAは近年ではサブカルチャーにおいて一つのジャンルとして確立している。たとえばコンビニで販売されているオカルト本のタイトルにつけられたりしているし（書名は本稿の後半で紹介）、『バイオハザードリベレーションズ』の「グロブスター」、『けものフレンズ』シリーズの「ツチノコ」、『女神転生』シリーズなどUMAがゲームのキャラクターのモデルになることは、もはや珍しいことではないだろう。

その起こりはどのようなものだったのだろうか。

まずはもっとも有名なUMAである「ネッシー」「雪

男」を軸に見ていきたい。

新聞の見出しによると、意外にもネッシー、雪男とも海外で話題になり始めた直後には、すでに日本で新聞記事になっている。どちらも戦前のことである。

雪男などは1922年（大正11）6月18日付の朝日新聞で、「英探検隊が解く怪峰の謎　昨年は雪男の足跡を発見した」という見出しつきで、すでにエベレストに挑むイギリス隊の活躍が記事になっている。記事の主題はあくまでエベレストだが、大正時代にはすでに日本でも雪男が知られていたことがわかる。

一方ネッシーも、1934年（昭和9）の1月31日、朝日新聞に「何と不気味　大怪物の姿」という見出しの記事が掲載されている。これは、「スコットランドのロック・ネス湖上」に「途方も無い巨大な動物」が出現し、と報じられているものだ。ロック・ネスとは英語でネス湖を指す（スコットランドでは同じつづりでロッホ・ネスと発音される）。

1934年というのは、ネッシーの目撃報告が報道され、ネッシーが科学の俎上で議論されるようになった初期の頃で、「ジョージ・スパイサー事件」（ドライブ中の夫婦が道路を横切って湖に消えた動物を目撃した事件）が1933年、1934年4月には有名な「外

九年一月三十一日　（水曜日）　東京朝日

# 何と不氣味
# 大怪物の姿

ロック・ネス湖に……
## 出現の巨體
目撃者すでに百名
驚くべき實在

【圖は一目撃者の描いた怪獸】

## イタリーにも怪物
陸上動物だつたため射止めらる

1934年（昭和9）1月31日付の『朝日新聞』に掲載されたネッシーを紹介する記事

科医の写真」（ロバート・K・ウィルソンによって撮影されたと言われた比較的鮮明な写真。首を高く持ち上げて水面に浮かぶネッシーの姿が写されているが、現在では模型を撮影したものにすぎないとされている）が撮影されている。前述の1934年の朝日新聞の記事によると、デイリー・メール紙、ニュース・クロニクル紙、デイリー・ヘラルド紙などが競って報道し、大英博物館も動きだすなどイギリス全体を巻き込む大騒動となったという。読売新聞でも1934年1月21日に「巻の話」というコーナーでネス湖の怪物が取り上げられている。

一方、雪男が日本で注目された背景としては、日本にスポーツとしての西洋式登山が紹介され、ヒマラヤ探検に注目が集まっていたことも挙げられる。1930～31年頃にはすでに多くの登山道、山小屋が整備され、スキー場も続々とオープンしていた。アウトドア雑誌の草分け『山と渓谷』が創刊されたのも1930年である。

しかし、いずれにせよ、戦前には日本中を巻き込む大ブームにはならなかった。朝日新聞に前述の記事が出た1934年頃といえば日中戦争（1937年勃発）の直前であり、第二次世界大戦（1939年～）も間近である。もちろん未知の大怪獣に心を躍《おど》らせた趣味人もいたに違いないが、こぞって新聞が書き立てるようなことはなかった。

戦後、1950年代頃になると、急速にネッシーと雪男の記事が増える。雪男の場合、1951年にエリック・シプトンという登山家が「雪男の足跡写真の撮影に成功した」と発表し、その話題が海を越えて日本にも届いた。ちょうどその頃、日本の登山業界も復興の最中であった。戦時中は大学、社会人登山とも停滞し新たな高峰を征服するような快挙も特になく、戦後は戦前戦中の領土を失ったため台湾や朝鮮、樺太の山々に登ることもできなくなっていたのだ。しかし、戦後に活動を再開した早大山岳部による北海道ペテガリ岳登頂をはじめ、戦地から戻ってきた登山家により登山文化が再建されつつあり、戦前のようなスポーツ登山がよみがえりつつあった

（１９５６年には日本隊がヒマラヤ山脈のマナスル登頂に成功した）。そのこともあり、ヒマラヤの怪物は一気に話題となったのだろう。

１９５５年2月25日の朝日新聞には「ゴジラに味しめ『雪男』と題して、怪獣映画の金字塔『ゴジラ』（１９５４）に次ぐ怪獣ものとして雪男映画が企画されており、その主役の雪男の着ぐるみに入る大男のオーディションが行なわれたという記事が載っている。この雪男映画とは『獣人雪男』（１９５５）のことだ。

それ以降雪男は１９６０〜70年代の、超能力、ＵＦＯなどがＴＶや雑誌で盛んに取り上げられた怪奇ブームの中で注目を浴び、五大陸最高峰登頂など、植村直己の大活躍が牽引した登山ブームの中で、山の伝説の一つとして繰り返し語られるようになる。のちに国産ＵＭＡのヒバゴンも「日本の雪男」と呼ばれ、古代の猿人など雪男の同類とする説が流布することとなる。

ネッシーも戦後になると、日本にとって敵国だったイギリスが友邦に変わり、バーミンガム大学やマサチューセッツ工科大学といった公的機関による調査など、それなりの真実味のある情報が国内に入ってくる。それにつれて人気のＵＭＡになっていく（その頃はＵＭＡとは呼ばれず、怪物、怪獣と言っていたが）。屈斜路《くっしゃろ》湖のクッシー、本栖《もとす》湖のモッシー、池田湖のイッシーなど、日本でも湖の怪獣に〇ッシーという名前をつけるのが流行《はや》ったのが、怪物ブームが盛り上がったことの何よりの証左であろう。

１９５４年12月23日の毎日新聞夕刊は、魚群《ぎょぐん》探知機が謎の影を捉えた（１９５４年12月2日に実施されたライバル号の水中調査のこと。流し網漁船に搭載されたソナーが何らかの水中物体を捉え、そのソナー画像が記録された）ことを話の枕にネッシーの記事を載せている。

１９７３年、興行師の康芳夫《こうよしお》氏（４１８ページ参照）のプロデュースのもと、総隊長を元都知事の石原慎太郎氏とした「ネス湖怪獣国際探検隊」がネス湖の調査を行なっている。康氏の著書『ネッシーはそこにいる』によると、英国新聞の日本隊に対する皮肉たっぷりの記事を真に受けた日本の新聞が「英国が猛反発している」と書き立て、探検隊は非難の声の中で出発したそうである。

実際、1973年8月23日の読売新聞の読者投稿欄には「ネス湖怪獣国際探検隊」に対して「太陽族的な発想を捨てよ」という非難の投書が載っている（太陽族とは石原慎太郎氏の小説から取られた50〜60年代の若者風俗のこと。豊かさの中で無軌道に振る舞うことを特徴とする）。ちなみにその隣には「無軌道な遊学生は日本の恥」という、海外での日本人の無礼を嘆く投書が載っており、1964年に海外渡航が自由化され、有象無象《うぞうむぞう》も海外に行けるようになった当時のよく言えば自由を謳歌した、悪く言えば傍若無人《ぼうじゃくぶじん》を恥じない若者に対する世間の冷たい視線が感じられる。

## カードゲームのキャラクターに取り込まれたUMAたち

また、1960〜70年代はテレビの普及があったことも見逃せない。70年代から80年代は私自身が少年時代を過ごしたので覚えているが、当時の怪奇特番（矢追純一氏の手掛けた怪奇番組など）は現在のようなおちゃらけたバラエティ然としたものではなく、真面目なドキュメンタリー番組のような顔をして放送されていた。当然、当時のちびっ子は真剣に見ていた。

子供文化といえば、1954年の映画『ゴジラ』の大ヒット以降続々と公開されたゴジラシリーズ、テレビドラマとしてはウルトラマンシリーズがヒットし怪獣ブームが起きていたことも無視できない。その子供たち相手の児童書にも、『世界の怪獣』『怪獣画報』『世界の怪獣大百科』など未確認動物を扱う本が出てきた。

当時は「怪獣」「恐竜」「未確認動物」の区別が曖昧で、児童向け読み物では1冊の本にテレビに登場する怪獣と世界の珍しい生き物、恐竜が同時に紹介されているなど、混沌とした状態であった。科学的に化石動物を解説する真面目な恐竜図鑑にさえ、「恐竜は古代の生き物で、怪獣はフィクションです」と解説され、わざわざガメラの着ぐるみを例に説明するコーナーがあったほどだ。

　児童向けの怪奇ものの本の著者として知られる中岡俊哉（３９９ページ参照）の『新・世界の怪獣』（秋田書店、１９７１年）は、架空の怪獣の戦いを描いた児童向けの本だが、一応実際の目撃情報があるらしい世界の怪獣の分布図などが挿入されている。この本の「ネッシー対オクザス」という短編小説にはネッシーが登場するのだが、イラストを見てもらうと

『新・世界の怪獣』に描かれたネッシーの分解図

わかる通り「ネッシー骨格」なるもので体を支え、何百年も前から生き延びてきた秘密が詰まった「エネルギーぶくろ」を持つことにされている。このように、全くの怪獣として描かれている。

　もっともこの小説自体、荒唐無稽な冒険もので、３００メートルの水中を時速２００キロで航行する潜水艦「ナイト号」まで登場する。２〜３メートル先も見えないとされるネス湖の水中で、そんな速度を出すのは危ないだろ、などと突っ込みたい部分はあるが、この時代のおおらかな空気を表しているのであろう。

　ジャガーバックス『なぞの怪獣大図鑑』（風林順平、１９８１年）になると、話をあまり盛らずに報道内容を書く（ただしそれが事実とは限らない。また読み物的な誇張はあるだろう）、写真を多用しイラストもいかにも怪獣っぽいものではなく、あくまで未確認動物だけを扱うなど、現在のＵＭＡ本に近いテイストになっている。情報やカット、イラストのセンスが古く感じられる以外、書

かれている内容は至極真っ当である。

イラストといえば、昭和40年代から平成初期頃に発売された怪獣児童書と現在の児童向けＵＭＡ本では明確に方向性が異なる部分がある。昭和のＵＭＡ本（たとえば『新・世界の怪獣』）がウルトラマンの怪獣紹介本や劇画の影響を受けているのに対し、現在のＵＭＡ本はカードゲーム的な「能力の数値化」を行なう傾向がある。

たとえば『ＵＭＡ未確認生物大図鑑』（西東社、２０１４年）では生息地を「山タイプ」「街タイプ」などタイプに分け、凶暴度を5段階評価（人を襲ったとされるミシガン・ドッグマンは5、スカイフィッシュは1である）し、攻撃方法もゲームで戦うときのように設定されているなど、完全にカードゲームのキャラクターである。

『大迫力！世界のＵＭＡ未確認生物大百科』（西東社、２０１６年）や『図解大事典　未確認生物ＵＭＡ』（新星出版社、２０１８年）なども同様の趣向が凝らされている。イラストもフルカラーで、猛々《たけだけ》しく身を踊らせるポージングもカードゲームのようだ。

『大迫力！世界のＵＭＡ未確認生物大百科』に至っては、かっこよさを重視するあまり元々の目撃証言から逸脱しているイラストもある。スカイフィッシュには漫画に登場する怪獣のような顔がついているし、「コブ」が目撃され「大ウナギ説」がある池田湖のイッシーは「コブのあるウナギの怪獣」として描かれている（間違っているわけではないが）。

もっとも、私自身以前コンビニ売りのオカルト本用にＵＭＡのイラストを描いたこともあるし、カードゲームの怪獣を描いたこともある。厳密に目撃証言通りに描かなくてもよい、とにかくカッコよく描こうとすると、やはり、その時代にかっこいいとされるもの（私の場合はロールプレイングゲームのモンスター）を参考にするだろう。

最近ではＹｏｕＴｕｂｅに代表される動画サイトに、次々に未確認動物の動画がアップされているが（たとえばＭｙｓｔｅｒｉｏｕｓ Ｃｒｅａｔｕｒｅｓなどで検索していただきたい）、その多くは３ＤのＣＧ

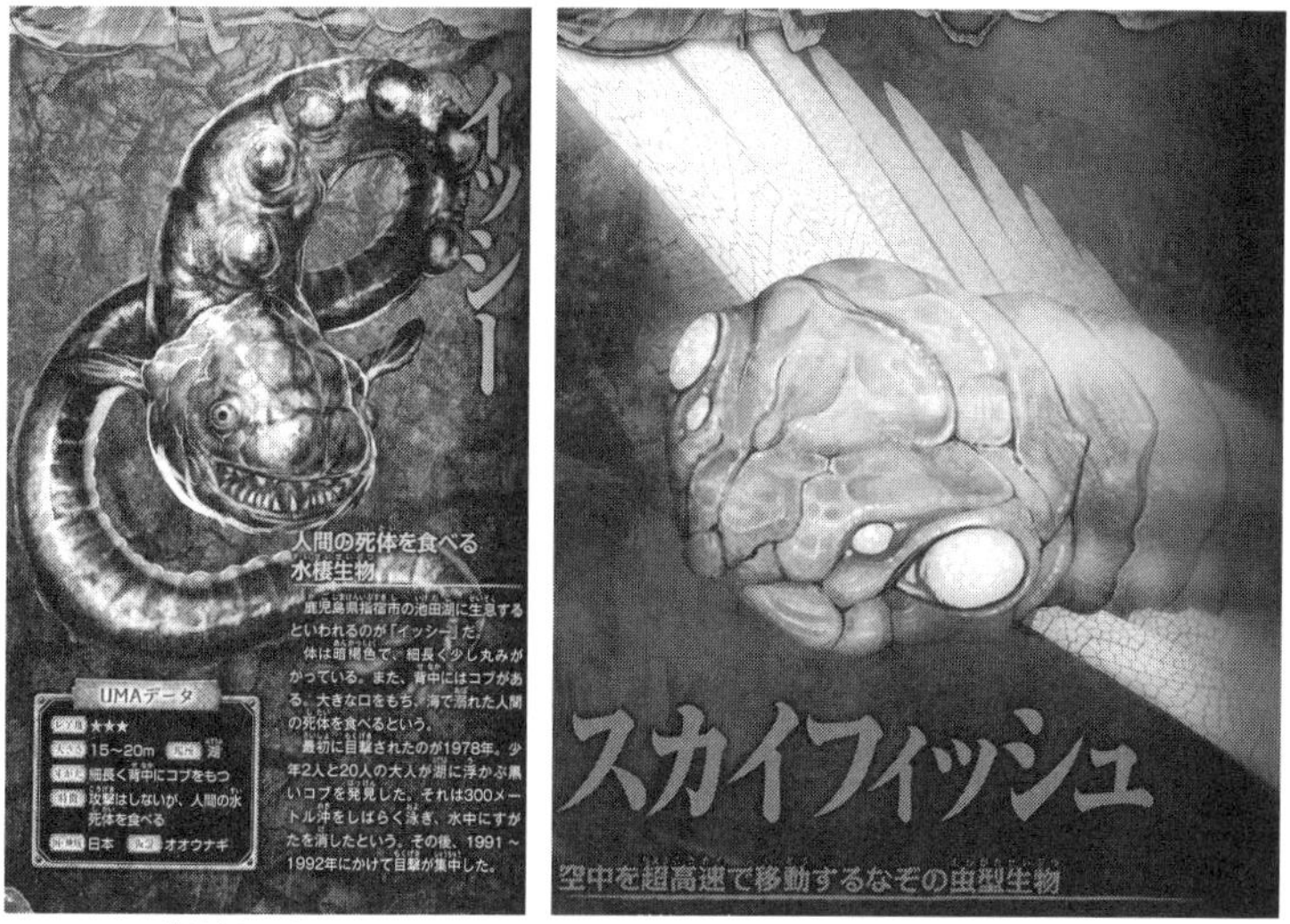

『大迫力！世界のUMA未確認生物大百科』に描かれたイッシーとスカイフィッシュ

や、逆に怪物が映った途端に（まるではっきり撮影してしまうことを避けるかのように）映像がぶれるなど怪しすぎる映像で、とても信憑性があるとは言えない。

もっとも、よくできたものもある。

たとえば、2008年にイギリスで撮影された、とされる映像「Creepy fairy insect」がある。これは、子供たちが木に止まった虫らしきものを見つけ、近寄ってみると羽ばたいて飛び上がるが、それは人間の形をしていた、というものである。

羽音が後付けっぽかったりして本物の映像だとはとても思えないが、昔は実写の風景に飛び回る妖精を合成して、本物そっくりに見せるなどアマチュアレベルでは不可能だった。現在では光の当たり方まで計算された3DCGキャラクターを実写映像に合成することも、パソコンの専用ソフトと技術があれば個人レベルでもできてしまうのだ。

そうやって作った映像をさらに動画投稿サイトで拡散できてしまうのも大きな特徴だろう。これにより大手の商業メディアで取り上げてもらわなくても、個人レベルでどんどんＵＭＡ動画を投稿できてしまう。やがてその中からネッシーや雪男のようなメジャーな定番ＵＭＡとなるものも現れるかもしれない。

２０００年代はじめに話題になった「南極のニンゲン」などはネット掲示板の怪しい書き込みから始まっており、設定上は海の怪物だが、事実上ネットの中で生まれた怪物と言えるだろう。

このようにＵＭＡの扱いや登場の仕方は時代によって変化している。だが、それでも変わらないものがある。記事や映像で、「ついに捕獲された！」「決定的な証拠入手！」「撮影された最新映像はこれだ！」などとどんなに煽っても、ＵＭＡが実際に捕獲されることはないということである。

新しい時代は、我々に本物の生きた怪獣を見せてくれるだろうか。


［参考文献］

『ネッシーはそこにいる　ネス湖国際探検隊の記録』（康芳夫、浪曼）

『ＵＭＡ事件クロニクル』（ＡＳＩＯＳ、彩図社）

『世界ＵＭＡ大百科　ムー特別編集』（学研）

『雪男　ヒマラヤ動物記』（林寿郎、毎日新聞社）

『山の文化とともに』（斎藤一男、アテネ書房）

『新・世界の怪獣』（中岡俊哉、秋田書店）

『おおむかしのどうぶつ』（学研）

『なぞの怪獣大図鑑』（風林順平）

『ＵＭＡ未確認生物大図鑑』（西東社）

『大迫力！世界のＵＭＡ未確認生物大百科』（西東社）

『図解大事典　未確認生物ＵＭＡ』（新星出版社）

その他、『朝日新聞』『毎日新聞』『読売新聞』など

# 超古代文明と失われた大陸ブーム

藤野七穂

## 〈秘境ブーム〉から出現した「失われたムー大陸」

1968年（昭和43）3月はじめ、1冊の本が店頭に並んだ（奥付の発行日は3月8日）。

かつて太平洋のど真ん中に存在し、1万2000年前に海中に沈んだという巨大な大陸の話だった。『失われたムー大陸』と題されたその本の著者はジェームズ・チャーチワード、訳者は小泉源太郎《こいずみげんたろう》、とクレジットされているものの、コピーライトの表示はなく原題も表記されていなかった。装訂はB6判角背、ハードカバーだったが、それほど凝ったものではなかった。だが、本書は売れ、ロングセラーとなったのである。

発行元の大陸書房株式会社（311ページ参照）は、1967年12月19日資本金100万円（のち400万、800万と増資される）で、台東区柳橋に設立された新興出版社だった。社長・出版代表を竹下一郎、編集代表を佐竹正行、営業代表を石田蕃とし、従業員6名での船出だった（『出版年鑑　1970年版』）。社名はもちろん、「ムー大陸」から取られた。

同社は1968年中に、『失われたムー大陸』を含めて16冊の本を刊行する。その1冊は『幻のレムリア大陸』（ルイス・スペンス〈浜洋《はまひろし》訳〉）であり、その他もたとえば、『アンコールの廃墟』（R・J・ケーシー〈内山敏《うちやまつとむ》訳〉）、『アラビア遊牧民』（W・B・シーブルック〈斎藤大助《さいとうだいすけ》訳〉）、『未開人のエロス』（白川竜彦《しらかわたつひこ》）、『密林の奇談』（南洋一郎《みなみよういちろう》）、『首狩り族の世界』『喰人族

『ノンフィクション・マガジン　世界の秘境シリーズ』第59集。第一特集「『失われた大陸』の謎」とある。

の世界』（以上、篠田《しのだ》八郎《はちろう》編）というラインナップが並んでいた。ここからうかがえるのは、大陸書房の企画は〈秘境ブーム〉の流れに棹さすものだったということである。そして社長の竹下一郎氏（１９２６〜）には、「売れる確信」もあっただろうと思われる。

　というのも、『首狩り族の世界』『喰人族の世界』の編者である「篠田八郎」は大陸書房の創立者・竹下一郎氏の筆名だった（号に「苔石《たいせき》」がある）。竹下氏は元・双葉社の編集者で、月刊雑誌『別冊実話特報』（１９５９年４月〜１９６３年11月）や『ノンフィクション・マガジン　世界の秘境シリーズ』（１９６２年４月〜１９７２年８月）を創刊している。

　確認できたものでは、『別冊 実話特報 第24集 これが暗黒大陸だ！』（１９６０年）で、深水達夫「ナンマトル海底に眠る『黄金帝国』」を掲載し、『世界の秘境シリーズ』第11集・２巻２号（１９６３年11月）で「『失われた大陸』を求めて」、第59集・５巻２号（１９６７年２月）「『失われた大陸』の謎」、第98集・11巻１号（１９７２年10月）「『失われた大陸』を再現する」を特集している。『世界の秘境シリーズ』の第98集を除いて、竹下一郎氏が手がけたものだ。このうちには竹下氏みずから執筆したものがあり、自著（「篠田八郎」名義）『世界の秘境Ⅲ』（大陸書房、１９７０年）には、第11集に載せた「『失われた大陸』を求めて」のムー・アトランティス・レムリア大陸の３本をそっくり収録している。なお同号にはのちに『ムー大陸の世界』（大陸書房、１９７８年）を書くことになる、白上英三《しらがみえいぞう》（筆名は陽徳《ようとく》・一空軒《いっくうけん》。１９２１〜２００１）も寄稿していた。

　竹下一郎氏は大陸書房創立前から学習研究社（現・

学研プラス）の学年誌（学習雑誌）『中学二年コース』等に戦記読物やオカルト記事、通俗歴史雑誌『歴史読本』（人物往来社→新人物往来社）に「秘境のレポート」（１９６４～65年）「秘境探検人物誌」（１９６６～67年）などを連載していたが、１９６６年5月号に寄稿した「アマゾンに消えたＰ・Ｈ・フォーセット大佐」では「秘境研究家」という肩書きを使っていた。田《た》中聡《なかさとし》氏のインタビューには自分が秘境ブームの仕掛け人だと豪語していたほどである。

倒産前の八谷政行《やたがいまさゆき》時代の人物往来社（１９６８年、友人の実業家・菅貞人《かんていじん》が経営を引き継ぎ「新人物往来社」となる）では顧問だったらしい。67・68年に「秘境探検シリーズ」「世界冒険シリーズ」の刊行を始めた山王書房は、竹下氏が顧問時代につくった会社だったという。同書房は、黒沼健（本名・左右田道雄《そうだみちお》。１９０２～85、３８９ページ参照）編で『世界残酷物語』『世界の埋宝』、黒沼の単著『霊と怪奇の世界』『世界の神々と性』（以上、１９６７年）も刊行している。当然、竹下氏と黒沼は面識があった。『世界の埋宝』「失われた大陸と国家」では、「ムー大陸」「アトランティス大陸」を扱っている。

## 黒沼健・ジュニアノンフィクション・学年雑誌

竹下一郎氏以上に「失われた大陸」モノを書いたのは、黒沼健だった。

『朝日新聞』に「怪奇ものがたり〝ムー大陸〟の謎（上・下）」（１９６１年11月4日・11日夕刊）、「ムー大陸」（１９６４年1月15日朝刊）を寄稿。その間の１９６３年公開の映画『海底軍艦』（東宝制作・12月22日公開）のパンフレットにも「ムウ大陸の謎を探る！」を執筆している（『海底軍艦パンフレット』東宝事業部出版課、１９６３年12月22日）。本来、押川春浪《おしかわしゅんろう》（方存《まさあり》。１８７６～１９１４）の原作小説「海底軍艦」シリーズ（『海島冒険奇譚　海底軍艦』１９００年など）には発表年度からいっても、「ムウ帝国」が出てくるはずはない（原作の敵役は露西亜《ロシア》だった）。63年当時、ムー大陸がすでに人気でこれを取り込んだものだったのだろう。『古代大陸物語』（新潮社、１９６３年）、『超古代大陸レムリア』（新潮社、１９６７年）、ジュニアノンフィクションでも『消えた大陸のなぞ』（上矢津《かみやしん》絵。偕成社、１９７０年）を出している。大陸書房版『失われたムー大陸』刊行以降にも、『失われた古代大陸』（新潮文庫、１９７３年）などを書き、書名に「大陸」を出さなくても収録作には「大陸モノ」もあった。

偕成社の「少年少女世界のノンフィクション４」（全24巻）『消えた大陸のなぞ・ピラミッドの秘密』（１９６９年５月）は、ジェームズ・チャーチワードの『失われたムー大陸』と考古学者ハワード・カーターの『ツタンカーメンの墓』の２冊を１冊にした本である。翻訳は、児童文学の作家で翻訳家の亀山竜樹《かめやまたつき》（１９２２～80）。別の本との抱き合わせ翻訳のため、大幅な抄訳とはいえ、大陸書房で刊行された翌年に同じ本を翻訳できたのかは謎である。

日本宇宙飛行協会副会長を務めた朝日新聞記者で科学評論家・日下実男《くさかじつお》（１９２６～79）も「失われた大陸」のことをよく書いていた。大日本図書「ものがたり百科」の１冊『世界の七ふしぎ』（１９５７年）で「ムウ大陸」を紹介したが、６年後の偕成社版「目で見る児童百科15」の『世界のふしぎ』（１９６３年）でも「ムウ大陸」や「アトランティス物語」を書くという具合である。偕成社版の前年には児童書ではないが、「ハヤカワ・ライブラリ」の１冊、『地球物語――地球の生成から消滅まで』（早川書房）で、「消えた大陸――ムウ」「アトランティス大陸の伝説」を書いており、その後も77年まで児童書などで「ムウ大陸」や「アトランティス大陸」を書き続けている。

講談社の学習雑誌『たのしい四年生』第15巻第５号（１９５９年８月）は、清水勝「ミュ大陸の最期」を、小学館の少年誌『ボーイズライフ』第４巻第７号（小学館、１９６６年10月）は、斎藤守弘《もりひろ》・白上英三「図解特集 ナゾの大陸 ムー大陸、アトランティス大陸のナゾを、徹底的に追求!!」を掲載した。

大陸書房の「失われた大陸」モノが成功する素地は、すでに十分にあったのである。

## ソ連系「失われた大陸」本の流入

当初、「ノンフィクション・シリーズ」と称していたものの、1972年2月時点の広告では、ジェームズ・チャーチワード『失われたムー大陸』(小泉源太郎訳、1968年)・『ムー大陸の子孫たち』(小泉源太郎訳、1970年)・『ムー大陸のシンボル』(小泉源太郎訳、1970年)、ルイス・スペンス(1874〜1955。浜洋訳)、『幻のレムリア大陸』(小泉源太郎訳、1968年)、L・ザイドレル『アトランチス大陸』(中山一郎《なかやまいちろう》訳、1969年)、ユールゲン・シュパヌート『北海のアトランチス』(林剛至《つよし》訳、1969年)、N・F・ジロフ『アトランチス大陸研究』(伊藤清久《きよひさ》訳、1971年。77年9月新装特製版刊)で「『失われた大陸』7部作」と称しているが、翌年にはA・コンドラトフ『失われた大陸群』(1972年)を加えて「8部作」とし、それ以降はトニー・アール『ムー文明の発掘』(中山一郎訳、1972年)を加え、「失われた大陸シリーズ」となった。このほか、「失われた文明」「日本古代文明」「四次元」「奇談」「ショッキング」「知られざる世界」などのシリーズ分けがなされるほどの出版点数となったが、1976年9月期には約750万円の欠損を出すが、これは「四次元シリーズ」の売上げ不振のためだった。

しかし、大陸書房だけが「失われた大陸モノ」を独占的に出していたわけではなかった。大陸書房版『失われたムー大陸』は大陸名「ムー」を書名(およびサブタイトル)にもつはじめての本だった

1980年12月の25版『失われたムー大陸』書影。少なくとも3版(刷)まではハードカバーだった。

『幻のレムリア大陸』ハードカバー再版本書影。本書もその後、並製のカバー装に変わる。

が、「レムリア（レムリヤ）」についてはすでに紹介したが、黒沼健による『超古代大陸レムリア』（新潮社、1967年）が『幻のレムリア大陸』に先行する。「アトランティス（アトランチス）」に関しては、エドガー・ケイシー＋L・W・ロビンソン『沈没大陸アトランティス』（吉岡恒《よしおかつね》・井田《いだ》仁《ひとし》・加藤頴子《ゆうこ》訳、サカイ・ブックス社、1961年）が早く、ついでE・B・アンドレーエヴァ『失われた大陸――アトランティスの謎』（清水邦生訳、岩波新書、1963年）が続くのである。

もちろんこれは、書名と副題のみに依拠したもので、内容的に「失われた大陸」を扱ったものは明治時代から存在する。しかし、書名（およびサブタイトル）にうたうということは、大陸名が定着し、逆に訴求力をもつと判断されたからとはいえるだろう。

ところで、アンドレーエヴァの『失われた大陸』の原書は、旧ソ連のロシア共和国で刊行された児童書だったが、1960年代末から80年代にかけてなぜか、多くのソ連系の「失われた大陸」「超古代文明」書籍が日本に流入したという見逃せない事実がある。代表的なものをあげると、A・M・コンドラトフ『沈黙の古代文明』（中山一郎訳、大陸書房、1969年）をかわきりに、Y・グリーエフ「黒海のアトランチス」を収録したM・アグレスト他『世紀の秘密』（小泉源太郎訳、大陸書房、1970年）、N・F・ジロフ『アトランチス大陸研究』（伊藤清久訳、大陸書房、1971年）、A・ゴルボフスキー『失われた文明』（中山一郎訳、講談社現代新書、1972年）、A・コンドラトフ『失われた都市・島・民族』（中山一郎訳、講談社現代新書、1974年）などである。

上智大学教授・三浦一郎は、豊田有恒《ありつね》氏（SF作家）・南山宏氏（超常現象研究家）との座談会のなかで、アトランティスは「理想国論ですから、形を変えた体制批判もできるし、そういうことの探求は、あまり直接の政治体制批判にもなりませんよね。それで、ソ連で多いんじゃないかと思う」と発言している（「ミステリー・トーク　アトランティスと邪馬台国」）。

それに対して科学技術史家・阿基米得《あきよねと》氏は、イグネイシャス・ドネリーやヘレナ・ブラヴァツキー、ルドルフ・シュタイナーといった神智学・人智学者の「神秘学的超古代展望に対する最も先鋭的な反動」として出てきたのだといっている。ソ連の唯物論とは相いれず、ソ連では構造地質学が主流となっており、構造地質学は水没大陸の可能性を否定しないのだという（阿基米得「失われた大陸全調査　神智学・人智学篇」）。

1973年のベストセラー小説、小松左京『日本沈没』（光文社）では、プレートテクトニクス理論でヴェーゲナーの大陸移動説を説明していたが、一般的な認知度はまだ低かった。ソ連の構造地質学もプレートテクトニクスではなかったらしい。地球科学者のN・F・ジロフなどは歴史学・考古学・地球物理学など専門細分化した諸科学を再統合した総合科学としての「アトランティス学」を提唱していた。プレートテクトニクスによれば、地球を隙間なく覆うプレート（剛板。20枚ほど）に乗った大陸は、分裂・移動することはあっても、水没することはない。プレートテクトニクス理論が一般化する前に、肯定的なソ連系「失われた大陸」論が入ってきていたことが、日本での古代ロマンとして定着させるのに寄与したと考えられる。

## デニケン・インパクト

もうひとつ、「超古代文明」「失われた大陸」人気の定着を加速させた追い風が、1960年代末に海外からもたらされた。世界でまたたく間に900万部を売り尽くしたというベストセラー本、エーリッヒ・フォン・デニケン『未来の記憶——超自然への挑戦』（松谷健二訳、早川書房、1969年8月15日）が、「ハヤカワ・ライブラリ」の1冊として翻訳刊行されたのだ（原題を「神々の戦車」とする者があるが、独語版『Erinnerungen an die Zukunft』〈1968年〉が原書だから、「未来の記憶」で正しい。「神々の戦車」は英訳版『Chariots of the Gods?』〈1969年〉の翻訳である）。

本書は世界各地に残る古代文明の遺産（遺跡・遺物）

にまつわる謎について、「宇宙人」の介在を導入することで、回答を与えようとするものだった。「宇宙考古学《アストロ・アーケオロジー》」（もとはＣＢＡの造語のため、近年では「古代宇宙飛行士説《エンシェント・アストロノーツ・セオリー》」と呼ばれることが多い）という学問（？）を広めるとともに、タッシリ・ナジェールの壁画、パレンケの石棺のレリーフ、ナスカの地上絵、イースターのモアイ像など各地の古代遺跡・遺物への関心を改めて呼び起こしたと考えられる。しかし、早川書房版は売れず、初版止まりだった。原書に図版類がなかったとはいえ、写真がもつ意味を軽視したのは営業戦略上も内容を理解してもらううえでも失敗だった（松谷健二も『太古の宇宙人』の訳者あとがきで認めている）。当時写真は、本を売るためには現在では考えられないほどの意味があったのである。

これは時代背景を考えると理解できなくもない。敗戦後禁じられていた海外渡航が自由化されたのは、１９６４年４月のことだった（ＯＥＣＤの勧告に従って実施された外為規制の緩和措置）。自由化されたといっても一般人の海外旅行には高額な費用がかかったため、あらかじめ積み立てでもしていないと無理だったのである。

ＪＴＢ総合研究所ホームページ掲載のコラム、黒須宏志「海外渡航自由化50周年に向けて」によると、１９６４年４月８日発の旅行倶楽部のハワイ旅行団の場合、７泊９日で36万４０００円（全日食事付）の旅行費用がかかったとされる。これは当時の大卒新入社員の１年半分の給料分に相当する額だという。それでも行く人がいたということは、当時の国民の間には海外見聞に強い関心があったことを物語る、というのが黒須氏の分析である。

１９９０年代に20万円前後で頭うちになる大卒新入社員の初任給は、２０１２年（平成24）のデータで20万１８００円。これを18倍（１年半分）すると３６３万２４００円となる。観光地ハワイでこの金額である。ムー大陸の遺産とされた、イースター島やポナペ島（ポンペイ島。ミクロネシア連邦のポンペイ州に属する）、ナスカの地上絵を見に行くにはまだまだハードルは高かったのである。したがって大半の人

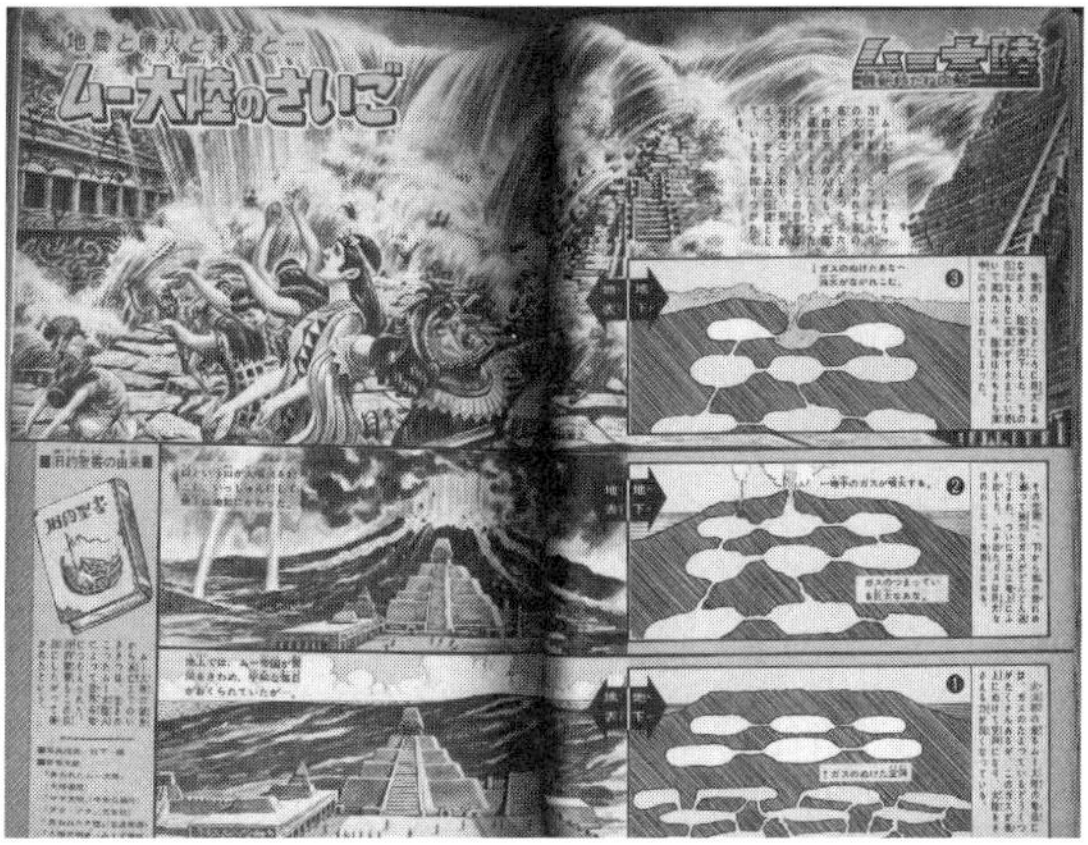


『少年マガジン』1968年5月26日号のカラーグラビア「海に消えたムー大陸」より

は、チャーチワードの本やデニケンの本で各地の古代遺跡に想いをはせるしかなかったわけである。

　こうした事情を鑑みたのかわからないが、大陸書房版『失われたムー大陸』の初版には、じつは巻頭に12ページにおよぶ口絵が付けられていた。「イースター島の巨人像」4ページ（カラー）＋太平洋の遺跡群8ページ（モノクロ）の組み合わせだった。「イースター島の巨人像」部分は、1967年12月にチリの首都サンチャゴ（サンティアゴ）から月1便で就航したランチリー航空を利用してはじめて日本人カメラマンが入島して撮影したモアイ像などが掲載されていたのである。

　1968年5月26日号の漫画雑誌『少年マガジン』（講談社）で大伴《おおとも》昌司《しょうじ》が構成したカラーグラビアの第1回は「海に消えたムー大陸」だった。資料を提供したのはもちろん竹下一郎氏で、出来上がりには竹下氏自身も驚いたらしい（「日本出版史『土人本』のすべて」）が、カラーグラビアには7体のモアイ像が横に並んだ、大陸書房版口絵と同じ写真が再使用されていたのである。

　また、『藝術新潮』（新潮社）は1973年4月号で「アトランティスの謎を解くサントリーニ島の発掘」を第一特集としているが、エーゲ海に浮かぶサントリーニ島の崖や遺跡から出土した華麗な壁画を「原色版・アート写真版」（カラー）で載せていた。サントリーニ島では１９６７年からサントリーニ島＝アトランティス説の提唱者、マリナトス教授を中心とするギリシャ考古局による発掘が進められていたのだ。

同時期にデニケンの第2弾、第3弾『星への帰還――地球人はいかにして生じたか』（１９７１年）、『宇宙人の謎――人類を創った神々』（１９７４年）が金森誠也訳で角川文庫から刊行されたが、口絵や図版が入っていた。１９７４年10月には早川書房版の『未来の記憶――超自然への挑戦』が『未来の記憶』に改題され、角川文庫に入ったが、この際新たに口絵や文中の図版が加えられている。ついで、『奇蹟――世界を震撼させる奇現象』（１９７５年）が松谷健二訳で角川文庫に加わり、第5弾の『太古の宇宙人――太古に地球を訪れた宇宙人』（松谷健二訳。１９７６年）から単行本ハードカバーとなった。

『太古の宇宙人』は4冊目の著作だったが、『野性時代』１９７５年5月号に4分の3が掲載されての単行本化であった。本書は第1弾～3弾までの総集編的内容で、「オーパーツ」のカラーを含めて多くの写真が載せられている。

この間１９７３年7月～74年4月には、英訳版『Chariots of the Gods?』が『コズモＵＦＯと宇宙』（コズモ出版社）に「神々の戦車」の邦題（久保田八郎訳）で連載され、75年6月の同誌12号にもデニケン「古代の天空人」が訳載された（久保田八郎訳）。

西ドイツでは、デニケンの『未来の記憶』『星への帰還』をもとに構成されたハロルト・ライン監督・脚本による記録映画（93分）も製作された（１９７０年製作）が（日本未公開）、１９７４年12月には短縮版（55分）が日本で公開された。山本佳人《よしと》（ＣＲＣ〈宇宙研究協会〉代表）と高坂勝巳による講演会のちらし（有江富夫氏蔵）によると、「宇宙考古学―古代文明・ＵＦＯの謎をとく」という講演会が１９７５年（昭和50）6月7日（土）15時から20時まで渋谷のエキビュラスで行われている。デニケンの映画『未来の記憶』上映との抱き合わせで、「古代遺跡に残る宇宙交流（宇宙人飛来）の跡をたどる」との惹句があるので、古代宇宙飛行士説の紹介であったことがわかる。山本は「聖書に登場する宇宙人」、高坂は「古代文明と宇宙人」と題して講演したようだ。

おそらくデニケンが日本で売れるようになったのは、70年代半ばになってからだろう。１９７５年12月には日本映像センターの招きでデニケン本人が来日した。２週間（12月13日～21日）ほど滞在し、青森の亀ヶ岡遺跡、飛鳥の石舞台などの古代遺跡や資料館などを訪れたが、日本での自著の売れ行きを気にしていたらしい。

日本は当時、ＵＦＯなどのオカルトブームだったためか、「宇宙考古学」はＵＦＯ事象を補完するものと捉えられた節がある。『週刊読売』34巻21号（読売新聞社、１９７５年5月）は週刊誌では異例ともいうべき、26ページの「空飛ぶ円盤の研究」特集を組む。「デニケンの円盤思想」という記事が載っているから、明らかにデニケン人気を当て込んだ特集だろう。「旧約聖書と円盤来訪」「日本の古典にみる円盤」（以上無署名）、「ＵＦＯと古代科学」（黒沼健）などは、「宇宙考古学」に通じるものがあるが、現代のＵＦＯの話題との抱き合わせだった。

デニケン自身は来日時のインタビューでも、ＵＦＯ自体の存在は否定しなかったものの、２５００年前に来たのなら現代でも来ているのでは、との問いかけに対しては「ナイン！」（ドイツ語で「いいえ」の意味）と明確に否定していた（『読売新聞』75年12月23日朝刊）。デニケンはふだんは英語でゆっくり話すが、興奮してくると母国語のドイツ語が出るらしい。

## デニケン以後の「超古代文明」「失われた大陸」

デニケン登場以降、「超古代文明」「失われた大陸」は雑誌・ムック・単行本でも共存するケースは多くなる。

たとえば、Ａ5サイズの月刊雑誌『文藝春秋デラックス』1976年7月号は「古代遺蹟とUFOの謎」を特集する。小泉源太郎「古代異星人説の歴史」や宇野千代のエッセイ「デニケンに魅せられて」を載せるほどデニケン説を意識したつくりだったが、カラー口絵ではエジプトのピラミッド、ナスカの地上絵、インカ帝国、イースター島のモアイ像を取り上げ、読物の斎藤守弘（412ページ参照）「世界の珍説・奇説ベスト5」には古代日本のピラミッドや熊野の〝万里の長城〟猪垣《ししがき》まで紹介していた。

また同時期にはサンポウジャーナルが『産報デラックス 99の謎』の歴史シリーズ・自然シリーズを創刊した。歴史シリーズは「古代文明」モノの頻度が高く、『消えた文明 古代遺跡からのメッセージ』（1977年1月）、『インカ帝国——黄金の秘密都市を追って』（1978年2月）、『ピラミッドの秘密——古代文明の壮大なドラマを解明する』（1978年4月）といった具合だった。

『消えた文明 古代遺跡からのメッセージ』では、金子史朗氏がアトランティスを担当していた（金子氏は1973年に『アトランティス大陸の謎』〈講談社現代新書〉を上梓していた）。1978年8月の『アトランティス 徹底解明！謎の大陸は実在したか』は1冊がまるごと「アトランティス」特集だった。とくに「アトランティス＝サントリーニ島説」にフィーチャーしていた。

産報デラックスよりも先にサントリーニ島の現地取材を敢行したのは、先の『藝術新潮』1973年4月号である。同号に高橋睦郎「彼方なるアトランティス」、馬場恵二「サントリーニ島の遺跡を訪ねて」が載っている。

ついで、男性誌『GORO』（小学館）だった。本誌は1974年の創刊以来、たびたびオカルト記事を掲載していたが、同誌の売りは現地取材であり、UFOモノでは南山宏氏が、超古代文明ではSF作家の荒巻義雄氏が活躍していた。77年9月8日号は「地中海でアトランチス文明の痕跡を発見」を掲載（6ページ・カラー）。78年には荒巻氏の責任編集で『GOROデラックス 特写・謎の地球文明——超古代文明の驚異を解く』（小学館）が刊行された。創刊15年の間に海外取材で撮りためた写真がふんだんに使われている。

1978年末には、27万ドルの編集費をつぎ込んだという本が、寺《てら》田《だ》和夫《かずお》監修で、『世界最後の謎――失われた文明を求めて』（日本リーダーズダイジェスト）として刊行された。フランスで刊行されて好評を博したものの日本語版だった。「第1章　伝説の地を求めて」以下5章建てで、アトランティス、ストーン・ヘンジ、イースター島の巨人像、ピラミッド、ナスカの地上絵などが総まくりされ、「補章　宇宙からの訪問者？」として「宇宙人来訪説」が取り上げられている（巻末には本文で網羅できなかった世界中の古代文明遺跡の国別事典）。これは「宇宙考古学」が無視できないほど流行していたことの証左だろう。

1979年は「失われた大陸」「オカルト」史にとって記念すべき1年となった。

まず2月15日には、竹内均東大教授（当時）を団長とする「ムー大陸調査団」一行15名が成田空港からポナペ島（ミクロネシア連邦のポンペイ島）に向かっている（『読売新聞』1979年2月15日夕刊「話の港」欄）。2週間ほどの予定で、ムー大陸の首都ともいわれるポナペ、クサイエ島の巨大な石造建築物を調査し、他の島から巨石が運びこまれたものかを調べるためカヌーによる漂流実験も試みるというものだった。同年5月10日号と5月24日号の男性誌『GORO』（小学館）には、「ムー大陸調査団」の密着レポートが掲載されている。

5月末には『UFOと宇宙』誌の臨時増刊として、『不思議世界百科'79』（ユニバース出版社）が刊行された。「妖精」以下21の項目が立っているが、そのなかには「古代遺跡」「ピラミッド」（武内裕）、「失われた大陸」（安達基夫）が並んでいる。

1979年8月28日には、フジテレビ系で「幻の海底王国　ムー大陸はここだ！」が放送された。夜8時から1時間24分の番組で、ムー大陸仮説に従ってハワイからタヒチ、サモア、ポナペなどの島々をヨットで3か月かけて巡り、ムー大陸の痕跡を探そ

『読売新聞』1979年8月28日付朝刊テレビ欄の広告。同日の『朝日新聞』「試写室」の番組評では「ムーについて、決定的な発見があったわけではない。『ムー大陸はここだ！』というタイトル、テレビの常とはいえ、いささかオーバー」とある。

うとするものだった。これに連動したのが、『月刊プレイボーイ日本版』11月号から始まった連載「ラ・ムー」である（ムー大陸大航海の同行取材記事で、翌年6月号まで続く）。

さらに1979年9月には『高2コース』10月号（学習研究社〈現・学研プラス〉）の附録として、『ムー』がプレ創刊、翌月実際の創刊号（11月号）が刊行される（発売日は10月9日）。総力特集は「異星人は敵か、味方か？」というすごいタイトルだった。創刊当初は現在より大判（A4判）で、現在と違い漫画（永井豪&石川賢「UFOから来た少年ムー」）も掲載していた。年齢層も『高2コース』から出たため中高生を意識してつくられていた。

3号総力特集でムー、5号で日本超古代史を取り上げたものの3万部ほどに落ち込み、売れ行きは良くなかったという。しかし、部数低迷を打破する起死回生となったのは、やはり超古代文明モノの威力だった。判型をB5判として内容も大人が読める科学的データを基礎としたものとして対象年齢を引き上げる一方、「『大推理』古代核戦争の謎」を中心にすえたのである。これがあたったということは、50年代・60年代のジュニア・ノンフィクションや学年誌でオカルト記事を読んで育った世代がすでに成長していたということだろうか。オカルトはもう大人が読むものになっていたのである。

## その後の「失われた大陸」「超古代文明」トピックス

『ムー』誌成立後は、『ムー』やその後簇生《そうせい》する競合オカルト雑誌が受け皿、もしくは発信源ともなり、『ＷＥＥＫＬＹプレイボーイ』などの週刊誌も関連記事を載せるようになっていく。

１９８０年代には「ペトログラフ」「古代核戦争」「日本のピラミッド」が注目された。１９８２年には、山口県・彦島《ひこしま》のペトログラフ（彦島杉田岩刻画）のシュメル文字解読が注目され、各地から同様のペトログラフ（岩刻文字。のちにはペトログリフ〈岩刻紋様〉）が報告されるようになる。

『ムー』第7号で総力特集された「古代核戦争の謎」はさらに22号において、「古代インド・人類最終戦争の謎」として再演される。そして第2号の総力特集記事に大幅に加筆のうえ、ムーブックスの1冊『人類は核戦争で一度滅んだ』（橋川卓也《たくや》＋Ｄ・Ｗ・ダヴェンポート＋Ｅ・ヴィンセンティ著・高橋良典監修。１９８２年11月）となるのである（装訂をかえて現在でも入手できる）。

続いて１９８４年からの「日本のピラミッド」ブーム。『サンデー毎日』のキャンペーンが大きいが、古田武彦・小松左京らが動員され、ピラミッド理論の根拠となった『竹内文献』や『上津文』『カタカムナ文献』などの「古史古伝」や日本の超古代史が改めて注目された。

１９９０年代には、「沖縄海底遺跡」、グラハム・ハンコックによる「神々の指紋」ブーム、ゼカリア・シッチンの宇宙考古学の再評価があった。

「沖縄海底遺跡」第1報は１９９５年正月1日の『琉球新報』だった。同紙は「与那国・謎の海底遺跡＝竜宮伝説を探る＝」「与那国にナゾの遺跡」の見出しで、「与那国島海底遺跡」の発見を報じた。

ハンコック本の上陸は１９９６年2月の『神々の指紋』上・下（大地《だい ち》舜《しゅん》訳、翔泳社）だった。訳者・大地舜氏の持ち込み企画だったらしいが、出してみるとデニケン以来の「超古代文明」ブームを巻き起こした。

１９９６年8月17日（土）と24日（土）の2週続

けてのＴＢＳ系『日立 世界・ふしぎ発見！』（夜9時〜同54分）での「徹底検証！超古代文明の謎・神々の指紋」と題して放送されたことも大きかった。この放送で『神々の指紋』の存在を知った人も多かったらしく、ブームを加速させたらしい（『創』１９９6年11月号）。ハンコック自身へのインタビューも流された（12月7日〈土〉にも『創世の守護神』に拠った特集を『日立 世界・ふしぎ発見！』で放送している）。

『神の刻印』上・下（田中真知訳、凱風社、１９９６年）、『創世の守護神』上・下（ロバート・ボーヴァルとの共著。大地舜訳、翔泳社、１９９６年）と立て続けに刊行され、近年の『神々の魔術――失われた古代文明の叡智』上下（大地舜訳、ＫＡＤＯＫＡＷＡ、２０１６年）までコンスタントに翻訳され、一部は文庫化・コミック化されている。

２０００年8月3日(木)〜27日(日)まで伊勢丹新宿店8階で、グラハム・ハンコック監修の「謎の超古代文明展」も開催されている（『毎日新聞』２０００年8月3日付夕刊）。ブームが本格化していることがうかがえる。『週刊ポスト』『Ｓａｐｉｏ（サピオ）』『週刊現代』『サンデー毎日』『ＢＡＲＴ』など雑誌類の露出も多い。

訳者だった大地舜氏は２００２年に、インドで9５００年前の海底遺跡の発見記事を書いたが（大地舜「世紀の大発見か、９５００年前のインド海底都市」『Ｙｏｍｉｕｒｉ Ｗｅｅｋｌｙ』9月8日号）、すでに与那国島、南米、エジプト、東南アジア……など世界各地に眠る古代遺跡を取材して『沈黙の神殿』（ＰＨＰ研究所、１９９９年）を出版していた。

ゼカリア・シッチン（１９２２〜２０１０）は、カスピ海西海岸にある、バクー（アゼルバイジャン共和国の首都）生まれ（パレスチナ）育ちのジャーナリスト・編集者である。アメリカ移住後に発表した『The 12th Planet（第12番惑星）』（１９７6年。邦訳『第10番惑星に宇宙人がいた』〈ごま書房、１９７７年3月〉）から始まる「The Earth Chronicles（地球年代記）」シリーズで、古代宇宙飛行士説を唱えた。シッチンはロンドン大学のカレッジで経済史の学位を取ったが、それ以前に古代ヘブライ語などを身に付けていたという。その語学力を活かしたシュメル粘土板の読解から、古代シュメル文化は、アヌンナキ（もしくはネフィリム）によって創造されたといい、太陽系に属する惑星・ニビル（第12番惑星）から来た種族がアヌンナキだと主張した。

　改めて注目されるようになったのは、94、95年に『謎の惑星「ニビル」と火星超文明』（北周一郎《きたしゅういちろう》編訳、学習研究社）、『人類を創成した宇宙人――ＮＡＳＡも探索中太陽系「惑星Ｘ」に実在するエイリアン』（竹内慧《たけうちけい》訳、徳間書店）が刊行されたあたりからだろう。95年9月に出た『神と人類の古代核戦争』上・下（北周一郎訳、学習研究社）でシッチンは、シュメル文明の滅亡は異星人アヌンナキが投下した「7つの恐怖の武器（核爆弾）」による「災いの雲（死の灰）」だったという新たな「古代核戦争」像を提示した。

　１９９８年11月には、シッチン仮説をフィーチャーしたムック『宇宙人超文明の謎――天界の神々と衝撃の真・古代史！』（学習研究社）も刊行された（並木伸一郎《なみきしんいちろう》監修）。シッチンは２０１０年10月9日に亡くなるので、日本では北周一郎氏による本書収録のロング・インタビューが最後（唯一？）のものだろう。資料としても貴重だ。

　学習研究社から『〈世界〉超文明大百科――太古に消えた高度文明の謎を追う』がムー別冊 mu specialとして刊行されるのは、１９８６年７月のこと。ムー特別対談として光瀬龍氏と南山宏氏が宇宙考古学について語っている。メインの「消えた世界の3大陸」は、アトランティス・ムー・レムリアが取り上げられ、他にモヘンジョ・ダロ、大ピラミッド、ストーン・ヘンジなどやオーパーツも扱い、「世界謎の遺跡と遺物」が巻末特集だった。

　本書は対談などを抜いて、ハードカバーのムーブックス『事典シリーズ7 超文明』（１９９２年3月10日）として出版されたが、89年4月には元版にカバーを付けて『世界超文明大百科』ムー・復刻版不思議百科シリーズ3となっている。

　１９９６年には岐阜県で、巨石遺構や岩刻文字（ペトログラフ）などを研究する民間団体「岐阜県超古代文化研究会」が発足したのも見逃せない。翌97年には県が「飛騨・美濃超古代マップ」を作成し、各市町村や観光施設に配布しており、県をあげて「超古代」を観光資源に活用しようとしていたらしい。1998年11月29日（日）にはグラハム・ハンコックが「超古代文化地域フォーラム山岡」（岐阜県山岡町）で「神々の指紋・その後　失われた文明を求めて」と題して講演している。

「神々の指紋」ブームは、デニケン旋風の二番煎じとの評もあるが、グラハム・ハンコックはデニケンと違って自身なんども来日し、与那国島海底遺跡を潜水調査し、2006年11月25日には山梨県富士吉田市に『宮下文献』を求めて訪れるなど精力的に活動しているため、いまも人気は健在である。

1990年代には話題にはならなかったが、未訳だったジェームズ・チャーチワードの『ムー大陸の宇宙科学』（1995年）・『同part2』（1997年）が中央アート出版社から刊行された（石原佳代子訳）。

2004年には有賀訓《あるがさとし》「短期集中連載　古代史最大の謎を追う！」が注目された。マルタ島文明＝アトランティスだという説だが、『週刊プレイボーイ』（集英社）11月3日号から6回の連載だった。

インターネットの普及により新説や発見が報じられてもすぐに元が割れて、賞味期間が短くなってしまった傾向がある。近年の話題はグヌン・パタン遺跡（インドネシア）やギョベクリ・テペ遺跡（トルコ）だが、今後も大きな発見、新説が登場することを期待したい。

［参考文献］

西義之「世界的デーニケン旋風の無気味――九百万部を売りつくして話題をさらった男デーニケンとは何者か」『現代』第7巻第9号（講談社、1973年9月）
白井祥平「海上に築いた大遺跡 ポナペ島の「ナン・マタール」」『科学朝日』第34巻第8号（朝日新聞社、1974年8月）
『地球ロマン 復刊Ⅱ号 総特集 天空人嗜好』（絃映社、1976年10月）
又井美恵子「エーリッヒ・フォン・デニケンの思考の世界」1・2『秋田経済大学・秋田短期大学論叢』第22号・『秋田経済法科大学・秋田短期大学論叢』第33号（秋田経済法科大学、1978年7月・1984年3月）
クリフォード・ウィルソン『神々の墜落』（酒匂真理子訳、大陸書房、1976年）
三浦一郎・南山宏・豊田有恒「ミステリー・トーク アトランティスと邪馬

台国」『歴史読本』第29巻第６号（新人物往来社、１９８４年４月）

阿基米得「失われた大陸全調査　神智学・人智学篇」『歴史読本』第29巻第６号（新人物往来社、１９８４年４月）

一柳廣孝編『オカルトの帝国――１９７０年代の日本を読む』（青弓社、２００６年）

飯田卓「昭和30年代の海外学術エクスペディション――「日本の人類学」の戦後とマスメディア」『国立民族学博物館研究報告』第31巻第２号（国立民族学博物館、２００７年）

一柳廣孝・横浜国立大学『現代日本における「オカルト」の浸透と海外への伝播に関する文化研究』（［一柳廣孝］、２００８～２０１０年）※科研費報告書、一柳廣孝氏提供

吉田司雄編『オカルトの惑星――１９８０年代、もう一つの世界地図』（青弓社、２００９年）

藤野七穂「アトランティス大陸の謎」「ムー大陸は実在したか？」『謎解き古代文明』（彩図社、２０１１年）

黒須宏志「海外渡航自由化50周年に向けて」ＪＴＢ総合研究所ＨＰ（https://www.tourism.jp/tourism-database/column/2014/02/overseas-travel-liberalization/）

大道晴香「一九六〇年代の大衆文化に見る「非合理」への欲望（２）「〈秘境〉ブーム」をめぐって」『紀要』第11号（蓮花寺佛教研究所、２０１８年）

博報堂ケトル・太田出版編『ケトル』第43号（太田出版、２０１８年６月）

大道晴香「雑誌『世界の秘境シリーズ』記事目録（１）創刊～第三〇集」『世間話研究』第26号（世間話研究会、２０１８年７月）

編集部Ｎ「創刊号40周年記念『ムー』クロニクル第０回～第４回」（『ムー』第40巻第１号～第４号（学研プラス、２０１８年12月号～２０１９年３月）

斉藤光政『戦後最大の偽書事件「東日流外三郡誌」』（集英社文庫、２０１９年）

白井祥平「ムー大陸にはせる夢」『アサヒグラフ』１９７３年５月18日号（朝日新聞社）

岩村次郎「遂に出た出版界の『大型倒産』大陸書房の〝崩壊の軌跡〟」『噂の真相』第14巻第10号（噂の真相、１９９２年10月10日）

翠霞生「大陸書房のおさらい　附録・オレンジ角川を探せ」『ピラミッドの友』第10号（丹後時報社、１９９４年３月）

藤野七穂「偽史と野望の陥没大陸」『歴史を変えた偽書』（ジャパン・ミックス、１９９６年）

久保隆志「『神々の指紋』大ヒットは究極の世紀末現象!?」『創』１９９６年11月号（創出版、１９９６年10月）

柏原精一「『神々の指紋』グラハム・ハンコック著１６０万部――虚飾と増量剤につかわれた『科学』」『論座』１９９６年11月号（朝日新聞社、１９９６年11月）

松本弥「超ベストセラー『神々の指紋』に異議あり」『諸君!』（文藝春秋、１９９６年12月）

浜本親伯「『神々の指紋』の嘘と砂漠の水分」『生産と技術』第51巻第４号（生産技術振興協会、１９９９年10月）

月刊地球編集部編『月刊地球』第22巻第２号「総特集・沖縄の海底遺跡（？）とその地殻変動」（海洋出版、２０００年２月）

庄子大亮「「失われた大陸」言説の系譜――日本にとってのアトランティスとムー」小澤実編『近代日本の偽史言説』（勉誠出版、２０１７年）

# スプーン曲げブームと二人の重要人物

本城達也

「スプーン曲げ」といわれるものがある。これはスプーンを超能力によって曲げるとされるものだ。

現在50代以上の方なら、懐かしいと思われるかもしれない。というのも、今から40年以上前の1974年3月から7月にかけて、日本では空前のスプーン曲げブームが起こっていたからである。

このブームには中心人物が二人いた。一人は、ブームのきっかけをつくったイスラエル出身の自称超能力者ユリ・ゲラー。

もう一人は、ブームを盛り上げ、終息に導くきっかけをつくったスプーン曲げ少年の関口淳《じゅん》君である。

彼らはどのように登場し、注目を集めたのか？ ブームはなぜ終息を迎えたのか？

それには膨大な数の視聴者を相手にするテレビと、注目の話題に反応する週刊誌が重要な役割を果たしていた。

本稿では、それらについて順を追って明らかにしていきたい。

## スプーン曲げブームの火付け役、ユリ・ゲラーの登場

日本でユリ・ゲラーが初めて紹介されたのは、1973年の暮れだった。超常現象研究家の志水一夫（1954〜2009）によれば、紙媒体では1973年12月1日発行の『テレパシー研究』誌が最初にな

るという。同誌では、研究家の井村宏次《いむらこうじ》（４４３ページ参照）による記事「現代の超能力者たち①――ユリ・ゲラー」で紹介されていた。

また、テレビでは同年12月24日放送の深夜番組『11ＰＭ』（日本テレビ）にて、インタビュー映像が放送されていた。

その後、ユリ・ゲラーが初来日するのは１９７４年の2月21日である。翌22日には記者会見が開かれ、24日には『木曜スペシャル』（日本テレビ）の収録、25日には『11ＰＭ』に再出演している（離日は26日）。

## 大きな注目を集めた『木曜スペシャル』

そうした中、大きな注目を集めることになったのが、１９７４年3月7日に放送された『木曜スペシャル』である。番組のタイトルは、「驚異の超能力!!世紀の念力男ユリ・ゲラーが奇跡を起こす!」。

この番組では前半、2月の来日時に東京のスタジオで事前収録されていた映像（透視とフォーク曲げ）が流され、後半は目玉企画として生中継があった。

放送当日、ユリ・ゲラーはカナダに滞在していたが、そのカナダと日本を生中継で結ぶというのである。ユリ・ゲラーがカナダから念を送ると、日本の視聴者が持っているスプーンが曲がったり、止まっている時計が動いたりするという触れ込みだった。

放送時、東京のスタジオでは複数のオペレーターと16台の電話を準備。もし視聴者の時計が動いたり、スプーンやフォークが曲がったりしたら、その報告を受ける段取りになっていた。

生中継でユリ・ゲラーのパフォーマンスが始まったのは午後8時35分。彼はカナダから日本の視聴者に向かって次のように語りかけたという。

「壊れたフォーク、スプーン、時計をテレビの前に置いてください。いま、カナダからテレパシーを送っています。日本は雨が降っている。今日はうまくいくでしょう。壊れた時計は手の中に持ち、フォークなどはさすりながら、『曲がれ』『曲がれ』と思ってください。私はすべての力をもってテレパシーを

送ります。カナダと日本は遠く離れていても関係ありません」（『週刊新潮』１９７４年3月21日号）

しばらくすると驚くべきことが起こった。日本テレビに全国の視聴者から電話が殺到したのである。このとき、管轄の九段電信電話局では電話が集中しすぎてヒューズがとんでしまったという。

番組中にかかってきた電話は３３２件だったが、担当ディレクターの矢追純一氏によれば、番組終了後も電話は夜通し鳴り続け、最終的にはおそらく１０００件を超える報告があったという。

1974年３月７日放送の『木曜スペシャル』でフォーク曲げを披露するユリ・ゲラー

こうして番組は視聴者からの大きな反響を呼び、（２０１６年12月14日に放送されたＮＨＫ ＢＳプレミアムの『アナザーストーリーズ運命の分岐点』によれば視聴率は26・1％を記録）、その話題はワイドショーなど他の番組や週刊誌にも波及。世の中にスプーン曲げブームが巻き起こることになった。

## テレビをうまく利用したユリ・ゲラー

『木曜スペシャル』は大きな注目を集めたが、その原動力となったのは目玉企画の遠隔地からの念力パフォーマンスだった。

このパフォーマンスは、一見すると、難易度がかなり高いように思える。なぜならトリックだったとしても、遠くカナダの地にいるゲラーには、視聴者に対して直接何もすることができないからである。

なぜユリ・ゲラーは、そのように難易度が高そうなパフォーマンスをテレビの生中継で行ったのか？そこには視聴者が気づきにくい理由があったと考えられる。

通常、テレビを見ていても、その背後にどれだけの数の視聴者がいるのか、ということは考えない。しかし、ここでは国勢調査のデータをもとに少し考えてみよう。

まず、１９７４年当時の世帯数は約３３００万。テレビの世帯普及率は約86％。ということは約２８００万世帯にテレビがあったことになる。

次に番組の世帯視聴率は26・１％とされているが、これは関東平均なのか全国平均なのか残念ながらわからない。しかし、関西での平均視聴率はニールセン調べで27・１％という記録が残っているので、おそらく全国でも25％はあったと推測できる。

すると、２８００万世帯の25％は７００万世帯になり、これが番組を見ていた世帯の数になる。では人数はどうなるのか。

１９７４年の1世帯あたりの平均構成人数は約３・３人。番組は午後7時30分から午後9時までの、いわゆるゴールデンタイムの時間帯に放送されていたため、一人より複数人で視聴されていた可能性が高い。そこで1世帯あたり二人が視聴していたとして計算すると、番組の視聴者数は７００万世帯×二人で、最終的に１４００万人と推測できる。

これは膨大な数だが、この数の多さこそが、ユリ・ゲラーがテレビであのパフォーマンスを行うことにした理由だと考えられる。

実は、時計が動くことも、スプーンが曲がることも、超能力がなくても起こり得る。時計のパフォーマンスの場合、手で握っている間に時計内で固まっていた油カスなどがとけて動き出すことがあり、これを利用した大人数相手のパーティー・マジックは、昔から海外ではよく知られている。

スプーン曲げの場合も、曲がりやすいスプーンが使われると、ちょっとした力で曲がってしまうことが知られている。たとえば主成分の鉄の他に13％のクロムを含んだ13クロムと呼ばれるスプーン（安価のため一般家庭でもよく使われている）は、子どもでもその気になれば簡単に曲げられるほど強度が低い。

そのため、こうしたスプーンが使われて、握りながらつい力が入ってしまうと、意図せず曲がってしまうことがある。

もちろん、こうした時計やスプーンの現象はそんな頻繁には起こらない。だから少人数を相手にやると成功率は低くなってしまう。

けれども、ユリ・ゲラーが選んだ舞台はテレビという大きなメディアであり、相手はそれを見ている膨大な数の視聴者だった。

仮に視聴者1400万人のうちの0・1％にそうした珍しいことが起きたとしよう。すると、その数は1万4000人にもなる。その一部の人がテレビ局に電話をかけ、16台の電話を鳴り響かせる光景がテレビで流れたら、視聴者はどう思うだろうか？ 日本中で奇跡的なことが起こっていると思ってしまうのではないだろうか？

ユリ・ゲラーが実現したのは、まさにそれである。彼はリスクを冒して難易度の高いパフォーマンスを行ったのではなく、テレビだからこそ実現できる、理にかなったパフォーマンスを行ったと考えられるのである。

## スプーン曲げブームの盛り上げ役、関口淳君の登場

ここまでは、ユリ・ゲラーがスプーン曲げブームの火付け役として登場し、テレビというメディアをうまく利用して注目を集めたことを明らかにしてみた。

ここからは、スプーン曲げブームのもう一人の中心人物である関口淳君を取り上げる。

関口君は、当時11歳の少年だった。彼がスプーン曲げを始めたきっかけは、1973年12月上旬に放送されていた『まんがジョッキー』(日本テレビ)という子ども向け番組だったという。

当時、この番組を視聴していた関口君は、番組内でロンドンの少女がスプーン曲げをしているのを見て(この少女はユリ・ゲラーの真似をして始めた)、自分もやってみたらスプーン曲げができるようになったのだという。

とはいえ、これだけだったら世間に知られること

はなかったかもしれない。しかし、関口君には普通とは少し違う環境があった。父親の関口甫《はじめ》氏が『13時ショー』（NETテレビ、現在のテレビ朝日）というテレビ番組の構成に関わっていたのである。

甫氏はその番組の打ち合わせ中に、息子のスプーン曲げについて軽く話した。するとディレクターが興味を持ち、あっという間に息子の出演が決まってしまったという。

これが転機だった。

１９７４年1月21日、関口淳君は『13時ショー』に出演。当時はまだユリ・ゲラーの来日前で珍しかったスプーン曲げを披露したことで、大きな注目を集めることになった。

番組出演後は、週刊誌などからの取材依頼が数多く寄せられたという。

そうした注目は、その後のユリ・ゲラー来日と『木曜スペシャル』の放送によって、さらに大きなものになっていった。

１９７４年3月以降の関口君の注目度は、まるで人気アイドルのように高かったという。実際、テレビ番組への出演や週刊誌の取材の他に、当時の人気アイドル、アグネス・チャンとツーショット写真が撮られるなど、その注目度はかなり高まっていた。

ユリ・ゲラーがスプーン曲げブームの火付け役なら、ブームの盛り上げ役は関口淳君だったといえるだろう。

## 関口淳君のスプーン曲げスタイル

関口淳君の場合、スプーン曲げの基本スタイルは、後ろ向きの状態から「曲がれ！」と言ってスプーンを投げると、床に落ちたときには曲がっているというものだった。

このスタイルの良いと思われた点は、曲がるまでの時間が短いことである。ユリ・ゲラーのようにスプーンを曲げるのに数分間もかかることがなかった。

だが一方で、このスタイルには欠点もあった。手元が見えないことである。さらに投げられたスプーンは動いているため、曲がった瞬間を肉眼で確認することも難しかった。

せめて、曲がる瞬間をとらえることだけでもできないだろうか？

これに応えようと実験を企画することになるのが、週刊誌の『週刊朝日』だった。

## ブーム終息のきっかけとなった『週刊朝日』の実験

『週刊朝日』の副編集長・稲垣武（1934〜2010）は、関口淳君のスプーン曲げ実験について、次のように述べている。

「ここはひとつ、予断や偏見を持たず、虚心に、できるだけ科学的な実験をして見よう、と思った。

実験はまず、写真判定でやることになった。関口氏の説明では．スプーンを空中に投げあげたとき、念力で曲がるという。それなら連続写真を撮れば、空中で曲がったかどうか、はっきりするはずである。

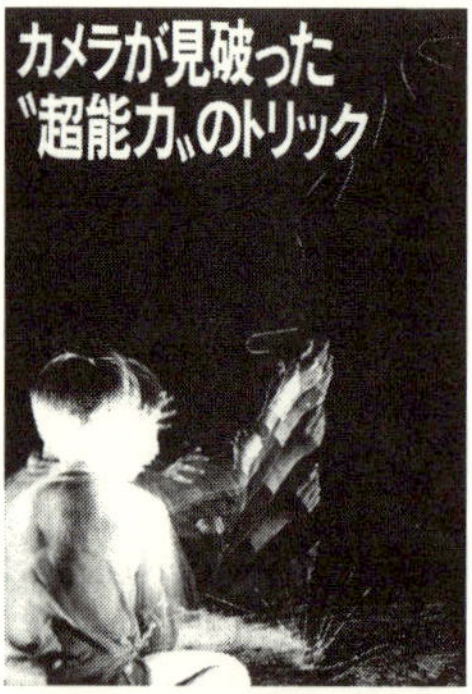

大反響を呼んだ『週刊朝日』（1974年5月24日号）の記事

当方は、インチキでないことを証明するため、正面にカメラを構えさせてほしい、と要求したが、『子供の精神状態を乱す恐れがある』と拒否された。そして、精神を統一するために、カメラマン以外は立ち会わず、暗黒の中でやってほしいと要求された。『他人の視線のエネルギーが、超能力発揮の邪魔になる』ということだった。そこで、1秒間に数十回発光するマルチ・ストロボを使って、暗室で撮影した」（『文藝春秋』1979年12月号）

実験が行われたのは、1974年5月7日、東京・芝のスタジオである。関口君はそこで右記のような条件のもと、最初にスプーン曲げを行い、最後に針金曲げを行った。

もし空中で曲がっていく写真が撮影できれば、世紀のスクープである。

ところが実際に撮影されたのは、関口君が念力ではなく手を使って針金を曲げている姿だった。残念なことに、彼はインチキを行っていたのである。

『週刊朝日』はこれを１９７４年5月24日号にて写真付きで紹介した（記事では実名ではなくA少年）。すると同誌の記事は大反響を呼び、スプーン曲げブームが終息に向かっていくきっかけとなった。

## 疑問が多い関口淳君の弁明

とはいえ、それですんなりは終わらない。関口淳君と彼のプロデューサー的な役割を果たしていた父親の甫氏が、実験について異議を申し立てたのである。彼らの異議を取り上げた週刊誌は10誌を超えたが、その基本的な内容は、「実験当時、疲れていて、やむを得ずインチキをしてしまった」というものである。

実際の関口君の弁明を見てみよう。

「えんえん4時間も実験をやらされ、涙がとめどなく出て、頭が痛くなったとき、あの写真を撮られたんです。『これじゃまだダメだ』っていわれて、夜の10時からあと3カットだけ撮ることになったんだけど、ボクはもう面倒くさくなっちゃって……。それで5～6本を床に押しつけて曲げちゃったんだ。でもそれ以前にテーブルの下に投げたやつはちゃんと曲がってたんです。それを使わず、あの2カットだけを使うんだもの、すごくくやしかったですね」

（『週刊平凡』１９８１年10月29日号）

これが本当なら同情の余地はあるのかもしれない。だが、本当なのだろうか？

当該の『週刊朝日』や稲垣武が記した他書での記事を確認すると、話はだいぶ違ってくる。

まず、実験の撮影開始時間は午後5時半である。途中に休憩を挟んで、撮影に要した時間は約2時間だった。

実験中も、関口淳君は2、3枚撮影のたびに、写真を控え室で待つ両親のもとへ見せに行っていた。もちろん、その間、撮影は中断させられている。

実は、最初にトリックの痕跡が見つかったのは、この中断していたときだった。カメラマンがカメラの位置を直していたところ、関口君が座っていた床の一面に、剥《は》げ落ちたペンキの粉（写真によく写るようにスプーンには白いペンキが塗られていた）が落ちていたことを発見したのである。床には半月形の傷が無数についており、その傷は、スプーンの頭を床に押しつけたときにできる傷と同じものだった。

これが、実験の前半での出来事である。最後ではない。

撮影再開後、不審に思ったカメラマンが関口君の手元を撮ろうとカメラを横に5センチずつずらしていったそうだが、関口君はそれにすぐ気づいたという。わざわざカメラマンを自分が座っていた位置に座らせ、カメラの撮影範囲を確認。元の位置に戻すことまでしていた。

気持ちが悪くなったと言って、体調不良を訴えたのはその後の出来事である。実験はここで中断し、夕食休憩に入った。

夕食後、関口君は「気持ち悪いの治ったから大丈夫」と言い、針金を曲げる実験を始めると言い出した。

針金曲げは、関口君の前に5、6本の針金を置いた状態から始まる。最初は1本の針金を輪にするが、このときは部屋を暗くしてから約10秒経つと、関口君から「いいよ」の声があり、ストロボが発光。

関口君は右手を横に出す。そこには真っ直ぐ伸びた針金が1本。それを身体の陰に一旦隠し、「ねじれろ」と声をかけて投げると、輪になった針金が空中を飛んで落ちる、というものだった。

針金曲げは、その後、針金が2本、3本と増えていき、形も輪をつなげたものから、星形をつなげたものへと複雑になっていった。それにともない、暗闇での待ち時間もどんどん延びていき、3本の時は1分を超えたという。

## 実験で明らかになったトリック

そもそも針金を投げて空中にあるときに曲げるはずが、投げる前に待たされるというのはおかしな話である。普通に考えれば、待ち時間の間に針金を曲げておき、投げる前に身体の陰ですり替えているのだろうと予想がつく。

実際、そのとおりだった。この針金曲げのときは関口淳君の斜め左後方にストロボのスイッチを押す係員がいて、その係員からは関口君の手元が見えた。関口君は最初からすり替えを行っていたという。

写真も撮られている。『週刊朝日』（１９７４年5月24日号）に掲載されている2枚目の連続写真がそれだ。関口君が針金を投げる前、まだ手に持っている段階で、すでに針金は曲げられていた様子がはっきり記録されている（これは先述の１本の針金を輪にする最初の実験のとき）。

手で曲げている様子まで撮られたのは、最後の実験のときである。このときはカメラマンが関口淳君に、「ボク、悪いけどひざの前に置いてある針金、こっちへ置いといて投げるやつだけ持って撮影しないかい」と声をかけた。

また、ちょうど控え室からその場へやってきた父親からも淳君に対し、「ばかだな、お前、そんなもの置いといたら疑われるだけじゃないか」との発言があったため、淳君の前に置いてある予備の針金は片付けられ（つまり、すり替えはできない）、１本だけでやることになった。

すると待ち時間はほとんどなくなり、できたのはU字形の簡単なものだったという。

このとき、カメラの位置はそれまでより少し右にずらしていた。そのため、それまで身体の陰になっていた部分が少し見えるようになり、右手に持った針金を左手の指に当てて、投げる前に曲げている様子が記録されたのである。

実験を通してわかったのは、関口淳君が、スプーンや針金、それにパフォーマンスの難易度によって、複数のトリックを使い分けているということだった。

しかし、そのトリックと、それを実行するための状況作りの方法は実に単純で、子どもでなければ通用しないようなものだった。

そもそも、大人がスプーンや針金を後ろ向きで投げて曲げたとして、それで驚かれるのか、ということを考えていただきたい。普通は、「投げる前に体の陰で曲げたんじゃないの？」と思われるのがオチである。

ところが子どもの場合、「純真だから、そんなことはするはずがない」という理由で通用してしまうのである。

## 周囲の大人たちが見せた子どもの純真さへの無垢な反応

ここで関口淳君の弁明の一部を振り返ってみよう。「それ以前にテーブルの下に投げたやつはちゃんと曲がってたんです」とある。これは『週刊朝日』の記者とカメラマンが、少年側の要求に応えて事前に会食したときの出来事を指している。

このときは交流が目的で、スプーン曲げをしてもらうつもりはなかったという。ところが関口君は自分からテーブルの下でスプーンを投げて曲げた。もちろん、テーブルの下で行われたため、曲がるところは誰も見ていない。

このようなパフォーマンスが実験ですらないことは明らかだ。けれども、関口淳君は弁明の中でこうしたパフォーマンスを成功例としてあげている。彼は実験でインチキを行ってしまったが、その前にはテーブルの下でスプーン曲げを成功させたではないか、というのだ。彼の中では、このようなパフォーマンスがスプーン曲げの有効な成功例になると思われているわけである。

子どもであれば、そう思っても仕方がないのかもしれない。だが、周囲の大人がそうしたことに疑問も持たず、あっさり信じて従ってしまうとしたら、それはいかがなものだろうか。

関口淳君の両親は、『週刊朝日』の実験が始まる前、手品師の花島三郎（1999年没）が同席することを頑なに拒んだ。花島はそれ以前にユリ・ゲラーのスプーン曲げのトリックを指摘していたが、それにより、全国のスプーン曲げ少年少女たちが傷つけられたことが理由だという。

関口君の母親は涙声になりながら訴えたという。

「純真な子どもの心を踏みにじったんですよ」

前出の『週刊朝日』副編集長（当時）・稲垣武は、こうした主張に対し、次のように述べる。

「実際は、子供はウソをよくつくものであり、大人をだまして喜ぶこともよくある。このことは、自分たちの子供時代を思い出せば、誰にもすぐわかることである」（『文藝春秋』1979年12月号）

東京アマチュア・マジシャンズ・クラブ名誉会長だった坂本種芳《たねよし》（1898〜1988）も、その著書『超能力現象のカラクリ』（東京堂出版）の中で、実験を振り返り、次のように述べている。

「この実験の結果をもってみると、少年に果たして、その母親が言うような純真さがあっただろうか？純真なのはむしろ少年の演技を見た大人たちであって、少年に完膚ないまでに振りまわされていたのではないか」

筆者も同意見である。

ユリ・ゲラーはテレビというメディアをうまく利用したが、関口淳君は「子どもの純真さ」というものをうまく利用したといえるのではないだろうか。

## スプーン曲げブームの終息

最後にスプーン曲げブームの終息について書いておきたい。

『週刊朝日』（1974年5月24日号）の発売後も、スプーン曲げブームは2か月ほど続いた。その間、否定的な論調でスプーン曲げを取り上げた週刊誌は『週刊朝日』など一部にとどまる。他は関口淳君や父親の弁明をそのまま載せて擁護する肯定派や半信半疑派、それに中立を装って茶化す、どっちもどっち派と呼べるような論調の週刊誌が多かった。

『週刊朝日』の記事（と当事者の関口淳君）は、最終的にブーム終息のきっかけをつくったとはいえるものの、ブームの直接的な火消し役ではなく、むしろ新たに読者が食いつく話題を提供するような火に油を注ぐ役も担ってしまったといえるかもしれない。

だが強く燃えれば燃え尽きるのも早い。スプーン曲げの話題が以前にも増して数多く取り上げられるようになった結果、大衆は飽きてしまったようである。

とくにこれといった特筆すべき記事もないまま、1974年7月以降、スプーン曲げが取り上げられる機会はテレビも含めて急速に減っていき、ついにブームは終息するに至った（ただし1975年7月5日にユリ・ゲラーが再来日した際には、またスプーン曲げが話題になる短いブームは起きた）。

ちなみに、このブームが終息してから40年以上経った2016年12月14日、ユリ・ゲラーが『アナザーストーリーズ 運命の分岐点』（NHK BSプレミアム）という番組に出演している。そこで彼は、自身について、次のように語っていた。

「私は人々を楽しませるエンターテイナーですから」

ユリ・ゲラーは自身のことを「超能力者」とは自称せず、「エンターテイナー」だと自称するようになったようである。そこにはかつてのような論争を呼ぶ怪しい魅力はない。

「驚異の超能力!! 世紀の念力男ユリ・ゲラーが奇跡を起こす！」

1974年3月7日にテレビで踊ったこのインパクト溢れるタイトルは、もう二度と生まれないのだろう。それはそれで寂しいものである。

［参考文献］

「マスコミ資料で振り返るユリ・ゲラー＝スプーン曲げ〝論争〟」『UFOと宇宙』（志水一夫、ユニバース出版社、1983年6月号）
「なぜ人々はユリ・ゲラーに熱狂したか」『新潮45』（上條昌史、新潮社、2009年9月号）

「ユリ・ゲラーの『超能力』を見破らんとする『真贋』のまなこ」『週刊新潮』(新潮社、1974年3月21日号)
「日本をひん曲げたユリ・ゲラーTV番組に異議あり」『週刊文春』(文藝春秋社、1974年3月28日号)
「住民基本台帳に基づく人口、人口動態及び世帯数」(総務省)
「主要耐久消費財等の普及率(全世帯)」(内閣府)
「特集・オカルト・ブームの周辺 資料：オカルト・ブーム6ヵ月の軌跡」『YTV REPORT』(1975年1月)
『超能力のトリック』(松田道弘、講談社)
「全角度特集 結論・超能力!」『微笑』(祥伝社、1974年6月15日号)
『パパ、スプーンが曲がっちゃった』(関口甫、二見書房)
「関口少年のスプーン曲げを見破ったカメラ」『文藝春秋』(稲垣武、文藝春秋社、1979年12月号)
「カメラが見破った〝超能力〟のトリック」『週刊朝日』(朝日新聞社、1974年5月24日号)
「7年前、スプーン曲げで世を驚かせた関口淳くん(18歳)」『週刊平凡』(マガジンハウス、1981年10月29日号)
『超能力現象のカラクリ』(坂本種芳、坂本圭史、東京堂出版)
『超能力・トリック・手品』(板倉聖宣、佐藤忠男ほか、季節社)
『アナザーストーリーズ 運命の分岐点』(NHK BSプレミアム、2016年12月14日)

# 水子供養ブームを考える

ナカイサヤカ

## 呪術的思考と供養

水子供養ブームは１９７０年代に、水子供養をする寺が週刊誌などに取り上げられて注目を集めたことで起こった。このブームにより、中絶した女性たちの中で水子供養を希望する人が増え、各地の寺院では境内に水子地蔵が建立されたり、水子供養の寺が観光地化するなどした。

また、オカルトブームで人気となった心霊体験や怪談の中に、家族や子供に身体や精神の不調が起こり、家庭が不幸になったという話があったが、その原因は供養されない水子の霊だったというストーリーも登場した。

早くからこのテーマに注目してきた都市民俗学研究者の森栗《もりくり》茂一《しげかず》氏は、水子供養が女性を対象にしたビジネスである点を強調し、次のようにまとめている。

近代家族は、男の論理による産業システムのためのものであった。その最高潮である60年代の高度経済成長が終わった70年代に入って、水子供養が出てきていることは興味深い。産業社会の幻影が、女を水子供養に走らせた。その女を、寺院は顧客として受け入れた。こうして、女は金に囲いこまれて、水子という不安に追い込まれ、水子供養という安心に追い込まれていったのである。（森栗茂一「水子供養の発生と現状」論文要旨より）

実はこのブームは外国人研究者を含めた多くの民俗宗教学研究者が研究対象としている。

１９７０年代、80年代のオカルトブーム、宗教ブームと関連しているらしいことは推測できても、なぜ水子だったのかについては、よくわからない。敗戦後の１９５０年代からの日本社会の変遷を背景にして、中絶を仏教的な解釈で解決する策という説や、超音波診断の普及により胎児を人間とする認識が広がったからなどの説が唱えられた。だが、定説とされるものはない。

いっときのブームが起こり、それに乗った金目当てのビジネスが生まれただけだから、いずれすたれてしまうだろうという予想が大方だった。しかしそれを裏切って、水子供養はすっかり日本の宗教的な習慣として定着したと言ってよいだろう。

死者の魂が安らかであるようにと仏の力を借りて祈るのが追善供養《ついぜんくよう》だ。一般に供養という場合、この追善供養を指す。民俗宗教学者の池上良正《いけがみよしまさ》氏によれば、これは日本の仏教に特有のものらしい。

人間は「よくわからないもの、説明できないものが怖い」という感情を持っている。この感情に対して「説明することで安心したい」という欲求がつくるのが「呪術的思考」と呼ばれるものだ。呪術的思考とは現実には因果関係がないものに原因を求め、この原因に対して働きかけることで問題を解決できるとする考え方だ。

「日常の災いは神や霊や妖怪などの超自然的な存在が起こしている」「儀式や祈りで超自然的な存在を退治したり安らかにしたりすれば災いは消える」と考えるのが典型的な呪術的思考である。呪術的思考は世界中の伝統的社会に存在しており、文明化された社会でも昔からの習わしや伝統的祭りの中に残っていることが多い。

私たちも日常の暮らしの中で、科学的思考になじめずに「迷信」とされる儀式を信じたり、非論理的な民間療法に頼ったりする人をかなり多く見かける。現代人の多くも呪術的思考から自由にはなっていないのだ。

仏教伝来以前の日本の宗教であった神道も、「穢《けが》れ」を祓い、祟りという形で現実に悪い影響を与える超自然的存在をカミとして祀ることで災いを取り除こうとした。それも一種の呪術的思考といえるだろう。

　日本にやってきた仏教は、こうした呪術的思考を変えるのではなく、呪術的思考と融合する方法をとった。穢れを祓うより強力な方法として、迷える霊や輪廻《りんね》転生《てんせい》で超自然的存在に生まれ変わった死者を、お経の力で悟りをもたらし安らかにする供養というシステムが生まれたというのが池上良正氏の説だ。お経を使うことで、誰もが供養ができるようになり、同じコミュニティの人々や親族が集まって、死者に成仏してもらうための力を貸す形になったという。

　葬儀のあとも、○回忌という形でずっと続く供養と、人々が示す何があっても法事が最優先という対応を見ていると、日本の文化における呪術的思考の強さ、そこから生まれた供養文化の根強さを感じる。それはペットや人形、包丁や針などの道具を供養する例（代表的な例としては東京・浅草寺《せんそうじ》淡島堂《あわしまどう》の針供養など）を見てもわかる。特撮テレビ番組『ウルトラマン』の中に「怪獣供養」のシーンが登場していたのも供養文化の広がりの一例だろう。

　ところが調べてみると、昭和になって水子供養が広がるまでは、水子など、幼くして死んだ子供、生まれる前に死亡した胎児を供養する習慣はなかったらしいのだ。包丁も供養されるというのに、嬰児《えいじ》が供養の対象にならなかったのはなぜか。

　子供が死ぬことが多かった時代、死んでしまった子は、生まれる前の霊の世界に戻り、また生まれてくると考えられていた。仏教由来の輪廻転生の考え方だ。

　もし自分の子を供養して成仏（悟りを開いて、限りない輪廻転生のサイクルから脱出すること）させてしまうと、また生まれてこられなくなる。だから供養はしないという考え方があったようなのだ。

　赤ちゃんを育てられないほど貧しかった飢饉の時や、身体に奇形があった場合、産声を上げる前に殺すという風習があった。動物のようだという意味で「畜生腹《ちくしょうばら》」と呼ばれた双子・三つ子なども、産声を上げる前に殺されたりした。

産声を上げる前に殺すことは霊界に送り返すという意味で、「子返し」と呼ばれていた。産声を上げる前に殺すのは、産声を上げて自力で呼吸を始めると、人として生まれたということになるかららしい。

産声を上げる前に中絶されてしまう胎児であれば、すぐに霊界に「返る」。だから、祟る暇もない。当然ながら供養の必要もなかったと考えられたようだ。

では、なぜ人々は１９７０年代になって、まるで突然であるかのように水子供養をしたいと考えるようになったのだろうか。

## 先導者がいて普及したのではない

水子供養の背景には、日本における中絶数の多さがある。１９５３年に人工中絶手術が事実上合法化されて、誰でも処置を受けられるようになった。

国立社会保障・人口問題研究所のサイトの「人口統計資料集」の２０１６年度版に掲載されている「表４‐20 人工妊娠中絶数および不妊手術数：１９４９～２０１４年」（次ページ参照）によれば、その１９５３年の人工妊娠中絶数および不妊手術数は１０６万８０６６件、１９５５年は１１７万１４３件だった。１９５０年代は出生した赤ちゃん１００人に対して60人から70人が中絶されていたというほど多かった（中絶数はその後減少を続け、現在は18万件台）。

その１９５０年代に中絶手術を受けた人たちが経済的にも時間的にもゆとりを持つようになったので、１９７０年代になって供養を考え始めたというのが一般的な考え方だ。前出の森栗茂一氏は更年期障害による心身の不調が引き金だったと考察している。

心身の不調と水子はなぜ結びつくのか？　さらに水子供養をすれば解決するという考え方はどこから生まれたのだろう。

心身の不調を水子供養と結び付けた人物としては、１９７１年に埼玉県秩父市に水子地蔵の寺、紫雲山《しうんざん》

## 人工妊娠中絶数および不妊手術数：1949～2014年

| 年次 | 人工妊娠中絶 | | | 不妊手術数 |
|---|---|---|---|---|
| | 実　数 | 実施率（‰） | 対出生比（%） | |
| 1949 | 101,601 | 4.9 | 3.8 | 5,695 |
| 1950 | 320,150 | 15.1 | 13.7 | 11,403 |
| 1951 | 458,757 | 21.3 | 21.5 | 16,233 |
| 1952 | 798,193 | 36.3 | 39.8 | 22,424 |
| 1953 | 1,068,066 | 47.7 | 57.2 | 32,552 |
| 1954 | 1,143,059 | 50.2 | 64.6 | 38,056 |
| 1955 | 1,170,143 | 50.2 | 67.6 | 43,255 |
| 1956 | 1,159,288 | 48.7 | 69.6 | 44,485 |
| 1957 | 1,122,316 | 46.2 | 71.6 | 44,400 |
| 1958 | 1,128,231 | 45.6 | 68.2 | 41,985 |
| 1959 | 1,098,853 | 43.6 | 67.6 | 40,092 |
| 1960 | 1,063,256 | 42.0 | 66.2 | 38,722 |
| 1970 | 732,033 | 24.8 | 37.8 | 15,830 |
| 1980 | 598,084 | 19.5 | 37.9 | 9,201 |
| 1990 | 456,797 | 14.5 | 37.4 | 6,709 |
| 2000 | 341,146 | 11.7 | 28.7 | 3,735 |
| 2010 | 212,694 | 7.9 | 19.9 | 3,107 |
| 2014 | 181,905 | 6.9 | 18.1 | 3,932 |

1960年以降は10年ごとの数値のみ載せた。ただし元の表が2014年までなので、2010年の次が2014年になっている。

地蔵寺《じぞうじ》を建立した橋本徹馬《てつま》（1890～1990）が知られている。水子供養ブームに乗るのではなく、自分の意思で水子供養を始めた橋本は、水子供養の先駆者だったと言ってよいだろう。

だが、秩父市の地蔵寺がメディアに取り上げられて注目を集めるのは建立からかなりあとになってからだ。水子供養がブームだと報じられるようになってからだった（参考：『週刊大衆』1978年11月2日号「グラビア 優生保護法 30年のあと 紫雲山地蔵寺に五千体の水子地蔵」）。

社会学者の土屋《つちや》敦《あつし》氏が指摘するように、1960年代の10年間、宗教団体・生長《せいちょう》の家が中心になって起こった中絶防止運動が、優生保護法の改正を目指して署名を集める訴えを続けたことも無視できない。前出・秩父市の橋本徹馬もこの運動の関係者だった。

生長の家は、教義として幸せな家庭のために先祖供養を勧めている。この祖先の中には流産児も含まれていて、名前がなければ名前を与えて、紙の位牌をつくって供養するやり方が示されている。

民俗学者の鈴木由利子氏は、生長の家が水子供養ブームや橋本徹馬の地蔵寺より早い1961年に信者向けの水子供養塔を建立していることを挙げている。そのうえで中絶防止運動の初期である1963年に「いのちを大切にする運動」として無縁仏水子供養祭を開催していることに注目している。さらに生長の家は献金を募って1965年に「子育ていのちの地蔵尊」を東京・新宿区の清源寺に建立した。

ここまで調べてから、私は自分のそもそもの想定が間違っていたのではないかと考え始めた。

水子供養は誰か先導者がいて普及したのではないのかもしれない。例えば橋本徹馬の主張に共鳴する人が続々と現れ、秩父市の地蔵寺に人が押しかけた。そのビジネスモデルをまねる寺院が全国に出現した——というようなわかりやすい形を考えてしまっていた。だが、そうではなかったようだ。

敗戦から25年の時間がたち、高度成長期を経て変化していった日本の社会に暮らす人々——特に女性たち——の中に、「ある需要」が生まれた。

それは体の不調として意識されたかもしれない。医師に診察してもらっても、不定愁訴《ふていしゅうそ》（冷え、むくみ、不眠、いらいらなど主に女性が訴える原因がはっきりしない身体の調子の悪さの総称）、ホルモンのバランスが悪い、更年期障害だ、などと告げられる。相談しようにも夫は仕事に忙殺されている。子供の自殺、家出、家庭内暴力、カルト宗教などのニュースも心配を増やす。

1973年にはオイルショックが起こり、人類と科学の進歩という未来への希望も砕けて、不安はさらに大きくなる。相談したくても誰に相談したらいいかわからない。信仰を持っている友人は宗教団体に相談しているらしいが、我が家は仏教で、守るべき墓もあるから誘われても行きたくない。

そうした女性たちに囁きかけたのが、今まで誰にも供養してもらえなかった水子の霊だったということらしい。こういう言い方はオカルトをなぞりすぎているかもしれない。だが、何かを求めていた女性たちの前に出産と中絶を経験した自分たちにだけ許された手付かずの世界が出現した。

水子の祟りとこの時期の宗教ブームについて研究している松浦由美子氏は、核家族化による墓と先祖供養の考え方に、霊友会（仏教系の新宗教。法華経の教えを基本とした先祖供養を重視する）などの宗教が及ぼした影響に注目している。

先祖が加護的な存在としてではなく、現世の苦難の説明原理として登場したのである。霊友会系諸教団の先祖観において先祖の霊は、祭祀によって神化した個性のない祖霊神としてではなく、この世に思いを残す個性を持った霊であり、伝統的な祖霊というよりは怨霊的な性格を備えているものである。高度経済成長期以降、さらなる都市化と核家族化、それにともなう愛情に基づいた新たな家族観の中で、このような先祖観こそが中心的な位置を占めるようになっていった。水子供養は、「親」の都合によって中絶された、怨みを持つ「水子霊」として、たたる先祖霊が既に十二分に受け容れられていた土壌に進出していったのである。

（松浦由美子「たたりと宗教ブーム―変容する宗教の中の水子供養―」より）

都市の郊外に暮らす核家族にとって、祖先とのつながりが主に墓だけになり、供養の対象はその墓に眠る亡くなった家族だけになった。生きている時を知っている身近な存在であるだけに、供養したいと思わせる生々しさもある。

そこにメディアなどにも墓参りや先祖の供養を欠かさないことが幸せのカギだと説く新宗教の教義が登場するようになった。人々の伝統的な考え方が知らず知らず書き換えられていったのがこの時期だったということなのだろう。

寺院での供養はそれまでにも経験したことがあり、

ハードルが低い。水子供養は新しい行為であるから、伝統に縛られず、しがらみも少ない。

中絶経験は大っぴらに語るものではないので、誰にも知られずに、ディスカバージャパンの旅ブームに乗ってひっそりと行ってこられる。寺は供養の前に悩みを聞いてくれることも多いので助かるし、遠方であれば面倒な縁もできない。

都市民俗学研究者の森栗茂一氏が第一次水子ブームと名付けるこの時期（１９７０年代）、社会のリーダー役であった男性に気づかれることなく、水子供養ができる寺を訪れる女性の数は静かに増加を続けていたのだ。

『週刊女性』１９７６年８月10日号に掲載された「この町への旅 房総台地の水子地蔵（千葉）悲運の水子の供養に訪れる女性」と題する記事は、この週刊誌で水子の記事を扱った初出だった。その記事はすでに多くの女性が訪れる水子地蔵が存在していたことを教えてくれる。

さらに翌年、同誌１９７７年11月1日号には「京都あだし野に眠る水子の霊たち…水子寺物語」と旅行先として水子供養の寺を紹介する記事がある。さらに全国の水子供養ができる寺がリストアップされている。

この後メディアに取り上げられたことで、さらに爆発的な水子ブームが起こることになる。メディアの注目を好機ととらえた便乗組が、森栗茂一氏が批判する宗教ビジネス的展開をするのも１９７０年代末から１９８０年代前半にかけてだ。なお、森栗氏が批判する宗教ビジネス的展開とは、「水子供養は○○寺へ」と広告を打つ寺院が増加し、「水子の祟りと供養による現世的成功」を説く複数の本（代表的なのは中岡俊哉『水子霊の秘密』二見書房、１９８０年など）が出版されたことを指す。

「突然のように水子供養ブームが起こった」というよりは、静かに進行していたブームに突然世間が気付いたのが、「突然」の水子供養ブームの姿だったと言っていいようだ。

## 子宮系スピリチュアル女子と「祟り―供養システム」

皆さんは2019年になってもまだまだ男性中心の日本で、あまり認識されないまま一部で大きなブームになっている「子宮系スピリチュアル」をご存じだろうか。「子宮系スピリチュアル」とは身体的な不調のみならず、日常の幸福も子宮を大切にすることで実現すると説くスピリチュアルな思考である。数人のリーダー的存在がいて、布ナプキン、締め付けないふんどしパンツ、冷え取りなどの親和性の高い日常生活スタイルへとゆるやかに薄く広がっている。

水子供養ブームはこの子宮系スピリチュアルとも類似している点が多い。また、子宮系に限らず、パワースポット巡りやパワーストーンなど、女性を中心に盛り上がったスピリチュアル系ブームは限りなくある。

今は女性の行動力も経済力も上がってきているので、ブームに気づきやすい。一方、子宮、妊娠、出産など女性だけのものとされる世界と結びついている迷信や呪術的なものが世間の注目を集めたおそらく最初の事例が、水子供養だったのだろう。

世間の注目を集めたのは1970年代に世界的に中絶をめぐる論議が湧き起こったことも無縁ではないだろうが、世界に先駆けて1953年に中絶自由化となった日本ではピルをめぐる議論へと変化して、米国のように中絶反対運動が熱を持つことはなかった。

なお、念のため解説しておくと、ピルをめぐる議論とは女性用避妊薬を自由に買えるようにすべきか否かをめぐって起こった議論である。米国の中絶反対運動は受精の瞬間から人間としての存在が始まるので、すべての胎児は人間として扱われるべきであるというキリスト教の見解が背景にあることは覚えておきたい。

前出の民俗宗教学者・池上良正氏は、日本には「祟り―供養」というシステムがあって現在も機能していると述べている。「祟り―供養」は言葉自体は仏教の用語や儀式を借りているが、本質は、超自然的存在である死者を供養によって安らかにするという呪術的なシステムだ。

祟りは「供養してほしい」という死者からのメッセージなのだが、これを伝える役割は伝統的に市井の霊能者が担ってきたという。現代の水子供養の場合も、前出の森栗茂一氏の調査によれば、霊能者が「水子の祟りを語って水子供養へと誘導しているケースが多い」という。

どうせ占い師や霊能者は寺院からお客を回すように頼まれているのだろう。お金のためにすぐに水子の祟りを言うのだろう――。

そう言ってしまうのは簡単だが、たとえ金銭的なキックバックがなくとも、お客が寺院に行って供養をすることで満足できれば、誘導した占い師の評判は上がることになる。安心してお客に紹介できる寺院があればこそ、占い師も「水子の祟りなのではないか」と自信をもって告げることができる。

水子供養の広告を見ると、寺院側も供養を希望する人にとって不安の少ない方法と費用で供養ができるように考えているようだ。ビジネスとしての気配りと言えばそうなのだが、これなら悪い評判もたたず、社会的な問題にもならずに長く続けていくことが可能だ。

お客を満足させる占い師と寺院の分担が出来上がっているということは、つまり社会的システムとして機能しているとも言えるだろう。

## まとめ――女性がつくったブームだった

水子は日本の信仰システムである供養から無視されてきた存在だった。だが、敗戦と合法的な中絶手術の普及と戦後日本の経済復興と社会の変化を背景に、母である女性たちの悩みを解決し望みを満たせる供養システムの対象として見いだされた。

悩みを聞いてもらい、宗教儀式をしてもらうことで悩みや不安を解決するというのは、生長の家をはじめとする新宗教の仕組みでもある。水子供養は新宗教の信者にならなくても中絶経験者であれば誰でもこの仕組みを利用できる。「女性限定」という特別感と安心感も付いてきた。

　中絶防止運動を通じて生長の家の信者たちからノウハウが伝えられた可能性も高い。しかし、一部の女性たちは寺院に水子供養を要望し、寄付を募って水子地蔵を建立した。化野《あだしの》念仏寺（京都・嵯峨野にある華西山東漸院念仏寺《かさいざんとうぜんいんねんぶつじ》）のように地蔵などの石像・石塔が集められているからと供養の場所に選ぶこともあった。そうやって自分たちで水子供養というシステムをつくったのだろう。

　水子供養ブームは、死者が時には恐ろしい心霊現象を起こすと信じる意味では、昭和のオカルトブームから影響を受けていたことは否定できない。だが、水子供養というシステム自体は昭和末期の女性の社会的な需要（例えば「日頃の悩みを打ち明ける場所」だったり「気持ちを切り替えるきっかけ」だったりした）を満たすために、女性によってつくられたものだったと考えられるのである。

［参考文献］


「中絶の倫理問題についての考察」（麦倉泰子『立教大学コミュニティ福祉学部紀要第7号、２００５年）

「誕生前の「死」？　現代日本の水子供養」（http://www.ne.jp/asahi/time/saman/index.htm）

「戦後日本における人口政策と家族変動に関する歴史社会学的考察―優生保護法の成立・改正過程を中心に―」（山本起世子『園田学園女子大学論文集 39』２００５年）

「「たたり」と宗教ブーム――変容する宗教の中の水子供養」（松浦由美子『多元文化８号』名古屋大学国際言語文化研究科国際多元文化専攻、２００８年３月）

「水子供養にみる胎児観の変遷」（鈴木由利子『国立歴史民俗博物館研究報告 第２０５集』２０１７年３月）

「現代こころ模様・葬儀考」（https://www.jcp.or.jp/akahata/html/senden/200511_sogikou.html#24-29）

『不思議谷の子供たち』（森栗茂一、新人物往来社、１９９５年）

「水子供養の発生と現状」（森栗茂一『国立歴史民俗博物館研究報告』１９９４年３月）

# 日本のノストラダムスブームを振り返る

山津寿丸

この項目では、日本のノストラダムスブームを振り返る。しかし、それはそもそも、いつのことを指すのだろうか。

その一つが１９７４年頃だったことは疑いない。昔のオカルトを振り返る企画などで扱われるのも、その時期中心になるのが普通である。しかし、後掲の「グラフ」と［表］の通り、大きな波が何度かあったのは明らかなので、それを踏まえて概観していこう。

## 最初のブームは五島勉『ノストラダムスの大予言』によるもの

16世紀フランスの医師・占星術師ノストラダムス（ミシェル・ド・ノートルダム）は、ゲーテの『ファウスト』などでも言及されており、名前だけなら明治時代には紹介されていた。だが、日本人として最初にまとまった形で紹介したのは、仏文学者の渡辺一夫だったと思われる（47年）。作家の黒沼健（389ページ参照）、仏文学者の澁澤《しぶさわ》龍彦《たつひこ》などがそれに続いたが、ブームになったとは言いがたい。

最初のブームが、五島勉《べん》氏（406ページ参照）の『ノストラダムスの大予言　迫りくる１９９９年７の月、人類滅亡の日』（祥伝社、以下『大予言』）によるものだったことは、ある世代以上にはよく知られるところだろう。73年11月に刊行された同書は題名の通り、ノストラダムス予言の中心を99年の人類滅亡に置いたことから飛ぶような売れ行きを記録し、ベストセラーとなった（次ページ表1）。74年は「オカルト元年」とも呼ばれた年であり（『オカルトの帝国』一柳廣孝編著）、ユリ・ゲラー来日、映画『エクソシスト』公開などとともに、『大予言』がオカルトブームの牽引役となったことは疑いない。

『大予言』刊行に先立つ72年は、全国の自治体における典型7公害（大気汚染や悪臭など、公害対策基本法に規定された7種）の苦情受理件数が最多を記録し（『数字でみる日本の１００年』）、ローマクラブ報告書『成長の限界』（環境汚染と人口増加による百年以内の行き詰まりを示唆し、世界的に話題になった）の邦訳版も出ていた。それらによる潜在的な不安に加え、73年上半期には浅間山噴火や首都圏での活断層発見などで、第二次関東大震災が近いという流言も飛び交っていたという（『ベストセラーの戦後史2』井上ひさし）。

73年のベストセラー1位が小松左京の『日本沈没』だったことはよく知られており、『大予言』以前から終末ブームだったことはしばしば指摘される（『トンデモ大予言の後始末』山本弘、『戦後サブカル年代記』円堂都司昭）。そして、そのムードは青少年にまで広がっていた（『学校読書調査25年』）。五島勉氏がノストラダムスを「99年人類滅亡」の予言者と紹介したことは、そうしたムードに合致していたのである（実際、『大予言』ではローマクラブに言及されているほか、日本沈没は少なくとも関東沈没は間近かもしれないという解釈も載っており、時流が強く意識されている）。

他方で五島勉氏は、『大予言』では救いへの希望を表明していたと何度も釈明し、近年でもこう述べている。

だけど、私がこの本を書くとき、ノンフィクション・ミステリーという手法に挑戦したことで誤解を生んでしまった。ミステリーが最後にどんでん返しをするように、初めに全滅するんだと書いておいて、最後になって人類が考え直して逆転して、部分的な破滅で済むんだと、それに向かって努力しなければならないと書いたんです。だけど、

表1 ノストラダムス関連書のベストセラーリスト（『出版年鑑』）

| 年 | 順位 | 書名 | 他の順位 | 部数（万部） SPA! 91 | 部数（万部） 日経97 |
|---|---|---|---|---|---|
| 1973 | 30 | ノストラダムスの大予言（五島勉、祥伝社） | | 250 | 209 |
| 1974 | 2 | 同　上 | | 同　上 | 同　上 |
| 1980 | 3 | ノストラダムスの大予言II（五島勉、祥伝社） | | 100 | 92 |
| 1981 | 7 | ノストラダムスの大予言III（五島勉、祥伝社） | | 70 | 67 |
| 1982 | 14 | ノストラダムスの大予言IV（五島勉、祥伝社） | | 50 | 無記載 |
| 1983 | — | ノストラダムスの大秘法（五島勉、祥伝社） | | 200 | 無記載 |
| 1986 | 14 | ノストラダムスの大予言V（五島勉、祥伝社） | | 45 | 43 |
| 1989 | 31 | ノストラダムスの大予言スペシャル・日本編（五島勉、祥伝社） | | 40 | 44 |
| 1990 | 28 | 「1998年日本崩壊」エドガー・ケーシーの大予告（五島勉、青春出版社） | 2㋣ | 無記載 | 無記載 |
| | 30 | ノストラダムスの大予言・中東編（五島勉、祥伝社） | 6㋣ | 40 | 39 |
| 1991 | 13 | 同　上 | 3㋣ | | |
| | 26 | ノストラダムス戦慄の啓示（大川隆法、幸福の科学出版） | [総]4 ㋣ | 100 | 無記載 |
| | 37 | 真説ノストラダムスの大予言（加治木義博、KKロングセラーズ） | [総]20 ㋣ | 35 | 38 |
| 1992 | — | ノストラダムスの大予言・残された希望編（五島勉、祥伝社） | 9㋣ | 対象外 | 無記載 |
| 1994 | 40 | ついに解明された1999年（高坂満津留、光言社） | 7㋣ | 対象外 | 無記載 |
| | — | ノストラダムスの大予言・地獄編（五島勉、祥伝社） | 10㊐ | 対象外 | 11 |
| 1995 | — | ノストラダムスの超法則　死活の書（五島勉、青春出版社） | 7㋣ | 対象外 | 14 |
| 1998 | — | ノストラダムスの大予言・最終解答編（五島勉、祥伝社） | 3㋣ | 対象外 | 対象外 |

（出典）順位は『出版年鑑』各年版（1989年度からは50位まで掲示）による。「㋣」はトーハン／東販調べ「新書・ノンフィクション部門」の順位（[総]は総合順位）。「㊐」は日販調べ「新書（一般・教養）部門」の順位。部数は『SPA!』1991年3月20日号（扶桑社）および『日経エンタテインメント！』1997年10月号（日経BP社）による（91年より97年の方が少ない部数が見られるのは不自然だが、出典のまま）。また、『ノストラダムスの大予言』の「250万部」や『ノストラダムスの大秘法』の「200万部」は誤植だろうが、これも出典のまま。『週刊文春』1999年7月15日号によれば、『ノストラダムスの大予言・最終解答編』は17万部。

ここのところをみんな読まないんです。（「伝説のベストセラー作家・五島勉の告白『私がノストラダムスを書いた理由』」文春オンライン）

さて、この『大予言』には赤、青2種のカバーの版があり、内容にも多少の違いがあることが、志水一夫の指摘以来知られている（『大予言の嘘』志水一夫）。志水はカバーと同じく内容も2通りに分類したが、実際に刊行された各版を見比べると、小刻みな内容変更が74年夏まで繰り返されていたことが分かる。

初版の「まえがき」の締めくくりは以下のようなものだった。

ノストラダムス予言による人類の終末は刻々と近づいているが、私としては、どうか冷静にそれを受けとめてくださるよう、読者のみなさんにお願いするばかりである。

これが1か月も経たずにこう変わった。

この本を読まれる方は、いたずらに絶望の虚無感におちいることなく、彼の警告の深い意味（それは巨大な逆説とも考えられる）を前向きにとらえ、彼の予言どおりにならないように、破滅を食いとめる知恵と勇気をふるいおこしていただきたいと祈っている。

これは、出版社が予想外の大反響に慌てて、書き換えさせたものだという（「終末的危機感とオカルト・ブーム」『新刊展望』藤田昌司）。一方、祥伝社はその後でも、絶望感を煽るかのように「人類滅亡!? そんなバカな、信じられない。まちがいであってほしいと願う」「不安と恐怖が襲い、むなしさだけが残った。私だけでも生き残りたいと願う」といった読者の感想を引用した広告（『読売新聞』74年1月10日）を掲載していたので、前書きの変更は不安を鎮めるためというよりも、批判を受けた時の逃げ道を用意していただけのように見えなくもない。

そして、前記の通り、読者が希望の部分を読んでくれなかったと言う五島氏が、74年春に『大予言』の締めくくりに加筆した一文はこうだった。

ノストラダムスの予言を信じるにせよ、信じないにせよ、また私のこれまでの解説にミスがあったにせよ、なかったにせよ、現在の人類の文明がこのままではもう保ちそうもない、ということだけは、どうみてもたしかなようである。

本気で「どんでん返し」をしたかったのなら、なぜもっと希望を強調しなかったのだろうか。あまり注目されなかったが、五島勉氏はこの後、『運命周期律』（青春出版社、77年）という著書も出している。その本ではノストラダムスの予言を「非合理的なおどかしの予言だ、といわれればそれまでだ」としてほとんど取り上げず、「あくまでも、いま合理的に予測できる周期だけ」に基づくとして、遅くとも21世紀初頭までに「大自然の周期プラス食料とエネルギーの涸渇だけで、人類の息の根はとまる」と明言していた。

その本での希望の表明は、「私たちは脱出と再生の道を早急に探さなければならない。そのための方法と理念は、きっとどこかにあると思う。しかし、それはまた、この本とは別のテーマである」という短い結びの言葉だけであった。『大予言』ブームから数年を経て出した本でさえ、手を変え品を変えて滅亡論を煽る一方、希望のほうは「きっとどこかにあると思う」程度だったとなると、希望に重点を置きたかったという主張を額面通りに受け取るわけにはいかないだろう。

そもそも『大予言』に、読者を不安がらせる効果を持つ創作が多いことは、作家の高木彬光《あきみつ》など、多くの論者から指摘されていた。だが、五島勉氏は反論する時にも論点をずらし、創作や演出をきちんと認めたことはない。上の加筆にしても、故意でない「ミス」がある可能性に触れているだけで、意図的な創作を混ぜていたことについては、ほのめかすことさえしていない。それは40年後の電子書籍版『大予言』（14年）の前書きの「当時の私の未熟さから出た、解釈のズレや指定期間のズレ、解説のあいまいさや不正確さがいくつもあった」でも同様である。

また、五島氏はしばしば批判に答える代わりに、核問題や環境問題への警告の必要性を強調するが、75年に有吉佐和子の小説『複合汚染』がベストセラー2位になった通り、内容次第では創作と明記しても注意を喚起できたことは明白で、ノンフィクションに創作を多く混ぜた理由になっていない。

さて、実態はそういう著書だったわけだが、当時の影響力は桁外れだった。特に青少年への影響は甚大とされ、漫画『ちびまる子ちゃん』でこれを題材にした回は、当時の小学生のトラウマを見事に表現したといわれている（『トンデモノストラダムス本の世界』山本弘、『若者と現代宗教』井上順孝）。作者のさくらももこはエッセイでもこの件に触れ、絶望した体験を述べていた。彼女に限らず、当時、自分の人生が何歳で終わるかを数えた若年層は多かったという。

ただし、さくらのエッセイでは、情報の入手経路は級友の噂話やテレビの特番といった間接的なものとなっており、『大予言』は挙がっていない。このほか、当時の小学生には、学年誌や少年誌といった身近なメディアも影響したらしい（前掲『オカルトの帝国』）。74年に興行収入2位となった映画『ノストラダムスの大予言』の影響もあったのかもしれない。その一方、［表2・3］（126・127ページ参照）から、中学～大学生の間では『大予言』自体が直接読まれていたことが分かる。

いずれにせよ、『大予言』の直接的反響だけでなく、様々なメディアや口コミを介して、ブームが増幅された面があるだろう。その曖昧さを伴う伝わり方は青少年を中心に、ノストラダムス本人や作品についての理解を深めないまま、とにかく人類滅亡を予言した人というイメージだけを広めた感がある。

ただ、さくらももこは絶望したとしつつも、日常的には考えないようにしたとも述べていた。子供たちにとって、25年後の滅亡は、将来ほぼ必ず直面するという意味での「絶望」と、まだ先のこととして目をそらせる「猶予」とを内包していたのかもしれない。

## １９８０年代には五島勉氏以外の解釈本も増加しノストラダムスの受け止め方が多様化

１９７５年以降、ノストラダムス関連書は微増にとどまった。しかし、第二次石油危機、スリーマイル島原発事故、ソ連のアフガニスタン侵攻と不穏な情勢が立て続いた79年の年末に、五島勉氏の『大予言Ⅱ』が刊行された。前述の『運命周期律』でノストラダムスを一度は消極的に論評していたにもかかわらず、ここから五島氏は矢継ぎ早に『大予言』シリーズを刊行していくこととなる。

『大予言Ⅱ』が初巻と異なるのは、アナグラム（文字を並べ替えて別の語を作る）を多用して解釈の幅を広げつつ、近未来の独裁者や世界大戦というシナリオを描いたことにある。これは、様々な解釈者が独自の未来図を描く呼び水となった。そこでは、超能力予言者として知られていたジーン・ディクソンも無視できないだろう。

ノストラダムス予言の大半に年代がないのに対し、ディクソンは時期を明記して近未来の大戦などを予言していた。結果、80年代になると、ディクソン予言を土台にノストラダムスをちりばめた高橋良典氏や広瀬謙次郎氏など、五島勉氏以外の解釈本も増加するようになる。82年１月４日に『読売新聞』は、ノストラダムスが「再びブームを巻き起こしている」と報じており、『朝日ジャーナル』も82年10月１日号で「『ノストラダムス』はなぜうける」という特集を組んだ。［表２］からは、74年頃の小学生（噂やテレビで知った層）が、中高生となったこの時期に、『大予言』シリーズに手を出していたことがうかがえる。

なお、同時期のフランスでは、近未来の世界大戦を描くジャン＝シャルル・ド・フォンブリュヌの解釈本が百万部を超えてパニックを引き起こし、各国語に訳された一方、反論としての懐疑論や学術研究を刺激した。米国の懐疑主義団体サイコップの機関誌はノストラダムスの懐疑論を特集し（82年）、そこには、後に『ノストラダムスの大誤解』（邦題）を刊行することになるジェイムズ・ランディの記事も含まれていた。

フランスではノストラダムス協会が83年に設立され、フォンブリュヌのような恐怖を煽る解釈を批判しつつ、初版本の発見・復刻など、学術的基盤の整備に寄与した。また、84年に神話学の重鎮デュメジルまでもがノストラダムス本を出したことは、胡散臭いものとして学術的に敬遠されがちだったノストラダムスの扱いを転換させる上で、大きな影響を与えたと言われている（『ノストラダムス――予言の真実』ドレヴィヨン&ラグランジュ）。

だが、日本ではフォンブリュヌの邦訳書『新釈ノストラダムス』（高田勇訳）は7千部台しか売れなかった。代わりに、それを（事実と異なるレッテル貼りも含めて）痛罵した五島氏の『大予言Ⅳ』（82年）はよく売れたものの、健全な懐疑論や学術研究は低調なままだった。ノストラダムスブームは日本だけ、といったよくある主張は誤りなのだが、国際的な潮流から孤立した経緯を辿ったことだけは確かと言えよう。

さて、『大予言Ⅱ』に戻ると、「別のもの」の件も重要である。五島勉氏によれば、1555年晩秋のブロワ城で、刊行まもない『予言集』について王妃の下問を受けたノストラダムスは、姿の見えない「恐怖の大王」が降ると、すべてが滅ぶか変わり果てると語り、後日、その前に「別のもの」が現れれば恐怖の大王は降ってこないと付け加えたという。

しかし、その時期のブロワにノストラダムスがいた記録はなく、『予言集』に恐怖の大王の詩はまだ含まれていなかったので、史実であった可能性はない。五島勉氏は、「別のもの」が出てくる詩の存在自体を、「問答」があったことの傍証としていたが、「別のもの」が人類滅亡を防いでくれる、などと解釈していた論者は欧米に見当たらないので、論拠にならない。

仏文学者らには「別のもの」を誤植と見なす説すらあるほどで、まったく重視されていない。その詩が、16世紀の占星術師リシャール・ルーサの著書に見られるモチーフの借用であることは、学術的にほぼ認められているところであり、それに従えば、この詩の主題は23世紀のこととなる（詳細は後掲の拙サイト参照）。となれば、99年の滅亡と結びつけること自体が揺らいでしまう（実際、学術的には、ノストラダムスが99年の滅亡を予言していたという主張自体が否定されている）ので、『問答』はノストラダムス自身が言ってもおかしくないやり取りを再現したもので、創作だとしても内容的には正しい」といった主張も認めがたい。史実でない上に、学術研究者らの見解とも矛盾し、五島氏の解釈以外に裏付けのない創作など、容易に信じがたいはずである。だが、この「問答」を真に受ける論者は後を絶たなかった（前掲『トンデモ大予言の後始末』）。

本来、西洋の終末観では、「この世界の終わり」はそれに続く救済とセットなのだが、日本のブームの場合、キリスト教的な救済の概念は根付かず、「この世界の終わり」ばかりが強調されてしまった。その結果、救いを見いだせない絶望感が広まり、恐怖が増幅された側面があった。「別のもの」が現れれば恐怖の大王は降ってこないというストーリーは、『大予言』初巻の時点ではおざなりだった救済への希望を、かなり通俗的に補完した感がある。そして、肝心の「別のもの」の正体が特定されず、読者に想像の余地を残した点は、日本の新宗教やオカルト系の動向にも少なからぬ影響を与えた。

『大予言Ⅳ』によると、五島勉氏のもとには、「別のもの」は自分たちだとする手紙が宗教・オカルト系の団体から多く寄せられたという。五島氏の著書には創作が多いので、この話の真偽も不明だが、事実だとしてもおかしくない状況は確かにあった。80年代の日本では、自分自身を「別のもの」とする自称救世主たちが実際に何人も現れており、広瀬謙次郎氏らの著書で紹介されていたからである（『原田実の日本霊能史講座』原田実・杉並春男）。五島氏のもとに手紙がどれだけ寄せられていたかはともかく、そういう話題を出している事実は、「別のもの」を宗教団体などが正当化や権威付けに悪用する可能性を、五島氏もきちんと認識できていたことを示すように思われる。

しかし、「別のもの」の出典である「ブロワ城の問答」を撤回したり、創作であることを明示するような文章は『大予言Ⅳ』の中に見られず、むしろ逆に「問答」の続編と称する対話が追加されて、「別のもの」のストーリーは補強されていた。そして、五島勉氏が「別のもの」の可能性として仏教的な思想をほのめかしていたことは、のちのオウム真理教の終末思想に影響したとも言われている（『正義の見方』宮崎哲弥、前掲『トンデモノストラダムス本の世界』）。

## 90年代には中東危機で再ブーム しかしオウム事件を境に変化

89年の冷戦終結、90年の湾岸危機と重大事件が立て続くと、それに対応するかのようにノストラダムスブームが再燃した。

さて、ノストラダムスは聖書を下敷きにしたと言われることがある。しかし、中世・近世の予言書との類似性が指摘される現代の文学的研究（ノストラダムス予言を文学作品と捉え、その出典や参考文献になったと考えられる各種文献との関連性も視野に入れ、未来よりもむしろ過去や同時代を重視する）からすれば、聖書と直結させることには疑問がある。

たとえば、ノストラダムス予言にはイスラーム勢力の欧州侵攻のモチーフが少なからず見られ、近未来の世界大戦の予言だと煽る手合いは今でもいる。しかし、中世に多大な影響を及ぼし、多くの亜流を生み出した7世紀の偽書『メトディウス予言書』には、まさに同様のモチーフがあり、ノストラダムスもその延長線上に位置づけられる。

ただ、91年頃の日本でそのような説は知られていなかった。他方、聖書の終末の情景には中東の地名が頻出する。そこで、80年代の予言解釈本ではそれを１９９９年と結びつけ、20世紀末の中東大戦を予測するものも少なくなかった。つまり、90年代初頭の湾岸戦争は、99年に向けてやはり何かがあるかもしれない、という不安を醸成するには十分だったろう。

この再ブームは『読売新聞』や『毎日新聞』が報じたし、［グラフ］を見ても、この時期（90年代初頭）に関連書が激増したことが読み取れる。口火を切ったのは五島勉氏の『大予言・中東編』だろうが、この再ブームは１１７ページの［表１］の通り、五島氏以外にもベストセラーが出たことや、新宗教ブームとも密接に結びついていたことが特徴だろう。

オウム真理教（１８５ページ参照）が本・雑誌、ラジオ番組などでノストラダムス情報を発信したのもこの時期であった。オウムが当時の日本で資料収集を最も充実させていたことは確かであり、教団のビデオ（『ノストラダムス秘密の大予言』）を見ると、『予言集』の16・17世紀のコピーをいくつも入手していたことがうかがえる。これは、他の解釈者のほとんどがH・C・ロバーツの『ノストラダムス大予言原

グラフ　**ノストラダムス本の刊行点数**

（出典：webサイト『ノストラダムスの大事典』「日本の関連書刊行年順」）
＊詳細な定義・基準および元データ作成にあたっての参考文献は出典を参照のこと

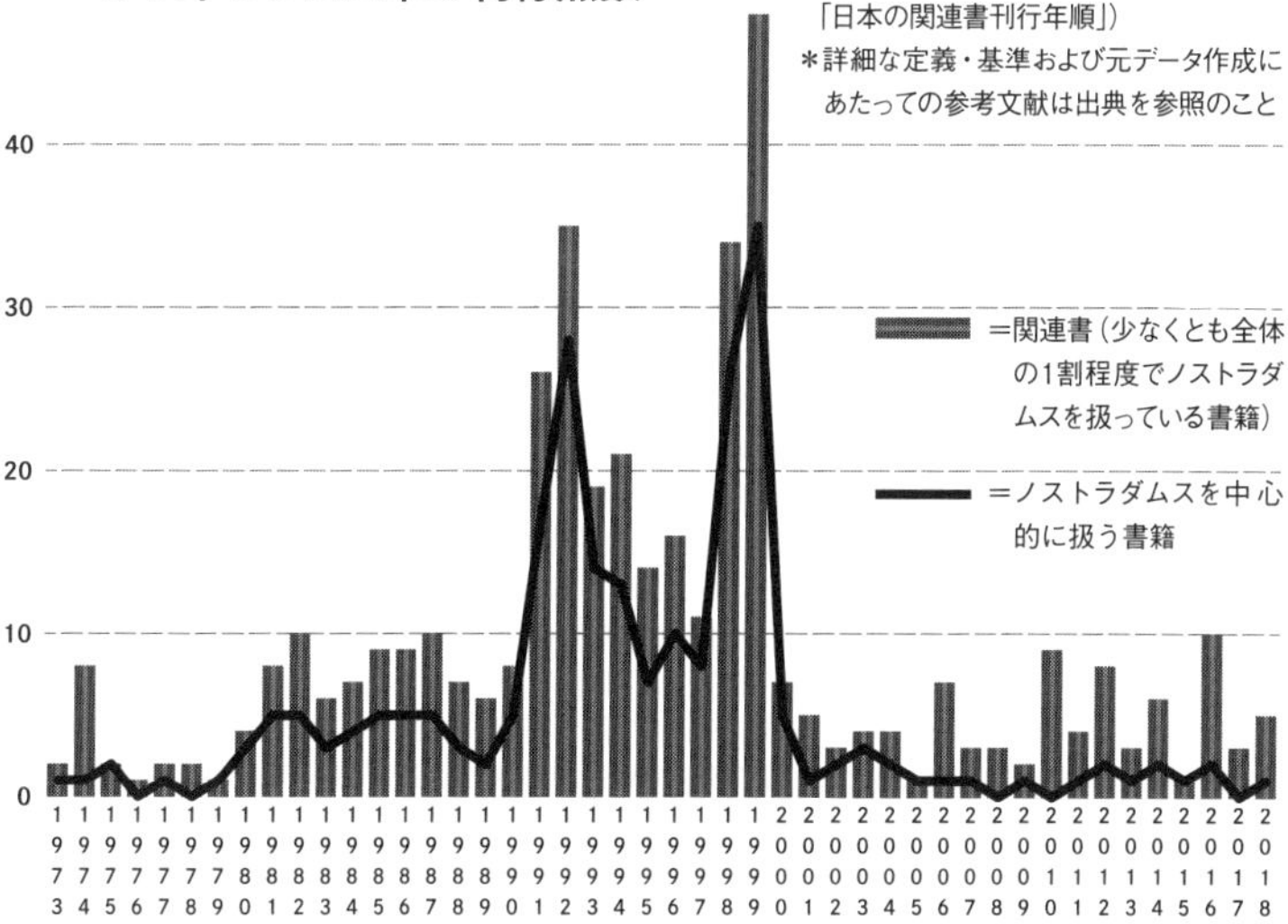

典』（唯一の仏和対訳本だったが、原文、訳文とも問題が多い）などに依拠し、まともな原文を知らなかったことを考えれば、驚異的な熱心さと言えた。

ただ、その熱心さの動機は、麻原彰晃が救世主であることの証明を求める点にあった。麻原やその周囲が信者獲得の方便でなく、本気でノストラダムスを信じており、かつ麻原に強く影響した本の一つが川尻徹のノストラダムス本（予言は偶然当たるのではなく、当てるように行動する者がいるという説）であったことは、後の事件との関連で銘記されてよい点だろう（麻原への川尻の影響は419ページ以降参照）。

もっとも「表2」を見る限り、中高生は過去のブームほどの衝撃は受けなかったらしい。また、「宗教と社会」学会の大学生4005人を対象にした92年の調査では、ノストラダムス予言を「信じる」8・4％、「ありうる」31・5％、「疑わしい」19・7％、「信じていない」36・6％で、十分に信じられていたと解釈できる一方、「信じる」の比率は「死後の世界」の29・9％、「宜保愛子の霊視」の24・1％

**表2 『学校読書調査』におけるノストラダムス本の順位**

▶『学校読書調査』（毎日新聞社などが毎年実施し、『読書世論調査』の各年版に掲載）には、「あなたが5月1ヵ月の間に読んだ本の名まえ（教科書、自習書、マンガ、雑誌やふろくをのぞく）を、おぼえているだけ書いてください」という質問項目があり、多く挙がった書名の順位が公表されている。右の表では、ノストラダムス本が何位に挙がっているのかをまとめた▶ノストラダムス関連書はほとんどの年で『ノストラダムスの大予言』とだけ書かれているが、ホームズ、ルパンなどがシリーズとして集計されていることからすると、『大予言』も初巻だけでなく、原則としてシリーズで一括されているものと考えられる（89年を除く）▶『大予言』以外の関連書が挙がっている場合には、「*」をつけて右表の下に別記した▶『学校読書調査』は小学4年から高校3年までが対象だが、小学4・5・6年のランキングにノストラダムス本が登場したことはないので、右表では省く

| 年度 | 中学1年 | | 中学2年 | | 中学3年 | | 高校1年 | | 高校2年 | | 高校3年 | |
|---|---|---|---|---|---|---|---|---|---|---|---|---|
| | 男 | 女 | 男 | 女 | 男 | 女 | 男 | 女 | 男 | 女 | 男 | 女 |
| 1974 | 3 | — | 1 | 7 | 1 | 12 | 1 | 1 | 2 | 6 | 5 | 5 |
| ※1975年～1979年度はランク外 | | | | | | | | | | | | |
| 1980 | 6 | — | 3 | — | 13 | 10 | 2 | 8 | 2 | 7 | — | — |
| 1981 | 10 | — | 5 | — | 4 | 8 | 1 | 8 | 1 | — | 2 | 8 |
| 1982 | — | — | 12 | — | — | — | — | — | 1 | — | 6 | — |
| 1983 | — | — | — | — | — | — | — | — | — | — | 4 | — |
| 1984 | — | — | — | — | — | — | 3 | — | — | — | — | — |
| ※1985年～1988年度はランク外 | | | | | | | | | | | | |
| 1989 | — | — | — | — | — | — | — | — | 8* | — | 15* | — |
| 1990 | — | — | 11 | — | — | — | — | — | — | — | — | — |
| 1991 | — | — | — | 16 | 4 | — | — | — | 8 | — | — | — |
| ※1992年～1994年度はランク外 | | | | | | | | | | | | |
| 1995 | — | — | — | — | — | — | 10 | — | — | — | — | — |
| ＊1996年度はランク外 | | | | | | | | | | | | |
| 1997 | — | — | 19* | — | — | — | — | — | — | — | — | — |
| ※1998年～2017年度はランク外 | | | | | | | | | | | | |

*『ノストラダムスの新予言』（1989年度高2男子8位）、『ノストラダムスの大予言II』（1989年度高3男子15位）、『ノストラダムス』（1997年度中2男子19位。詳しい書誌情報がないので、誰の本か不明）

に比べると明らかに低い（前掲『若者と現代宗教』）。当時の人気連載漫画『ＭＭＲ』（３０４ページ参照）の影響度も含め、どの程度真剣に受け止められたかについては、若干の留保が必要かもしれない。

いずれにせよ、このブームは、オウムによる一連の犯罪が明らかになり、オカルト関係に自粛ムードが広がった95年を境に、明らかに退潮していくこととなった。と学会の『トンデモ本の世界』が売れて、「トンデモ」というアングルが広まったことも、醒めさせる一因になったのかもしれない（『予言の心理学』菊池聡）。

前述の「宗教と社会」学会

## 表3 『読書世論調査』におけるノストラダムス本

▶『読書世論調査』では、1992年度（1993年版）まで、「よいと思った本」「最近読んだ本」（年度によって表現が異なる）の統計がとられていた。そこでは、前者で1回（74年度）、後者で3回（74、80、83年度）だけ、『ノストラダムスの大予言』が挙がった▶以下ではそれらをまとめた。「実数」は人数で、「○○別」は実数を属性ごとに分類したもの。実数が少ないが、サンプル総数は数千人規模（無作為抽出）で、1位ですら30人台であることを考えれば、妥当なところだろう

### 表3-a 良いと思った本

| 年度 | 総合順位 | （男性順位・女性順位） | 実数 | 地域別 | | | 年齢別 | | | | | | 学歴別 | | | 職業別 | | |
|---|---|---|---|---|---|---|---|---|---|---|---|---|---|---|---|---|---|---|
| | | | | 十大都市 | 市部 | 郡部 | 16～19歳 | 20～29歳 | 30～39歳 | 40～49歳 | 50～59歳 | 60歳以上 | 9年以下 | 10～12年 | 13年以上 | 学生 | 事務・技術系 | その他 |
| 74 | 10 | 9 | 8 | 1 | 4 | 3 | 4 | 1 | 2 | 0 | 1 | 0 | 1 | 2 | 5 | 3 | 3 | 2 |
| | | 19 | 4 | 0 | 0 | 4 | 1 | 1 | 2 | 0 | 0 | 0 | 1 | 2 | 1 | 1 | 0 | 3 |

「その他」の内訳：「大企業官公幹部・自由業」女1、「労務系」男1、「商店主・中小企業主」女1、「主婦」女1、「無職・その他」男1。なお、10代男女の支持数だけで比べれば、『大予言』（5人）は『こころ』（8人）、『青春の門』（7人）、『かもめのジョナサン』（6人）に次ぐ4位となる。

### 表3-b 最近読んだ本

| 年度 | 総合順位 | （男性順位・女性順位） | 実数 | 地域別 | | | 年齢別 | | | | | | 学歴別 | | | 職業別 | | |
|---|---|---|---|---|---|---|---|---|---|---|---|---|---|---|---|---|---|---|
| | | | | 十大都市 | 市部 | 郡部 | 16～19歳 | 20～29歳 | 30～39歳 | 40～49歳 | 50～59歳 | 60歳以上 | 9年以下 | 10～12年 | 13年以上 | 経営管理等 | 学生 | その他 |
| 74 | 9 | 9 | 6 | 1 | 3 | 2 | 1 | 1 | 2 | 1 | 1 | 0 | 2 | 2 | 2 | — | — | — |
| | | 11 | 5 | 0 | 2 | 3 | 1 | 2 | 1 | 0 | 1 | 0 | 1 | 4 | 0 | — | — | — |
| 80 | 19 | 20 | 3 | — | — | — | 0 | 2 | 0 | 1 | 0 | 0 | 0 | 1 | 2 | 1 | 0 | 2 |
| | | 16 | 4 | — | — | — | 1 | 1 | 2 | 0 | 0 | 0 | 0 | 4 | 0 | 1 | 0 | 3 |
| 83 | 26 | 11 | 4 | — | — | — | 4 | 0 | 0 | 0 | 0 | 0 | 0 | 4 | 0 | 0 | 4 | 0 |
| | | 外 | 0 | — | — | — | 0 | 0 | 0 | 0 | 0 | 0 | 0 | 0 | 0 | 0 | 0 | 0 |

80年の「経営管理等」は正確には「経営・管理・専門・自由業」、「その他」の内訳は「農林漁業」男1、「事務的職業」男1、「販売従事者」女1、「家庭婦人」女1、「無職・その他」女1。

調査の99年版ではノストラダムス予言を「信じる」3・0％、「ありうる」16・0％、「あまり信じない」46・6％、「否定する」33・7％と、肯定的反応が顕著に減少した。

その一方、ノストラダムス本は98、99年と大氾濫《はんらん》した。だが、その商戦は不発だったと『朝日新聞』や『週刊文春』が相次いで報じ、『出版年鑑』の順位でも、五島勉氏の著書すら圏外（51位以下）だった。つまり、読者の要求で氾濫したというよりも、出版社による便乗騒ぎだった面が強い。マスコミでの関連企画の増加には、74年頃に小中学生だった世代が、それらを企画する立場になっていたことも影響したらしい（前掲『若者と現代宗教』）。

ノストラダムス本の大氾濫とは裏腹に、「宗教と社会」学会の99年調査では、それらを1冊も読んだことのない学生が8割を超えていた。『学校読書調査』からも、『大予言』の名は消えている。99年は幼児向け番組や女性向け下着など、何にでもノストラダムス関連のモチーフが顔を出した年ではあったが（前掲『トンデモ大予言の後始末』）、もはや多くの若者にとって、現実的な恐怖を掻き立てる存在ではなくなっていたのかもしれない。

他方、韓国で翻訳された『大予言』は、よく売れて騒ぎになったらしい（『あなたの知らない都市伝説の真実』皆神龍太郎）。また、中国では、妄信した少年2人の窃盗事件などが起こり、各地の新聞で反大予言キャンペーンが展開されたという（『中日新聞』99年7月2日）。中国では『大予言』が翻訳されただけでなく、ノストラダムス予言が『諸世紀』（日本で広まった誤訳）と呼ばれるなど、日本経由で受容された面が見られた。

なお、99年7月1日付の『朝日新聞』には、「心痛めた読者がいたら謝りたい」とする五島氏の談話が載っていたが、創作などには触れず、心を痛めたのが何のせいかは曖昧だった。

さて、実は学術的には、恐怖の大王の詩には偽作の疑いもあるのだが、別のインタビューで五島勉氏はそれを知っていたことを明らかにし、ノストラダムス個人でなく「当時の知識人の集まり」の作品だった可能性にまで触れていた（「ミスターノストラダムス五島勉の『終末』」『サイゾー』三平三郎）。五島氏の著書で、ノストラダムス個人が「ユダヤ預言体系のアンカー」（この場合のアンカーについて、五島氏自身は最終走者と注記したり、総仕上げ役と注記したりと揺れがあるが、おおむね預言体系の最後に登場して完成させる役どころといった意味合いであろう）と持ち上げられ続けていたのは、確信的な過剰演出だったと言えそうである。

## 21世紀におけるブームの終息

２００１年には同時多発テロ事件のせいで、Ｇｏｏｇｌｅ年間人気検索キーワード１位がＮｏｓｔｒａｄａｍｕｓになるなど、特に英語圏で関心が高まったが、日本に大きく波及したとは言いがたい。前掲の謝罪（99年7月1日付『朝日新聞』）をしたはずの五島勉氏は、恐怖の大王はテロ事件のことだったとする本を出し、加治木義博も自分の解釈だけが正しかったと豪語する本を出したが、いずれも『出版年鑑』のランキングどころか、トーハンの部門別ランキングにすら入れず、往時の勢いは見られなかった。

03年はノストラダムスの生誕五百周年であり、英仏語圏では良書も含めて関連書が何冊も出たが、日本では文化史家の竹下節子氏が雑誌記事で海外動向を紹介するなどした例はあったものの、関連書籍の刊行はほとんどなかった。

12年はマヤ文明の長期暦が巡り終わるとされた年で、それに合わせて現在の世界も終わるという通俗的な終末論が広まった。日本の場合、そのブームに関連してノストラダムスが紹介される場合、コンビニ本で数ページ程度など、ほとんどは賑やかしの域を出るものではなかった。

そんな中で解釈本を何冊も出したのが、90年代末の超常現象特番で人気となった池田邦吉氏であった。彼はイタリアのベスビオ山が99年に噴火するという解釈を外した後も、何度も時期だけずらして、その解釈を堅持していた。しかし、14年には、「近未来にも、もっと先にも」ベスビオ山の噴火はないと神々の世界で決定したため、ノストラダムス予言が終了した旨を宣言し、解釈から撤退してしまった（『神様といっしょ』池田邦吉）。

そして平成も末期になると、比較的高い年齢層には、もはや信じたり恐れたりする対象というよりも、昔を懐かしむ定番ネタの一つとして受け止められている感がある。その一方、若者向けには、『モンスターストライク』の美少女キャラなど、ゲームや漫画で、名前だけ借りたような「ノストラダムス」が何人も見られるようになっている。そのため、「ノストラダムス」に対する印象は、今後さらに世代間でのギャップが広がっていきそうな気配である。

なお、英語圏のウェブサイトなどでは、毎年のように「今年向けのノストラダムス予言が見つかった」といった話が出て、日本語サイトでも紹介されている。だが、彼の予言に明記された99年より後の年代は、3797年のみである。それを2242年の偽装とする説も学術的研究で提示されているが、どのみち21世紀ではなく、毎年の予言は質の悪い偽物にすぎない。

特定の年に向けた偽予言はノストラダムスの存命中から見られ、死後も、関連する名義の暦などが20世紀初頭まで途絶えなかった。近年の与太話は、その時代錯誤な亜流にすぎず、さすがにそんなものが大きなブームを生むことはないだろう。また、トランペットを意味する「トロンプ」の出てくる詩を米国のトランプ大統領と結びつけるなどで、再び盛り立てようとする動きもあるが、あまり成功しているようには見えない。

海外ではそんな与太話の一方で、この数十年、ノストラダムスの学術的研究も蓄積され、ルネサンス期の文化人として評価されてきている。だが、そうした動向が極めて限定的にしか紹介されてこなかった日本の場合、彼は99年の予言を外したペテン師と思われがちである。毎年外れまくる偽予言は、そのイメージをさらに悪化させかねない。日本のブームは、ノストラダムスの名前だけは広範囲に浸透させてきたが、その実像を知ることからは、著しく遠ざけてしまったのではなかろうか。

ルネサンス期の文化人であるラブレーやロンサールの古典的著作は、世間でほとんどブームにはならないかわりに、「賞味期限切れ」にもならない。ノストラダムスも文化人と捉えるならばそうあるべきであって、ブームと程遠い地味な形であっても、堅実なノストラダムス理解が広まっていくことを願ってやまない。

（注）ノストラダムスの人物・作品などは拙サイト『ノストラダムスの大事典』を参照されたい。

［参考文献］


『オカルトの帝国　１９７０年代の日本を読む』（一柳廣孝編著、青弓社、２００６年）
『若者と現代宗教』（井上順孝、ちくま新書、１９９９年）
『ベストセラーの戦後史２』（井上ひさし、文藝春秋、１９９５年）
『戦後サブカル年代記　日本人が愛した「終末」と「再生」』（円堂都司昭、青土社、２０１５年）
『予言の心理学』（菊池聡、ＫＫベストセラーズ、１９９８年）
『まる子だった』（さくらももこ、集英社文庫、２００５年）
『大予言の嘘』（志水一夫、データハウス、１９９１年）
「日本におけるノストラダムス受容史」『ユリイカ』（田窪勇人、青土社、１９９９年２月号）
『危険な宗教の見分け方』（田原総一朗・上祐史浩、ポプラ社、２０１３年）
『ノストラダムス――予言の真実』（エルヴェ・ドレヴィヨン＆ピエール・ラグランジュ、創元社、２００４年）
『原田実の日本霊能史講座』（原田実・杉並春男、楽工社、２００６年）
『今を生き抜くための70年代オカルト』（前田亮一、光文社、２０１６年）
「終末的危機感とオカルト・ブーム『大予言』ミリオンセラーの周辺」『新刊展望』（藤田昌司、１９７４年４月号）
『あなたの知らない都市伝説の真実』（皆神龍太郎、学研、２０１４年）
「ミスターノストラダムス五島勉の『終末』」『サイゾー』（三平三郎、１９９９年９月号）
『正義の見方』（宮崎哲弥、洋泉社、１９９６年）
『トンデモノストラダムス本の世界』（山本弘、宝島社文庫、１９９９年）
『トンデモ大予言の後始末』（山本弘、洋泉社、２０００年）
「伝説のベストセラー作家・五島勉の告白『私がノストラダムスを書いた理由』」（文春オンライン、２０１８年１月１日）(http://bunshun.jp/articles/-/5624)
「日本のノストラダムス現象（浅倉正典）」(http://www.ne.jp/asahi/mm/asakura/nostra/report/Phenomenon.htm)

# 心霊写真ブームと心霊写真本

本城達也

写真に写る顔のようなもの……幽霊のように透けた姿……。

こうした、いわゆる「心霊写真」のようなものは日本では明治時代からあり、心霊写真という言葉も大正時代にはあった。大正9年（1920）には心霊写真研究会の代表者だった大和田徳義なる人物が『心霊写真の研究』という本を書いてもいる。

ところがこの本、タイトルは『心霊写真の研究』となっているものの、掲載されている写真は、たったの5枚しかなかった。心霊写真を扱った本としては、だいぶ物足りない。

もっと多くの心霊写真を扱った本が出版されるようになるのは、昭和に入って50年近く経った1970年代半ばになってからである。怪奇作家の中岡俊哉が1974年7月に刊行した『恐怖の心霊写真集』（二見書房）がその最初だった。

それまでにない中岡の心霊写真本は大きな話題を呼ぶ。その結果、同書はシリーズ化され、中岡の本以外にも心霊写真を扱った本が次々と刊行されるようになった。

いわゆる心霊写真ブームが起きたのである。

こうしたブームの火付け役となった中岡俊哉の『恐怖の心霊写真集』シリーズとは一体どんなものだったのか？

また、同シリーズ以降に刊行された他の著者による心霊写真本には一体どんなものがあったのか？

本稿では、まず、それらを個別に取り上げていく。そして、そこからわかる特徴をまとめ、さらに過去から現在の動向も踏まえて考察していきたい。

## 中岡俊哉の『恐怖の心霊写真集』シリーズ

**『恐怖の心霊写真集』**
**（中岡俊哉、二見書房、１９７４年）**

本書は日本で最初の心霊写真集で、以降、計７冊出ることになる同名シリーズの第１作にあたる。筆者が持っている１９８８年の版では、初版の刊行から14年で、47版となっている。相当売れていたようだ。『コックリさんの父 中岡俊哉のオカルト人生』（新潮社）によれば、シリーズ累計では１５０万部を売り上げたという。

この第１作で取り上げられた心霊写真は、１９７４年までの10年間に集まってきた約１３００枚のうち、本物と考えられる２４０枚の中から選んだものだという。

シリーズ第１作『恐怖の心霊写真集』の表紙

掲載されている心霊写真は、筆者の集計では全部で87枚。そのうち、霊の顔が写っているとされる写真は67枚、動物の霊だというものが１枚、霊の足は１枚、その他（何らかの光など、以降も同様）は18枚だった。写真は全部、白黒である。

一応、心霊写真は中岡俊哉によって鑑定されていることになっているが、その書き方は「地縛霊《じばく》であろうと考えられている」といったものだったり、単に読者からの話を紹介しているだけだったり、まだ、はっきりとした鑑定スタイルを確立できていなかった。

ちなみに、中岡俊哉はこの本の序盤で、「お化け」と「幽霊」は別のものであると説明している。「**お化け**」とは心霊科学でいわれる「**地《じ》縛《ばく》霊**」で、「ある人が死んだ、あるいは殺された場所に出現する霊魂」だという。典型的な例はお化け屋敷（娯楽施設としてのお化け屋敷ではなく、人が死んだりしてお化けが出ると噂される家のこと）だそうだ。

一方、「**幽霊**」とは「**浮《ふ》遊《ゆう》霊**」で、「場所に限定されないで出る霊体のこと」だという。

中岡の心霊写真本では、この地縛霊と浮遊霊という言葉が頻繁に使われる。ただし多くの場合、それらは「霊体」とも表現されており、先の説明に出てきた「お化け」や「幽霊」とは書かれない。そのため、中岡がそうした自分の設定をどこまでちゃんと意識していたのか疑問は残る。

## 『続 恐怖の心霊写真集』（中岡俊哉、二見書房、1975年）

1作目の好評を受けて、その約1年後に刊行されたシリーズ第2作目。本作よりカラー写真が掲載されるようになった。

扱われている写真は、読者から送られてきた700枚の中から選ばれた50枚だという。ただし実際に扱われているのは、霊の顔が写っているとされる写真が48枚、不思議写真（心霊写真とは断定できないが不思議な写真）が3枚、その他は7枚で、合計では50枚を超えてしまっている。

本作で注目すべきは、「霊体はどこに?」と題された第2章だろうか。この章では最初に写真を紹介する際、ここに霊が写っていますよ、と示す囲みをつけない。まずは読者に推理してもらうわけだが、これが大変難しい。

単なるシミや、ちょっとした影のようなものを

「顔」としてしまうからだ。後で答えを教えられても、すっきりした気持ちはまったく得られない。

**『新 恐怖の心霊写真集』（中岡俊哉、二見書房、1977年）**

シリーズ第3作目。読者から鑑定依頼があった約1000枚の写真の中から、約100枚を選び、さらにそこから厳選したものが本作に掲載されている写真だという。

その内訳は、筆者の集計では、霊の顔が写っているとされるものが94枚、動物の霊が1枚、その他が16枚だった。

**『実証 恐怖の心霊写真集』（中岡俊哉、二見書房、1979年）**

シリーズ第4作目。本作では冒頭、写真鑑定の依頼枚数を年ごとに紹介している。それによれば次のとおりだという。

○1974年＝約340枚。
○1975年＝約1750枚。
○1976年＝約2820枚。
○1977年＝約2900枚。
○1978年＝約3120枚。

これを見ると中岡俊哉がそれまでのシリーズ本で説明してきた枚数とは合わない。過去の本がその年の途中で出されたことを考慮しても、おそらく1000枚以上はズレがある（中岡の次男・岡本和明氏は『コックリさんの父 中岡俊哉のオカルト人生』の中で、中岡が生涯に鑑定した写真は3万枚と書いている。だが中岡は第6作の時点で、その前書きにて約4万6000枚を鑑定してきたと書いていた。この場合は万単位のズレになる）。

実際のところ、中岡や周囲の人たちは写真の枚数

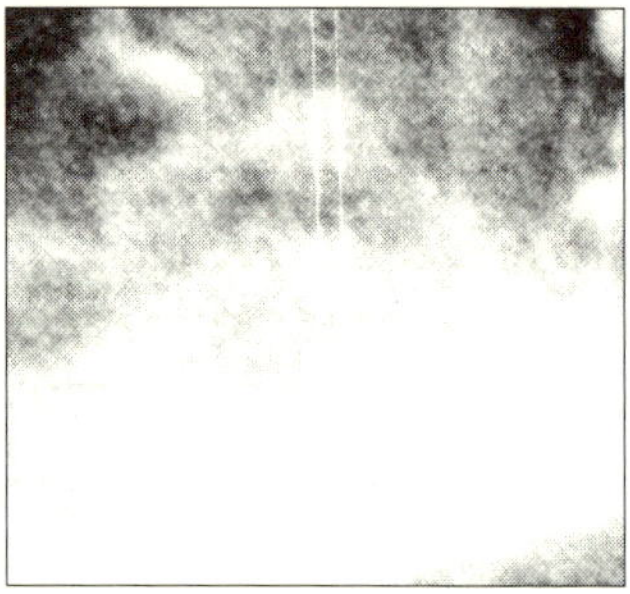

『実証 恐怖の心霊写真集』（二見書房）より。中岡俊哉の母の葬式のときに撮られた写真に、その母の亡くなった友人が写っているという。だが、残念ながら何が写っているのかはわからない。

を正確には把握できていなかったのではないだろうか。大量に送られてきてしまう写真を見て、大体このくらいではないか、という数字を、その場その場で予想して書いていたのかもしれない。

ちなみに本作で扱われている写真の内訳は、顔が71枚、手が1枚、動物の霊が2枚、その他は25枚だった。

また本作からは、扱っている写真の供養が始まった（供養は寺で念仏を唱えてもらう方法）。実は中岡はシリーズ第3作目まで、心霊写真を所有することで起きるという障害、すなわち「霊障」を否定していた。

特に前作では、「心霊写真を撮ったり、持っていることによって何か不幸が起きるのではないかという考え方は古い迷信」で、「現代人なら、古い迷信を打ち破っていかなければいけない」とまで書いていたほどである。

それが一転、本作では霊障を認め、供養を始めだした。その理由は本作の執筆中から、身体の具合が悪くなることが度々起きたからだという。

そのため以降の本では、掲載写真はすべて供養済みと書かれるようになった。

## 『地縛霊 恐怖の心霊写真集』（中岡俊哉、二見書房、1982年）

シリーズ第5作目。タイトルに「地縛霊」とあるように、本作では地縛霊が写ったという心霊写真を特集している。

扱われている写真は、過去3年の間に鑑定依頼があった2000枚の中から選んだものだという。筆者の調べでは、内訳は、顔が63枚、手が3枚、足が1枚、その他は10枚だった。

本作から、希望者には「正式な鑑定証」なるものを発行するようになり、霊障の有無を至急鑑定する場合は有料になった。

## 『鑑定入門 恐怖の心霊写真集』（中岡俊哉、二見書房、1983年）

シリーズ第6作目。本作では扱われている写真の内訳が、霊の顔が写っているとされるものは51枚、手が1枚、足が1枚、不思議写真が1枚、心霊写真ではないものが26枚だった。

これまでと大きく異なるのは、「心霊写真ではない」と否定されている写真が突出して多いことである。なぜだろうか？

中岡俊哉は、本作のテーマを「鑑定入門」とし、序盤で心霊写真の具体的な鑑定方法（手をかざす「霊気識別法」や、鎖をつけた水晶を垂らす「ダウジング識別法」など）を初めて説明している。それまでは具体的な鑑定方法が不明で、単に中岡がこれは地縛霊、浮遊霊というように断定するだけだった。

それが本作からは、「○○識別法によれば」というように、もっともらしく説明するスタイルになった。

中岡俊哉は自称専門家として、読者からこれは心霊写真ではないか、と投稿された写真を鑑定する立場にある。何でもホイホイ心霊写真扱いしていては立場がない。

だからこそ、本作では客観性は皆無だが、自称専門家として自信満々に説明されるともっともらしく見える識別法を披露し、いつもより多くの心霊写真を否定してみせた。そうすることで、「心霊写真の真偽を見分けられる専門家」という印象を読者に与えることができるからだと思われる。

こうした「非・心霊写真」も取り扱うスタイルは、たとえばタレントの稲川淳二氏や自称霊能者の結城《ゆうき》瞳氏など、他の著者による心霊写真本でも受け継がれていく。

## 『決定版 恐怖の心霊写真集』（中岡俊哉、二見書房、1986年）

シリーズ第7作目。『恐怖の心霊写真集』シリーズもこれが最後となった。本作で取り上げられている写真は、過去3年の間に鑑定依頼があった約9000枚のうちから、約100枚を選んだものだという。

筆者の調べでは、霊の顔が写っているという写真が86枚、不思議写真が4枚、その他は11枚、心霊写真ではないという写真が8枚だった。

## 中岡俊哉がこだわった「顔」の心霊写真

さて、これで中岡俊哉の『恐怖の心霊写真集』シリーズは終結である。このシリーズで特徴的だったのは、霊の顔が写っているとされる写真が全体の約7割〜8割と多いことだろうか。

なぜ、中岡はこうした写真を多く扱ったのか。『続恐怖の心霊写真集』（二見書房）では、心霊写真かどうかを見極めるうえで、「目」が大事だと述べている。その目に「気」があるかどうかで、単なるシミか霊体かの違いがわかるという。

しかし、その「目」や「気」なるものは中岡の主観によるものにすぎない。第三者の立場にある筆者などからすれば、そもそも、どこに「目」があるのかすらわからない写真も多い。

中岡俊哉はシリーズの第6作で、心霊写真の鑑定は「厳しければ厳しいほどいい」「一般の人が見て、そこに写っているものがすぐに理解できるものでなければ意味がない」「一人でも多くの人が〝こじつけ心霊写真〟から卒業してもらいたい」と書いていた。

けれども残念ながら中岡俊哉の鑑定方法は客観性

に欠ける。そのため、結果的に「こじつけ心霊写真」というものを多く生み出すことになってしまったのは中岡俊哉自身だった。

とはいえ、そうした「こじつけ心霊写真」もまた、中岡の本が売れることによって、心霊写真の典型例の一つとして認識されるようにもなった。

中岡俊哉の本ほど多くはないものの、後に続く心霊写真本の著者たちも、似たような写真は扱っている。

そこでここからは、中岡のシリーズ本以外で代表的な心霊写真の本をいくつかピックアップしてみよう。

**『宜保愛子の世にも怪奇な心霊写真集』**
**（宜保愛子、大陸書房、１９９０年）**

著者は有名な自称霊能者だった宜保《ぎぼ》愛子（４１０ページ参照）。本書では心霊写真を紹介して鑑定するだけでなく、供養方法も説明されている（昔からあるオーソドックスなもので、たとえば、地蔵に供え物をする、花や線香をあげるといったものなど）。

扱われている写真の内訳は、顔が58枚、動物は３枚、手は12枚、足は２枚、体が透けているのは１枚、光の玉は１枚、その他は２枚だった。

**『超恐怖！心霊写真集』**
**（黒田みのる、勁文社、２０００年）**

監修者は怪奇漫画家で宗教団体「ス光《ぴかり》」の教祖・黒田みのる。本書の出版は２０００年だが、もとになっているのは１９９２年の『検証！心霊写真の謎』と、１９９３年の『最新版 心霊写真集』で、それらを再編集したものになる。

写真の内訳は、顔が46枚、手は10枚、足は８枚、動物は３枚、体が透けているのは１枚、光の球は２枚、その他は21枚。

本書は紹介されている写真がすべてカラーで、どこが心霊写真とされる箇所なのかわかりやすいものが多い。そのため読んでいて非常に面白い。筆者がオススメの心霊写真本は何かと聞かれたら、迷わず本書を薦める。

## 『稲川淳二の秘蔵心霊写真』(稲川淳二、リイド社、1994年)

著者はタレントの稲川淳二氏。稲川氏は怪談イベントを主催するなど、心霊系の仕事も多くこなしている。

本書はそうしたものの一つだが、書き方は気軽な話し言葉のように平易で読みやすい。

写真の内訳は、顔が48枚、手は11枚、足は6枚、体の一部が透けたり消えたりするのは2枚、動物は2枚、光の玉は1枚。その他は9枚、心霊写真ではないものが16枚。

他と比べて心霊写真を否定する結果が多くなっている。これは本の最後で「稲川淳二の㊕心霊写真」というコーナーがあるからだ。そこではまとめて、心霊写真ではないという失敗写真が紹介されている。

## 『織田無道の心霊写真』(織田無道、リイド社、1999年)

著者は、住職兼霊能者タレントとしても活躍していた織田無道《むどう》氏。

扱われている写真の内訳は、顔が26枚、手は6枚、足は2枚、体が透けているのは3枚、光の玉は2枚、動物は1枚、その他は51枚、心霊写真ではないものが2枚。

本書では、現在、心霊写真の定番の一つとなっている光の球、いわゆる「オーブ」の典型的な写真が掲載されている。

ただし織田無道氏は、それを「シャボン玉状」「霊

『織田無道の心霊写真』（リイド社）より。この本には典型的なオーブの写真が掲載されている。

魂」と書き、オーブとは書いていない。オーブという言葉が定番化するのはもう少し後のことになる。

**『戦慄!!心霊写真の謎』**
**（龍顕正、学習研究社、2003年）**

著者は心霊研究家で自称霊能者の龍顕正《りゅうけんしょう》氏。学研の「ムー・スーパー・ミステリー・ブックス」シリーズの一冊。同シリーズではこれまで230冊以上のオカルト本を出しているが、本書はその中で唯一の心霊写真本となっている。

本書の鑑定では、従来の霊能力によるものに加えて、パソコンによる画像解析も行っているという。さすが21世紀の心霊写真本というべきか。

とはいえ、ただの失敗写真を心霊写真扱いする従来の心霊写真本と結果は大して変わっておらず、龍氏が行っているパソコンによる画像解析なるものがどこまで役に立っているのかはわからない。

扱われている写真の内訳は、顔が15枚、手は2枚、足は1枚、オーブは4枚、体が透けているのは4枚、動物は1枚、その他は23枚、心霊写真ではないものが2枚（昔の海外の心霊写真を紹介している部分は除いた）。

本書からは先述の光の球を「オーブ」と説明するようになっている。

『心霊を超えた!!冥界写真館』
（結城瞳、徳間書店、2009年）

著者は自称霊能者の結城瞳氏。扱われている写真の内訳は、顔が73枚、手は18枚、足は4枚、体が透けているのは1枚、動物は4枚、オーブは1枚、その他は39枚。

本書ではいくつかコラムがあり、その最初で「私のところに鑑定依頼してくる写真の大半が心霊写真ではありません。思い込みだったり、心霊写真と思ってしまうミス写真だったり……」と書かれている。失敗写真の例もその後で少し書かれているが、こうした否定的な情報も少し入れることで鑑定者の信頼度を上げる手法は、先述のように中岡俊哉の頃から続いている。

## 著者のこだわりによって特徴が出る心霊写真本

以上、代表的な心霊写真の本を取り上げてきた。それらの中からわかった特徴を少しあげてみると、宜保愛子の本では顔の写真の割合が約7割と多かった。

なぜ、その割合が多くなったのか？ 章立てを見てみると、最初に「不成仏霊」と題された章がある。その冒頭には「不成仏霊《ふじょうぶつれい》の苦しげな表情は何を訴えているのか」と書かれている。どうやら宜保愛子は、「表情」から何かを読みとるために顔の写真を多く選んだようである。

他方、織田無道氏の本は顔の写真が3割以下で、今回扱った中では最も少なかった。代わりにその他の写真が多い。織田氏は「あとがき」にて、霊を見分けるには、「色」や「出方」（手がない、はっきり写っていない、霧状に見えるなど）が重要だと書いている。

中岡俊哉の「目」や宜保愛子の「表情」のように、

顔へのこだわりは見受けられない。

こうして見ると、鑑定者である著者のこだわりによって選ばれる写真は変わってくるようだ。ひと口に心霊写真の本といっても、それぞれに個性があって興味深い。

## 二重写しが減って オーブが増えた心霊写真

中岡俊哉が霊の顔が写っているとしていた心霊写真の中には、いわゆる「二重写し」が原因とみられる写真（少し透けているが比較的はっきり顔だと認識可能）も含まれていた。

この二重写しとは、カメラの不具合によっても起こるフィルムの重ね撮りのようなものだが、フィルムを使わないデジタルカメラでは基本的に起こらない。そのためデジカメが普及した２０００年代以降の心霊写真とされるものでは、二重写しが原因と思われるものが減っている。

一方で増えたのはオーブだ。オーブは人魂《ひとだま》が写ったものと解釈されることも多い。しかし、その正体は、ホコリなどがフラッシュなどの光を反射してピンぼけした像であると考えられる。

この光を反射したピンぼけ像は、カメラのフラッシュとレンズの位置の影響を受けやすい。フラッシュとレンズが比較的近ければ反射した光がレンズに

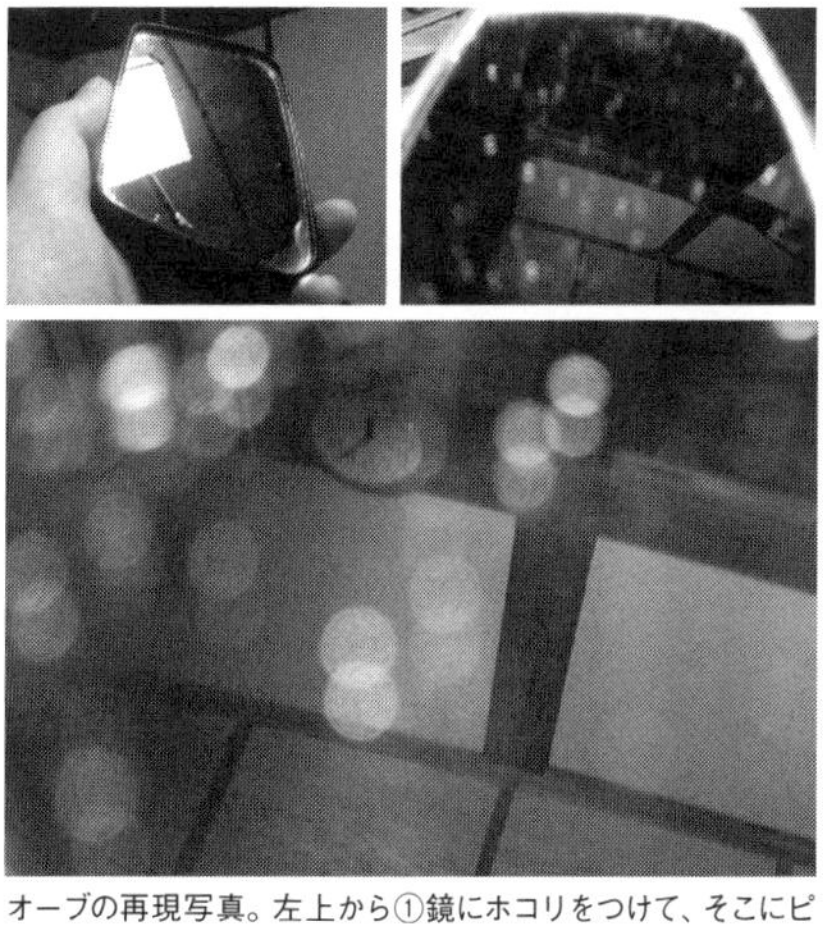

オーブの再現写真。左上から①鏡にホコリをつけて、そこにピントを合わせた状態②鏡をカメラに近づけるとピントが合わなくなってくる③レンズのすぐ近くまでくると完全にピンぼけし、光を反射して明るく写る。これがオーブの正体（撮影：横山雅司）

捉えられやすいが、少し離れているとレンズに捉えられる範囲から外れやすくなってしまい、写りにくくなる。

そのため、たとえば一眼レフカメラのように、フラッシュとレンズの位置が離れている場合、オーブの写真は写りにくい。

逆に、小型化も進み、それらの位置が比較的近くなってきている近年のコンパクトカメラではオーブの写真が写りやすい。昔に比べてオーブの写真が増えたのも、そうしたことが原因と考えられる。

## 時代が変わっても撮られ続ける心霊写真

かつて中岡俊哉は、『恐怖の心霊写真集』(第1作)の巻末で、心霊写真を写そうとする人への注意事項を複数あげていた。

たとえば、それは、「心霊写真専用のカメラを用意する」「同じ場所で必ずアングルを変えて数カット写し、露出やシャッター速度もそれぞれ変える」「不要なものは焼き、霊が写っているものは清潔な場所に置く」「関係ない被写体(人物)は一緒に写さない」など、全部で9項目もある。

ハッキリ言って面倒くさい。

だが、時代は変わった。フィルムを必要としないデジタルカメラやスマートフォンが普及したことで、昔よりずっと気軽に写真を撮影することができるようになった。

また、心霊写真というものが広く知られるようになり、SNSが普及したことも変化をもたらした。中岡俊哉のような自称専門家のアドバイスを受けずとも、奇妙な写真が撮れれば、それを個人が投稿し、心霊写真かもしれないと盛り上がることができるようになったのである。

もはや、かつてのような心霊写真集の本というのは必要とされなくなっているのかもしれない。

それはそれで寂しいが、一方で、個人が情報発信できるようになったことで、撮影者本人から詳しい話を聞きやすくなったというメリットも生まれている。

中岡俊哉のような自称専門家のもとに集中し、管理される時代から、個人で情報発信され、より自由にアクセスできる時代へ。

「心霊写真集」という画期的なコンセプトの本によって一般に広く知られるようになった心霊写真というものは、かつての発表の場を失っても、新しい時代に適した新たな発表の場を得て、これからも存続していくのだろう。

［参考文献］
『心霊写真の研究』（大和田徳義、大和田徳義発行）
『心霊写真』（小池壮彦、宝島社）
『恐怖の心霊写真集』（中岡俊哉、二見書房）
『コックリさんの父　中岡俊哉のオカルト人生』（岡本和明、辻堂真理、新潮社）
『続　恐怖の心霊写真集』（中岡俊哉、二見書房）
『新　恐怖の心霊写真集』（中岡俊哉、二見書房）
『実証　恐怖の心霊写真集』（中岡俊哉、二見書房）
『地縛霊　恐怖の心霊写真集』（中岡俊哉、二見書房）
『鑑定入門　恐怖の心霊写真集』（中岡俊哉、二見書房）
『決定版　恐怖の心霊写真集』（中岡俊哉、二見書房）
『宜保愛子の世にも怪奇な心霊写真集』（宜保愛子、大陸書房）
『超恐怖！心霊写真集』（黒田みのる、勁文社）
『稲川淳二の秘蔵心霊写真』（稲川淳二、リイド社）
『織田無道の心霊写真』（織田無道、リイド社）
『戦慄!!心霊写真の謎』（龍顕正、学習研究社）
『心霊を超えた!!冥界写真館』（結城瞳、徳間書店）
「デジタルカメラでまれに発生する現象――富士フイルム」（https://fujifilm.jp/support/digitalcamera/others/case/）

# 盛り上がり、定着し、沈静化した昭和・平成のＵＦＯブーム

羽仁礼

1970年代後半、昭和で言えば50年代初頭、日本列島をとてつもないＵＦＯブームが襲った。

テレビでは毎月のようにＵＦＯ特番が放映され、新聞や週刊誌では、毎日のようにＵＦＯ関連の記事が掲載された。日本各地に数え切れないほどのＵＦＯ研究団体が設立され、『ＵＦＯロボ・グレンダイザー』『ＵＦＯ戦士ダイアポロン』『円盤戦争バンキッド』と、タイトルにＵＦＯや円盤を冠したアニメや特撮番組が立て続けに放映されたのもこの時期だ。さらに円型の容器に入った新発売のカップ焼きそばが「ＵＦＯ」と命名され、その名もずばり「ＵＦＯ」という名の歌謡曲が大流行し、社会現象にまでなった。続いて映画『未知との遭遇』が大ヒットし、ついにはアダムスキー型ＵＦＯのプラモデルが2社から同時に発売された。かつてないほどＵＦＯという言葉が世の中に氾濫した時代であった。

だが、その20年ほど前、日本には最初のＵＦＯブームがあった。

この第一次ＵＦＯブームは、1954年（昭和29）、アメリカのコンタクティー、ジョージ・アダムスキーとデスモンド・レスリーの共著『空飛ぶ円盤実見記』が日本で翻訳出版され、ベストセラーになったことをきっかけに始まった。

出版したのは、それまで主にお堅い書籍を刊行していた高文社（308ページ参照）で、このヒットに味をしめたのか、高文社はその後、『続・空飛ぶ円

盤実見記』『空飛ぶ円盤と宇宙』などＵＦＯ関係の書物を続々と刊行し始める。

日本で最初のＵＦＯ研究団体である「日本空飛ぶ円盤研究会」（３５９ページ参照）が結成されたのも、このアダムスキーの『空飛ぶ円盤実見記』が原因だった。『ＵＦＯと宇宙』１９７８年（昭和53）12月号の荒井欣一《きんいち》インタビューによると、「この本を買った人や、近所で関心のある人たちが店の中に集まって、ウソかマコトかという議論が続くようになった」のが結成のきっかけだということである。

この、アダムスキーの体験談をベースにした第一次ＵＦＯブームについては、文学者の埴谷雄高《はにやゆたか》も、「一九五四年の十大ニュース」のひとつとして取り上げているほどだ。

「日本空飛ぶ円盤研究会」には、三島由紀夫や石原慎太郎氏といった名士も多数参加し、それに続いて、「近代宇宙旅行協会」や「宇宙友好協会（ＣＢＡ《シービーエー》）」といった研究団体が設立され、それぞれ多数の会員を擁して、独自に機関誌を発行、時には合同で活動したりしていた。

この第一次ブームは、１９６０年（昭和35）をもってひとまず終息したといえる。

その原因は、なんといっても「日本空飛ぶ円盤研究会」が資金難や荒井欣一会長の健康問題を主因として活動休止となったことが大きいが、その前年、かなりの話題と論争を呼んだ「貝塚事件」（１９５８年10月31日、大阪府貝塚市に住む中学生がＵＦＯの写真を撮影した事件で、マスコミでも大きく取り上げられた）のＵＦＯ写真が結局トリックと判定されたことや、ＣＢＡ事件（１８１ページ参照）も影響していると思われる。

他方、「近代宇宙旅行協会」と「ＣＢＡ」、それに、１９６１年（昭和36）に設立された「日本ＧＡＰ《ジーエーピー》」はその後も活動を続け、一定数の会員を維持していた。

こうした団体の活動が、冒頭に述べた第二次ＵＦＯブームの伏線になったことは否定できないだろう。

ただ、この第二次ＵＦＯブームについては、正確にいつから始まり、どの時点で終息したか、特定するのが難しいのだ。

当時の新聞記事等を検索すると、１９７５年（昭和50）12月2日付『読売新聞』朝刊の記事「東京湾に空飛ぶ円盤」に、「ＵＦＯブーム」という言葉が出てくる。それに、前述の『ＵＦＯロボ・グレンダイザー』の放映が始まったのもこの年であるから、この頃には「ＵＦＯ」という言葉がかなり認知されていたことは確かなようだ。

その少し前からの社会的な動きを振り返ると、ユニバース出版社から『ＵＦＯと宇宙コズモ』が発刊されたのが１９７３年（昭和48）7月である。しかしこの頃ＵＦＯは、まだ一部のオタクの変わった趣味という認識が一般的であった。当時田舎の高校生だった筆者なども、ＵＦＯに興味があるなどと口にすると、けっこう変人扱いされて肩身の狭い思いをしたものだ。

こうした状況が変わってきたのが、１９７４年（昭和49）頃からのようだ。

地方紙を中心に、ＵＦＯ関連の報道が次第に増えていき、日本テレビの『木曜スペシャル』でもＵＦＯ特番を扱うようになった。

有江富夫氏作成の「新編・日本初期ＵＦＯ図書総目録稿」（掲載誌は参考文献を参照）によれば、ＵＦＯに関連する書籍の出版点数は、１９７３年（昭和48）は31点だったのに対し、１９７４年（昭和49）には50点と急増し、１９７５年（昭和50）が69点、76年が71点となっている。77年にはこれが42点、78年には44点であるから、関連図書の出版点数のみからみると、このときのブームは１９７５年から76年にかけてピークを迎えたことになる。

だが、世間一般には、この直後、１９７７年（昭和52）にピンク・レディーの「ＵＦＯ」がリリースされた後の方が、よりブームになったというのが実感に近いようだ。

「日清焼そばＵ.Ｆ.Ｏ.」の発売は前年の１９７６年（昭和51）であり、映画『未知との遭遇』が日本で公開されたのは１９７８年（昭和53）のことである。

始まったときと同じく、第二次ＵＦＯブームがい

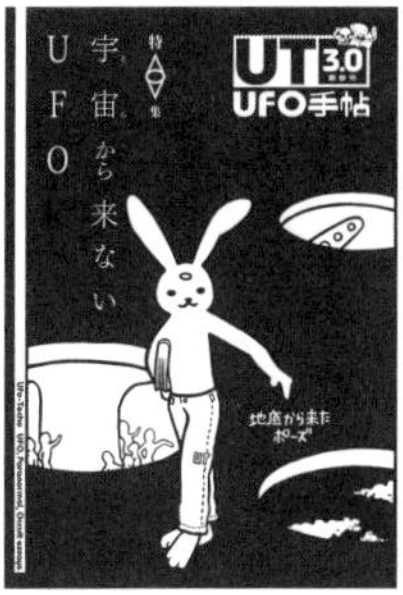

「新編・日本初期ＵＦＯ図書総目録稿（1975-1979）」を掲載した『UFO手帖3.0』

つ終わったのかもはっきりしない。

１９８７年（昭和62）５月１日付『朝日新聞』夕刊記事「ＵＦＯ現象も時代の波」には、「今日まで続くＵＦＯブーム」という言葉があるが、さすがにこの年までＵＦＯブームが続いていたかは疑問である。

一連の流れをあらためて振り返ってみると、１９７０年代初頭にはまだもの珍しかったＵＦＯが盛り上がってブームとなったが、ＵＦＯそのものが世間に定着したため次第に熱が冷め、それほど騒がれなくなったという構図のように思われる。

一方、今やＵＦＯという言葉を知らない日本人はいないほどで、空に何か得体の知れない物体を目撃すると安易に「ＵＦＯだ」と言うような状況である。友達の友達くらいにまで範囲を広げると、大体「ＵＦＯを見たことがある」と主張する人物にでくわすようだ。

ブームと呼べるような熱狂は去ったものの、ＵＦＯは日本社会に定着しており、世間の隅々にまで浸透しているといえるのではないだろうか。

［参考文献］
『ＵＦＯと宇宙』（ユニバース出版社、１９７８年12月号）
「東京湾に空飛ぶ円盤」『読売新聞』（１９７５年12月２日付朝刊）
「初期ＵＦＯ関係雑誌記事（１９４７〜１９６０）」（http://skagaku.com/UFO/articles.html）
「１９７０年代後半のＵＦＯブームを振り返りましょう」（https://middle-edge.jp/articles/DzcIm）
「ＵＦＯ現象も時代の波」『朝日新聞』（１９８７年５月１日付夕刊）
『１９７７ＵＦＯ年鑑』（日本空飛ぶ円盤研究会）
「新編・日本初期ＵＦＯ図書総目録稿（１９４７―１９７４）」『ＵＦＯ手帖２・０』（Ｓｐファイル友の会）
「新編・日本初期ＵＦＯ図書総目録稿（１９７５―１９７９）」『ＵＦＯ手帖３・０』（Ｓｐファイル友の会）
「一九五四年十大ニュース」『光速者』（埴谷雄高、作品社）

# なぜ六星占術《ろくせいせんじゅつ》の本は売れたのか？　その理由と仕組みを考察する

本城達也

２００１年、占い師の細木数子氏が、世界一占いの本を売った著者としてギネス世界記録に認定された。その記録は、２００１年時点で総売上部数が３４００万部というものだった。

六星占術という占いで有名になった細木氏は、過去に2度、六星占術ブームを起こしている。第一次ブームは１９８３年から80年代末にかけて起こり、第二次は２００４年から２００８年にかけて起こった。

このうち、第二次ブームでの売り上げはギネス世界記録の達成後であるため、記録には含まれていない。それでも世界一になるのだから、普段から相当売れていることがうかがえる。

細木数子氏は、なぜこれほど多くの本を売ることができたのか？

過去のブームや、彼女のこれまでの言動を考察してみると、主に五つの理由が見えてくる。ここでは、それらを順番に取り上げ、多くの本が売れた理由とその仕組みについて考察してみたい。

## 話題に敏感な姿勢と宣伝の上手さ

第１の理由は、そのときどきの話題に敏感な姿勢と宣伝の上手さがあったことがあげられる。

ここではまず、最初のブームを盛り上げることになった占いから振り返っておこう。それは主に二つ

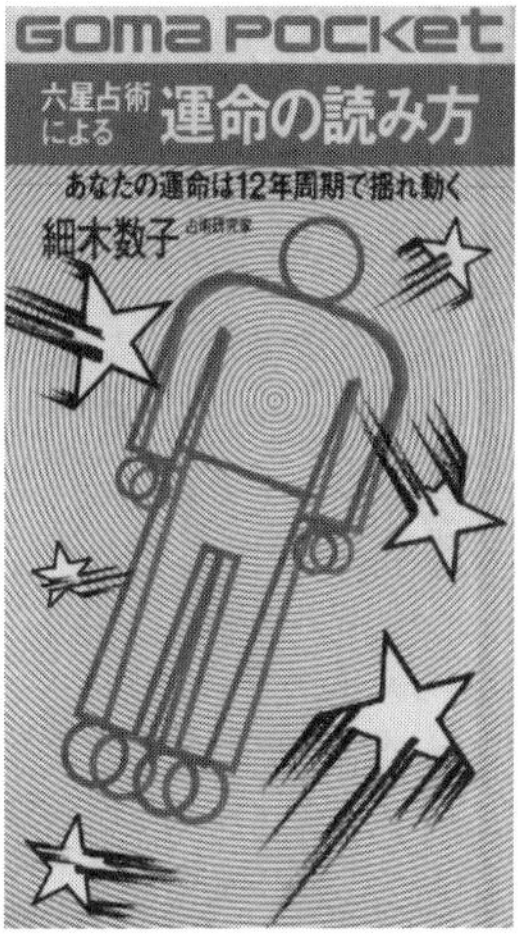


細木数子氏が1982年に出した『六星占術による運命の読み方』の表紙。これが記念すべき第１作目だった。

あるとされている。一つは細木数子氏の１９８２年の著書『六星占術による運命の読み方』（ごま書房）の中で、当時、話題になっていた松田聖子氏と郷ひろみ氏の破局を占ったこと。

もう一つは、１９８５年に阪神タイガースの優勝を占ったことである。

これらは結果的に当たり、細木氏が当時、テレビに出演した際には、「松田聖子と郷ひろみの破局や阪神の優勝を占い、見事に的中」とテロップが出るほど注目を集めることになったという。

ところがこの本では、他にも著名人を占っていた。たとえば次のようなものがある。

○山口百恵・三浦友和夫妻は相性が最悪で１９８４年に離婚の恐れあり。
○プロゴルファーの尾崎将司選手は活躍できない。
○読売ジャイアンツの江川卓選手は１９８４年12月に球団を追い出される。
○歌手の美空ひばりは１９８２年から83年にかけて大ヒット曲を出す。

これらは結果として全て外れた。また、阪神の優勝にしても、実は翌86年も連覇するとしていたが、その年に優勝したのは広島カープだった。

けれども、外れた占いの結果は注目されにくい。なぜなら結果がすぐにわからない占いの場合は、その結果が出た頃には忘れられているからである。

しかし当たった場合は違う。占い師が自ら積極的に宣伝するため、知られやすい。また、それが注目を集める話題であればメディアも取り上げる。こうして、「よく当たる占い師」像はつくられていく。

細木数子氏の場合、まさにこのパターンだったといえる。当時の注目を集めそうな話題をうまく採り入れた上で、外れたものは無視し、当たったものは、たとえ数が少なくてもどんどん宣伝していく。

この話題になった事象に敏感な姿勢と、メディアも巻き込んだ宣伝の上手さがあったこと。これが六星占術の本が売れた第1の理由といえる。

細木氏はもともと実業家で、週刊誌との付き合いもあったが（420ページ〜参照）、それらをベースにしたものが活かされたのだろう。

## 思想家「安岡正篤《まさひろ》」という看板の利用

第2の理由は、「安岡正篤」という看板を利用できるようになったことである。

細木数子氏は、1983年に歴代首相の指南役ともいわれた思想家の安岡正篤（当時85歳）と結婚。その後から彼の名前を自著でよく使うようになった。

たとえば次のようなものである。

「陽明学の大家であり、歴代首相のご意見番として有名な、故安岡正篤師に師事した結果、六星占術は従来の単なる〝占い〟の域を超え、〝人間研究〟の学問にまで高められた」（『六星占術の極意』主婦と生活社）

これと似たようなことは、細木氏の著書にあるプロフィール欄には必ず書かれている。

また、1988年に出した自伝『女の履歴書』（廣済堂出版）の中では、安岡正篤を先生と仰ぎ、人格形成に大きな役割を果たしたとも書いている。

かつて多額の借金を負い、東京・青山のアパートに身を潜めていた時期（1971年頃）には安岡の本に出会い、その中でも『易と人生哲学』という本からは特別な影響を受けたという。

「ページがすり切れるくらい繰り返し」読み、「1日たりともこの書のことは脳裏から離れること」がなかったそうだ。本当であれば、尊敬してやまない人物についてのエピソードであるから、その後の

「〝人間研究〟の学問」とやらにもつながる話にもなっただろう。

だが残念ながら、このエピソードは事実ではなかった。

『易と人生哲学』は、もともと１９７７年に近畿日本鉄道で行われた安岡の10回の講演内容をまとめたもので、本として出版されたのは１９７９年のことだからだ。細木数子氏が「ページがすり切れるくらい繰り返し」読んだという１９７１年頃には、影も形も存在していなかったのである。

存在すらしていなかったものを読むことなどできない。もちろん脳裏に焼きつくこともなければ、影響を受けることもないだろう。

ちなみに安岡正篤と直接面識があった期間にしても、それは晩年のことで、『週刊文春』（１９８３年12月22・29日合併号）によれば、当時の安岡には大阪の住友病院で受けた検査で老人性痴呆（認知症）の診断結果が出ていたという（同誌の１９９９年９月16日号の細木氏のインタビューでは、呆けたフリをしていたと主張されているが）。

そのため六星占術が安岡の影響を強く受けているという細木氏の主張には疑問を発せざるを得ない。それでも細木数子氏が「安岡正篤」という、ある種の権威ともいえるような存在を看板として掲げ続けることで、そこに説得力が生まれ、読者は信用するようにもなる。

これが、「従来の単なる〝占い〟」とは違うというアピールにもなり、独自性の獲得にもつながっていくのである。

## 「細木数子の六星占術 あなたの運命」シリーズの刊行

第３の理由は、「細木数子の六星占術 あなたの運命」シリーズが１９８６年から刊行され始めたことがあげられる。

このシリーズが売り上げに与える影響は大きい。なぜなら、シリーズは全部で７冊からなり、それが

「あなたの運命」シリーズの表紙。画像は『平成28年版 六星占術による土星人の運命』。このシリーズの刊行は毎年８月になっている。

毎年刊行されるシステムになっているからだ。

少し具体的に説明しよう。シリーズの各本は、タイトルが『○○年版 六星占術による○○人の運命』となっている。「○○人」には六星占術で生年月日から分類される六つの星人《せいじん》（土星人、金星人、水星人、火星人、天王星人、木星人）に、特殊な霊合《れいごう》星人を加えた七つのどれかが入る。

もし六星占術で自分の運勢を知りたいと思ったら、各本の冒頭に載っている計算表をもとに自分の星人を割り出し、その星人の本を買わなければならない。

とはいえ、値段は６００円ほどと安い。ここがミソだ。

計算表などはある程度の年数、使い回せるが、毎年出る本には各星人に該当する著名人（毎年変わる）の占い結果や、月ごとの運勢が書かれている。読者がそれを読みたくて買っても、値段が６００円程度であれば大した出費にはならない。そのため毎年買ってくれる読者が一定数確保できる。

著者の細木数子氏にとってもメリットはあるようだ。１冊の分量は１２０ページほどと短い上に、著名人の占い部分や月ごとの運勢の説明以外は六星占術の基本的な説明になるため、前年の本と同じで構わない（実際、約半分が同じ）。つまり冊数は七つと多いものの、執筆の労力は比較的少なくて済むはずなのである。これならば毎年刊行することも可能だろう。

だが、そもそも本来は毎年刊行する必要もなく、7冊に分ける必要もない。最初に出た『六星占術による運命の読み方』では霊合星人を除く6星人の占い結果が１冊にまとめられていた。やろうと思えばほとんど1冊でできるのだ。

それをあえて7冊に分け、しかも毎年刊行して読者を離さない。さすがに商売上手である。

## 当たりが実感できる占い

第4の理由には、読者自身が、「当たっている」との実感を得られやすい仕組みになっていることがあげられる。

六星占術では、星人ごとに12の運気（種子《しゅし》、緑生《りょくせい》、立花《りっか》、健弱《けんじゃく》、達成《たっせい》、乱気《らんき》、再会《さいかい》、財成《ざいせい》、安定《あんてい》、陰影《いんえい》、停止《ていし》、減退《げんたい》）が1年ごとに巡ってくると説明される（前出の「あなたの運命」シリーズでは、他に月運も説明されている。仕組みは年運と同じで月ごとに運気が巡る）。

この12の運気の中でも、「健弱」は小殺界《しょうさっかい》、「乱気」は中殺界《ちゅうさっかい》、「陰影」「停止」「減退」は大殺界《だいさっかい》と呼ばれ、良くないことが起こるとされている。これらの時期には必ず運命の歪《ひず》みが生まれるという。

六星占術が恐れられるのにはこの殺界の影響が大きく、過去の自分の運勢を見てみたら、不幸が起きたときは殺界の時期だったとして、この占いはすごいのだと思ってしまっている人も多い。

だが、ここで確認してみよう。六星占術には年運と月運がある。12年のうち、たとえば大殺界に当てはまる期間はどれくらいあるのだろうか？

年運で大殺界になるのは12年のうちの3年間。残りの9年のうち、毎年3か月は大殺界が含まれる。つまり9×3で27か月（2年3か月）。合わせると5年3か月。これは、割合でいえば43・75％にもなる。また、中殺界を加えた場合は55・56％（12年のうち6年8か月）。小殺界も加えた場合は65・97％（12年のうち7年11か月）が殺界に当てはまってしまうことになる。

これは人生の3分の2の期間が殺界に該当するということでもある。もし不幸なことが起きた人がいて、その人が六星占術で占って当たっていたとしても、実は驚くほどのことではない。

もともと当たりが多く入ったクジを引いているよ

うなものだからだ。

しかし読者からすれば、実際に当たったという実感は得られやすい。当たったと思えば、六星占術を頼り、また本も購入してくれるわけである。

## 勉強会と個人鑑定のシステム

最後に、第5の理由。これは「勉強会」と「個人鑑定」というシステムがあげられる。

六星占術は当たると実感した読者が、さらに詳しいことを知りたいと思ったときに待っているのが、この二つである。

まず勉強会とは参加費が1万円で、六星占術に関する話を細木数子氏が大人数を前にする講演会のようなものだ。筆者が2006年4月に参加したときは、東京・神楽坂《かぐらざか》の会場に200人ほどが詰めかけていた（当時は東京と大阪で月に1回ペースの開催）。

一方、個人鑑定とは、細木氏に個別に相談し、鑑定してもらえるものである。これは勉強会に参加した人でなければ申し込みができない。筆者が勉強会に参加したときは、200人中、140人ほどが個人鑑定の申し込みに並んでいた。

この個人鑑定は、相談料が、相談1件につき10万円と高い。また他にも、命名の相談であれば、会社だと100万円、個人の場合は50万円、さらに方位に関する相談の場合は100万円となっていた（2006年当時。現在は後継者の細木かおり氏が個人鑑定などを引き継ぎ、細木数子事務所のサイトには人生相談は1件につき2万円と出ているが、それ以外の料金はわからない）。

高額料金がずらりと並ぶが、いきなり個人鑑定ではなく、間に勉強会が入るのが、心理的なハードルを下げることに役だっていると思われる。

600円の本を買ったあとに、10万円の個人鑑定では飛躍が大きい。しかし、大勢の参加者がいる1万円の勉強会が間に入り、そこでの話を聞いた後に個別の相談ができる10万円の鑑定となれば、比較的申し込みもしやすくなるのではないだろうか。

個人鑑定では、仕事、結婚、出産、命名、お墓の建立など、人生の転機になるような重要なイベントについての相談が多くなる。細木数子氏が年に３回発行している『六星新聞 水色の会』という会報誌では、そうした相談ごとについて記された相談者の手紙がいくつも紹介されている。

人生には悩みや不安も多い。先がわからないからこそ、その先の道を示し、本人にとって悩みや不安を解消してくれるような占いがあれば頼りたくもなるのだろう。

筆者の手元にある『六星新聞 水色の会 第40号』（２０１２年10月発行）には、ある新婚夫婦が写真つきで紹介されている。

新婦の祖母は、細木数子氏が個人鑑定の際に勧める先祖供養を実践することで入れる「莟《つぼみ》ノ会」の会員で、その娘さん（新婦の母）は六星占術の勉強会で夫となる男性と出会い、細木氏の仲介で結婚。その間に生まれた今回の新婦もまた成長後、細木氏の仲介で、一家そろって熱心に六星占術を信奉する莟ノ会の男性会員と結婚することになったという。

勉強会と個人鑑定を経て生まれる熱心な支持者の場合、六星占術は親子３代にもわたって、その人生に影響を与え、引き継がれていく存在にもなるようだ。

もちろん、こうした人たちは六星占術の本も熱心に読み続ける。それが安定した売り上げにもつながっていくのだろう。

以上、六星占術の本はなぜ売れるのか、その理由と仕組みについて考察してきた。

最後に振り返ってまとめておきたい。

細木数子氏は最初のブームのとき、敏感に当時の話題を採り入れ、メディアを巻き込んで六星占術の宣伝に成功した。その後、安岡正篤という看板を手に入れたことで、もっともらしい根拠と独自性を獲得。「あなたの運命」シリーズでは複数の本を毎年刊行できるようになり、殺界という仕組みのおかげで読者は当たりを実感する。そしてその実感をきっかけに、勉強会から個人鑑定へと進めるシステムをつくることで、一時のブームに左右されない熱心な支持者も確保する。

　六星占術の本は昭和から平成まで、長い期間売れ続けている。それには、こういったいくつもの理由や仕組みがあったと考えられるのである。

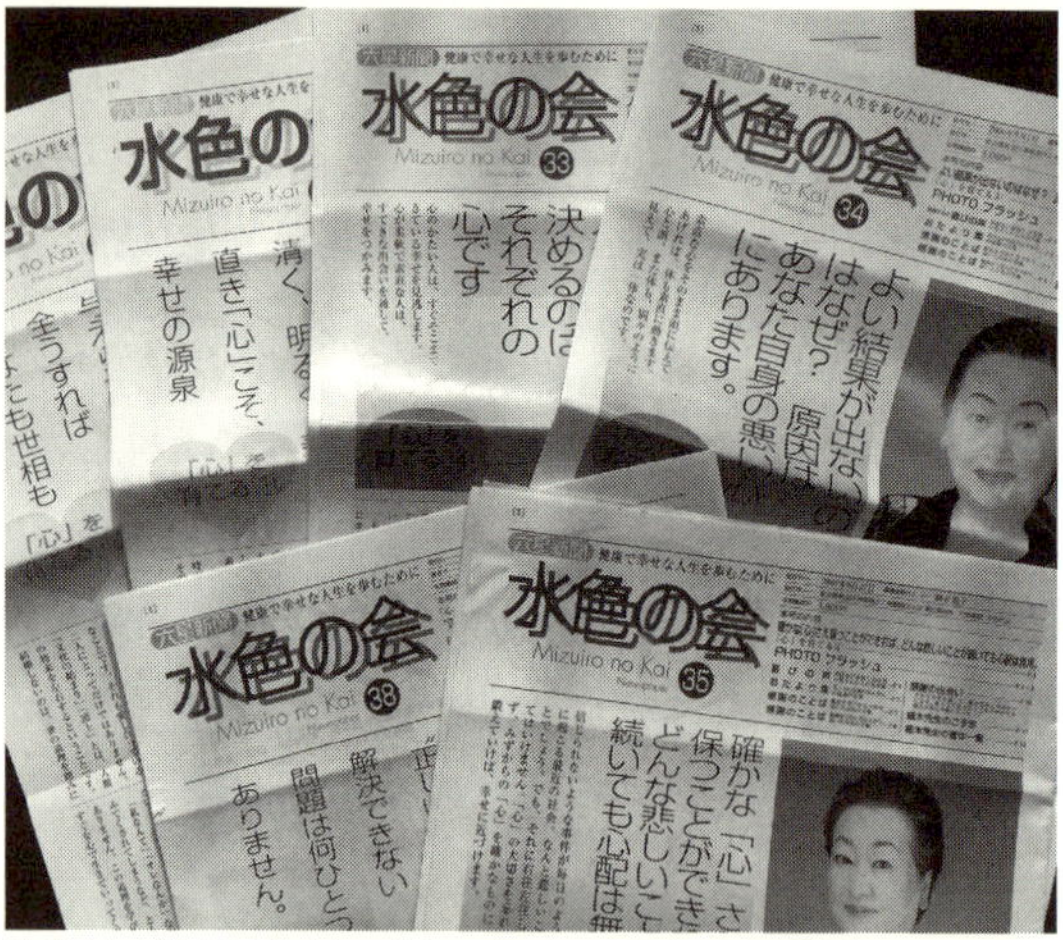

筆者所有の『六星新聞 水色の会』の一部。年３回発行。年間購読料は3000円（税込み）となっているが、３年分をまとめて申し込む必要があるため、実際に払わなければならない金額は9000円（税込み）となっている。

［参考文献］
『ギネスブック２００１』（ティム・フットマン編、きこ書房）
「密着取材『あなた、地獄に落ちるわよ』細木数子 妖しき大殺界の女王『高視聴率』女の人生、占術、カネを徹底解剖」『文藝春秋』（日垣隆、文藝春秋社、２００４年11月号）
『六星占術による運命の読み方』（細木数子、ごま書房）
『六星占術の極意』（細木数子、主婦と生活社）
『女の履歴書』（細木数子、廣済堂出版）
『易と人生哲学』（安岡正篤、関西師友協会）
「話題の『妻』（45）と実子がついに激突した 歴代総理の師 安岡正篤（85）晩年の賑やかな病室」『週刊文春』（文藝春秋社、１９８３年12月22・29日合併号）
「故安岡正篤と細木数子の〝恋占い〟」『週刊文春』（文藝春秋社、１９９９年９月16日号）
『［平成18年版］六星占術による天王星人の運命』（細木数子、ＫＫベストセラーズ）
『［平成19年版］六星占術による天王星人の運命』（細木数子、ＫＫベストセラーズ）
『大予言の嘘』（志水一夫、データハウス）
『六星新聞 水色の会 第40号』（細木数子、六星新聞 水色の会）

# 第3章 昭和・平成のオカルト事件

# 大本事件——終末論を唱えた大本は徹底的に弾圧された

長山靖生

## 出口なおの情緒的な言葉が政治的に先鋭化された

大本事件は戦前に起きた宗教弾圧の中で最も規模が大きく、徹底的なものだったといわれている。

出口なおが創始した大本《おおもと》教は、なおの娘・すみが二代教主となり、婿の王《お》仁《に》三郎《さぶろう》は教主補となったが、彼によって教義は飛躍的に体系化され、軍部や富裕層、さらには皇室関係者にまで勢力を伸ばした。英文学者の浅野和《わ》三郎《さぶろう》は熱心な信者となり、『大正維新の真相』などを著して自身の説を展開して教団内に勢力を張り、第一次大本事件（1921年に王仁三郎らが逮捕された事件。詳細はのちほど述べる）後は王仁三郎と対立を露にした。劇作家の小《お》山《さ》内《ない》薫も興味を抱いたことがある。

一方、事件以前から大本を批判していた著名人に中村古峡《こきょう》がいた。古峡は東京帝国大学で心理学を修め、犯罪心理学、多重人格、異常性欲、ヒステリーなど、当時の「変態心理」研究の第一人者であり、1917年（大正6）に日本精神医学会を創設した人物だ。

中村古峡は新宗教にも心理学者としての関心を寄せ、大本教のほか天理教などにも批判的な目を向けていた。1920年（大正9）7月15日、古峡は動物愛護協会の集まりで流言飛語や妄想に関する講演を行った際には大本教を取り上げ「直《なお》婆さんに就い

出口王仁三郎（右）と出口澄

て見ても最初彼女が艮《うしとら》の金神《こんじん》の妄想に捉へられた揚句に例の教義を作り出したのだから私は彼女は妄想性痴呆の中の濫書《らんしょ》狂、常に何事かを書き続ける癖がついて変態精神状態に入つたものだと思つた」（ルビは引用者が加えた。次の「　」も）と語り、「私は彼女に是非一度逢つて此事を確める積《つも》りで綾部を訪ねたが総裁の浅野文学士は言を左右にして到頭逢わせて呉《く》れなかつた。だがひよつとした話の緒から浅野氏は『君はあんな呆けてしまつた婆に逢つて何する積りだ、逢つても何も分かりはしないよ』と口が辷《すべ》つたが此の一言で私は前に述べた妄想性痴呆の事が裏書されたと思つた」（『中外商業新報』大正9年9月15日）と述べた。

　王仁三郎は出口なおの御筆先《ふでさき》に解釈を与える審神者の役を担い、イデオローグとしての手腕を発揮した。彼によって、なおのいう「艮の金神」は「国《くにの》常立尊《とこたちのみこと》」と同定された。国常立尊は『日本書紀』本文では最初に現れた神とされ、『古事記』では天《あめ》之御中主神《のみなかぬしのかみ》ら原初三神、別天津神《ことあまつかみ》二神に続く神世《かみのよ》七代《ななよ》の最初の神とされ、天照大神より古い天祖であり、吉田神道では天之御中主神と同格とされ宇宙の根源の神と位置づけられた存在だった。大本内部では、国常立尊こそが本当の国祖神であり、高天原を支配していたが、その統治を不満に思う神々により鬼門（艮の方角）に封印されていたが、時至って復活するとの説が唱えられたという。

　出口なおの「立替《たてか》え」は、元来は虐げられたものが抱く素朴な救済願望であり、「今に良くなる」という慰めの言葉として人々の心を捉えた。だがその言葉が来世での救済を説くだけでなく、現世そのものの大変革を「予言」するとなると、話は違ってくる。王仁三郎の審神《さにわ》を経て教義が理論化されるに従い、なおの情緒的な言葉には具体的な輪郭が与えられ、政治的危険性を先鋭にした。批評家の四方田犬《よもたいぬ》彦《ひこ》は「なおの唱えるこの世の大立替えが王仁三郎の解釈を経て広義の社会改革へと移行したとき、何者かがそこで変質したことは容易に想像がつく」（『叙事詩の権能』）と指摘する。

実際、大本教の主張には、社会主義のそれと同質の資本主義体制への批判と捉えられそうな文言が少なくなかった。たとえば大本の機関誌には「二十八ヶ国の世界戦の死傷は弐千七百十六万人、戦費三千七百弐十一億円。〔これで立替が認められないならば〕宵の明星東に出ればもう世は末だと、今宵の明星どちらに出るか。」「北極の空に美しき光明、この極光の光度が近来著しく増加した。（中略）此度《このたび》時節到来、御出現とあつて御光もはげしい。」「古来彗星は革命、変事の前に出た。既に五つは出現した。欧洲で五つ、支那では三つ認められたと、今に日本にも見えるのだ」といった語が見られる。

第一次大戦中、欧州ではロシア革命やプロシャ・ドイツ帝国の崩壊などが起き、辛亥革命後の中国は中華民国が秩序を保てず軍閥が跋扈《ばっこ》して揺れていた。それらと結びつけて「革命」が「今に日本にも見える」というのは、いかにも不穏である。また北極星は天子の象徴だが、それが「御出現」とは何を示唆するのか。さらにシベリア出兵の失敗に関連して「シベリヤに陛下の兵士は犬死し人災は絶えず、不吉不祥の事いよいよ著しく」などの文言も見られた。

第一次大本事件が起きたのは、社会主義など「危険思想」取り締まり強化の一環としてだった。１９１９年にはヴェルサイユ講和条約が調印され、日本は世界の五大強国に数えられたものの、国内には「帝国の発展」を実感できない大衆の不満が鬱積していた。この時期には、普通選挙運動や労働組合設立、同盟罷業（ストライキ）が急増するなど、10年に幸《こう》徳秋水《とくしゅうすい》ら社会主義者・無政府主義者が逮捕され死刑となった大逆事件以降、鳴りを潜めていた思想運動が活発化していた。20年には日本初のメーデーが断行されている。政府は「危険思想」に目を光らせていたが、王仁三郎が「大本神歌」で唱える「現今の成金中毒黄金万能主義は人面獣心の基《もとい》」「誅求《ちゅうきゅう》苛税また是亡国的破滅の基」などの文言は、それだけみると社会主義者の主張と区別がつかない。

さらにここに国家神道の中心的神々の序列や、国家統治権の根源である天孫降臨神話への異説まで加わると、大本の体制批判は政府・政治体制批判に止まらず、皇室・国体批判の様相を帯びてくる。王仁三郎が実際にどこまで意図したかは別として、一部信者（あるいは外部の人々）がこれらの言葉を、現実に直結したものとして受け止める可能性があった。

## 軍部皇道派や在野右翼に大きく食い込んだ王仁三郎

1921年（大正10）2月、「皇道大本」と称するようになっていた教団に、不敬罪と新聞紙法違反の咎《とが》で司直の手が入った。もし武器が見つかれば内乱予備罪を適用することも視野に入れて、徹底した捜査が行われたが、そちらは空振りに終わった。

それでも同年5月10日に事件報道が解禁されると、新聞各紙は一斉に大本を不敬な淫祀《いんし》邪教として批判、教団内に王仁三郎夫妻排斥の動きも起こった。王仁三郎は126日の未決拘留の後釈放されたが、出口なおの墓は天皇陵の様式を擬しているとして縮小改築を命じられた。京都府綾部の本宮山《ほんぐうやま》神殿は伊勢神宮を模しているとして内務省令「神社創建ニ関スル布達」違反により破壊命令が下された。また第一審では王仁三郎に懲役5年が申し渡されたほか、浅野和三郎、吉田祐定《すけさだ》も有罪とされた。

控訴審が続く10月14日、王仁三郎夫妻は教主・教主補から降り、長女の出口直日《なおひ》が三代教祖となった。王仁三郎はこの直後から『霊界物語』の口述筆記を始めている。そして保釈の身で、王仁三郎は1923年（大正12）、朝鮮半島を経て満洲に渡った。このルートではパスポートは不要だった。

満洲の特務機関調査課情報係報告には「彼等は例の盧占魁《ろせんかい》と気脈を通じ居《お》るやうである」（大正13年4月26日）とし、張作霖《ちょうさくりん》が外蒙古から労農露国（ソ連）を駆逐して自己勢力拡大を図る計画に協力し「大本教と支那紅卍字会の連合たるものを加へて、武力的に又宗教的に外蒙古を席巻せむとする企図を有するものの如く」（5月16日）などの記録が見られる。さらに王仁三郎が盧らと共に武装した騎馬隊を率いての軍事行動に参加、盧占魁の裏切りを懸念した張作霖によって生命の危機に陥ったことなども報告されている。

　盧占魁は元馬賊で西北自治軍を組織する張作霖派の軍閥、紅卍字会は道教系結社で満洲国有力者の多くが加盟していたといわれる。

　第一次大本事件の方は、二審でも有罪となったが、大審院で二審の審理不備が指摘されて差し戻しとなり、そのうちに大正天皇崩御、新帝践祚《せんそ》の大赦によって事件は棄却となった。

　その後、王仁三郎は軍部、右翼関係者への浸透を強め、1934年（昭和9）7月22日、昭和神聖会を設立、その結成式は軍人会館（現在の九段会館）で行われた。王仁三郎は軍部皇道派や在野右翼人脈に大きく食い込んでいた。

　こうした事態に内務省は再び神経を尖らせた。軍部では皇道派と統制派の争いが激化し、1935年8月12日には統制派の永田鉄山軍務局長が皇道派の相沢三郎少佐に斬殺される事件も起きていた。

　近代日本は政府主導で近代化を推し進めてきたが、そこには常に民衆の学識技能の向上（主体的行動力を含む）と秩序維持（国体への従順）という矛盾する要求が混在していた。

　政府は明治前期には、讒謗律《ざんぼうりつ》や新聞条例、集会及政社法などで反政府的な「先進性」に制限を加えた。1900年（明治33）には権利意識の拡大を受けて治安警察法を制定、さらに第一次大戦後の労働運動激化に対抗するため、1925年4月22日に治安維持法を成立させた。

　治安維持法は「国体変革」と「私有財産制度の否認」を厳しく処断するものだった。特に前者に関しては「国体ヲ変革スルコトヲ目的トシテ結社ヲ組織シタル者ハ死刑又ハ無期若ハ五年以上ノ懲役若ハ禁錮」と定めていた。

　1935年12月8日、警官隊約500人が綾部と亀岡の大本本部に踏み込んだ。第二次大本事件である。

今回の罪名は不敬罪ならびに治安維持法違反だった。

捜査は全国の支部・関連機関に及んだ。検挙や出頭命令を受けた信者は３０００人を超え、３１８人が検事局送致、61人が起訴された。特高による取り調べは共産党一斉検挙時並みに苛烈で、起訴された61人中16人は死亡したという。また第二次大本事件では、『霊界物語』などの布教書籍は発禁処分、大本には解散命令が発せられた。

## 政府はなぜこれほどの弾圧を加えたか

裁判は１９３７年８月10日に始まり、40年２月29日に下った一審判決では、王仁三郎が無期懲役となったほか、被告５人に有罪（起訴61名中死亡５名、心神喪失公判停止１名）という厳しいものだった。

第二次大本事件で京都の中立売（なかだちうり）警察署に拘留中の王仁三郎（1936年3月11日撮影）

控訴審は同年10月16日に始まり、42年まで続いた。７月31日の判決は、治安維持法では無罪、不敬罪のみ有罪となり、刑は大幅に軽減されたが、大本側は不敬罪有罪を、検察側は治安維持法無罪を、それぞれ不服として上告したため、審議は大審院に持ち込まれた。
しかし東京大空襲によって関係記録の多くが焼失、また敗戦によって日本はＧＨＱの占領下におかれることとなり、45年９月８日に検察・教団双方が控訴を棄却して原審が確定した。ただし10月17日、敗戦による大赦で不敬罪は解消、さらに47年10月には刑法が改正され不敬罪そのものが消滅した。
政府はなぜ、大本にこれほどの弾圧を加えたのか。歴史学者の鹿《か》野《の》政直《まさなお》は「この弾圧にあたっての、法を無視した国家の狂暴さは、たしかに〝異端〟へのにくしみであったとともに、〝近親〟へのにくしみもかねていた」（『大正デモクラシーの底流』）と指摘する。大本は「皇道」を掲げていたが、そのあまりに「劇的」で「魅力的」な「物語」は、現実の天皇や国家神道の醜悪なカリカチュア（風刺画）であり、歪んだ願望を映し出す鏡だった。

また民俗学者の宮田登は、日本人の一般的な「世直し」願望は現実社会の改革とは結びついておらず、したがって終末論的意識も希薄だと指摘している（『ミロク信仰の研究』）。多くの日本人の歴史観ないし社会理想は「いつの世も変わらず」であり「終りなき世のめでたさや」だ。これを国家神道的な帝国日本のスローガン風にいうと「天壌無窮《てんじょうむきゅう》の皇運」（天地と共に永遠に続く皇室、すなわち日本国の永続性を意味する語）ということになるだろう。大本の「立替え」は、これに真っ向から挑むものだった。

終末論——特に「今がその終末の時だ」と唱える宗教は、いつの時代にも政権と対立することになる。それは体制批判の言葉でもあるからだ。オウム真理教は「ハルマゲドン革命」の到来を「預言」し、自らその引き金を引くという意図もあってか、地下鉄サリン事件を引き起こした。オウム真理教は仏教のほか、神道やキリスト教系新宗教の影響も色濃く受けており、終末論にはノストラダムスなどの西洋オカルト思想のほか、大本の終末思想の流れが潜在していた。

大本教・出口王仁三郎は今も人々の想像力を刺激するところがあり、例えば文芸作品では稲生平太郎（英文学者・横山茂雄）氏の小説『アクアリウムの夜』（1990）には出門鬼三郎なるオカルティストが登場し、松本清張の未完の大作『神々の乱心』（90～92）は大本事件を思わせる。

［参考文献］
早瀬圭一『大本襲撃　出口すみとその時代』（毎日新聞社、2007年）
出口京太郎『巨人出口王仁三郎』（講談社、1967年）
松本健一『出口王仁三郎　屹立するカリスマ』（リブロポート、1986年）
四方田犬彦『叙事詩の権能』（哲学書房、1988年）
伊藤武雄・荻原極・藤井満洲男編『現代史資料32　満鉄2』（みすず書房、1966年）
加藤敬事編『続・現代史資料7　特高と思想検事』（みすず書房、1982年）
鹿野政直『大正デモクラシーの底流』（日本放送協会、1973年）
宮田登『ミロク信仰の研究　日本における伝統的メシア観』（未来社、1970年）

# 「水からガソリン」と「日本的製鉄法」——戦前戦中の日本を騒がせた二大ニセ科学事件

山本弘

日本が戦争に向かいつつあった昭和の初頭、ある奇想天外な大発明の噂が日本を騒がせた。「水からガソリン」と「日本的製鉄法」である。いずれも初歩の初歩の科学知識があれば容易にウソだと見抜けたはずの代物だが、マスコミで話題になっただけではなく、当時の著名な軍人や政治家が何人も本気にした。「日本的製鉄法」などは国会で取り上げられ、時の首相・東条《とうじょう》英機《ひでき》が絶賛したという。

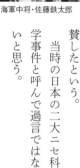

当時の日本の二大ニセ科学事件と呼んで過言ではないと思う。

海軍中将・佐藤鉄太郎

## 「藁から真綿」

「水からガソリン」の仕掛け人は自称「町の化学者」の本多《ほんだ》維富《これとみ》。彼には「前科」があった。1924年（大正13）頃から、「藁《わら》から真綿がとれる」と称してスポンサーを集め、多くの人を騙していたのだ。鍋の中に何種類かの薬品を混ぜ、稲の藁を入れて加熱。しばらく待って箸で引き上げると、絹の真綿に変わっているというものだ。

もちろんそんなことはあり得ない。藁が植物性繊維なのに対し、蚕《かいこ》からとれる絹は動物性繊維。化学者には簡単に見分けがつくのだ。実際、問題の真綿を分析して、「あの真綿は動物性のものではありま

理学博士・田中宗愛

「特攻生みの親」と言われた大西瀧治郎

せん」と報告していた技師もいたという。

だが海軍中将・佐藤鉄太郎が本多の研究に惚れこんだ。本多は佐藤の協力を得て、何度も実験を重ねた。実験は成功し、多くの財界人が本多の甘言につられ、藁から真綿を取り出す「庄内製綿協会」の設立に金を出した。東京帝国大学教授の舟橋了助や、世界的に有名な格闘家の東勝熊《ひがしかつくま》もすっかり本多を信用し、実験に好意的な発言をしていたことも、詐欺被害を拡大した。

1924年(大正13)、本多維富と東勝熊は警視庁に起訴される。しかし本多はあくまでトリックを用いたことを否定、さらに神戸女学院大学部教授の理学博士・田中宗愛《たなかむねなり》が証言台に立ち、本多を擁護した。本多はいったんは詐欺罪で有罪になるものの、1936年(昭和11)、東京地方裁判所の上級審で逆転無罪の判決を勝ち取った。

本多が無罪になった理由は、警察がトリックであることを証明できなかったことだ。隙を見て藁をすり替えたのだと思われるが、どうやったのかは謎のままだ。

## 「水からガソリン」

こうして大勢の人間を騙した本多維富だが、日本をめぐる情勢の変化に敏感だった。1937年(昭和12)、日中戦争が拡大し、日本への風当たりが強くなってくるにつれ、石油の輸入が難しくなってくると、本多は新たな詐欺を思いつく。水をガソリンに変えるというものだ。

1938年(昭和13)の12月29日、東洋化成工業の蒲田工場の研究所で最初の公開実験が行なわれた。実験には東洋化成の社長や取締役、技師などが参加。さらに海軍の大西瀧治郎《おおにしたきじろう》大佐(のちに「特攻生みの親」

と言われる）らの軍関係者も立ち会った。

その実験というのは次のようなものだった。数種類の薬品を混ぜた水を摂氏50度に加熱する。しばらくするとそれと同じぐらいの容積のガソリンに変わるというのだ。

もちろんこれは「藁から真綿」と同じく科学的にデタラメである。ガソリンは炭化水素なのに対し、水はもちろん酸素プラス水素。炭素を含まないのにガソリンに変わるわけがない。それに水の比重が1・0なのに対し、ガソリンの比重は0・74。水が同じ量のガソリンに変わったのなら、体積は1・35倍ぐらいにならないとおかしい。

もちろん本多を怪しんだ者はいた。しかし本多の研究を信じた人間のほとんどは、そうした初歩の科学知識すら思い浮かばなかったらしい。

## 暴かれたトリック

実験はしばしば失敗におわった。本多維富はある時は「投与した薬品が変質してしまった」と言い訳し、ある時は体調不良を訴え、またある時は「暴漢に襲われた」と主張した。どうやら薬品のすり替えを行なうタイミングを見計らっていたのではないかと思われる。

「水をガソリンに変える」実験にも立ち会った山本五十六

翌、1939年（昭和14）1月7日、さらに海軍共済組合病院に多くの軍関係者を招いて実験が行なわれた。実験に立ち会った一人は、海軍次官で後に連合司令長官になる山本《やまもと》五十六《いそろく》中将。他にも軍務局長・井上成美少将、軍需局・氏家長明中将、航空本部長・豊田貞二郎中将、軍令部次長・古賀峯一中将、航空本部総務・稲垣生起少将ら、そうそうたるメンバーだった。

1月9日、ついに本多は水をガソリンに変えるのに成功する。水を入れた薬瓶に火を点けると燃え上がったのだ。実験に参加した一同から歓声があがった（山本五十六はこの日、欠席していたらしい）。

しかし、大西瀧治郎大佐はすでにこの頃、本多に疑惑を抱いていた。そこで実験に参加した技師18名に、事前に薬瓶を詳細にスケッチさせておいた。すると、ガソリンに変化したとされる薬瓶の特徴は、事前のスケッチとは一致しなかった。そしてスケッチされた薬瓶の1本がなくなっていることが判明した。すり替えが行なわれたことを示す決定的証拠だ。

「藁から真綿」事件と同じく本多は罪には問われなかった。400ccもの瓶を誰にも気づかれずどうやってすり替えたのかが分からなかったからだ。本多の使ったトリックは今なお謎である。

## 「アルミニウムで鉄をつくる」

だが、日本の軍人や政治家は、この事件から何の教訓も学ばなかったらしい。太平洋戦争の敗色がそろそろ濃くなってきた1943年（昭和18）には、新たなニセ科学のニュースが日本各地の新聞を騒がせた。「日本的製鉄法」である。

その名の通り、西洋の科学には依存しない日本独自の製鉄法として注目を集めた。砂鉄を畑の中に盛り上げ、そこにアルミニウムの粉を加え火を点ける。すると砂鉄がいっぺんに純鉄になるという。論より証拠、げんにこの方法で純鉄が作れるではないか。もう西洋的な製鉄法に頼ることはない……というのだ。

だが、そもそもこの「日本的製鉄法」は画期的なものではなく、日本人が考えたものでもなかった。1899年、ドイツの化学者H・ゴルトシュミットが考案したテルミット法に由来する。酸化鉄の粉とアルミニウムの粉を混ぜて火を点けると高温になり、酸化鉄は還元されて鉄になり、アルミニウムは酸化してしまう。昔から電車の線路の溶接などに使われている手法であるが、鉄より高価なアルミニウムを消費しているわけで、製鉄法としては意味がないのだ。

「日本独自の新製鉄法 技術院要綱を発表す」と報じる『読売報知新聞』（1943年２月25日。この前にも何度か記事になった）

しかし、なぜか画期的な大発明という評判になった。そのうちに「アルミニウムは最初の一回だけ使えばいい。二回目からはその時できたアルミの金滓《かす》を使えばいい」という、物理の法則を平然と無視した話が信じられるようになった。

１９４３年2月5日の衆議院では、なんと東条英機首相がこの製鉄法について述べ、「これで次の大戦をまかなうべき鉄には不自由しない」と演説して、議員はみな喝采した。2月24日の新聞では、技術院の発表として、日本的製鉄法を含む三つの製鉄法を正式に承認し、技術院が大いに援助して大規模生産に移すという話が紹介された。商工大臣は「我が国技術界の最高権威たる技術院総裁の言明に間違いがあるはずはない」と述べたという。

## いつの時代にも信じる人間が

このエピソードは雪の研究で有名な物理学者の中《なか》谷《や》宇吉郎《うきちろう》博士が、１９４３年（昭和18）5月の『文藝春秋』に書いた随筆で明らかにした。もっとも中谷博士は当時、事実をあからさまに書くことはできなかった。昭和18年という時代では、政府のやり方を（どんなに科学的に間違っていても）批判することは許されなかったのだ。

　そこで中谷博士は随筆の題を「千里眼その他」とし、1908年（明治41）に日本を騒がせた御船《みふね》千《ち》鶴子《づこ》の千里眼《せんりがん》事件のことを書いたように見せかけた。当時の科学者や有名人たちが千鶴子の「千里眼」を本物だと信じて大騒ぎしたことを紹介し、1943年（昭和18）の日本人が同じぐらい科学的にデタラメな「日本的製鉄法」を信じていることを、暗に批判してみせたのだ。ようやく本当のことが書けるようになったのは戦後になってからである。もちろん

中谷宇吉郎（『週刊文春』1959年12月21日号より）

　そんなニセ科学が実用になるはずもなく、「日本的製鉄法」は関係者の猛烈な反対に遭い、闇に葬られたのだそうだ。

　余談だが、こうしたニセ科学の流行が当時の日本の社会情勢によるものと考えるのは間違いである。たとえば「水をガソリンに変える」という詐欺は、第一次世界大戦たけなわの1916年と1917年にアメリカで起きているし（1960年、テレビ・シリーズ『世にも不思議な物語』の中で映像化された）、1954年にもまた起きた。1983年にも中国で、1996年にインドで、2012年にイギリスで同様の事件が起きている。いずれも多くの人間がひっかかったという。

　科学にうとく、歴史から教訓を学ぼうとしない人間は、世界中どこにでもいるようだ。


［参考文献］

山本一生『水を石油に変える人　山本五十六、不覚の一瞬』（文藝春秋）

樋口敬二編『中谷宇吉郎随筆集』（岩波文庫）

山本弘著・尾之上浩司監修『世にも不思議な怪奇ドラマの世界』（洋泉社）

# 天津教弾圧事件

原田実

## 繰り返された弾圧

1936年（昭和11）2月13日、特別高等警察（特高、内務省警保局管轄で思想犯などを取り締まる組織）は、茨城県多賀郡磯原町（現・北茨城市磯原町）にあった神道系新興宗教・天津教《あまつきょう》本部と信者宅に押し入り、その教主・竹内巨麿《きよまろ》（1875?〜1965）と茨城県・福島県内の信者の合計5名を検挙した。

容疑は「神宮及神祠に対する不敬」（皇室の祖先を祭る伊勢神宮およびその他の神社の尊厳を侵した罪）であった。具体的には、天津教の教団が神宝として信者や訪問者に閲覧させていた器物（古文書と称するものを含む）が、不敬を構成するものとみなされたのである。

1936年8月に水戸地方裁判所での予審（公判に先立つ訴訟手続き）を終える頃には、被疑者は15人にまで膨れ上がっていた。

実は天津教関係者が検挙されたのは、これが最初ではなかった。それに先立つ1930年（昭和5）、とある詐欺事件で天津教の神宝と称するものが宣伝に使われたということで、竹内巨麿と信者数人が詐欺の共犯容疑で警視庁から取り調べをうけたことがある。

以来、天津教は警察などから監視対象とされていた。1935年の第二次大本弾圧事件（160ページ参照）で、宗教弾圧の火の手が天津教に及ぶのを警戒した巨麿は、天津教に協力的な軍人の手を借りて神宝類を靖国神社遊就館《ゆうしゅうかん》に運び込んでいたが、その動きはかえって特高を刺激した。

民間人が軍部から兵を動かしうるほどの支持を得るということは、その影響力によってクーデターをそそのかす可能性をも示すことだからである。そのため、特高は検挙を急いだ次第である。

ちなみに昭和5年の警視庁による取り調べを第一次天津教事件、昭和11年の特高による検挙と起訴を第二次天津教事件という。

しかし、なぜ、天津教は度重なる弾圧を受けたのか、また、第一次・第二次天津教事件でともに焦点となった神宝とはいったいなんだったのか。

## 神秘金属ヒヒイロカネ

竹内巨麿が天津教を興したのは巨麿自身の証言によると明治43年（1910）のことである。巨麿は富山県婦負《ねい》郡神明村久郷《くごう》（現・富山県富山市久郷）の出身で庭田伯爵家のご落胤《らくいん》を称していた。また、彼は南朝忠臣の末裔だった養父から南朝関係の宝物を引き継いだとも称し、大正時代から名士を集めて拝観させていた。

ところが昭和に入ってからその名士の中に酒井勝軍《かつとき》（1874〜1940）という人物が加わってから天津教は奇妙な発展を遂げることになる。

酒井勝軍はキリスト教伝道者であるとともに日本＝ユダヤ同祖論者であり、ユダヤ陰謀論者でもあった。酒井は、モーゼの十誡を刻んだ石の現物が日本にあるはずだとの信念を抱き、天津教を訪れた。竹内巨麿が酒井の求めに応じて、モーゼの十誡石や、広島県で酒井が「発見」した世界最古のピラミッドの由来を記した「古文書」などを出してくるうちに、巨麿の宝物において南朝関係より太古史関係の比重が大きくなっていったのである。

それによって天津教は単なる新興宗教ではなく、かつて地球全土の首都として越中久郷にあった皇祖皇太神宮（別名・天神人祖一神宮）を再興したものだと主張するようになった。

天津教の教義では、皇祖皇太神宮では、神武天皇以前の太古天皇が祭主を務め、天空浮船《あめのうきふね》という空飛ぶ乗り物に乗って全世界を巡行していたとされた。さらにモーゼや釈迦、孔子、キリスト、マホメットら古代の聖賢も来日して皇祖皇太神宮で学んだとされた。ところが度重なる天変地異によって太古日本は衰微し、その歴史は忘れられていったのだという。

竹内巨麿は拝観者たちに、天津教が伝える真の（?）日本歴史を記した「古文書」や年代記を見せたり、その活字化を許したりするようになった。

その年代記ははるかな太古から神代《じんだい》文字（漢字伝来以前の日本にあったという文字）によって書き継がれてきたが、６世紀頃に漢字仮名混じり文に翻訳され、さらに巨麿の祖先によって書写されてきたものだという。この年代記に、その他の天津教保管の「古文書」や器物の銘文などを総称したものがいわゆる『竹内文書』である。

１９３５年（昭和10）には、青森県戸来《へらい》村（現・新郷村）で、天津教支持者の画家・鳥谷幡山《とやばんざん》（１８７６〜１９６６）によってキリストの墓が「発見」され、さらに竹内巨麿によって天津教の古文書から新たにキリストの遺言状が見出される、という出来事が続いた。

昭和期に出現した天津教の宝物には、ヒヒイロカネという金属で作られた鏡や剣（酒井勝軍によるとヒヒイロカネは鉄に似ているが永久に錆びない神秘金属だという）、太古天皇の骨を砕いて固めたもので作られたという神像「神骨神体《しんこつしんたい》」なるものもあった。なるほど、もはや単なる宝物というより、太古の神々の遺産（?）という意味で神宝と呼ぶにふさわしい代物ばかりである。

特高は、拘束した竹内巨麿に提出同意書を書かせて遊就館に運び込まれていた御神宝を押収し、その鑑定を行なった。

特高により検挙された天津教関係者には、竹内巨麿や酒井勝軍、鳥谷幡山の他に、『竹内文書』の神代文字や『竹内文書』に記された易占などの研究を行なっていた吉田兼吉《かねきち》（１８７７〜１９４８）、巨麿の実子の一人を養子として託されるほど巨麿から信任されていた高畠康次郎（康明、康寿などとも号する。１

877〜1951）など教団を支える人物も含まれていた。

第二次天津教事件とほぼ同時期、学界でも天津教に対する批判の動きが生じた。京都帝国大学文科大学（現・京都大学文学部）初代学長を務めた碩学・狩《か》野亨吉《のうこうきち》（1865〜1942）が『思想』（岩波書店）昭和11年6月号で発表した論文「天津教古文書の批判」である。

狩野亨吉は、第一次天津教事件より前に天津教関係者から古文書を撮影したという写真を提供されて、その鑑定を求められたがその時は断った。ところが軍部に天津教の主張を受け入れる者がいることを知り、その社会的影響に驚いて改めて鑑定に乗り出したのである。

狩野亨吉は、違う人物の手になるはずの「古文書」でも同一人物の筆跡が見られること、「古文書」が書かれたとされる時代の官位や制度について同時代人なら犯さないような間違いがあること、文法や仮名遣いに関して明白な誤りがあること、漢字伝来以前に神代文字で書かれたという「古文書」に漢語が混入していること、書かれたとされる時代より後世の用語や知識の混入があること、登場する人名に現代（昭和初期）の有名人の名をもじったものがあることなどを指摘し、それらの「古文書」が偽作であることを完膚なきまでに証明したのである。

狩野亨吉は、第二次天津教事件で検察側の証人として「古文書」が偽作であることを証言した。また、東京帝国大学教授で、当時における国語学の第一人者と目されていた橋本進吉（1882〜1945）も証人として、『竹内文書』において、神代文字の原文なるものとそれを漢字仮名混じりに翻訳した文書と称するものに対応関係がないこと、そもそも神代文字なるものが江戸時代以降の偽作にすぎないこと、『竹内文書』には1877年（明治10）に出た『上《うえつ》記鈔訳《ふみしょうやく》』という本から剽窃したと思しき箇所があること、などを証言した。

水戸地方裁判所は昭和17年3月16日付で竹内巨麿に対し懲役1年、訴訟費用を全額被告（巨麿）の負担とする刑を課した。皇室の正統性を示すとされる三種の神器の本物を天津教で保管しているという主張が、三種の神器の一つ「八《や》咫鏡《たのかがみ》」を祭るとされる伊勢神宮や、やはり三種の神器の一つ「天叢雲《あまのむらくもの》剣《つるぎ》」を祭るとされる熱田神宮などへの誹謗《ひぼう》とみなされることが問題視されたのである。

また、昭和18年1月分の『特高月報』（内務省警保局発行）は、天津教の主張は伊勢神宮の神聖への冒流であるばかりでなく「現下我国の直面せる時局にも照比し、此種運動は敵側の思想謀略に乗ぜらるる虞《おそれ》なしとせざる点」があると指摘している（すなわち、日本が国際情勢で苦境に立ち、国内でもテロや未遂も含めたクーデターが頻発している中で皇室の制度に疑問を投げかけるのは、敵国から情報戦をしかけられる隙を作るだけだ、という意味）。

狩野亨吉

竹内巨麿はさっそく控訴したが第二審でも敗訴（昭和18年1月29日付）。裁判は大審院（最高裁判所）に持ち込まれることとなった。当時、第二次天津教事件での弁護団には、後に極東国際軍事裁判（東京裁判）で弁護団長を務める鵜《う》澤《ざわ》總《ふさ》明《あき》（１８７２〜１９５５）も加わっていた。

鵜澤總明は昭和19年2月11日付で大審院に上告趣意書を提出している。その中で鵜澤は『竹内文書』や御神宝の由来に関する竹内巨麿の主張をほぼ全面的に肯定し、「大日本国ハ悠久ノ太古ニ遡リ、無限ノ後代ニ亙ル（「亙ル」の誤記か）連綿尽クルトコロナキ万世一系ノ天皇之ヲ統治シ給フ天壌無窮ノ神国」（日本は遥かな太古から無限に未来まで代々続く天皇が統治する神の国）である以上、その宝物を西欧伝来の科学や学問の手法で鑑定しても限界がある、という論法を展開した。

ちなみに鵜澤總明は、１９３７年（昭和12）6月17日に東京赤坂で開催された「竹内古文書に関する研究座談会」で裁判の経緯について説明し、検察側の主張では神骨神体像は、人骨ではなくただの石を加工したものだと言っているが彼らは何千年もの間に人骨の燐《りん》がどのくらい減少するかの立証さえしていない、などとして「世界地図はコロンブス以後などと云ふ欧米崇拝思想は断固排撃しておかなければならない」と述べている。第二次天津教事件において鵜澤は一貫して天津教シンパとしての立場を貫いたようである。

　また、第二次天津教事件の裁判では、鵜澤總明単独名義のものの他に、もう一つ、竹内巨麿と当時の弁護団全員の名義により、昭和19年3月18日付で大審院に提出された上告趣意書がある。こちらでは、当時の考古学でまだ解明されていない遺跡・遺物が現実に発見されていること（銅鐸や古墳の石棺などの他、北海道で発見されたとされる化石化した稲藁のカマス、すなわち蓆《むしろ》を縫い閉じた袋など今でいうオーパーツも含まれる）、中国の甲骨文字やメソポタミアの楔形《くさびがた》文字の他、南米インカや中米マヤなど世界各地の遺跡から新発見の古代文字が報告されている以上、古代日本に神代文字があってもおかしくはないことなど、一応は当時の考古学・言語学などを前提とした擁護論を展開している。ちなみにこの3月18日付上告趣意書の執筆者は、弁護団の一人で、弁護士業務のかたわら、アマチュア考古学研究家としても活動し、神代文化研究所なる団体の所長を務めたこともある田多井四郎治（１８８４～１９７３）と思われる。

　１９４４年（昭和19）12月1日、大審院はついに竹内巨麿に対し、無罪の判決を下す。鵜澤總明の科学否定にもつながる論法は、結果として功を奏した。

　昭和初期の日本は皇国史観の普及を推し進めていたが、皇室を至高とする点において、皇国史観と天津教の主張は重なっている。皇室の三種の神器が本物だという前提に立って、天津教の御神宝が科学的に偽物であると証明できるなら、皇室の神器の方も科学的に本物と証明できるはずである。しかし、そのような考え方を推し進めていくと皇室の神聖さは科学によって判定されるべきものということになる。そのような考え方は皇国史観に立ったとしても、それこそ冒涜というものではないか。大審院は、結局、鵜澤の主張に従って天津教の不敬を否定するしかなくなったのである。

天津教の御神宝は皇室の三種の神器や、国家の正史としての『日本書紀』などのパロディという面を有している。その点からすれば、それらは存在自体が不敬である、という見方もできるが、その不敬を証明するには贋作であることを証明する必要があり、その贋作を証明するには国家の主張の方がフィクションでなく「本物」であるという証明をしなければならなくなったわけである。

竹内巨麿の無罪が確定してからも、『竹内文書』などの天津教の御神宝約三千点は大審院に差し押さえられたままだった。その返還交渉の最中の1945年3月、東京大空襲で、それらの御神宝は大審院とともに焼失してしまった。戦後に出版された『竹内文書』テキストはいずれも戦前の刊本から「復元」されたものである。

なお、天津教の外郭団体としては、1933年（昭和8）に元海軍兵学校教官の矢野祐太郎（1881～1938）が設立した神宝奉賛会があった。矢野はまもなく天津教を離れたが、その教義に『竹内文書』をとりこんだ教団・神政龍神会を新たに設立した。1936年には天津教同様、神政龍神会も特高による弾圧を被るが、その取り調べは天津教に対して以上に過酷で、矢野は獄死している。

天津教弾圧の理由について、吉田兼吉は私家版の著書『神宝事件の回顧』（1939）で、皇道主義の台頭に危機感を抱いた官僚や政党の勢力挽回策だったと推測している。昭和初期には、血盟団事件（1932年、右翼系テロ組織が政財界の有力者を襲撃し、2名が暗殺された事件）、五・一五事件（1932年、海軍の青年将校たちがクーデターを図り当時の首相を暗殺した事件）、相沢中佐事件（1935年、相沢三郎中佐が白昼、陸軍省内で永田鉄山中将を斬殺した事件）などのテロが続いたが、吉田はそれらを、政党や官僚の独善を皇道精神（天皇の言動として具現された神の意志に統治を委ねる精神）によって批判したものとして肯定的に評価した。そして、その国民的運動に恐れをなした政党や官僚が、皇道精神の鼓舞につながる天津教を敵視して警察を動かしたものと推察したのである。

　また、高畠康次郎は、戦後の著書『世界的宝物の失はれた実相』（1949）で、古代以来、日本の真の歴史を隠滅するために暗躍してきた勢力がまたも官僚たちを動かした結果が天津教弾圧だった、という陰謀論を展開した。

　しかし、第二次天津教弾圧と第二次大本弾圧が連動して起きていることを考えると、天津教弾圧の理由も、狩野亨吉が軍部に天津教支持者がいることについて危惧していたのと同様、民衆運動が軍部と結びつくことによるクーデター勃発・拡大の予防という国家の思惑を想定するのが妥当と思われる。

　現在、天津教の後継組織としては竹内家による宗教法人・皇祖皇太神宮（茨城県）と、高畠家による宗教法人・天神人《てんじんじん》祖《そ》一神宮《いちじんぐう》（東京都）がある。

　また、『竹内文書』は、ピラミッド日本起源説やキリスト日本渡来説の典拠に用いられたり、古代宇宙飛行士説や世界文明ムー大陸起源説に付会されたりで戦後のオカルト界にも影響を及ぼした。また、天津教の後継組織以外でも、岡田光玉《こうたま》（1901～1974、384ページ参照）を教祖とする真光系教団や、オウム真理教など、多くの教団が『竹内文書』をその教義にとりいれている。

［参考文献］

竹内義宮編著『神代の万国史』（皇祖皇太神宮、1970年）
竹内義宮『デハ話ソウ』（皇祖皇太神宮、1971年）
大内義郷校註『神代秘史資料集成』（天地人全3巻、八幡書店、1984年）
※人之巻に吉田兼吉『神宝事件の回顧』、高畠康寿（康次郎）『世界的宝物の失はれた実相』を収録
長峯波山『竹内巨麿伝』（八幡書店、1987年）
吉田兼吉『竹内文献考証』（八幡書店、1985年）
原田実『幻想の超古代史』（批評社、1989年）
原田実『日本トンデモ人物伝』（文芸社、2009年）
原田実『トンデモ日本史の真相・人物伝承編』（文芸社、2011年）
原田実『偽書が描いた日本の超古代史』（河出書房新社、2018年）
原田実「矢野祐太郎の二・二六―偽史列伝8―」『季刊邪馬台国』（梓書院）第62号、1997年6月20日
ASIOS『謎解き超常現象Ⅲ』（彩図社、2012年）

# 大災害発生を信じた集団と報じられ騒動になったＣＢＡ事件

羽仁礼

1955年（昭和30）に日本最初の全国的なＵＦＯ研究団体「日本空飛ぶ円盤研究会」が結成された後、いくつものＵＦＯ研究団体が生まれた。そのひとつが、1957年に結成された「宇宙友好協会（ＣＢＡ）」（363ページ参照）である。当時日本の研究団体は、「日本空飛ぶ円盤研究会」を核としてゆるやかな協力関係にあり、同研究会の機関誌『宇宙機』には、ＣＢＡ共同設立者である松村雄亮《ゆうすけ》や橋本健《けん》なども何度か寄稿しており、双方の団体に所属する研究家も何人もいた。

こうした状況を一変させたのが、1960年（昭和35）に発生した「ＣＢＡ事件」、あるいは「リンゴ送れＣ《シー》事件」である。

この事件を一言で述べると、ＣＢＡが1960年あるいは1962年に地球規模の大災害が発生すると信じ込み、密かにその準備を進めていたところ、これがマスメディアにすっぱ抜かれた出来事を指す。

ＣＢＡの立場からすれば、なんとか一人でも多くの人類を救いたいと準備を進めていたのに面白おかしくマスコミに報道され、他の研究団体はじめ世間からいわれのない攻撃を受けたということになるかもしれない。

他方、他のＵＦＯ研究団体からすればまさに、「なんでこんな非科学的なことをいきなりいいだしたのか？　これでは自分たちまでも同じと見られ、ばかにされる」という思いだったろう。

ＣＢＡが大異変の発生を信じたのは、ＣＢＡの松村雄亮がスタンフォード兄弟の著書『地軸は傾く？』を翻訳出版したことによる。

ＣＢＡは当時機関紙『空飛ぶ円盤ニュース』で、主に海外のＵＦＯ事件を紹介する一方、アメリカのコンタクティーであるジョージ・アダムスキーや、ダニエル・フライなどの著作を次々に翻訳出版し、一般にも販売していた。『地軸は傾く？』の翻訳も、この一環であった。

スタンフォード兄弟は、１９５４年頃から友好的な異星人スペース・ブラザーズとテレパシーで交信を始めたとするアメリカのコンタクティーで、『地軸は傾く？』の原著『Look Up』は１９５８年に出版された。そしてこの原著には、１９６０年に地軸が傾く大変動が起きると記されていたのだが、さすがにＣＢＡもこれをこのまま訳出したものかどうか迷ったらしい。

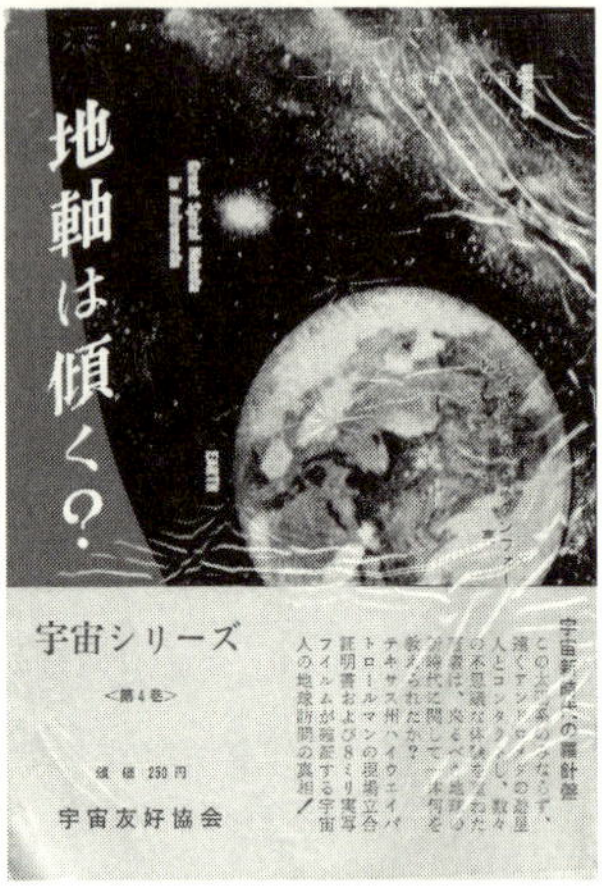

『地軸は傾く？』（宇宙友好協会）

まずスタンフォード兄弟にこの点を確認したところ、「私の会っている宇宙人はいまだかつて嘘を言ったことはありません」との返答を得た。それでも確信が持てなかったＣＢＡ側は、直接宇宙人に確かめてみようということになり、１９５８年６月27日、筑波山上空に松村雄亮以下何人か集まってＵＦＯを呼び出した。

その夜、それらしきものが飛んで来たのが確認されたのだが、肝心の年については、参加者のうち２名の者の頭に「１９６２」という数字が浮かんだ程度で、はっきりしなかった。

一方この頃、松村雄亮本人が異星人とのコンタクトを主張するようになった。松村は早速、異星人の長老にこの大変動がいつ起こるか尋ねてみた。しかし、正確な期日は異星人にもわからないということだった。ただしこのとき、長老からは、慎重に事を運ぶようにと念を押されたという。そこで日本語版は、196X年と年がぼかされた形で、1959年8月に出版された。

1960年に大異変が起こるという認識が、CBA会員にどの程度まで共有されていたのかは明らかでない。同団体機関誌の『空飛ぶ円盤ニュース』を見る限り、1960年に異変が起きるとはっきりとは述べられていない。一方で、重大事態の発生が近いと匂わせる記事はいくつか散見される。少なくとも、大異変の到来が近いと信じ、密かに準備を進めようとした者たちがいたことは確かだ。

それを端的に示すのが、通称「トクナガ文書」と呼ばれるものだ。

これは1959年末、CBA幹部の一人、徳永光《みつ》男《お》が作成したとされる文書で、内容を要約すると、

1960年あるいは1962年に地軸が傾く大変動が起こり、海水は陸地に押し寄せ全地球をおおう大洪水が発生する。しかしそのとき、宇宙の兄弟が円盤の大群に乗って我々を助けに来てくれる。

円盤に乗る場所は日本では東日本と西日本の二箇所。この場所は「C（英語のcatastrophe＝大災害の頭文字をとったもの）」の少し前に知らされる。Cの十日前に電報その他の方法でCが起こることが知らされるから、連絡を受けたら会員とその家族は指定された場所に集まれ、というものだった。その電文の内容が「リンゴ送れシー」だったのだ。

こうした動きは、すぐに他のUFO研究団体や研究家の知るところとなり、さらに1960年1月29日付『産経新聞』には、大異変の到来を予告するCBAの動きと他のUFO研究団体の意見とが報道された。CBAの動きを『産経新聞』に漏らしたのは、同会会員だったフランス文学者の平野威馬雄《いまお》（381ページ参照）だったと言われている。

続いて同じ年の『週刊サンケイ』4月11日号や『日

本』5月号になると、「遊ぶなら今のうちよ、と派手な乱行を繰り広げた京都の女子高生」とか、「食料を買い込んで逃げる準備を始めた一部のグループ」、さらには「試験を放棄して学校を休んだ広島県の高校生たちや、自分の家屋敷を売り払って、大変動の日を待った北海道の商人もいた」というCBAに関して真偽不明の内容を報じる記事が加わっている。

CBA事件を受けてCBA執行部は総辞職し、久保田八郎を代表とする新体制が発足、本部も島根県にある久保田の自宅となった。しかし9月になると本部は東京の国分寺に戻り、その後発表された新体制の中には久保田の名はなかった。

1961年8月になると、松村雄亮を代表とする新体制が発足し、以後CBAは松村のカリスマ的指導の下、独自の路線をひた走ることになる。

他の研究団体との関係はCBA事件で決定的に悪化した。

事件直後、「日本空飛ぶ円盤研究会」は資金難等の理由で活動を停止した。

以後は「CBA」の他、「近代宇宙旅行協会」と「日本GAP《ジーエーピー》」と三つの団体がメジャーなUFO研究団体となった。しかし、同じく異星人とのコンタクトを支持するとはいえ、アダムスキーを否定する「CBA」はアダムスキー派の「日本GAP」と対立し、「近代宇宙旅行協会」はコンタクトそのものに否定的であったから、これらの団体が相互に協力することはなかった。

[参考文献]

『地軸は傾く?』(レイ・スタンフォード、レックス・スタンフォード、宇宙友好協会)
『いつもUFOのことを考えていた』(和田登、文渓堂)
『空飛ぶ円盤ニュース別巻CBAのあゆみ』(宇宙友好協会)
「地球最後の日が来る」『産経新聞』(1960年1月29日付朝刊)
「地球は崩壊する」『週刊サンケイ』(産経新聞社、1960年4月11日号)
「現代版〝ノアの箱舟〟を扇動する人々」『UFOと宇宙』(秋山京子、ユニバース出版社、1980年8月号)
『それでも円盤は飛ぶ』(平野威馬雄、高文社)

# オカルトと科学が混在する悲劇、オウム真理教事件

藤倉善郎

東京の日比谷線、丸ノ内線、千代田線の地下鉄車両内で化学兵器「サリン」が散布され、死者13人、重軽傷者約６３００人を出した１９９５年の地下鉄サリン事件。その前年に、長野県松本市にある裁判所官舎を狙ってサリンが散布され、近隣住民に死者８人、重軽傷者約５９０人を出した松本サリン事件。こうした無差別テロに加え、内部でのリンチ殺人や外部の批判者や敵対者とみなした人物への殺人や殺人事件など、無数の凶悪事件を起こしてきたのがオウム真理教（現・アレフ、ひかりの輪など）だ。

「オウムの会」「オウム神仙の会」と名乗っていた80年代半ば、教祖・麻原彰晃《しょうこう》はオカルト雑誌『ムー』や『トワイライトゾーン』で空中浮揚などの超能力をアピールしたり、災害等を予言してみせたりした。１９８６年には、麻原の空中浮揚写真を表紙にした著書『超能力「秘密の開発法」』が発刊されている。

ヨガ教室というふれこみではあったが一般的な健康法等としてというより、超能力などのオカルト的な分野に興味を持つ層に向けた「売り出し」方だ。

１９８７年に「オウム真理教」へと改称（宗教法人認証は１９８９年）した。この80年代末にかけて、最終解脱《げだつ》者で能力者である麻原彰晃のエネルギーを信者が取り込むことができる「イニシエーション」と称する様々な修行法などが、高額な料金で提供されるようになる。

有名なのが、麻原の血液と称する液体を飲む「血

のイニシエーション」や、麻原のDNAを抽出し培養したものとされる液体を飲む「DNAイニシエーション」（愛のイニシエーション）などだ。これを受けるには、それぞれ100万円の布施をする必要があった。布施といっても実質的には「料金」だ。

1989年に、坂本弁護士一家殺害事件が起こる。子供がオウムに入信したという親からの相談を受けた坂本堤《つつみ》弁護士が、教団と話し合いを行う一方、メディアでオウムを批判し、同じく子供がオウムに入信してしまった親たちとともに被害者の会を結成した。その直後に、オウムが坂本弁護士とその妻、子供の3人を殺害し、山中に埋めたのだ。

当時、警察の初動捜査やメディアへの発表のまずさなどから、オウムによる犯行が疑われつつも真相不明で、殺人事件ではなく「失踪」とされていた。真相が判明したのは、95年の地下鉄サリン事件後、警察が教団に対して強制捜査を行った後のことだった。

坂本弁護士が問題視していたのは、オウムにおける未成年の出家や高額な布施など。その中には、前述の「DNAイニシエーション」問題も含まれていた。

当時オウムは、麻原彰晃のDNAを体内に取り込むことで特別な効果が得られるかのように称し、なおかつ、京都大学の医学部が研究によってその効果を認めたかのように宣伝していた。このイニシエーションで信者から100万円ものカネを取るというオウムの宗教ビジネスについて、坂本弁護士は京都大学に照会を行った上で、その宣伝が虚偽であることを主張した。

そもそも宗教というもの自体がオカルトであると言ってしまえばそれまでだが、オウムの場合、麻原の超能力を『ムー』などでアピールするという、もっと狭義の「いわゆるオカルト分野」で耳目《じもく》を集め、非科学的な効果をうたって常軌を逸した額のカネを取るというオカルトビジネスを展開していた。

もはやこれだけで十分に反社会的な宗教団体だろう。しかしオウムの恐ろしさは、オカルト分野に軸足を置きつつも、単なるオカルトビジネスでは終わらなかった点にある。

冒頭で触れた化学兵器サリンは、土谷正実《まさみ》元死刑囚らを中心とする信者たちが、オカルトではなく「正しい化学の知識」に基づいて自らの手で完成させたものだ。教団は同じく化学兵器であるＶＸの製造にも成功し、オウム真理教被害者の会（現・同家族の会）の永岡弘行会長を襲撃した際に使用している。永岡氏は一命をとりとめたが、一時は意識不明状態に陥った。

また殺傷能力がなく失敗に終わったものの、ボツリヌス菌や炭疽《たんそ》菌による殺人や無差別テロも試みている。１９９３年に2回にわたって都内で起きた亀戸《かめいど》異臭事件は、現在「ひかりの輪」代表を務める上祐史浩《ふみひろ》氏を責任者として、炭疽菌を亀戸の教団施設の屋上から散布したものだ。

上祐氏には明確な殺意があったと思われる。事件前、教団施設内で炭疽菌の製造設備から液体が漏れた際、上祐氏が慌てて火炎放射器で「殺菌」したのをその場で目撃した信者がいるのだ。上祐氏は、殺傷能力を持つ炭疽菌がすでに完成していると認識した上で、亀戸に散布した。

オウム真理教が試みたほかの兵器開発も、失敗は多かった。教団の「車両省大臣」で、オウム事件後のアレフで代表を務めた後に除名された野田成人《なるひと》氏は、教団内で原子爆弾やレールガンの製造を指示された。

原爆製造は、教団がオーストラリアにウラン採掘用の土地を購入したもののウランの採掘は実現せず失敗した。仮に採掘できたとしても、もともと教団内でウランを精製するなどの技術があったわけでもなく、野田氏は「どうせ実現しないとわかっていたから気楽だった」とも語っている。

レールガンは、電磁誘導によって弾丸を加速させ撃ち出す兵器で、現在では近々中国が実用化するのではないかとの報道もある。しかし当時は世界で実用化されたケースはなく、ＳＦの産物にすぎなかった。野田氏は試作品までは製造したものの実用に耐える代物ではなかったという。

こうした中、いくつかの兵器（主に化学兵器）が優秀な知識と技術を持つ信者によって完成してしまった。それ自体はオカルトというより科学の「成功」だ。しかしそれを実際に使用してしまうほどに教団を暴走させた要因は、やはり彼らのオカルト的な発想にあったように見える。

いわゆる「オカルト」ファン同様に、麻原彰晃自身もオウムという教団も、陰謀論に傾倒した。いや、自己正当化のために陰謀論を用いた、と表現したほうが正確だ。

1990年の衆院選で「真理党」を名乗り、麻原自身も含めて25人の候補者を擁立したが全員が落選。麻原は、国家権力が票数を不正に操作したのだと主張した。

教団が武装化路線に転じたきっかけをこの選挙での敗北だったとする声は根強い。この時点ですでに教団は坂本弁護士一家を殺害し、教団内での信者殺害も起こっていた。決して選挙での敗北によって殺人集団と化したわけではないが、兵器開発を本格化させたのは確かにこの頃からだ。選挙の敗北を国家の陰謀だと捉える逆恨みが、教団の犯罪や暴力を正当化し、信者たちをそこに従事させるツールになった。

また教団は、共同生活する出家信者が外部と連絡をとっただけで「スパイ」とみなして監禁したり、自分たちはCIAや日本政府から毒ガス攻撃を受けていると主張したりした。後者の主張は、サリン等の製造過程で薬品が漏れる異臭騒ぎや、信者自身がその薬品の被害を受けた事実をごまかすための言い訳でもあったのだろう。

いずれも、いま事件の全容が概ねわかっている私たちから見れば、見苦しく荒唐無稽な言い訳でしかない。しかしオカルトや陰謀論を好む上に物理的にも精神的にも教団に依存して生活していた信者たちには、これが通用してしまっていた。

そしてそれは決して過去の話ではない。

95年に地下鉄サリン後に教団が警察の強制捜査を受け、麻原はじめ幹部たちが軒並み逮捕され、宗教法人としてのオウム真理教が消滅しても、教団には多くの信者たちが残った。彼らは99年にハルマゲドン（最終戦争）が起こるとする麻原の予言を信じ続けた。前出の野田成人氏も、麻原彰晃に疑問を抱くようになったきっかけは99年に予言が外れたことがハッキリしてからだったと語っている。

そして現在、アレフはいまだにオウム事件をマスコミや政府によるでっち上げだと主張して信者をつなぎとめたり、新たな信者獲得のための勧誘活動を続けているとされる。

上祐史浩氏率いる「ひかりの輪」は表向き社会との融和路線を装っている。アレフと違って安全な集団であるかのように捉える識者もいる。

しかし、オウム、アレフ、ひかりの輪の順に渡り歩いた後に脱会した中山尚《ひさし》氏（現・ひかりの輪脱会者支援団体「インコの会」代表）によると、ひかりの輪もまた「オウム」を受け継ぐ集団のようだ。かつてアレフ内で主流派と対立した上祐氏とその賛同者たちは、上祐氏は教団の将来を麻原彰晃から託された者であり「必ず来世、尊師（麻原）と転生して巡り会う」存在であるとして、アレフ信者を上祐派に引き込んだという。上祐氏との縁を持っておけば尊師と再び出会うことができる、というのだ。

ひかりの輪もまた、オカルト的な世界観で麻原とのつながりを保とうとする人々の集団としてスタートしたものだ。

オウムはオカルト集団であるがゆえに、「正しい化学の知識」によって国内史上最悪とも言えるテロ事件を引き起こし、いまなお組織を存続させている。

２０１８年に麻原と12人の弟子たちの死刑が執行された。しかしオウムは、いまなおオカルト的な世界観をひっさげて日本社会に存在し続けている。

［参考文献］

江川紹子『「オウム真理教」追跡２２００日』（文藝春秋、１９９５年）
宗教情報リサーチセンター、井上順孝・編『情報時代のオウム真理教』（春秋社、２０１１年）
宗教情報リサーチセンター、井上順孝・編『〈オウム真理教〉を検証する：そのウチとソトの境界線』（春秋社、２０１５年）

# 巨額宗教詐欺事件を起こした法の華三法行

藤倉善郎

## 「天行力」で「足裏診断」

「カルト」や「新興宗教」を通俗的な意味で「詐欺」と呼ぶ人は多いが、宗教団体が実際に詐欺罪で刑事事件化して騒ぎになるケースは、決して多くはない。詐欺罪は故意に騙して利益を得るものだ。たとえ荒唐無稽な教義であっても、教祖や幹部もそれを信じている（故意に騙しているのではない）のだという宗教のタテマエを、法廷の場で崩すことは容易ではないからだろう。

その珍しいケースのひとつが、福永法源《ほうげん》氏を教祖とする「法の華三法行《はなさんぽうぎょう》」の詐欺事件だった。

法の華は、天の声（天声《てんせい》）が聞こえたとして福永氏が1980年に設立。福永氏は当初、億万長者を養成する「億万長者養成道場」など、金儲けを前面に押し出すセミナーを開催していたが、87年に静岡県で宗教法人の認証を受けて以降は、信者の足の裏を見て病気などの悩みを言い当てる「足裏診断」を行うようになる。自身は「天行力《てんぎょうりき》」という特別なエネルギーを他人に授けることができるとして、病気などをかかえる人に天行力を得るための研修（修行）の受講や献金を勧めた。多いケースでは1000万円もの献金をした信者もいると言われている。

研修では、福永法源氏や幹部の音頭で信者たちと「最高ですか〜」「最高で〜す」と繰り返し叫び続ける光景が繰り広げられた。これを東京・渋谷などの繁華街の路上で行うパフォーマンスも、当時、人々の目を引いた。

しかし１９９６年、信者２９０人が法の華に対して12億８０００万円の損害賠償を求めて静岡地裁に提訴。以降、全国で民事訴訟が起こされる。99年には警視庁と神奈川県警が、教団施設を詐欺容疑で家宅捜索し、同年から２０００年にかけて福永氏や幹部らが同容疑で逮捕される。

当時の新聞報道によると約3万人から１０００億円近いカネを集めていたとも報じられた（立件されたのは被害者31人、被害額約１億５０００万円）。歴史に残る巨額詐欺事件である。

教団は01年に破産宣告を受け、03年に破産手続き終了。後に福永法源氏は詐欺罪で懲役12年の実刑判決が確定する。

法の華が刑事裁判で「詐欺」とされたのは、福永氏自身をはじめとする関係者たちが、カネを儲けるために意図的に「宗教」の体裁をとって信者を騙していたことが証明されたからだ。

たとえば、確定した東京地裁判決（05年7月15日）では、法の華の設立の経緯についてこう指摘している。「A」というのは福永氏、「S３子」は福永氏の母親だ。

〈被告人Aは、経営していた会社が倒産した後の昭和五四年ころ、これからは通信販売と宗教がもうかるなどと考えていたところ、母親のS３子から、「お寺さんみたいなものを始めたいと思っている。細かいところからこさえていったらいい。Aちゃんに特別な声が聞こえるということでやってくれんかね。」などと、これまでの宗教活動の経験を生かして今後の生活の糧とするため、宗教を始めて教祖になって欲しいと頼まれたこともあり、宗教を始めることとした。そして、自分にのみ聞こえる特別な声として「天声」なるものを考え出し、「普通に天声が聞こえたと言い始めても誰も信じてくれないので、手の平と足の裏の皮をむいて本当に特別なことが起きたように見せる。」として、自分で手足の皮をむいた〉（判例時報１９３３号）

足裏診断で信者を脅し、研修や福永法源氏との面談につなげてカネを出させる「足裏診断士養成マニュアル」という物証もあった。

〈足裏を見てまず第一声を吐いて相手をびっくりさせる。『あなたこのままだとガンに成るよ！』『汚い足裏ですね！』〉

同マニュアルには、信者に投げつける言葉として〈自殺するね〉〈今のままでは命を取られる〉〈医者ではあなたの病気は治せない〉といったものも挙げられていた。

また、教団の書籍において〈足裏診断と修行で癌が完全に治癒したなどの虚偽の体験談を適当に創作して掲載した〉こともわかっている。そもそも足裏診断自体、福永法源氏から書籍執筆の依頼を受けたゴーストライターが考案したものであることも、裁判で明らかにされた。足裏診断のやり方について、福永氏は幹部にこんな指示も出していたという。

〈相談に来た者には、病院で初診者に書かせているようなきちんとしたカルテを書かせるように。悩みごと、過去の先祖の状態、家族関係をきちんと書かせるものを作れ。収入、借金、資産の状況についてもきちんと書かせろ。それがないと法納させる金額が決められないから〉（判例時報1933号）

〈別に足運相がわからなくてもいい。一目見て、ワアーッと驚くことが大事だ。そうすれば、相手は不安になる。そこで、すかさず、『国司院常照先生に診てもらった方がいい。』と言って俺のところへ連れてくればいい。嘘も方便だ〉（同）

「国司院常照」とは、福永法源氏のペンネームだ。

判決文は、福永氏ら幹部の行為を、こうまとめている。

〈病気の原因等を的確に診断し、これを治癒させるための確実な方策等を提示する能力がないのに、被害者らやその家族が修行に参加すれば、あるいは、天声に添って法納料等を納めれば、病気は治るなどと偽り、修行代ないし法納料等名下に多額の金員を騙し取ったという事案である〉

自分に病気の診断や治療の能力がないことを承知の上で、騙す意図を持って信者を騙し、実際にカネを取った。これが証明された以上、「信仰」だと言いはったところで、れっきとした詐欺だ。

しかし、宗教法人は解散しても、法の華はなくならなかった。残党が「よろこび家族の和」「天華の救済」などと称する別団体を継続。現在は「第３救済　慈喜徳会《じきとくかい》」の名で活動する。

## 反省せずに「復活祭」

２０１４年３月に刑期を終えて出所した福永法源氏は、１年後の15年４月、ＴＫＰガーデンシティ品川のホールで信者を集め「復活祭」を開催した。

事前に申し込んで参加してみると、会場には５００～６００人の信者が集まっていた。

舞台上に「行者」と呼ばれる白装束の信者たちが並び、般若心経をもとに作られた「般若天行《はんにゃてんぎょう》」を唱和する。やがて、マイクを握り「般若天行」を唱えながら、福永氏が登場した。

髪はすっかり白くなり、かつてワイドショーなどで流されていた映像に比べるとだいぶ痩せている。足取りはぎこちなく、すっかり老け込んだ様子だ。

「みなさん、最高ですか！」

福永法源氏が呼びかけると、ホール内の信者たちが一斉に叫ぶ。

「最高で～す！」

「最高ですか～？」

「最高で～す！」

「めちゃくちゃ最高ですか～？」

「最高で～す！」

かつての法の華と全く変わらない光景だ。

「正真正銘の法源です（拍手喝采）。ありがとう。いやあ、皆さんと一緒に般若天行やれるかなあと、本当に正直申し上げて不安でした。行者とやれることがすごい。無条件で最高です。では、お約束通り、これから〝超天行力〟を行います」（福永氏）

会場のモニターに、法の華時代の福永法源氏の講話が映し出される。まだ若い福永氏は、「超天行力」ではなく「超法行力」という言葉で説明している。

入場の際、ペットボトル入りの「天源聖水」が配られていた。これを、映像の福永氏の号令に合わせて、「最高ですか！」「最高でーす！」の絶叫を繰り返してから一気に飲み干す。これで超法行力を授かったことになる。

映像の中で福永氏は、こう説明した。

「(超法行力を) 病気治しに使ってはいけない。現世利益に使ってはいけない。目の前の方に〝人間になりますか？〟〝人間完成の道を歩みますか？〟と確認して、〝はい〟と返事が戻ってくることが、法行力・超法行力を受ける条件です。苦しがっている人に、こちらの元気のいい思いを受けるということは親切行為としていいんですけど、それでは病気治しになってしまう。そういうために天から法行力・超法行力として頂戴したわけではございません。人間になるんだったら、ひとつ急場しのぎで力を向けさせてもらおうと。そのために行う行為ということでございますね。これが一番大事なことなんです」

わかりにくいが、「本来は、まっとうな人間になるための力であり、病気治しはそのための手段であって目的ではないのだ」ということを言いたいようだ。しかし、病気を治す力がないのにあるかのように装って人を騙すことに変わりはない。

この後、さらに会場全体で「最高ですか～！」「最高で～す！」の絶叫を繰り返した後、福永氏の講演が始まった。

「まさか逮捕されるなんて夢にも想像していなかっただけに、その15年間、絶対に天はあるよと。天声は絶対にあるぞと。(罪を) 認めるわけにはいかない。今日の朝の天声は、こんなことを言ってました。〝罪を陥れた人、重罪を決めた連中は、みんな捕まっている〟と。(略) 天は、〝弾圧は絶対に許さない〟と。どこまでも筋を通せば勝ちですよ！　おどおどしていたら負けですよ！」

やはり、全く反省していなかった。

福永氏は同年、自らの体験を映画化し自身も出演する映画『塀の中の神様』を発表。この頃は制作発表などでメディアにも登場したが、以降は公の場に姿を見せていない。

# 自己啓発セミナーが宗教化したライフスペース事件

藤倉善郎

１９９０年代に日本を騒がせた「グル（指導者）」といえばオウム真理教の麻原彰晃が有名だが、もう一人、99年末にほんの短期間だけ世間の注目を浴びたグルがいた。自己啓発セミナー団体「ライフスペース」の代表・高橋弘二《こうじ》だ。

１９９９年11月。千葉県成田市内にあるホテルの客室で、男性のミイラ化遺体が発見された。詰めかけたマスコミを前に、高橋は「自分はグル」「サイババの弟子」「〇〇は定説」などとわけのわからないことを口走った。遺体はまだ生きており、警察の司法解剖によって死亡したのだとも主張した。あまりに荒唐無稽な主張に、記者会見や囲み取材を報じるワイドショーのＶＴＲには、報道陣が失笑する声も入っていた。

高橋弘二は、相手の頭を手で叩く「シャクティパット」によって病気を治せると主張。この団体のメンバーが、病気で入院中だった自分の父親を連れ出し、ホテルの一室で高橋のシャクティパットによって病気を治そうとしたが、男性は死亡した。

これが「成田ミイラ事件」の顚末《てんまつ》だ。高橋弘二を含めライフスペースのメンバーら計11人が保護責任者遺棄致死《いきちし》の容疑で逮捕された。うち２人が起訴され、亡くなった男性を病院から連れ出した息子は執行猶予つきの懲役刑が確定。高橋は殺人罪で起訴され、懲役７年の実刑判決を受けた。

この事件は、発覚の経緯も異様だった。当初は、不審な長期宿泊の客がいるとホテル側が警察に通報し発覚したと報道されたが、実際にはそうではないようだ。

当時ライフスペースは、紀藤正樹《きとうまさき》弁護士やメディアなど、ライフスペースに対して批判的な人々を相手に訴訟を起こしていた。その訴訟で、ライフスペース側は高橋弘二がグルであり病気を治す能力があることを示す証拠として、「明らかに腐乱していると思われる死体の写真」（紀藤弁護士）を提出してきたという。高橋やライフスペースのメンバーたちは自信満々で遺体を「まだ生きている」と信じていたのだ。

これが警察に伝わり、ホテルでの遺体発見につながった。

「グル」「シャクティパット」はオウム真理教でも使われていた用語だ。病気治しをしようとして死者を出す点も含めて、傍目《はため》にはどう見ても宗教事件と映るが、ライフスペースの成り立ちはオウムのようなカルト宗教とは少々違っていた。

ライフスペースは宗教法人ではなく有限会社で、もともとは「自己啓発セミナー」と呼ばれる心理療法ビジネスをなりわいとしていた。

自己啓発セミナーは、アメリカのスピリチュアル愛好家たちの間で人気が高かった民間の心理療法（グループ・エンカウンターや交流分析など）を、マルチ商法のセールスマン研修を請け負っていた研修業者が取り入れたものが原型だ。１９７０年代、こうした研修業者がマルチ商法関係者以外にもターゲットを広げ、充実した人生を送るための心理学テクニックと称してセミナーを開催する事業を始めた。これが日本に上陸し、80年代に日本のスピリチュアル・シーンで大ブームになる。

このセミナーは、全く宗教性がない内容だ。参加者たちは数日間、通いや合宿形式でセミナー会場に缶詰めになり、ロールプレイのようなゲームや幼少期を振り返る瞑想など様々な「実習」とレクチャーを延々と繰り返す。これによって感情を高揚させられ、泣き叫んだり暴れたりし、最後は参加者同士で褒めちぎりあって、生まれ変わったような気分にさせられる。数十人、多いときには100～200人もの参加者が一つの会場で、これをやる。

こうして自分のネガティブな固定観念や行動パターンを振り返り、それを投げ捨ててポジティブな考え方や人間関係に目覚める。そんなふれこみのセミナーだ。宗教どころかオカルト的な要素すらない。

セミナーは主に3つのコースで構成されている。第1段階は3～4日間の通いで10万円弱、第2段階は合宿で20万円前後だ。数日間も密室で延々とこんなセミナーをやっていると、参加前には半信半疑だった人ですら最後には興奮状態で涙を流す。

筆者自身は参加したことはないが、セミナー最終日の会場を見学したことが何度かある。いい歳をした大人たちが笑顔で涙を流しながら抱き合ったり叫んだり、下手な宗教行事よりもよっぽど異様な光景だった。

こうしたセミナーの直後に、3か月間程度の第3段階のコース（3万円あるいは無料）が用意されている。自分の素晴らしい体験を友人などに勧めることでコミュニケーションの訓練をするという「勧誘実習」だ。報酬はない。ただ、セミナーの仲間たちからやたら褒めちぎられる。もちろん、友人などを勧誘してセミナーを受けさせる人数について「自己目標」という名のノルマを達成できなければ責められる。

興奮状態の参加者たちは、こうして無償のセールスマンにさせられるのだ。マルチ商法から生まれたビジネスならではの手法だ。

1977年に日本で最初に設立されたライフ・ダイナミックスというセミナー会社は、セミナーの進行やトレーナー（講師）のセリフなど細部にわたるマニュアルを作成した。これに従えば誰でも同じようなセミナーを主催できてしまう。オウム真理教や統一教会が参考にしようとしたこともあると言われており、薬物や暴力を使わない手法の中では、もしかしたら最も効果的で恐ろしいマニュアルかもしれない。

2000年代にアレフ（旧・オウム真理教）に取材

のため入信して修行を体験したことがある漫画家の村田らむ氏が、この手のセミナーに潜入取材をしたことがある。直後、村田氏は筆者に「オウムよりきつい」と語った。

　彼の声は、セミナーで叫び続けたせいで嗄《か》れていた。見開いた目が爛々《らんらん》と輝き、セミナーを批判的に語っているのになぜか終始、顔は半笑いだった。たった3日間で人間を狂わせてしまうセミナーの恐ろしさを痛感した。

　しかしその効果は長続きしない。大半の参加者は、基本のコースを終えれば二度とセミナーに関わらず、興奮は覚めていく。村田氏もすぐ正常に戻った。

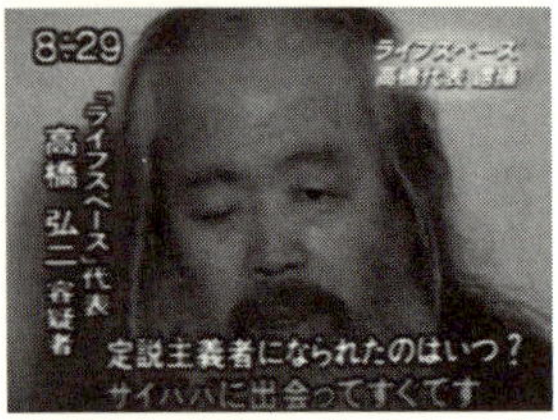

記者会見する高橋弘二（YouTubeより）

　セミナー会社がほしいのは、参加中の人々が連れてくる新たな客だ。長くセミナーに関わらせて搾取《さくしゅ》するより、参加者を勧誘要員として短期間のうちに使い捨て、後腐れのない新陳代謝を繰り返す。

　ところがライフスペースは違った。

　ライフ・ダイナミックスのマニュアルは非常に完成されたものだったがゆえに、セミナーを受けアシスタントなどを経験した人が、勝手に別の会社を作って同じビジネスを始めるということが横行した。これが１９８０年代の「自己啓発セミナーブーム」の実態だ。一説には、最盛期に１００以上の会社が乱立したとも言われるが、大半の会社はもとを辿ればライフ・ダイナミックスに行き着く。セミナーの内容は概ね同じだ。

　ライフスペースも、その一つだった。もともと税理士だった高橋弘二がライフ・ダイナミックスのセミナーを受講し、83年に大阪支部のスタッフを引き抜く形でライフスペースを開業した。当初の経営はそれなりに順調だったようだ。マニュアル通りにやれば、興奮状態になった参加者たちが無償で次の客を連れてきてくれるのだから、当たり前だ。

「ただ、80年代の後半だったか、高橋は独自の瞑想法や修行のようなものを模索するようになった。従来のセミナーとは別途、たとえばオウムのヘッドギアみたいなものを頭につけて、モニターに脳波を表示させながら瞑想するというコースを始めた」（元幹部）

高温の風呂に入る修行も導入し、95年には熱中症で死者を出した。これも、従来の自己啓発セミナーにはないものだった。

「何よりも私が違和感を抱いたのは、高橋のワンマンぶりがどんどんひどくなっていった点。それで私はライフスペースから足を洗い、当時の幹部やスタッフも同じ頃に何人か離脱しました。自己啓発セミナーのトレーナーは、ただマニュアル通りにやっているだけ。なのに、参加者たちが面白いように興奮状態になっていくのを見ているうちに、自分が万能だと勘違いしてしまう」（元幹部）

バブル崩壊後の１９９０年代も半ばになると、数十万円という高額なセミナーに集まる参加者が減っていく。ライフスペースに限らず多くのセミナー会社が、２０００年代にかけて消滅したり、企業研修会社や別種の心理療法プログラムに転身したりした。業界の草分けだったライフ・ダイナミックスも、２０００年に解散している。

そんな中、高橋弘二はインドの宗教指導者・超能力者といわれたサイババから「シャクティパット・グル」に指名されたと称し、シャクティパットによって相手の体にエネルギーを注入できると主張し始める。「私にはヴィジョンが見える」「あなたのヴィジョンは○○」といった調子で、相手の将来の職業などを語る、予言とも指示ともつかない発言もするようになる。セミナー料金は高額化し、１９９５年頃には最高で５００万円というコースもあった。

高額な金を出す少数の「信者」を長く関わらせるスタイルだ。思想だけではなくビジネスの仕組みの面でも、自己啓発セミナーを離れ「宗教」のようになっていった。行き着いた先が、冒頭のミイラ事件だ。

ライフスペースは、「シャクティ・パット・グル・

ファウンデーション（ＳＰＧＦ）」という任意団体を名乗ることもあり、99年のミイラ事件の頃からはこの名称を前面に出している。高橋弘二の懲役刑が確定した後も、ＳＰＧＦの残党はミイラ事件を冤罪であると主張し、シンポジウムを開催したり、メディアなどでライフスペースを批判した紀藤正樹弁護士に対して訴訟を起こしたりといった活動を続けた。

高橋弘二は２００９年に刑期を終えて出所したが、公の場に出てくることはなかった。ＳＰＧＦの現役幹部によると、15年の12月に死去。この頃からＳＰＧＦは、冤罪を訴えるシンポジウム等の公の場での活動を見せなくなっている。

［参考文献］


二沢雅喜、島田裕巳『洗脳体験』（ＪＩＣＣ出版局、１９９１年）
福本博文『心をあやつる男たち』（文藝春秋、１９９３年）
柿田睦夫『自己啓発セミナー――「こころの商品化」の最前線』（新日本出版社、１９９９年）

# 岐阜県富加町の町営住宅で起きたポルターガイスト事件

加門正一

## 1．はじめに

2000年（平成12）の秋、岐阜県でポルターガイスト（幽霊）住宅騒動が起きた。筆者は現地で、事件関係者、住宅管理人・自治会長（以降、T自治会長）、町会議員（以降、S町議）、さらに住宅調査に当たった役場職員、現場近所の住民から直接取材することができた。当時の調査メモ・写真・ビデオ記録からこの謎の事件の真相に迫ってみよう。

## 2．事件の発端

事件現場は岐阜県加茂郡富加《とみか》町《ちょう》高畑《たかはた》町営住宅。

写真1　事件現場の高畑町営住宅（2000年11月、筆者撮影）

騒動が起きたのは4階建ての新築住宅で、入居が始まった1999年4月頃に住民から不審音の苦情があり、S町議は苦情処理の対応に当たり2000年4月頃には処理が終わった。ところが同年8月にT自治会長は、4階・404号室の住人Aさんから具体的な苦情を書いたメモを受け取った。メモの一部に不審音の他に、

**○食器棚の戸があいて、物が飛ぶように落ちる。**
**○だれもいないのに子供が指をさして怖がったりバイバイと手をふることがある。**

と書かれていた。T自治会長の要望で町役場と業者が調べたが、住宅はPCパネル工法で短時間に建てたので不審音が出易いが特に問題はない、との結論になる。しかし、9月にAさんから、台所の鍋が飛ぶ、との電話を受け役場職員2人が出掛けたが何も見つからなかった。**9月26日**、町役場は、Aさん宅の向かいの403号室のBさんから、

「隣のAさんが部屋に幽霊が出るので怖くて部屋に入れないと言っている」

との連絡を受け、役場職員3名、S町議、業者1人が現場に出向き調査した。このときT自治会長は町費でのお祓《はら》いを町役場に要望するが、役場は政教分離の原則から不可能との返事をする。

　S町議によれば、このときの様子は、

写真2　テレビ番組で有名になった奇妙な割れ方をした茶碗

○Aさん宅に入ろうとすると部屋を片付けるので少し待ってほしいと言われ、向かいのBさん宅で待ち、その後、Aさん宅に入り部屋を調べた。
○部屋の中は雑然としていた。
○Aさんはお皿が飛んだ距離は1mくらいと言ったが、テレビ番組ではその発言が数メートル水平に飛んだと誇張されていた。
○後にテレビで取り上げられた奇妙な四角い割れ口の茶碗の話は出ていなかった。
○Aさんは霊感が強いと、本人も隣家のBさんも言っていた。
○AさんとBさんの2人は幽霊を見たとも言っていた。S町議は自身が経営する塾の元生徒であるBさんをよく知っており彼女の話を信じなかった。

○Aさんのご主人の父親、S町議、役場職員１人がその夜一晩、部屋に泊まり込んだが何も起こらなかった。

町役場の対応に不満なT自治会長は中日新聞に事件を知らせ、また、近くのお寺、迫間《はさま》不動に祈祷師《きとうし》の派遣を依頼した。**9月30日**、現場に来た女性祈祷師は、「ここでは30年ほど前に40歳くらいの女性が首吊り自殺をしている。お祓いをした方がよい」と発言。このとき、T自治会長らは実際に自殺があったことを初めて知り驚いた。自殺事件は近所の限られた人しか知らず、地元出身のS町議も祈祷師が自殺者の存在を当てたのは不思議と思った。

### 3．事件の新聞報道

連絡を受けた中日新聞の記者が取材に訪れ、**10月13日**、同紙夕刊に囲み記事が出る。「食器飛ぶように落ち　シャワー勝手に　幽霊？　住民避難騒ぎ　祈とう師呼び厄払い」というポルターガイストを想起させる見出しに全国のマスコミが飛びついた。**10月15日**に現地で行ったお祓いにはテレビ局が取材に来て、**10月19日**にはテレビ番組『ニュースステーション』（テレビ朝日系）で全国に実況生中継された。

食器飛ぶように落ち　シャワー勝手に
幽霊？住民避難騒ぎ
祈とう師呼び厄払い

写真３　10月13日、中日新聞夕刊の記事

### 4．空飛ぶお皿事件の調査

10月19日、ビデオカメラを持って初めて現場を訪れた筆者は、多数のマスコミ記者に紛れて詳しい調査ができた。記者に囲まれて取材を受けていた事件当事者のAさんは、

○年齢20過ぎの幼児がいるヤンママで、取材を嫌が

ることなく何でも話してくれた。

○彼女の話では、台所の流しを使っていたら、左後ろ高さ1・5mくらいの扉のついた食器棚から皿が距離にして約2m、落下点に向かって放物線ではなくまっすぐに飛んだ。

○食器棚の扉が開くのは見ていないが皿が飛ぶのは見た。見たのは**1回だけ**だが、茶碗・どんぶりが計4、5回飛ぶように落ちたこともあった。

○流しの上の棚から鍋が落ち、重さ1kgの味噌樽が流し横の平らな部分から30cmくらい自然に動いて床に落ちたこともあった。

○こうした現象が起きたのはお盆の頃だけ。

この後、実家に帰ってしまったAさんの代わりにT自治会長の案内でAさん宅を調べた。

○食器棚の扉戸は、磁石で止める方式で中から強い力が掛かると自然に開く構造。

○新築住宅で床や流しが傾斜しているということはない。

写真4　Aさん宅の台所食器棚。扉は磁石で閉じる構造（2000年10月19日、筆者撮影）

写真5　部屋の隅に置かれていた食器類（2000年10月19日、筆者撮影）

○部屋の隅に食器が10個ほど置いてあった。Aさんが食器棚から出したものと思われた。

○筆者は、Aさんはオカルトの知識があるのでは、と思い本を探したが、唯一見つけたのは写真6の一冊だけでそれ以外にはまったく書物が見つからなかった。

Aさん宅を実際に調べた役場職員2人に取材すると、**9月26日**の調査で、

○オカルト漫画の単行本が段ボール一箱に入っていた。作者や題名は覚えていないが、思わず2人で

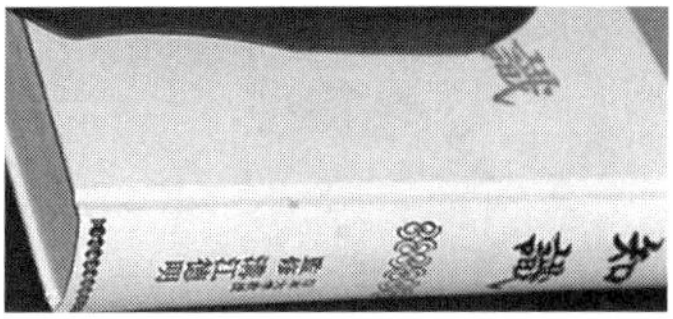

写真6　Aさんの部屋で見つけた唯一の書物（2000年10月19日、筆者撮影）

目を合わせた（Aさんの子供はまだ幼児）。

○Aさんは、お皿は落ちる程度で、フリスビーのように飛んだとは話していなかった。

○食器棚の中は皿や茶碗が無秩序に積まれており、食器が自然に落ちても不思議ではないと思った。

筆者が撮った写真4～6、役場職員の証言を考えると、食器棚の扉は中から強い力が働くと自然に開く構造、普段は食器棚に食器類が乱雑に置かれ、Aさんはオカルト漫画を読んでいた。そのことで〝お皿が落ちた〟のを〝飛んだ〟と勘違いしたと疑われるのではないかとAさんが心配し、写真5、6のように食器棚の中を整理しオカルト漫画本を片付けた、と考えられる。そこから、Aさんは本当に勘違いしただけなのかも知れないとも思える。

AさんはT自治会長にクレームをつけたことからもわかるように、彼女が嘘をついているとは思えない。しかしお皿が飛んだと思い込んでしまった可能性も高く、役場職員もAさんは興奮気味だった、と話していた。〝**空飛ぶお皿事件**〟は、1年半もの間、不審音で悩み、オカルト漫画に影響されたAさんが、食器棚から乱雑に積まれた食器や鍋が落ちるのを見てパニックに陥り、早くお祓いをしてほしいとT自治会長に訴えたのだろう、というのがS町議の意見だった。

2018年8月に放送されたテレビ番組の再現映像に、茶碗が自然に浮き上がり横に動いて食器棚から飛び出す場面があったが、当時、Aさんはこんな話はしていない。こんなスゴイ現象を目撃したなら、取り巻き記者に積極的に話したはずだ。筆者も〝**空飛ぶお皿事件**〟はAさんの勘違い、だと思うが、心の中は人それぞれであり、お皿が落ちるのを見てポルターガイスト、壁のシミを幽霊と勘違いしても非難されるいわれはない。

## 5. ドライヤー事件の調査

同じ日に、Aさん宅の壁向こう隣のCさん宅で起きたドライヤー事件を調べた。事件は、

○2000年のお盆の夜中2時頃、洗面室のドライヤーの音に気付く。気持ちが悪いので夫婦で洗面室に調べに入る。

○ドライヤーのスイッチが〝HOT〟の位置で温風を出していたので、スイッチを〝切り〟に戻してドライヤーを止めた。よく見ると電源コードがコンセントにつながっていないのに気付く。

○ドライヤーの型番は、女性用ヘアドライヤー、製品名はTESCOM温度ヒューズ190℃（MadeinChina）。

○ドライヤー事件は一回だけだが、ベランダから「ピシピシ」という不審音は入居時から続いている。

ネットには〝コンセントに未接続と確認されていたにもかかわらず、ヘアドライヤーが突如、勝手に動作し熱風を吹き出した〟かのように記述したものがあるが、もちろん誰も温風を出していたときに〝コンセントに未接続〟だったことを確認していない。また、

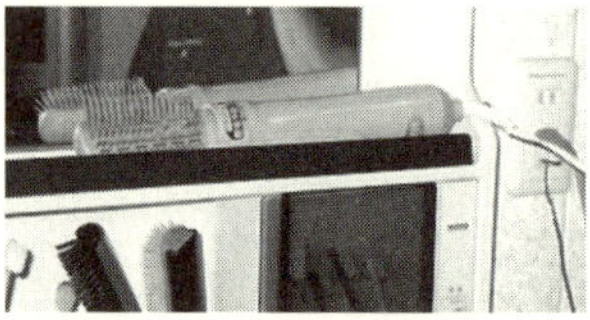

写真７　Cさん宅で、電源コードがコンセントにつながっていないのに動いていたドライヤー（2000年10月19日、筆者撮影）

前出・2018年8月放送の番組で放送された再現映像には、電源コードがコンセントから外れて動くドライヤーを見て恐怖に怯える夫婦の場面が出てくるが、ドライヤーをどう止めたのか、の場面はない。

Cさんは〝スイッチを切ったら〟ドライヤーが止まった、と答えていた。少し学術的にツッコむと、コンセントにつながっていない（電流が流れていない）のに動いているドライヤーのスイッチを切ったらドライヤーが止まったことになる。〝スイッチを切った〟とは一体何を切ったのだろう？

ドライヤーのスイッチは、切っても自然にＯＮに戻りやすいスライド式で、筆者も同じ構造のドライヤーが、スイッチを切った状態からＯＮに戻って動いているのを見た経験がある。動いているドライヤーのスイッチを切ったとき電源コードが揺れ、写真7の壁コンセントから自重で外れたのではないか。

## 6. 霊能者による首吊り自殺者の霊視

次に〝なぜ祈祷師が30年前の首吊り事件を知っていたのか〟という疑問を調べた。近くに住むおばあさんに聞くと、当時、小さな村で起きた衝撃的な事件で古い人はたいてい知っているとのことだった。近所の中学校の先生の奥さんも、30年くらい前、ご主人が勤める学校の生徒の母親が現場で自殺したと聞いたと話していた。祈祷師が霊視した「現場で40歳くらいの女性が首吊り自殺をした」という話は嘘ではなかったようだ。

**10月15日**、自治会によるお祓いのとき、祈祷師はテレビ撮影を嫌がりきげんが悪かった。また祈祷が効かなかったと言われ、後で料金7万8000円を自治会に返却した。

筆者が祈祷師なら、ほとんどの住民が知らない自殺事件を霊能力で見つけただけでも自慢できる実績だ。また、この実績をアピールできるテレビ取材は大歓迎で、お祓いが多少効かなかったとしても、このスゴイ霊能力に高額の対価を得ても後ろめたさは感じない。

言い換えれば、人目を避けたり、料金を返却したり、祈祷師の自信なさそうな態度に違和感がある。祈祷師は、現場でマスコミに注目されたことから、近隣で行なった事前調査がバレると大変だと心配したのではないか。そのため人目を避け、祈祷料も返しておけばバレても非難はされない、と考えたのではないか。

筆者はＴ自治会長に女性祈祷師の名前を尋ねたが「他人には絶対教えないでほしい、と言われているので教えられない」という答えだった。

## 7. マスメディア

事件がオカルト事件として有名になったのはマスコミ、言い換えればその後ろにいる我々大衆の思いからである。事件現場で会った多くの記者、レポーターは懐疑的な知識をほとんど持っていなかった。ポルターガイストは知っていても、詳しい調査でイタズラと判明した例が多いことはほとんど知らない。

役場職員はマスメディアの記者から、

「こんなポルターガイスト事件は海外ではしょっちゅう起こっているが、日本では初めてではないか?」

「もしあなた自身が、皿が飛ぶのを実際に目撃したらどうするのか!」

「なぜ町としてきちんと調べないのか」

との迷言・珍言で責められ腹を立てていた。遭遇した女性雑誌2社の記者はいずれも東京から霊能者を連れてきて、取材前から事件は心霊現象と決めつけていた。海外からも『ニューズウィーク』誌の記者が取材に来ていて、2000年英語版Nov.6号に丸々1ページの記事が載った。内容は事件の経過だけで、事件の詳しい検証は書かれていない。

SCARES

They're Heeere!

'Poltergeists' haunt a Japanese apartment block—and give residents the Halloween spirit

写真8 英語版『ニューズウィーク』2000年Nov.6の記事

## 8. 霊能者

T自治会長の話では、事件報道後、多数の怪しげな霊能者、祈祷師がAさん宅を占いに来た。遠方から来た6人の祈祷師は、祈祷はタダだが、食費、旅費くらいは出してほしいといって帰らず、金額を聞くと100万単位と言ったので、追い返したそうだ。

霊能者の多くは宣伝、金銭目的だったが、某テレビ局の依頼で熊本から訪れた霊能者Ｓ女史は少し違った。

彼女は関係者の子供たちに多額のお年玉をプレゼント、帰る前にも自治会に多額の寄付をした。また、事件後、Ｓ女史は事件関係者を熊本に招待し、その歓待ぶりは関係者がタダでは申し訳ないとお礼を包んだほどだった。さらに事件関係者の一人は彼女にスカウトされ、岐阜での仕事を辞めて弟子になるべく修行のため家族を残して熊本に出掛けた、という話も聞いた。

おそらく、Ｓ女史はこの事件が自身の霊能力の宣伝に使えるので、多少の金銭的コストをかけても構わない、と判断したのだろう。実際、住民の間では、騒動が終焉に向かったのは彼女の霊力のおかげということになり、その年の自治会忘年会に彼女を招待した。その様子はスポーツ紙の記事にもなり、Ｓ女史の思惑は成功したようだ。

## 9. 慰霊碑破壊騒動

写真９　自治会が建てた慰霊碑
（2000年11月、筆者撮影）

役場の対応に不満だった住民は訪れた祈祷師の意見を参考にして、慰霊碑を建てて朝晩に住民がお参りすれば騒ぎも落ち着くのではと思い、相談し約10万円で２０００年11月末に慰霊碑を建てた。ところが町役場は、公用地目的外使用で慰霊碑はもっての外、と住民に撤去を求めた。住民は「徹底的抗戦」も決意したが、心酔する霊能者Ｓ女史から慰霊碑があると霊がとどまりやすい、とのアドバイスを受ける。

２０００年11月末、筆者はＴ自治会長が慰霊碑を撤去すると聞き現場に駆け付けたが、既に破壊されていた（右の写真は慰霊碑が建設されたときに訪れ、撮影したもの）。「事件の記念碑になるので、町が強制撤去するまでそのままにしておいたら」と助言していたのだが、そうならず残念だった。

## 10. 懐疑論者

この事件で一番まともだったのは町役場で、実際にＡさん宅を調べた職員は関係者の話に懐疑的だった。町役場は懐疑的な調査結果を何度もマスコミに話していたがどこも取り上げなかった。「幽霊を見た」と言い出した人間が怪しまれると思っていたら、自分たちが責められることになり、予想外だったと怒っていた。

また住民すべてが不審音を気にしていたわけではなく、筆者が取材した最初の住人は「変な音はするが霊なんていない」という答えだった。前述した近所の中学校の先生の奥さんも「私は孫に、霊なんて出ない、出るんだったらなぜ（１９８５年に日航機墜落事故のあった）御《お》巣《す》鷹山《たかやま》に５００体の霊が出ないの、と言ってるんですよ」と話していた。

しかし現場では、懐疑的な意見は発言し難い雰囲気があったようだ。「事件は住人のヒステリーに過ぎない」と言ってその根拠を並べたとしても、悪意で騒いでいるわけでもない住民感情を傷つけることになる。

## 11. 事件の結論

お皿が飛ぶ様子をビデオ撮影できればスゴイ！と期待して何度も現場に出向き調査したが、筆者が不思議と思うことには何も出会わなかった。事件の根拠は検証不可能な関係者の証言だけであった。特に霊能者を連れて騒動をあおり、懐疑的な情報を発信しなかったマスメディアの影響力は大きかった。『ニューズウィーク』に掲載され世界中に知れ渡ったこの騒動には、海外３か国からも取材が来た。すべて取材関係者は二人で通訳一人を連れており、費用はかなり高額になったはずだ。この程度の騒動に大金をはたいてはるばる遠方から取材に来たことから判断すると、他国で報告されるオカルト事件も大した事件ではないのではないか。
富加町ポルターガイスト町営住宅事件は、その主役は死者の霊ではなく我々大衆の期待と願望であることがよく分かる社会的事件だった。

［参考文献］
【ポルターガイストについて】
『ポルターガイスト』（ウィリアム・G・ロール、大陸書房）
「江戸期日本におけるRSPK報告――池袋の〝女怪〟考」『超心理学研究』（志水一夫、日本超心理学会、第4巻第2号、pp.52－61, 1999）
【2015年以降の事件報道】
「最恐映像ノンストップ6」（テレビ東京、2018年8月15日）
『戦後日本オカルト事件FILE』（オカルト雑学探究倶楽部・編、学研パブリッシング）
「幻解！超常ファイル　ダークサイド・ミステリー　File‐14」（NHK BSプレミアム、2015年10月24日）
「どーか誰にも見つかりませんようにブログ」（http://blog.livedoor.jp/ussyassya/archives/52116866.html）
（http://blog.livedoor.jp/ussyassya/archives/51966003.html）
【霊能者の活躍】
「『悪魔の館』で『悪魔祓い』を見た」『女性セブン』（小学館、2000年11月9日号）
「岐阜県富加町に何が？　幽霊騒動てんまつ記」『小説宝石』（佐藤愛子、光文社、2000年12月号）
「あの幽霊住宅から怪現象が消えた」『中京スポーツ』（2001年1月23日）
『下ヨシ子の悪霊退散!!』（下ヨシ子、主婦の友社）
【慰霊碑の話】
「富加町の〝怪現象〟エスカレート、自治会、町有地に慰霊碑」『読売新聞』（2001年2月14日付、朝刊）
【事件の本・週刊誌記事】
『新・トンデモ超常現象60の真相(下)』（皆神龍太郎、志水一夫、加門正一、彩図社）
「茶碗飛び深夜の快音、『岐阜町営住宅』怪奇騒動」『週刊新潮』（新潮社、2000年11月2日号）
「岐阜町営住宅のマカ不思議」『週刊朝日』（朝日新聞出版、2000年11月3日号）
「本誌記者も体験した幽霊マンションの『怪奇な一夜』」『週刊ポスト』（小学館、2000年11月10日号）

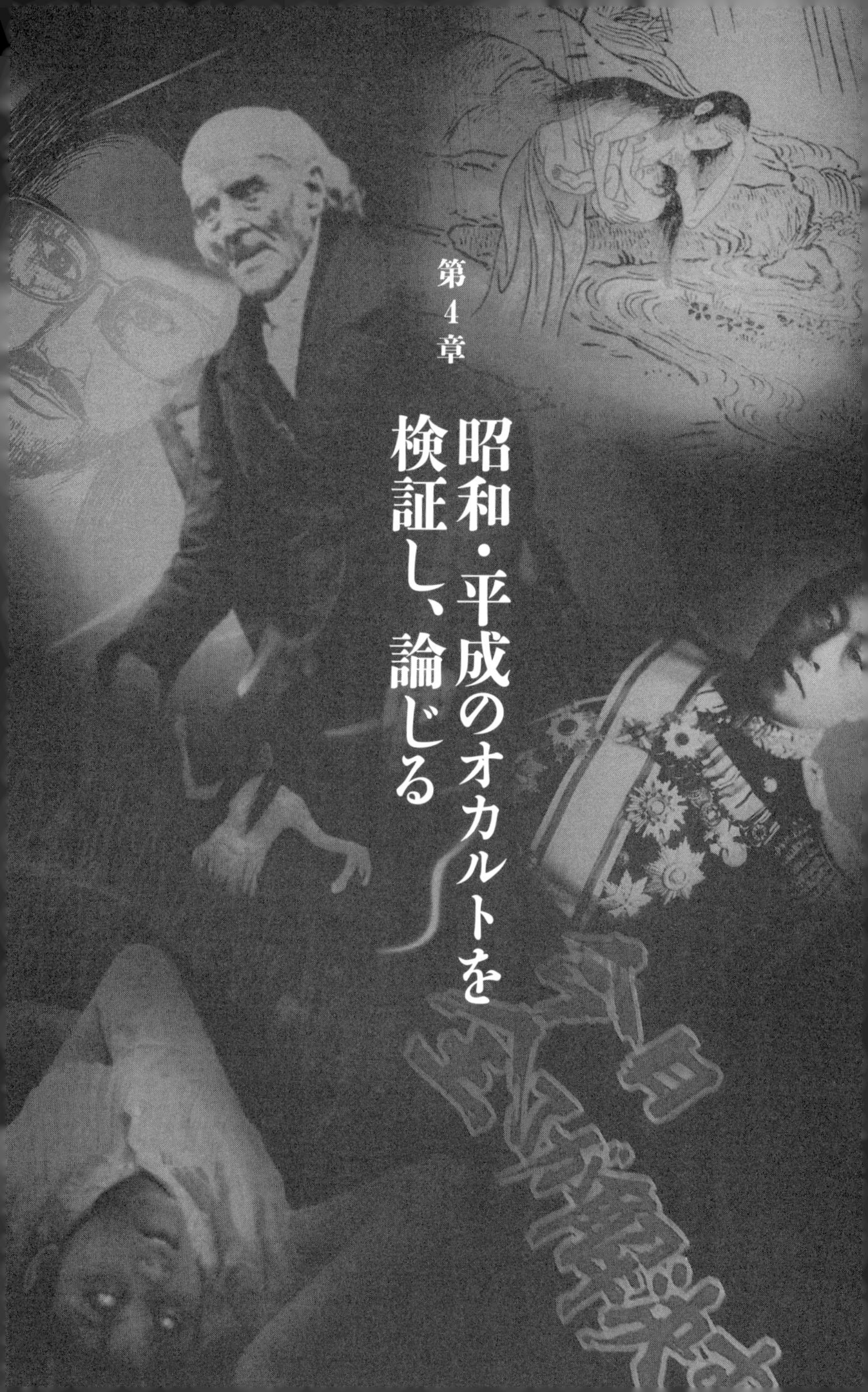

# 第4章

# 昭和・平成のオカルトを検証し、論じる

# 超能力捜査番組はなぜ続いたのか

本城達也

昭和から平成の長い期間にわたり、日本で続けられているお馴染みの超能力番組がある。超能力捜査を行う番組だ。

これは、超能力（または霊能力）を使って、未解決事件の犯人や、被害者の遺体の場所を見つけようとするものである。

そこには、お約束のパターンが存在している。まず番組では、自国で華々しい活躍を見せる超能力者と呼ばれる人たちが主に海外から招かれ、未解決事件の透視を行う。

彼、彼女らは、前もって事件に関する情報を聞かされていないという話になっている。それでも被害者の名前、性別、容姿の特徴などを次々と当てていく。そして犯人の居場所や遺体がある場所につながるという複数のキーワードが透視され、番組のスタッフがそのキーワードと一致する建物や場所を次から次へと見つけていく。

驚くべき的中率に高まる期待。犯人逮捕や遺体発見まであと一歩か。

しかし、その期待は最後に裏切られてしまう。結局、番組内で犯人が捕まることはないからである。遺体の発見も後述する唯一の事例を除けば、あとはことごとく失敗している。

こうした残念な結果に終わるにもかかわらず、超能力捜査番組は40年以上にもわたたって続けられてきた。

一体なぜだろうか？　それは超能力捜査の実態が隠されているからだと考えられる。自称超能力者自身の宣伝や、テレビ番組の演出によって、実態とは違うイメージがつくられているのである。

　そこで本稿では、そうした問題点を取り上げながら、超能力捜査の実態を明らかにしていきたい。


【超能力捜査の実態①】
## 架空の肩書き

　まず、超能力捜査ではそのスタートの時点で実在しないものが紹介されていることがある。肩書きだ。たとえば、有名なものに「FBI超能力捜査官」という肩書きがある。これは2002年から2008年にかけて、日本テレビで放送されていた人気シリーズ番組『FBI超能力捜査官』に出演する自称超能力者たちにつけられていたものである。

　番組を見た多くの視聴者は、その肩書きから、「FBIに所属する超能力者の捜査官」なるものが実在すると思ってしまったのではないだろうか。

　しかし、そのような肩書きを持つ捜査官は実在しない。アメリカの超常現象研究家フィリップ・J・クラスが、FBIに超能力捜査について手紙で問い合わせたことがある。その公開された返答によれば、FBIが自称超能力者と契約したことは過去に一度もないという。そもそも自称超能力者の使用について研究したこともなければ、その予定もないそうだ。

　実際、前出の日本テレビの番組『FBI超能力捜査官』によく出演していたジョー・マクモニーグルや、ナンシー・マイヤー、ジョン・オリバーといった人たちは、決して本国ではその肩書きを使わない。アメリカで使えば、すぐに嘘がバレてしまうからだろう。

　ちなみに問題の番組『FBI超能力捜査官』では、冒頭で次のようなナレーシ

『FBI超能力捜査官』のタイトル画面（2005年4月10日放送の第8弾）。映っているのは第8弾に登場したジョー・マクモニーグル（左上）、ナンシー・マイヤー（右上）、ジョン・オリバー（左下）、スタンリー・フランク（右下）

ョンがよく流れていた。

「その類《たぐ》い希《まれ》なる能力で未解決事件捜査を行う者がいる。彼らはこう呼ばれる。PSYCHIC INVESTIGATOR（サイキック・インヴェスティゲーター）、FBI超能力捜査官」

文字にして注意して見るとわかるが、ナレーションでは「FBIに所属する」とは一言も言っていない。誰かに「FBI超能力捜査官」と呼ばれているというだけだ。その「誰か」は特定されていないため、たとえば番組スタッフの誰かが勝手にそう呼んでいるというだけでも、厳密には嘘にはならない。

もし批判されても、そうした理屈で押し通せるとして考えられたナレーションなのだろう。誤解する視聴者が悪いというわけである。


【超能力捜査の実態②】
## 嘘や誇張が多い実績

架空の肩書きで未解決事件を解決できそうなイメージをつくったあとに行われるのが、自称超能力者の実績と称するものの紹介である。これは、超能力捜査番組の冒頭、もしくは前半で行われることが多い。

最初にこうした実績を紹介することを考案したのは、怪奇作家の中岡俊哉（399ページ参照）である。

もともと日本の超能力捜査番組は、1976年5月5日に放送された『水曜スペシャル』（NETテレビ、現在のテレビ朝日）にはじまるが、この番組にて当時海外で話題になっていたオランダの自称超能力者ジェラール・クロワゼ（日本では英語読みで「ジェラルド・クロワゼット」とも呼ばれる）による行方不明者捜しの企画を提案したのが中岡だった。

そんな中岡俊哉が、捜索が失敗したときのための〝保険〟としてつくることにしたのが実績紹介のパートである。番組に登場する自称超能力者が自国でいかに優れた「実績」を持つのか紹介しておくことで、もし結果が失敗に終わっても、印象が悪くならずに済むと考えたのである。

しかし、そうした「実績」には嘘も多い。ここでは超能力捜査における代表的な二人の人物を取り上げて、その実態を明らかにしよう。

## 20世紀最高のサイコメトラーと呼ばれたジェラール・クロワゼ

一人目はオランダの自称超能力者ジェラール・クロワゼ。彼は物に触れることによって関連する人物や出来事、由来などを読み取る「サイコメトリー」という能力を使えると称するサイコメトラーとも呼ばれていた（20世紀最高のサイコメトラーだとも）。

日本のテレビ番組に初出演したのは、前述のとおり、1976年5月5日放送の『水曜スペシャル』（NETテレビ）。

クロワゼの海外での実績としてよくあげられるのは、主に、オランダ・ユトレヒト大学の教授ビルヘルム・テンハーフと共に関わった事件である。

しかし、そうした事件について、イギリス・ウェールズ大学の心理学教授マーク・ハンセルや、オランダのジャーナリスト、ピート・ヘイン・ホーベンスが調査した結果、クロワゼやテンハーフが吹聴していた話には、数多くの嘘や誇張が含まれていたことが明らかになっている。

たとえば、オランダ東部の町ヴィールデンで帰宅途中の女性がハンマーで襲われた事件がある。この事件でクロワゼは警察から依頼されて協力し、現場に残されたハンマーを手に取っただけで、犯人の特徴をズバリと言い当てたとされていた。

ところが実際は、警察はクロワゼに依頼などしておらず（被害者の親族からの要望で、クロワゼは勝手に首を突っ込んできた）、犯人の特徴もすべて外し、何の役にも立っていなかった。

また、1979年にオランダ南部の町ヴォードリヘムで起きた連続放火事件でも、犯人の特徴をズバリと言い当てたとされた。さらにこの事件では、ヴォードリヘム警察署のイーコフ署長がクロワゼの超能力を認め、その証言がテープに記録された上に、文字にも起こされて、イーコフ署長がその記録文書を本物だと認めるサインまでしているという。

しかし、これも犯人の特徴をズバリと言い当てたという事実はなかった。クロワゼが犯人について透視した際の録音テープが残されており、それを前出のピート・ヘイン・ホーベンスが確認したところ、後に捕まった犯人の特徴とまるで一致していなかったことがわかったのである。署長がクロワゼの超能力を認めた云々の話も嘘だった。こちらもホーベンスが署長に直接確認したところ、完全に作り話だったことが明らかになっている。

## 地球の裏側を見る最強の千里眼と呼ばれたジョー・マクモニーグル

二人目はアメリカの自称超能力者ジョー・マクモニーグル。彼は遠くのものを透視する、遠隔透視（日本では千里眼ともいう）が得意だとされた。日本の番組には、2002年3月2日から2008年4月8日まで、全部で15回（番外編含む）放送された日本テレビの番組『FBI超能力捜査官』シリーズにすべて出演。同シリーズの顔と言える存在だった。

そんなマクモニーグルの海外での実績としてよく紹介されていたのは、1979年11月4日にイランで起きたアメリカ大使館人質事件と、1981年12月17日にイタリアで起きたドジャー准将誘拐事件である。これらはマクモニーグルの透視によって人質やドジャー准将が救出できて、解決したという。

しかし、どちらも事実は違った。そもそもアメリカ大使館人質事件では特殊部隊による人質の救出作戦が失敗に終わっており、人質全員がイラン側によって解放されるまで444日も要している。

ドジャー准将誘拐事件の方は、マクモニーグル自身が雑誌『ボーダーランド』（1996年6月号）のインタビューで、自身の情報は「結局使われずじまい」だったと答えている。情報を持った人物がイタリアに着いた時には、イタリア警察が誘拐犯の親戚から

マクモニーグルが2004年に日本で出した書籍『FBI超能力捜査官 ジョー・マクモニーグル』(ソフトバンク・パブリッシング)の表紙。原著のアメリカでのタイトルは『The Stargate Chronicles(ザ・スターゲイト・クロニクルズ)』で、FBIとはまったく無関係。

得た情報で、ドジャー准将を解放していたのだという。

ただし、後に出た自伝『FBI超能力捜査官ジョー・マクモニーグル』(ソフトバンク・パブリッシング)では、つい最近知ったこととして、「私の提供した情報は、イタリアに送られることはなかった」とも書いている。

いずれにせよ、使われていない情報が事件解決の役に立つことはない(マクモニーグルは先のインタビューで、自分の情報は85%当たっていたことが後でわかったなどと語っているが、その証拠は一切示していない)。

このように自称超能力者の「実績」とされるものには嘘や誇張が多く含まれている。しかし、残念ながらそうしたことが視聴者に知られることはない。そのため、実像とはかけ離れた「難事件を透視によって解決に導いてきた超能力者」というイメージが流布されてしまうのである。

### 【超能力捜査の実態③】
## 事前に入手可能な情報はよく当たる

架空の肩書きと実績で「超能力者」を演出したあとに続くのは、日本の事件に関する透視だ。

こうした透視の場合、事前に入手可能な情報はよく当たるという特徴がある。それが最もよくあらわれていたのは、前出の『水曜スペシャル』(1976年5月5日、NETテレビ)だろう。

先に少し触れた、遺体を発見した唯一の事例というのは、ジェラール・クロワゼが出演したこの番組で起きたことである(番組のサブタイトルは「世界初独

1976年5月5日の午前11時15分に現場に到着したジェラール・クロワゼ。このときは小雨が降っていた(『伝説の超能力者ジェラルド・クロワゼット透視捜査の真実』テレビ朝日、2005年1月6日放送より)。

占実験生放送!!超能力者クロワゼット東京オランダ1万キロ透視成功の瞬間!!ここが現場だ!謎の難事件死体発掘」)。

当時、この番組は大変話題になったこともあり、現在でも、たびたび言及される。

そこでこの項目では、当時の番組で起きたことを振り返りつつ、あまり知られていない後に判明した情報も振り返っておきたい。

まず番組では、放送の4日前、1976年5月1日に起きた少女行方不明事件を取り上げた。これは同日の午後5時過ぎ頃、千葉県市原市で、当時7歳の菊池美和ちゃんが、友だちの家に遊びに行った帰りに行方不明になったという事件である。

両親は同日午後8時に警察に捜索願いを提出。警察は懸命の捜索を行うものの、美和ちゃんの行方はつかめなかった。

そこに登場したのがジェラール・クロワゼである。彼は、5月4日の夕方にNETテレビの役員室で事件についての透視を開始。美和ちゃんはすでに亡くなっており、自宅からそう遠くないダム(山倉ダム)に遺体があると透視した。

スタッフたちは、その透視に従い、5日の早朝に現場で捜索を行う。すると同日午前6時53分、山倉ダムに浮かぶ美和ちゃんの遺体を発見したのである。

その様子は衝撃的だった。クロワゼの透視と遺体発見の一部始終をおさめたVTRは、5月5日の夜(午後7時30分~午後8時50分)の『水曜スペシャル』で放送。大きな注目を集め、視聴率は30・5%を記録(ニールセン調べ)。

遺体発見のニュースは、当日にNETテレビで放送の『ニュースセブン』(7時~7時30分)、『奈良モーニングショー』(8時30分~9時30分)、『アフタヌーンショー』（12時〜13時）といった番組でも扱われたほか、５月６日には『朝日新聞』が、「美和ちゃん遺体で発見」「〝オランダ透視術〟的中」、５月８日には「超能力 笑い飛ばせぬ憂鬱」（注１）といった見出しをつけて報じている。

ところが、その後に週刊誌が取材を始めると、番組で展開されたような「透視による難事件解決」といったストーリーに疑問点があることが判明する。

それらの情報をまとめると次のようなものだ。

○警察は山倉ダム周辺を含め、美和ちゃんが行きそうな場所をいくつも捜索したが発見できなかった。そのため、あとはダムに転落してしまった可能性が考えられていた。

○もしダムに転落していた場合、水死体は一度水底に沈んだ後、腐敗によるガスがたまって浮き上がる。法医学による計算では、浮上のタイミングは５月５日頃が有力視された。

○山倉ダムの再捜索日は５月５日に設定され、当日は午前9時半から警察と地元住民合わせて総勢２９０人による大捜査網をしいてダムを捜す予定になっていた。

○５月５日放送の『水曜スペシャル』にも出演していたスタッフが、５月２日には美和ちゃんの事件を聞きつけ、現地で取材を開始していた。このスタッフは捜査本部が置かれていた公民館にも出入りして取材を行っていた。

○５月３日には、ＮＥＴテレビの番組『アフタヌーンショー』のスタッフも現地で取材。４日の昼に同番組で事件が紹介されたが、クロワゼはこの番組を滞在先のホテルで見ていた。

○クロワゼに現地の情報が伝わっていた場合、通訳を介す必要があるが、通訳は4日の夕方、透視が始まる前に交代となり、メディアが通訳に取材しようとしてもできなくなっていた。そのため通訳は取材されることによって舞台裏がバレないように姿を隠したのではないかと疑われた。

つまり、クロワゼが番組で見せた「透視」内容は、実は現地では予想されていたことであり、もしクロワゼに情報が伝わっていれば透視能力がなくても言えるようなことだったのだ。美和ちゃんの遺体も、5月5日の午前9時半には発見されているはずだった（遺体発見後の捜査で、美和ちゃんはダムの岸で遊んでいる最中に誤って転落したと考えられた）。

けれども番組側は機敏である。警察と地元住民たちによる捜索の前、まさにこのタイミングしかないという5日の早朝にロケを敢行。警察の先を越し、「遺体発見」という大きな成功につなげたのである。

（注1）「笑い飛ばせぬ憂鬱」とは、クロワゼに先を越されてしまった事件担当の市原警察署署長の心中を指している。署長いわく、「貯水池に転落すれば、ちょうど浮き上がってくる時期だった。こちらも5日には貯水池を徹底捜索する方針だった。それをテレビ局がちょっと早く見つけて現場は荒らされ、演出用に線香までたいちまった。超能力宣伝のダシに使われたみたいで無性に腹が立つ」）。

【超能力捜査の実態④】
## 解決できない本当の事件

クロワゼの成功した透視とされるものが、事前に入手された情報である可能性については先述のとおりだ。

けれども、警察が事件を解決する前に有力情報を得られるなどということは、そう簡単には起きない。有力情報を得られないとどうなるのか。

超能力捜査では事件が解決できなくなってしまうのである。ここでいう「事件」とは、警察が懸命に捜査しても解決できないような未解決事件のことを指す。いわゆる「生き別れ」のような、警察の本格的な捜査も行われておらず、その気になればテレビ番組のスタッフたちによる捜索でも解決可能な人捜しの場合は、超能力で解決したとは判断できないので「事件」には含まない。

事件が解決できないという点では、クロワゼも唯一の〝成功例〟（といっても前述のとおり実際には成功したとは言いがたい）以外ではこれに当てはまる。彼は解決した美和ちゃんの事件以外に、１９７６年5月5日の番組で2件、同年12月15日に再来日した際に出演した番組でも2件の未解決事件を透視している。ところが、それらの方ではまったく事件解決の役には立たなかった。

ほかの自称超能力者たちもみんな同じで、ジョー・マクモニーグルも同様である。彼は、前出の『FBI超能力捜査官』シリーズの中で人捜しを担当したときだけ8割以上の解決率（ここでいう解決率とは番組内で捜索対象者を見つけて解決したという割合。ただし依頼者や対象者は仮名で顔や家にボカシが入っている場合も多く、そもそも実在しているのか確認できないようになっている）を示すが、本当の難事件を担当すると解決率がゼロになるという、とてもわかりやすい自称「超能力」の持ち主だった。

ここでは、同シリーズの中でマクモニーグルが担当した事件をピックアップしてみよう。

## ◉サダム・フセインについての透視

イラクの大統領サダム・フセインは、イラク戦争の開戦初日（２００３年3月20日）に宮殿近くの爆撃により死亡、遺体はシリア国境付近の小さな村に隠されていると透視。

だが実際は死亡しておらず、２００３年12月にアメリカ軍により逮捕された。

## ◉小林雅尚《まさなお》ちゃん行方不明事件の透視

２００１年10月25日、当時1歳10か月だった小林雅尚ちゃんが、岡山県賀陽町《かようちょう》（現在の吉備《きび》中央町）の祖父宅の裏庭からいなくなってしまったという事件。

この事件ではマクモニーグルの他に、アメリカの自称超能力者ローリー・マッコーリー、エド・デームズ、アーロン・ドナフュー、それにロシアの自称超能力者ルイック・ライサも透視を行ったが、いずれも事件を解決することはできなかった。

## ◉吉川友梨《ゆり》ちゃん行方不明事件の透視

2003年5月20日、大阪府泉南《せんなん》郡熊取町《くまとりちょう》で、当時9歳の吉川友梨ちゃんが下校途中に行方不明になった事件。

マクモニーグルの透視によって番組スタッフがアパートの空き部屋にたどり着き、そこから布団と、ゴミ箱にあった人形を発見。それらが事件に関係しているかもしれないとして、警察に提出した。

しかし事件は何の進展も見られなかった。結局、無関係の部屋のゴミをあさっているだけだった。

## ◉オウム真理教の指名手配犯の透視

2005年4月10日に放送されたシリーズ第8弾の中で、当時のオウム真理教の指名手配犯についてマクモニーグルが透視。

菊地直子は1996年に死亡、高橋克也《かつや》は東南アジアの小さな島に潜伏中だとし、その島の絵まで描いてみせた。

ところが菊地直子は2012年6月3日に、神奈川県相模原市で生活していたところを逮捕。死亡などしていなかった。また高橋克也は2012年6月15日に東京都大田区で逮捕されたが、透視された2005年には神奈川県川崎市で生活していたことがわかっている。海外には一度も行っていなかった。

オウム指名手配犯の行方を透視するマクモニーグル。いつものように詳しい地図まで描いていたものの、残念ながら見当外れだった（『ＦＢＩ超能力捜査官８』より）。

## ◉中村三奈子《みなこ》さん行方不明事件

1998年4月、新潟県長岡市で、当時18歳の中村三奈子さんが予備校に向かう途中で行方不明になった事件（特定失踪者問題調査会から北朝鮮による拉致が疑われている）。

マクモニーグルは『ＦＢＩ超能力捜査官』シリー

ズ第8弾では日本の兵庫県神戸市、第9弾では韓国の釜山《プサン》にいると透視したが、いずれも手がかり無しで終わった。

## ◉酒井隆《たかし》さん殺害事件の透視

１９８８年2月、アメリカのロサンゼルス郊外の山中で、不動産コンサルタント会社社長の酒井隆さんの遺体が発見された事件。

ロサンゼルス市警の捜査で、酒井さんを殺害した容疑者は息子とその友人だとされたが、息子は逮捕直前に逃亡。全米に指名手配されたものの、行方がつかめないままになっていた。

マクモニーグルは息子の居場所を、シリーズ第11弾ではアメリカ西海岸の都市（オレゴン州ポートランド）にある家だと透視して失敗。第12弾では、カナダのブリティッシュコロンビア州バンクーバーにある家だと再透視するものの、これも失敗に終わった。

## ◉日本人ホステス殺害事件の透視

１９９９年1月、ロサンゼルス郊外の砂漠にて、ロサンゼルスのリトル・トーキョーでホステスをしていたAさんの遺体が発見された事件。

マクモニーグルはこの事件の犯人について透視。ロス市内の家にいるとして緻密な絵まで描いたが、犯人の手がかりは得られなかった。

## ◉指名手配犯、市橋《いちはし》達也の透視

２００７年3月26日、千葉県市川市のマンションで、イギリス人の英会話講師リンゼイ・アン・ホーカーさんの遺体が発見された事件。

リンゼイさんを殺害したのは同マンションの住人で、リンゼイさんと事件の数日前に知り合っていた市橋達也という人物。警察は3月26日、市橋に職務質問をかけたが、そこで逃走され、指名手配をしていた（２００９年11月10日に沖縄に向かうつもりで神戸から大阪南港《なんこう》フェリーターミナルに移動したところで逮捕）。

マクモニーグルは市橋達也の逃亡先をシリーズ第

13弾の番組で透視。日本国内のとある都市の一軒家に潜伏しているとした。そこでスタッフが現地へ向かい、調査を行ったが、手がかりはまったくつかめずに終わってしまった。

　なお、番組では警察への配慮との理由で透視先の都市名を明らかにしなかったが、番組内で紹介された薄くボカシが入った地図や特徴的なツインタワーの建物の映像などから、そこは大阪府大阪市城東《じょうとう》区の都市部（大阪城の近く）だと特定できる。

「20世紀の魔女」の異名をもつキャサリン・レイ。1983年10月５日と10月12日の２週にわたって水曜スペシャルの超能力捜査番組に出演した。

　また、マクモニーグルの透視が行われた日も、彼が透視内容を紙に英語で書いていた日付から、2008年3月16日だと特定できる。

　しかし市橋達也がその時期（2008年2月～6月）に滞在していたのは兵庫県神戸市北区の建設会社の寮だった。

　このようにジョー・マクモニーグルも、実際は難事件をひとつも解決できていない。しかし、こうした残念な結果は、視聴者に直接伝わらないように工夫されている。

　番組内で解決に至らなくても、次のようなナレーションが流れ、フォローされるのだ。

1983年10月12日放送の水曜スペシャル『20世紀の魔女！キャサリン・レイ　その超能力捜査のすべて!!』（テレビ朝日）の冒頭で示された「今日全てが解決する!!」という力強いテロップ。だが結果は何一つ解決できずに終わった。

「透視結果のイラストに符合するエリアがいくつか存在する。そのため我々は現在、慎重に調査を進めている」「○○（透視した場所）にいる可能性は否定できない。我々は今後も調査を続けていく」

このように言っておけば、今すぐは無理でも、いずれ解決するかもしれないと思わせることができる。

こうした誤魔化しの手法は昔から行われていた。たとえば１９８３年10月12日に放送された『20世紀の魔女！キャサリン・レイ その超能力捜査のすべて!!』（テレビ朝日）という番組がある。この番組ではアメリカの自称超能力者キャサリン・レイが６件の未解決事件を透視。ところが結果は全滅だった。

そんな悲惨な状況でも、司会の川崎敬三《けいぞう》（１９３３〜２０１５）が次のように述べてフォローするのだ。

「ひと月、ふた月、あるいは半年経って、この結果が出ることを確信しております」

さらにナレーションではこう続く。

「我々は彼女（引用者注：キャサリン・レイ）が感じ取ったものを形として見ることができない。そのために最後の地点を確定できなかったのである」

最後に成功しなかったのは、あくまでも凡人たる我々の責任ということらしい。

## 延命する超能力捜査番組

さて、以上のように、超能力捜査番組では様々な嘘があったり、演出がほどこされたりしている。ほかにも本稿では詳しく触れられなかったが、警察などが事件を解決したあとになって、実は犯人を透視していたのだ、と後出しで成功を印象づける手法もたびたび行われている。

しかし、それらも検証してみると、本稿で示したものと同様に、嘘や誇張だらけであることが判明する（詳しくは過去のＡＳＩＯＳの書籍をご参照いただきたい）。

だが残念なことに、そうした情報が超能力捜査の番組内で扱われることはない。その結果、実際とは違う「難事件を解決する超能力者」のイメージは流布され続け、番組も延命することになる。

ただし、結果は失敗し続けている以上、近年はそうしたやり方が通用しづらくなってきたようだ。たとえば２０１３年から続く番組『トリハダ！世界の超能力捜査』（テレビ朝日）シリーズでは、日本の難事件を担当させないということも起きている。

　海外での話を紹介するだけで終わるのだ。これなら、最後にどうしてもクリアできない、「犯人逮捕」「遺体発見」という現実と向き合わずにすむ。

　今後は、こうした路線が続くのか、それともまた元に戻るのか。いずれにせよ筆者が望むのは、被害者やその遺族の無念を晴らし、本当に難事件を解決できる「超能力者」の登場である。嘘や誇張や後出し、演出は必要ない、そうした人物が早く現れてほしいものである。


［参考文献］（本文で書いているもの以外）

Philip J Klass「FOIPA No. 1027751-000」（Federal Bureau of Investigation）

『コックリさんの父 中岡俊哉のオカルト人生』（岡本和明、辻堂真理、新潮社）

Piet Hein Hobens「Croiset and Professor Tenhaeff : Discrepancies in Claims of Clairvoyance」『Skeptical Inquirer』（1981-82. Winter）

『チャレンジの軌跡』（テレビ朝日社史編纂委員会、テレビ朝日）

「伝説の超能力者ジェラルド・クロワゼット透視捜査の真実」（テレビ朝日、２００５年1月6日放送）

「行方不明の少女を発見した超能力の神秘！」『ヤングレディ』（講談社、１９７６年5月25日号）

「『奇跡の予言』に水をさす『美和ちゃん発見現場』３日前のこういう事実」『週刊新潮』（新潮社、１９７６年5月20日号）

「ホンモノかインチキか クロワゼット氏の超能力」『週刊読売』（読売新聞社、１９７６年5月22日号）

「連休列島をアッといわせたクロワゼットの透視力の〝不透明〟部分」『週刊ポスト』（小学館、１９７６年5月21日号）

「超能力者クロワゼットが残した不気味な置きみやげ」『週刊明星』（集英社、１９７６年5月23日号）

「また来た超能力者『クロワゼット氏』の実験成功への『下ごしらえ』追跡」『週刊新潮』（新潮社、１９７６年12月23日・30日合併号）

「行方不明の少女をズバリ当てた驚異の予言者クロワゼット氏の超能力とはこんな仕掛け」『週刊平凡』（平凡出版、１９７６年5月20日号）

「奇跡！超能力者クロワゼットさんの透視の秘密」『週刊女性』（主婦と生活社、１９７６年5月25日号）

# 白装束のキャラバン隊を組み、騒動を巻き起こしたパナウェーブ研究所

蒲田典弘

超常現象に関係する話題を追っていると、テレパシー能力があるという主張や思考を盗聴される（または考えたことが全て他人に聞こえる「サトラレ」）という主張、正体不明の組織からつきまとわれているという妄想など、統合失調症などに代表される精神疾患の疑われる主張がよく見られる。ＡＳＩＯＳへも定期的に問い合わせがあるほどである。こういった妄想・思い込みからスタートし、様々なニセ科学（疑《ぎ》似《じ》科学）を寄せ集めて根拠付け、体系化してしまう人も少なくない。本稿で取り上げるパナウェーブ研究所の主張もそのようなケースだと考えられる。

２００２年８月、多摩川（山梨県甲州市の笠取山を源とし、奥多摩湖から東京都・神奈川県を貫流して東京湾に注ぐ一級河川）に現れたオスのアゴヒゲアザラシ「タマちゃん」のフィーバーが発生した。その動向は連日ニュースや新聞で取り上げられることとなった。「タマちゃん」は、２００２年新語・流行語大賞の年間大賞に選出されたほどである。多摩川の川沿いには人が押し寄せ、一時期は２００人以上が様子を見守った。タマちゃんは２００３年２月には横浜市西区の特別住民票を与えられるとともに名誉区民となった。

2002年夏の「タマちゃん」フィーバーの余波で、こんな本まで出版された（写真は『アゴヒゲアザラシ　タマちゃんのナゾ』山と渓谷社、2003年５月刊）。

多摩川の水質などがタマちゃ

んの健康に害を及ぼすとして心配する人もいた。そうした風潮の中で、タマちゃんを守るために捕獲を行い自然に返す活動を目的とする「タマちゃんのことを想う会」が結成された。タマちゃんのことを想う会は、動物保護団体の「マリンアニマル・ライフライン」と共同で捕獲作戦を実行するなどして、タマちゃんのファンクラブや付近の住民らとトラブルになったこともある。

転機は2003年の4月、週刊誌が「タマちゃんのことを想う会」と千乃《ちの》正法会《しょうほうかい》、そしてパナウェーブ研究所との関連を報じたことだった。記事はタマちゃんのことを想う会の正体はカルト教団「千乃正法会」であり、福井県の山中では同教団のキャラバン隊が白ずくめで怪しい活動を続けているという内容であった（実際のところ「タマちゃんのことを想う会」の会長は千乃正法会の元メンバーで、その活動資金は千乃正法会の上部組織である「エルアール出版」の社長から提供されていた）。ここから新聞やワイドショーなども一気にパナウェーブ研究所とそのキャラバン隊を取り上げ始めたのである。

「『タマちゃんのことを想う会』の正体はカルト宗教団体！」と報じた記事（『週刊文春』2003年5月1日・8日合併号）

各地を移動するキャラバン隊は1991年頃から活動を開始し、1995年頃になると移動を繰り返す中でトラブルを起こし、何度か地方ニュースにも取り上げられていた。だが、それまでは全国ニュースで大きく報じられるまでには至らなかった。

タマちゃんブームの流れで注目されたことが直接のきっかけだったが、オウム真理教事件以降、法の華三法行《はなさんぽうぎょう》（190ページ参照）、ライフスペース（195ページ参照）と、報道番組やワイドショーで新興宗教を胡散臭《うさんくさ》く危険なものとして扱うパターンが出来上がっていたことも過熱報道が発生した要因のひとつだろう。またメンバーが全身白ずくめの服装（頭巾、マスク、白衣、長靴、全て白で統一）、ワゴン車にいたっては白いだけでなく渦巻き模様のステッカーが大量に貼られているというテレビ受けするビジュアルも、一大ブームに発展した理由ではないだろうか。

テレビキー局での総報道時間は5月中だけでも70時間を超えた（宗教学者・石井研士氏の調査による）。

パナウェーブ研究所は千乃裕子《ちのゆうこ》（２００６年死去）を代表とする千乃正法会の下部団体。有害な電磁波「スカラー電磁波」を研究するために設立された団体で、スカラー電磁波の影響を避けるために白い衣装をまとい、渦巻き模様のステッカーを車に貼っているということだった。しかし、そもそもスカラー電磁波とは何なのだろうか。

パナウェーブ研究所によれば「〝スカラー波、スカラー電磁波〟と呼ばれるものは、縦波電磁波、重力波とも呼ばれ、動植物の基本的な生命活動や人間の精神活動、さらには地球の公転・自転等に至る活動に重要な役割を果たしていると考えられています。」（パナウェーブ研究所公式ページより）とのことだ。物理学的に言えば電磁波は横波であり、縦波（粗密波《そみつ》）の電磁波というのが何を意味するか不明である上に、電磁波と重力波は別のものである。

生命活動や精神活動において重要、となってくるとさらに謎が深まる。この説明を見る限りは、電磁波というよりはニセ科学でよく話題になる「波動」（現代の物理学では認められていない未知のエネルギーの流れ）のことを指しているように見える。

物理学的に見るとこの通り支離滅裂であるものの、もう少しだけスカラー電磁波の内容を検証してみよう。そもそもスカラー電磁波はパナウェーブ研究所が主張しだしたものではない。物理学的に荒唐無稽なスカラー電磁波の発明者はトーマス・ベアデン（Thomas E. Bearden）と考えられる。ベアデンといえば永久機関（ある仕事をするために外部からのエネルギーを必要としない、または仕事をしてもエネルギーの収支がプラスになる機械）、ハチソン効果（カナダの発明家ジョン・ハチソンが作った、テスラコイルなどを組み合わせた機械で起こるとされる物体浮遊、テレポーテーションなどの不可思議現象）などニセ科学分野では話題に事欠かない人物である。

スカラー電磁波の発生方法は、電磁波と電磁波を重ね合わせ、波の振幅をゼロにすることだという。波と波が重ね合わされると見かけ上のエネルギーが消える場所が生じるが、そのエネルギーは消えたわけではなくスカラー電磁波となると考えるわけだ。

見かけ上のエネルギーが消えることでエネルギー保存則に反するのではないか、エネルギー保存則が正しいとすれば別のエネルギーに変換されているのではないか…と考えてしまうのは、波の運動について学び始めた初学者が陥りやすい典型的な誤解である。実際には、波の干渉では強め合う箇所と弱め合う箇所がペアで生じるため（単体で強め合う場所だけ、弱め合う場所だけが生じるということは無い）、全体で見たときにエネルギーの収支は合い、エネルギー保存則に反するようなことは起こっていない。

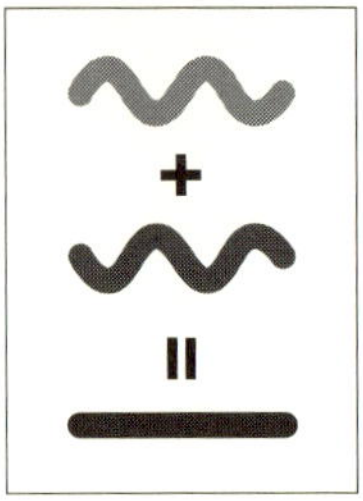
波の干渉では、ふたつの波を重ね合わせることで見かけ上、波がなくなる部分が生じる。

電磁波が打ち消し合っている箇所でスカラー波が発生しているのであれば、既にエネルギー収支が合っている状態から別のエネルギーが発生しているということになってしまうため、そちらの方がエネルギー保存則に反するといえるだろう。

ところで団体の代表である千乃裕子はなぜこのようなニセ科学に手を出したのであろうか。それは千乃への迫害に説明をつけるためだった。パナウェーブ研究所の主張によれば、１９８９年のソ連崩壊直後から千乃は共産主義者より執拗な尾行をされるようになったという。そして当時からソ連の開発したスカラー波兵器での攻撃も受けていたというのだ。「共産主義者によるスカラー波攻撃から逃れるため」というのが白装束集団のキャラバン隊の目的であった。スカラー波攻撃を受けると、千乃にはなんらかの声が聞こえたり失禁したりといった症状が現れたという。スカラー波は通常の電磁波検出機器では検出できないとされているため、物理的な調査によって電磁波が検出されなくても説明がつく。

このような主張を聞いたときに真っ先に思いつくのは「集団ストーカー」ではないだろうか。集団ストーカーとは、不特定多数の者が個人に対して監視・つきまとい・いやがらせをする行為であるが、その多くが統合失調症などの精神疾患を原因とする被害者の妄想だと考えられている。幻聴を伴う迫害妄想は重度の統合失調症において現れる典型的な症状である。千乃裕子が統合失調症であったという仮説が正しければ、千乃の症状は１９８９年頃から明確になり、悪化していったものと考えられる。

千乃は科学的データや金星人ヴァリアント・ソーＵＦＯ艦隊総司令官を含めた多方面の助言をもとに分析を進めた結果、「惑星ニビル」（太陽系第10番惑星とされる架空の星）が地球にニアミスすることにより、地球に大災害が起こることも予言していた。予言の日付は、パナウェーブ騒動の真っ只中である２００３年５月だ。しかしニビルが地球に最接近したとされる５月15日も特に何も起こらなかった。団体はＵＦＯ艦隊のフォース・フィールド（ＵＦＯの周囲にあるとされるバリアのようなもの）により地球が守られたのだと主張したが、もちろんその証拠は全く存在しない。

ただし千乃裕子の周りの者も千乃の話を全て信じていたわけではないようである。その証拠に１９９３年頃、千乃正法会の幹部20数名が千乃を病院に入院させようとしたが失敗し、千乃から「消滅宣言」（魂の輪廻転生を断ち切るために死後の魂を消し去ること）を受け脱会することになったというエピソードがある（『パナウェーブ　白装束の謎と論理』による）。２００４年６月～７月にも、パナウェーブ研究所内部で千乃裕子の予言を「虚構」とする宣言が行われたり、入院を勧める建白書が提出されたりなどの対立もあった（産経新聞　東京版　２００４年９月21日 http://www.rirc.or.jp/xoops/modules/xxxxx04/detail.php?id=1111）。

気になるのは過熱報道中のマスコミが結果的に千

『パナウェーブ　白装束の謎と論理』（パナウェーブとタマちゃんを考える会）

乃裕子の妄想を裏付けるような行動をしていたことだ。１９９８年～２００６年の間に約８００件もの集団ストーカー事例を処理してきた盗聴発見業者の古牧和都《こまきかずと》氏によれば、集団ストーカー被害の訴えとして典型的なものは１．監視・つきまとい、２．盗聴・盗撮、３．風評被害、４．人間関係の操作、５．精神的なプレッシャーだという。

千乃裕子は実際にマスコミからヘリコプターを含めたあらゆる手段で監視・盗撮され、複数の取材班からつきまとわれる生活をしていたのだ。テレビでは批判的な言説もたくさんあった。マスコミの行動が病状の悪化を後押しした可能性もあるのではないだろうか。

パナウェーブ研究所、そして千乃正法会はマスコミがこぞって取り上げるような危険な団体だったのだろうか。当時の警察庁長官・佐藤英彦氏や法務大臣・森山眞弓氏、法政大学・田中優子教授はオウム真理教を引き合いに出し、同じような危険性を示唆するような発言をしていた。２００３年５月14日には警視庁公安部によって全国の施設に強制捜査が入り、２００３年８月10日には福井県警本部によって福井市内の施設の家宅捜索が行なわれた。

千乃裕子は田中真紀子氏、高木美保氏、ＮＴＴスタッフ、原発推進者などに「消滅宣言」を行なってきた。自分の気に入らない者には「消滅宣言」を行なうという短絡的で攻撃的な面は確かにあったのだろう。２００３年８月の福岡教育大助教授変死事件（福井市のパナウェーブ研究所施設内で福岡教育大助教授の男性が死亡したが、死因は熱中症と外傷性ショックだと考えられた。団体メンバーの間では「電磁波の攻撃から女性会長らを守るため」木の棒などで体をたたき合う習慣があったという）では、団体内部での相互暴力が明らかになったが、これは連合赤軍の「総括」（過去を振り返る反省、自己批判からエスカレートし、援助のために仲間からの暴行を受けるまでに至った。最終的には死亡者も出ている）との類似性も見逃せない。一方で、キャラバン隊と実際にやりとりをした警察官、地元の人間、野次馬としてキャラバン隊に接触した人たちの印象は概ね好意的なものだったようだ。

結果論としては危険な団体として先鋭化することはなかったが、代表である千乃裕子は先鋭化する危険性を十分孕《はら》んでいたと思われる。大きな事件に発展しなかったのは幸いだった。

２００６年10月26日、千乃裕子が72歳で亡くなる前までは、福井県の本部の敷地や付近の山林の木は白布で覆われていたことから、パナウェーブ研究所の活動は続いていたようだ。だが２０１１年時点ではパナウェーブ研究所は閉鎖され、敷地は千乃正法会の母体である「エルアール出版」の敷地として使われるようになった。パナウェーブ研究所は千乃の妄想なしで存続することはできなかったようである。

［参考文献］

『パナウェーブ 白装束の謎と論理』（パナウェーブとタマちゃんを考える会、アートブック本の森、２００３年）
『ニコラ・テスラの地震兵器と超能力エネルギー――人類が知らない重力（スカラー）波の存在を探る』（実藤遠、たま出版、１９９５年）
『バラエティ化する宗教』（石井研士、青弓社、２０１０年10月）
『統合失調症――精神分裂病を解く』（森山公夫、筑摩書房、２００２年）
『集団ストーカー――盗聴発見業者が見た真実』（古牧和都、晋遊舎、２００７年）
『「カルト宗教」取材したらこうだった』（藤倉善郎、宝島社、２０１３年）
「戦慄スクープ！「タマちゃんのことを想う会」の正体はカルト宗教団体千乃正法！」『週刊文春』（文藝春秋、５／１・８合併号 ゴールデンウィーク特大号）
「波の重ね合わせの原理とエネルギー保存則」（井上薫、山﨑正之、東海大学紀要工学部　Vol.45 No.2, 2005, pp.19-22）
「パナウェーブ研究所」（http://www.pana-wave.com/）※公式Ｗｅｂページ（２０１９年３月現在、閲覧不可）
「宗教情報リサーチセンター」（http://www.rirc.or.jp/）
「白装束集団「パナウェーブ」追跡記」（http://www.geocities.jp/thegenba/jiken/pana/pana.htm）
「白装束団体パナウェーブ自然消滅か　千乃会長の死から5年」『福井新聞ＯＮＬＩＮＥ』（２０１１年10月26日）https://www.fukuishimbun.co.jp/localnews/society/31202.html

# オカルトとニセ科学——霊感商法や陰謀論と関係するものも

蒲田典弘

この本の主題はオカルトであるが、オカルトとニセ科学の間には切っても切れない縁がある。オカルト現象を追っていたらニセ科学問題にぶつかった、ニセ科学の調査をしていたらオカルトだったという経験は日常茶飯事である。ここではニセ科学とオカルトの関係を見ていくことにする。

## 科学とは何か?

ところでニセ科学とは何だろうか。読んで字のごとくニセモノの科学のことである。科学のように見せかけている(または科学っぽくみえる)が、科学ではないものをニセ科学と呼ぶ。

その前に「科学」の説明が必要かもしれない。一面的ではあるが、簡単に言えば客観的事実に近づくための手続き(以下「科学の手法」とする)と、その手続きに沿って得られた知識(以下「科学の知識」とする)のことを指す。

科学の手法の例としては対照実験(調べたい事柄以外の条件をそろえた複数の実験対象を用意して実験することにより、調べたい事柄自体の影響を把握しようとする実験)や統計・検定などがあげられる。科学の知識には「地球は太陽の周りを回っている」のようなものもあれば「一般相対性理論」のようなものもある。気をつけたいのは科学の手法も知識も普遍的なものではないということだ。時代によって、そして分野によって違いがある。

科学の黎明《れいめい》期には、化学と渾然《こんぜん》一体だった錬金《れんきん》術《じゅつ》（貴金属でない金属を貴金属に変換するための研究）は科学であったし、天文学と渾然一体だった占星術（の一部分）も科学とみなされていた。なぜかといえば、私たちがまだ科学の手法も科学の知識もあまり持っていなかったから、それらを科学の体系と矛盾しないものとして認めることができたからである。

例えば彗星が現れたのち災害が起こった、つまり災害の原因は彗星である…といった関係も、客観的事実と整合性が取れるように見えていた。

それが対照実験などの手法や、Aが起こった後にBが起こったという関係があってもそれだけではBの原因がAであるとは限らない（時間的前後関係だけでは因果関係を意味しない）という知識を得ることで、彗星と災害の因果関係は信憑性のないものへと変わったのである。少しでも優れた手法や、より正確な知識を採用していこうというのは科学の重要な営みである。

物理学の学説と医学の学説に要求される厳密さの違いは、科学が分野によって違うということを理解するうえで参考になるだろう。物理学は非常に厳格な実験環境が要求されるが、医学に物理学と同様の厳密さを求めたら何も言えなくなってしまう。複雑な構造の人間を扱うことは、物質を扱うことより難しいため、知識の量も厳密さも低くなってしまうのだ。

私たち人間は「客観的事実」そのものを知ることはできないという点も重要だ。人間ができるのは、観測できた事象をもっともうまく説明できる方法を追い求めるところまでである。

観測自体に極力間違いが含まれないようにすること、説明の飛躍が極力排除されていること、既存の科学の知識と矛盾しないこと…などを担保する「手続き」を確認することで、今までよりも客観的事実に近づいたかどうかを判断するのがせいぜいである。しかし同時に、現在のところ、それよりうまく現実を説明できる手段がないぐらいには科学とは強力なものでもある。

## ニセ科学とは何か？

ニセ科学は「科学のように見せかけているが科学でないもの」と前述したが、つまりは科学の手法をとっていないにもかかわらず、その手続きを経たと偽って主張されているものや、すでに判明している事実に十分な根拠無く反するものと考えればよいだろう。

ニセ科学とよく混同されてしまうものには、「未科学」「間違った科学」「非科学」などがある。未科学とは、今まで積み上げてきた科学的知識と決定的に矛盾するわけではないうえに、まだ科学的検討が十分でないため真偽を判定することができないものである。間違った科学とは科学的仮説として提示されたものの、研究の結果正しくないと判明したものである（例えばN線［まだ研究途上であったX線に関する実験をしているときに見つかった新しい放射線。様々な研究の結果、誤認であることが判明した］など）。非科学は基本的に客観的事実との整合性を要求されない主張のことだ（例えば信仰、道徳など）。これらは科学を装っていないため、ニセ科学とは判断されない。

まとめると「これは科学である」または「これは客観的事実である」と主張しているにもかかわらず、科学の手続きを経ていない、科学の知識と矛盾するというのが、ニセ科学と判定される決定的な要因である。逆に言えば、先ほどニセ科学ではないとした未科学や非科学であっても「客観的事実である」と主張してしまえば、ニセ科学と呼べるというまぎらわしさもある。

オカルトは非科学に分類されるのが本来であり、基本的にはニセ科学ではないが、主張に説得力を持たせるためか科学であるかのように見せかけることがある。オカルトであっても科学に見せかけた場合はニセ科学と呼んでよい。

## 実例で見るオカルトとニセ科学

オカルトがニセ科学を利用した例、ニセ科学だと思っていたらオカルトが深く入り込んでいる例は、昭和・平成の中でもいくつも話題になった。いくつか実例を見ていこう。

## ◉水からの伝言

『水からの伝言』（江本勝、波動教育社、１９９９年）では良い言葉を見せて凍らせた水はきれいな結晶を見せてくれるが、悪い言葉を見せると水はきれいな結晶を作らないという主張をしている。

ここから「水にだって良い言葉や悪い言葉によって影響が出る。もちろん人体にだって影響は出るはずだ。だから良い言葉を使おう。悪い言葉は使わないようにしよう」といった話につながる。

『水からの伝言』（江本勝、波動教育社、１９９９年）

これはそのまま言霊《ことだま》信仰（言葉はそれ自体に霊的な力が宿っているとする信仰）の考え方であって、本来ならばオカルトと呼んでもいいだろう。

また、他にも「自然」のイメージに合致するものはきれいな結晶を見せてくれ、人工のイメージに合致するものはきれいな結晶を作らないなど自然崇拝の思想も見えてくる。モーツアルトの音楽を聴かせた水はきれいな結晶を見せてくれるが、ヘヴィーメタルを聴かせた水は崩れた結晶になるなど、キリスト教的宗教観（宗教音楽として使われるクラシック音楽と、一部が悪魔崇拝だと指摘されるヘヴィーメタルを対比しているのではないかと考えられる）または古い道徳観を反映したと思われるものもある。

つまりは特定の価値観に合致するような反応を水が見せるという思想なのである。水に見せた文字が物理的な水に影響を与えるという時点で科学的には荒唐無稽な主張に思えるが、そこには現代科学を超えた「波動」が関係しているともいう。

「水からの伝言」提唱者の江本勝（１９４３〜２０１４）らは自らの実験について、科学と言えるようなレベルではない、アートあるいはファンタジーのレベルとして科学的な反論を受けるに当たらないとしている。しかし、同時に江本らは科学者によって証明されることも想定しており、実験の厳密性が低いだけで自らの実験結果は客観的事実だろうという主張を行っているようである。

雪の結晶の形については物理学者の中谷宇吉郎教授の研究結果がある。単純化すると空気の温度と水蒸気の過飽和《かほうわ》度（飽和量＝空気中に溶け込める限界の水蒸気量。そこを超えると過飽和。過飽和度は飽和量と飽和量を超えた部分の水蒸気量の比）が決まれば、結晶の形が決まるというものである。江本勝らが主張するように水が言葉や文字の「波動」を記憶して結晶の形を変えるというのならば、水に見せる文字や水に聞かせる言葉の条件をそろえていない中谷教授の実験で、再現性の高い結果が出るはずがない。

そういう意味で、江本らの「実験」は現代の科学と矛盾するニセ科学であると言える。

### ◉EM菌

比嘉照夫《ひがてるお》氏が開発した微生物資材ＥＭ（Effective Microorganisms：有用微生物群）は「ＥＭ菌」という通称で知られている。ＥＭは農業用の土壌改良のための微生物資材として開発された。化学肥料や農薬などを使わない自然農法を研究していた成果であるとされている。

ＥＭには多種類の微生物が培養されているため、原理的には微生物の能力の範囲内では効果がある可能性がある。しかし、実際の能力について様々な検証が行われた結果、効果的だと判断された信頼性の高い研究は無い。この時点でＥＭに「高い効果がある」という主張を行うのは明確にニセ科学であるといっていいのであるが、ＥＭはさらに上を行く。

ＥＭは何にでも効くというのである。ＥＭの力を使えば、口蹄疫《こうていえき》や、インフルエンザ、放射能汚染も解決することができるし、末期ガンやC型肝炎も改善し、コンクリートの耐用年数も上げることができるというのだ。ここら辺から話がきな臭くなってくる。

比嘉照夫氏によれば、ＥＭはペットボトルに入れて吊るしているだけで結界《けっかい》（一定の場所を区切り、その内側を聖域とする）を張ることができるとも言う。結界の力はＥＭから発せられる「波動」の力らしい。

こういった主張はニセ科学というよりはオカルトの世界になる。要はＥＭの結界によってあらゆる「悪いこと」から守られるという信仰のようなのだ。

そもそも、ＥＭは大本（大本教、１６０ページ参照）の幹部であった岡田茂吉《もきち》が創始した「世界救世教」の理想を実現するために研究されていたものである。オカルト的な要素とは切り離すことができないのも、そういった生まれが影響しているのだろう。

比嘉照夫氏によれば「ＥＭを空気や水の如く使い、あらゆる産業にＥＭ技術を徹底して活用すれば、人類の抱える世紀的な課題はすべて解決することが可能」であり「人間の原罪に本質的な解決策を与えてくれる」のだという（「　」は『ＷＥＢマガジン　エコピュア　新・夢に生きる　第74回　ＥＭによる災害に対する危機管理』からの引用）。

これは、完全にオカルトとしか呼びようのない主張だと思える。

## ◉ホメオパシー

ホメオパシーは18世紀末にドイツの医師であったサミュエル（ザムエル）・ハーネマンが創始した治療法だ。ホメオパシーは「同種の法則（類似の法則）」（病気の症状と同じような症状を起こす成分は、病気の症状を取り去るとする）と「超微量の原則」（有効成分を極端に希釈《きしゃく》すると効果が高まるとする）をふたつの柱としている。

ホメオパシーでは患者の症状に合わせた「レメディ」と呼ばれる治療薬を処方する。レメディを作るためには薬効成分（とされるもの）少々と乳糖を混ぜ合わせ、すり潰した粉末を用いる。

この粉をアルコールと水に混ぜ合わせ、革製の本などに何度も強くぶつけて「震盪《しんとう》」する。これらの手順を繰り返すことにより極端に医薬成分の濃度を落とした溶液を乳糖にしみこませる。

その薄め方はもとの薬効成分が1分子も残らなくなるほどである。このレメディがマヤズム（大気中にあるなんらかの毒素のようなもの）によって乱されたバイタルフォース（物質的な体を制御する生命エネルギーのようなもの）を整えることで、病気を治すと説明されていた。

ホメオパシーが創始されたのは医学もまだまだ未熟な時代であり、標準医療とされていた治療でも患者に害を与えるだけのものが存在した。その中で有効成分をまず含まない砂糖玉は、副作用もなく相対的に有効に見える場合もあっただろう。提唱された当時は医学のひとつと呼ばれてもよいものだったと考えられる（ただし、当時も通常医療として認められていたわけではない）が、現代では、ニセ科学だということができる。

メカニズムの説明を無視したとしても、ホメオパシーはニセ科学との評価を変えることはできない。現代の根拠に基づいた医療（evidence-based medicine：EBM）の基準でホメオパシーを調査した研究結果は多数存在する。その総合的な結論は治療効果は認められないというものになっている。つまり、ホメオパシーが効くと主張するならば、それだけでニセ科学と呼んでよい。

レメディには元の薬効成分が1分子も含まれないことが明らかになってしまった現代では、常識的にレメディが薬として効くという説明は納得しがたいものとなった。すると薬効成分の

ホメオパシーの創始者サミュエル・ハーネマン（1841年撮影）

表紙にレメディの写真を配したホメオパシーの本（写真は『ホメオパシーバイブル』新星出版社の書影）

「波動」がホメオパシーの効く理由だとする説明も出てきた。オカルトへの接近である。

　そのためか物理的実体のない虹や電磁波、はたまたドラゴンや神道のレメディも出てくることとなった。「震盪」の説明で出てきた革製の本も、聖書を使うなどの工夫が行われることもある。ここまでくるとオカルトと呼んでもよいだろう。

　日本にホメオパシーを広め、現在も日本で最大の影響力を持つと思われる由井《ゆい》寅子《とらこ》氏は、前世以前の罪が現世のマヤズム（由井氏は穢《けが》れやカルマのような意味で使っている）となっており、病気の症状を出し切ることで罪は解消される等、宗教的な思想も主張している。

　ホメオパシー医学会理事長の帯津《おびつ》良一《りょういち》氏は、サトルエネルギー学会の会長も務めており、ニューエイジ思想、ニューサイエンス（現代科学は物質主義・要素還元主義「より細かい要素に分けて研究していけば全体的な事実にも近づけるとする立場」であり克服すべきものであると批判し、全体主義・東洋思想をベースとした新しい科学が必要だという思想）を肯定する思想の持ち主である。

※上記3項目では「波動」の力が主張されているが、これは「重力波と想定される縦波」であり、２２９ページで扱ったパナウェーブ研究所が主張している波動と同じものである（ニセ科学側は量子力学などの物理学の波動と混同するような説明をすることもあるが、全くの別ものなので注意）。

## 留まることのない横のつながり

　上記のサトルエネルギー学会はニセ科学やオカルトとのつながりにおいて重要な位置を占めている。同会の名誉理事は『水からの伝言』著者の江本勝で、彼が代表取締役であった株式会社I．H．M．では波動測定器（税込み19万４０００円～）、共鳴波動機器（税込み49万５０００円～）などの販売や、波動インストラクターの育成などを行っている。これはニセ科学であると同時に霊感商法であるとも言えそうだ。

また、サトルエネルギー学会の副会長である山野《やまの》井《い》昇《のぼる》氏はマイナスイオンの研究家であるが、マイナスイオンもまた典型的なニセ科学である。マイナスイオンは近年話題になっていた水素水とも関係がある。

同学会の関連団体の「日本サイ科学会」は超能力、臨死体験、心霊現象、気功、UFO等を研究する団体である。名誉理事の船井幸雄（船井―とも。1933〜2014）は精神世界、スピリチュアル界に大きな影響力を持っていた。彼からつながるのはオカルト界だけでなく、ベンジャミン・フルフォード氏などの陰謀論（ケムトレイル、HAARP、911陰謀論、医療陰謀論など）もある。

ニセ科学・オカルトの間ではこういった横のつながりも多く、ニセ科学の理論も相互に補強しあっている。ひとつのニセ科学を信じることで、ほかのニセ科学、さらにオカルト、霊感商法、陰謀論を信じるような道が出来上がっているのである。

[参考文献]
『謎解き超科学』（ASIOS、彩図社、2013年）
『奇妙な論理I』（マーティン・ガードナー、早川書房、2003年）
『ハインズ博士「超科学」をきる』（テレンス・ハインズ、化学同人、1995年）
『デタラメ健康科学』（ベン・ゴールドエイカー、河出書房新社、2011年）
『水は答えを知っている』（江本勝、サンマーク出版、2001年）
「『水からの伝言』を信じないでください」（https://www.gakushuin.ac.jp/~881791/fs/）
「EM論文のまとめ」（https://togetter.com/li/369706）
「日本のオカルト事情「ホメオパシー」（2010年9月版）」（http://lets-skeptic.hateblo.jp/entry/2013/11/25/091256）
「WEBマガジン　エコピュア連載　新・夢に生きる」（http://www.ecopure.info/rensai/teruohiga/index_higa.html）

# オカルトと民俗学――その困難な関係性

廣田龍平

## オカルト研究するなら民俗学、か？

　オカルトの文化的な意味を探ろうとするとき、宗教学や文学研究、社会学などと並び、民俗学が挙げられることは多い。「妖怪」や「呪い」「異界」などは言うまでもない。他にも、たとえば「都市伝説」という言葉は、アメリカの民俗学者ジャン・ハロルド・ブルンヴァンの著書『消えるヒッチハイカー』が翻訳（１９８８）されたことで広まったものだし、男性器の彫物をかつぐ祭礼や、神に扮した地元の人々が通行人に泥をぬりつける沖縄県宮古島の行事パーントゥなど、各地に伝わる「奇祭」「奇習」を研究するのも民俗学者の仕事だ。どうやら民俗学は、無名の人々が伝承に関わっている、日本国内に出自がありそうな和風オカルトを探究するのに向いているようなのである。

　現在、民俗学的なオカルト解釈のなかでもよく読まれているのは、オカルト作家（民俗学者を自称することもある）の山口敏《びん》太郎《たろう》氏が方々に書いている文章であろう。ここでは、現代妖怪を取り上げる彼の文章を例にとって、民俗学がどのように使われているかを見てみたい。取り上げるのは彼が「不思議．ｎｅｔ」に書いた「『ヤマノケ、八尺様、杓縄様、めかぁねこ、コイヌマ様、ムシャクル様』地方のマニアックな神々が妖怪化する」である。

　山口氏はまず、「戦後生まれた妖怪たちは、まった

くねくねは映画化もされた（『クネクネ』、吉川久岳監督、2010年製作。大幅に脚色されている）。

ヤマウバは、山奥に住む老女の妖怪（鳥山石燕『画図百鬼夜行』より）

く現代の産物だとおもいきや、伝承妖怪の系譜を引いている」と言う。「トイレの花子さん」や「赤マント」が紫姑神《しとしん》（厠《かわや》の女神）の末裔であるとか、「くねくね」（稲田に現れ、見た者を狂わせる妖怪）が農耕神の変容であるとかいうものだ。

さらに、ここ十年ほどに生まれた妖怪は、パワースポットブームに乗り切れなかった地方の小神が妖怪化したものだという。たとえば「八尺様《はっしゃく》」（長身の女性で、選んだ男に取り憑いて殺す）はヤマウバであり、「めかぁねこ」（相手を直視して失明させる山猫）は「猫神信仰を踏襲」しているという。

山口敏太郎氏による解釈の背景にあるのは、妖怪とは零落《れいらく》した神であるという、民俗学の仮説である。この「零落説」は、日本民俗学の創始者である柳《やなぎ》田國男《たくにお》（１８７５〜１９６２）が提唱したもので、近現代にまで伝承されている妖怪は、かつての神々の成れの果て――という仮説だ。そのため、柳田や彼の弟子たちにとって、田舎に伝わる妖怪譚《たん》は、記録のない前近代の信仰を探るための手がかりとなったのである。

零落説は、１９７０年代終わりに小松和彦氏によって批判されるまで（たとえば『憑霊信仰論』など）、民俗学においてはほとんど確定した事実のようなものとして取り扱われていた。だが小松氏が指摘するように、神から妖怪への一方的な零落は、ほかにもありうる様々な変化（妖怪から神へ、人間から妖怪へ、など）の一つに過ぎない。それを無条件に「妖怪の起源」に当てはめることはできないのだ。

また、山口敏太郎氏独自の、現代怪異はパワースポットに乗り切れなかった神が零落したものという説にも無理がある。そのブームに乗り切れなかっただけならば、今世紀初頭までは「神」としての伝承が残っていたはずだ。だが、その根拠は提示されない。

たとえば「めかぁねこ」のどこが「猫神信仰を踏襲」しているのだろうか。また、「くねくね」が農耕神の末裔だという推測は、両者とも稲田に関わりがある点以外には根拠がない。何より、神々がブームに便乗できなかったら妖怪化するというモデルを導出する論理が示されるわけでもない。

全体的に言って、現代怪異とパワースポットを関連付ける前記の文章には、実証性も論理性も、先行研究の検討もない。ただ思いつきのように「妖怪」と「神」が並置されているだけである。

「民俗学」を押し出す書き手としては、畑中章宏《はたなかあきひろ》氏も挙げられるだろう。ここで詳論する余裕はないが、たとえば彼はある対談記事で、「子孫も残さずに人知れず不幸な死を遂げ、お墓にも入っていないような人々の霊」が「妖怪や河童、あるいはナマハゲなどの形で表象している」と解釈し、相手を感心させている。しかし、どの先行研究とも異なるこの独自理論には、裏付けとなる根拠も、その根拠から解釈を導き出す論理もない（他の著作を見ても載っていない）。このような文章のなかでは、民俗学とは、過去の宗教的対象と身近な怪異・妖怪を自由自在に結びつける道具でしかないように見える。

とはいえ、このような「適当な学問」としての民俗学のイメージは、学問外部でのみ広まったものではない。外部の書き手よりは洗練されているが、かつての研究者たちが意図せず拡散に加担してきたのも事実なのである。

## 現在の民俗学におけるオカルト研究

その前に現在の状況を見てみよう。専業であれ在野であれ、民俗学者は本当にオカルトを主要な研究対象と見なしているのだろうか。だが、実際に民俗学系の学術雑誌を見てみても、オカルトを正面から取り扱ったものは年に一つ載るか載らないか、といったところである。そもそも民俗学とは何かと問われたならば、それは細分化した学問からこぼれ落ちる、人々の生活や思考、感性、その歴史をフィールドワークや文献調査に基づいて研究したものであって、「オカルト」に括られるものはごく一部に過ぎない。

それでも、オカルトを対象とする研究者が皆無というわけではない。２０００年代に頭角をあらわした中堅世代で言えば、まずはＵＭＡや都市伝説を論じる伊藤龍平《りょうへい》氏が挙げられる。伊藤氏は、オカルトが人々の口頭で話題になり、伝えられていく点に注目し、昔話や世間話のような「口承文芸」の枠組みでそれを捉える。そして、時には類話を中世にまでたどり、また口承文芸の理論で捌《さば》くなどしながら、現代ならではの創造性と、民俗社会から続く伝統性の双方を腑分《ふわ》けしていく。

口承文芸に軸足がありつつオカルトも意識する中堅としては、都市伝説研究を中心として、飯倉義之氏や野村典彦《のりひこ》氏なども挙げられる。また若手世代では、幽霊やＵＦＯに取り組む大島清昭《きよあき》氏や、宗教学に近い立場から「イタコ」や「秘境」の表象を見直す大道晴香《はるか》氏などを含められるだろう。筆者自身（廣田）は、妖怪や都市伝説の存在論的位置づけを明らかにしようと試みている。

いずれも山口敏太郎氏や畑中章宏氏の、「古風」で飛躍の多いスタイルとは一線を画す研究を行なっており、分析は事例から乖離《かいり》しないような努力がなされ、学説史の検討も怠っていない。研究の規模の小ささや、民俗学自体の理論的弱さ、知名度の低さは認めざるを得ないものの、成果は着実に生み出されているのである。

## 民俗学のオカルトへの関わり

以上が現在の民俗学についての状況であるとすれば、過去の状況はどのようなものだっただろうか。オカルトと民俗学の関わりという点から見ると、もっとも関係が深かったのは、創始者の柳田國男だったかもしれない。彼は日本社会をよりよくすることを目指して民俗学を構築したのだが、その背後には、生涯にわたって霊的・神的なものへの関心が潜んでいた。最初期の文章では、「幽冥界《ゆうめい》」（死者・神々・妖怪の領域）の実在を信じようとしていた彼の姿を垣間見ることができるのである。

柳田國男を一躍有名にした『遠野物語』（１９１０）もまた、「隠された世界」に焦点を当てていた。同書は岩手県遠野地方の民話や風習を、出身者からの聞き書きに基づきまとめたものだが、ザシキワラシやカッパ、死霊などが多く登場する。『遠野物語』は、そのようなわけで民俗学や妖怪研究の嚆矢《こうし》とされることがあるが、文壇で流行していた怪談ブームのなかで書かれたという指摘もあり、位置づけは単純ではない。

20世紀初期日本の都市部では、怪談のみならず心霊主義も流行っており、霊的なものに関心を持つ人々は多かった。とはいえ柳田の立場は、農山村にこそ、本来の霊的・神的なものが残っているというものだった。

特に大正末・昭和初期、柳田國男は、都市の心霊主義者たちから距離を取りつつ、彼らの紹介する事例を民俗学に組み入れることを試みた。たとえば山中の異人たちを描き出す『山の人生』（１９２６）では、神道霊学者・友清歓真《ともきよよしさね》の団体「神道天行居《しんどうてんこうきょ》」の出版物を引用したり、大本教の信者であった岡田建文《けんぶん》と交流して、彼が収集した動物にまつわる怪異を、『山の人生』と同じ郷土研究社から出版したりしたのである（『動物界霊異誌』１９２７）。

柳田國男は、昭和10年代に入ると、今でも知られている妖怪研究を盛んに行なうようになる。民俗学といえば妖怪――というイメージは、元をたどるとこのころの文章を中心にまとめられた『妖怪談義』（１９５６）などに行きつく。ここで柳田は、先述の「零落説」を唱えたほか、農山村の妖怪伝承を重視して、都市部の幽霊伝承を排除する立場を明確にした。田舎にこそ、失われた信仰への手がかりがあるというわけだ。

ただ、残された膨大な著作のなかで妖怪が主題になっているのは『妖怪談義』のみであり、柳田の民俗学にとっては傍流でしかなかった点には注意したい。

　終戦後は、国の復興と連動して、社会改善運動の側面をそなえたオカルトへの取り組みも目立つようになる。たとえば今野《こんの》圓輔《えんすけ》（1914〜1982）は、文部省の迷信調査協議会に参加して、「迷信」（俗信のうち特に有害なもの）についての啓蒙活動を行なった。

　また石塚尊俊《たかとし》（1918〜2014）らは、差別の温床となっていた「憑《つ》き物筋」（特定の家筋が、自分に利する精霊を占有しているというもの）問題に取り組み、地方社会の近代化に関わった。こうして事例は蓄積され、オカルト的なものの廃絶をとおした社会貢献も進められていった。だが、活字化された民俗誌的情報は、同時に「秘境」「怪奇」そして「妖怪」などの名目で大衆雑誌を彩ることにもなった。特に1950〜60年代の民俗学は、国外の「秘境」を紹介する文化人類学と相補的な関係にあったともいえる。

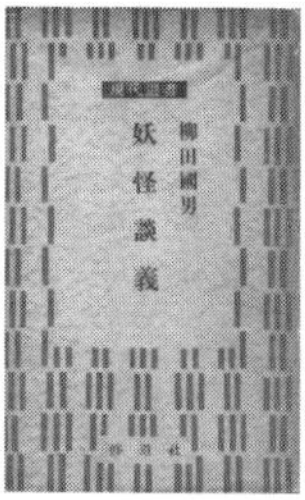

『妖怪談義』初版（柳田國男）

柳田國男（成城大学ウェブサイトより）

　また、この時期には、民俗学のもう一人の巨頭・折口信夫《しのぶ》（1887〜1953）の弟子である、池田彌三郎《やさぶろう》（1914〜1982）や今野圓輔のような民俗学者たちが、徐々に幽霊の怪談を取り上げるようになる。池田の幽霊論は前近代の怪談が主要な題材だが、作家で元東京都知事の石原慎太郎氏が語ったという幽霊話を事例として取り上げており、また今野のほうは噂話を拾い集め、「心霊術」や「タクシー幽霊」にページを割くなど、同時代の状況に目配りをしていたことが分かる。
　だが民俗学は、1970年代以降増えていったオカルト的事例をうまく取り入れることができなかった。たとえば、民俗学者が日本人の霊魂観を論じるとき、心霊写真や霊能力が事例として取り上げられることはなく、また庶民がイメージする宇宙論を分析するためにＵＦＯが参照されることもなかった。

　とはいえ、民俗学者が全面的に新しいオカルト的なものを避けてきたわけではない。特に口裂け女ブームの際は、民俗学者などが積極的に口裂け女を「伝統的」妖怪と結びつけ、都市伝説研究の先駆けとなった。たとえば昔話研究の関敬吾（１８９９〜１９９０）は口裂け女について、各地の前近代的な鬼女伝説をもとにしたものだと主張した。

　一方、都市民俗に関心を抱いていた宮田登《のぼる》（１９３６〜２０００）は、『妖怪の民俗学』（１９８５）において、都市にこそ妖怪・怪異がはびこることを示した。宮田の紹介する事例は、多くが近世随筆から採られたものだったが、その記述は「口裂け女」などの現代的事象を自在に挟み込んでいった。『妖怪の民俗学』によると、口裂け女は、妖怪ウブメと同じように、母子関係の葛藤を根底にしているのだという。また宮田は別の著作において、小説『リング』（１９９１）における感染の恐怖を、子供遊びのエンガチョや、『延喜式』（平安時代中期）におけるケガレの観念と結びつけて理解しようともした。

　近現代の事例を一足飛びに古代にまで関連付ける手法は、柳田國男や折口信夫をはじめとして、それほど民俗学では珍しいものではない。だが宮田登が著作において提示する類似性は、歴史的な因果関係に由来するのか、それとも形態的に比較できるだけなのか、似ているならばその理由は何なのか。こういった問いは、慎重にその著作を読み解いてみなければ回答を見つけることができないものだったし、

産褥死（さんじょくし）した女性の死霊が妖怪と化したウブメ（鳥山石燕『画図百鬼夜行』より）

宮田自身、明確には答えられていないところもあった。

加えて、宮田登は一般向けの著作も多く出したが、そうした場では理論的背景が省かれ、口裂け女とウブメ、『リング』と『延喜式』が無条件につながられるように見えてしまうことにもなった。結果として、当時の読者は、歴史的つながりを飛躍して遠い過去と現代の事象を結びつけるスタイルこそが、民俗学的な文化批評だと考えてしまうことになったのかもしれない。

構造人類学（社会的・文化的事象の深層構造を明らかにする学問）を民俗社会の研究に導入した小松和彦氏が、妖怪や憑きもの、異界などを鮮やかに分析してみせたのも１９８０年代のことであった（『憑霊信仰論』『異人論』など）。小松氏はそれらを「闇の精神文化」などとも呼んだが、その関心はどちらかというと前近代的な民俗社会に向けられていた。とはいえ、小松氏が１９９０年代から２０００年代にかけて、国から大型予算を得るなどして、妖怪を学術的に意義ある分野として確立し、現代の社会科学・人文学的オカルト研究の底上げをした点は、特筆すべきことであろう。

再び１９８０年代後半〜90年代前半に戻ると、大月隆寛《たかひろ》氏や大塚英志《えいじ》氏など、当時若手だった民俗学者たちは、主として口承文芸的な議論を都市伝説や占い雑誌の投稿欄などへと拡張させ、一般雑誌に多く論稿を載せていた。先述のブルンヴァンの著作を翻訳紹介したのも大月氏らの成果である。だが、彼ら自身は現代社会に対応できない日本民俗学に見切りをつけ、学界を去っていった。

また１９９０年代は、常光徹《つねみつとおる》氏や松谷みよ子（１９２６〜２０１５）など口承文芸研究者たちの著作をきっかけとして、「学校の怪談」や「都市伝説」が書籍やテレビ、映画などのメディアや、黎明《れいめい》期のインターネットなどを介して大量に拡散していった時期でもあった。ただ、このブームのなかで研究者たちは「資料提供者」に留まり、理論的深化も進められなかった（この点の詳細は一柳廣孝編著『「学校の怪談」はささやく』を参照）。

一方でこの時期は、近代化に直面した人々の民俗文化の変容を、オカルト的な題材をとおして取り上げた研究者も現れてきた。こっくりさんや心霊主義を取り上げる文学研究の一柳《いちやなぎ》廣孝《ひろたか》氏、狐憑きや民間宗教者（巫女《みこ》など）を論じる宗教民俗学の川村《かわむら》邦《くに》光《みつ》氏などが代表的である。特に一柳氏は、21世紀に入ってから近代日本のオカルト文化をめぐる編著を多く出版しており、小松和彦氏と同様、多くの若手研究者を育て上げている。

２０００年から翌年にかけて、小松和彦氏の編集になる『怪異の民俗学』が刊行されたことは、和風オカルトを学問的に定位するにあたって大きな役割を果たした。全8巻――「憑きもの」「妖怪」「幽霊」「異人・生贄」などを主題にした論文アンソロジーである『怪異の民俗学』は、オカルト研究が参照できそうな言説を、「民俗学」の名のもとに、学説史として構成しようとする試みでもあった（小松氏による学説史の記述は、同氏の『妖怪文化入門』に再掲されている）。とはいえ、書名とは裏腹に、収集された論文のなかで明確に「民俗学」に分類できるものは少なく（多くが歴史学や文学研究、美術史、宗教学などであった）、オカルト研究は民俗学以外の分野のほうが盛んであるということを、図らずも示す結果となった。

１９８０～90年代の喧騒《けんそう》が去り、２０００年代に各分野において堅実な研究が広まるようになると、隙間を埋めるようにして現れてきたのは、１９９０年代までに醸成された、「過去へと飛躍」していくスタイルの民俗学イメージを利用した文章群であった。本稿のはじめに紹介した山口敏太郎氏や畑中章宏氏はその系統と言えよう。また残念ながら、今でもなお、学術的論考においてさえ、ロジックを詰めないまま「飛躍」してしまうものもあるのは事実である。

## 民俗学とオカルト

以上をまとめるならば、オカルトに対する民俗学の役割は、おもに①事例の報告（奇習や妖怪、都市伝説など）、②分析の提示（「過去への飛躍」など）、③社会貢献（迷信打破など）の三つとなるだろう。①は戦前から現代まで続いているものだが、②については1980年代までのスタイルが現在の通俗的な民俗学風オカルト解釈に影響している。③は、高度経済成長期までは意味があったが、現在はそれほど目立っていない。

民俗学自体にとって問題なのは、川森博司《ひろし》氏が2009年の日本民俗学会談話会の発表要旨で指摘したように、「高度経済成長を経て、民俗事象のオカルト的受容という現象が顕著になっており、それにどう対処していくかが現在の民俗学の重要な課題である」はずなのに、ほとんど取り組まれていないことである。

たとえば、民俗学とオカルトの通俗的な結びつきが生まれ、人口に膾炙《かいしゃ》していったプロセスは、いまだ明らかになっていない。フィクションにおける民俗学のイメージが大きく関係していることは間違いないが、具体的にどのオカルト的作品でどのような学問像・学者像が示され、どのように他の作品に影響を与え、広まっていったのか、これを時系列的に整理する必要がある（諸星大二郎氏の『妖怪ハンター』シリーズ、星野之宣氏の『宗像教授』シリーズ、京極夏彦氏の『百鬼夜行』シリーズなど）。こうした整理をとおして、一般の人々がオカルトに対して持っているイメージのみならず、民俗学に対して期待していることもまた、明らかにできるだろう。

また、論理性や実証性のない、民俗学風のオカルト解釈や文化批評が流通していることに対しては、それが人々の期待に部分的には応じていることを認めたうえで、専業や在野の民俗学者が、より魅力的かつ学術的な解釈・批評を発信していく必要がある。

しかも この古墳は この地方の妖怪伝説と密接《みっせつ》な関係があったらしい…
この古墳がわたしの説を証明してくれるかも…
諸星大二郎氏の『妖怪ハンター』シリーズに登場する稗田礼二郎は考古学者だが、妖怪や奇祭によく遭遇するため、民俗学者のイメージが強い（画像は『妖怪ハンター』シリーズの「黒い探究者」1974年より）。

そのためには、もちろん、まずはネット上などに横行する民俗学風の言説をきっちりと批判していくことが必要である。そして、何が民俗学者に期待されているのかを分析したうえで、それに応答しつつも、民俗学がオカルトにどのように関われるかを、学問の内外で明確に打ち立てていくことが望まれるであろう。

［参考文献］

「都市伝説が「コンテンツ」になるまで」『口承文芸研究』（飯倉義之、口承文芸学会、36号）
『日本の幽霊』（池田彌三郎、中央公論新社）
『日本の憑きもの』（石塚尊俊、未來社）
『「こっくりさん」と「千里眼」日本近代と心霊学』（一柳廣孝、講談社）
『ツチノコの民俗学 妖怪から未確認動物へ』（伊藤龍平、青弓社）
『定本 何かが空を飛んでいる』（稲生平太郎、国書刊行会）
「UFO学から見た『武江年表』の空中現象」『現代民俗学研究』（大島清昭、現代民俗学会、8号）
「非合理への欲望〈秘境〉から〈オカルト〉へ」『幽』（大道晴香、KADOKAWA、30号）
「柳田國男と妖怪・怪談研究」『日本民俗学』（香川雅信、日本民俗学会、270号）
『幻視する近代空間 迷信・病気・座敷牢、あるいは歴史の記憶』（川村邦光、青弓社）
『憑霊信仰論』（小松和彦、講談社）
『妖怪文化入門』（小松和彦、角川学芸出版）
『怪談』（今野圓輔、社会思想社）
『日本怪談集 幽霊篇』（今野圓輔、社会思想社）
「怪奇的自然は妖怪を滲出する 非近代的諸世界における「人ならざるもの」の褶曲」『ユリイカ』（廣田龍平、青土社、2018年2月号）
「現代都市の怪異 恐怖の増殖」『妖怪変化 民俗学の冒険③』（宮田登、筑摩書房）
『迷信の実態』（文部省迷信調査協議会、技報堂）
『新訂 妖怪談義』（柳田国男、角川学芸出版）
『別冊宝島92 うわさの本』（JICC出版局）
「第844回談話会発表要旨（2009年9月13日）高度経済成長と民俗学―民俗学とは何か、何ができるのか―」（http://www.fsjnet.jp/regular_meeting/abstract/844.html）
「メディアアーティスト・市原えつこさんが、民俗学者・畑中章宏さんに聞く、「『奇祭』や『仮装』の成り立ち」」（http://qonversations.net/interview/194/）
「『ヤマノケ、八尺様、朽縄様、めかぁねこ、コイヌマ様、ムシャクル様』地方のマニアックな神々が妖怪化する」（http://world-fusigi.net/archives/9289152.html）

# 幸福の科学の「霊言《れいげん》」はどこまで突っ走るのか

藤倉善郎

## 存命の人物や宇宙人の霊言まで連発

「アイ・アム・ジーザス・クライスト!」

イエス・キリストを降霊中の幸福の科学・大川隆《りゅうほう》法総裁が英語で自己紹介を始める。イエスが生きた時代、英語はまだ存在すらしていないのに。かたや、明治天皇の霊は開口一番、こう自己紹介する。

「明治です」

明治は天皇の名前や一人称ではなく元号だ。明治天皇は自分のことを「明治」とは呼ばない。

「アチョー!」

ブルース・リーの霊だ。確かに当のブルース・リーも「アチョー!」と言ってはいたが……。

これらはインターネット上で「イタコ芸人」などと呼ばれ親しまれている、大川隆法総裁による「霊言」のひとコマだ。霊言とは、大川総裁が神や歴史上の人物などの霊を呼び出し、大川総裁や教団職員の口を通じて喋らせるもの。幸福の科学式の交霊術だ。「イタコ芸人」と呼ばれてはいるが、従来のイタコと違って大川総裁は近年、まだ生きている人物や宇宙人の霊言まで連発。日本のオカルトシーンに新しい風を吹き込んでいる。

大川隆法総裁は、大学卒業間際の1981年に「イイシラセ、イイシラセ」という霊界からのメッセージを受信。以降、霊を呼び出して自分の口を通じて話す霊言ができるようになったとして、86年に幸福の科学を設立し、91年に宗教法人として認証された。

　大川総裁は日蓮、イエス・キリスト、仏陀、モーゼなどの霊言を発表したほか、GLAの教祖・高橋信次《しんじ》や生長の家の教祖・谷口雅春《まさはる》といった日本の他の宗教の教祖の霊言も発表。それぞれの信者も取り込んでいった。

　後にまとめられた『大川隆法霊言全集』は全50巻に及ぶ。当時、発表されたものの中に存命中の人物の霊言はなかった。

　91年、大川総裁は自らを地球至高神「エル・カンターレ」であり仏陀の生まれ変わりであるとする「エル・カンターレ宣言」を行う。同年に発表した『ノストラダムス戦慄の啓示』を最後に、一般向けには霊言の「新作」を発表しなくなってしまう。

　18年の沈黙が破られたのは、2009年4月。『オバマ守護霊インタビュー』（リバティ・ブックレット）が幸福の科学出版から発刊された。同年1月にアメリカ大統領に就任したバラク・オバマ氏の霊言だ。唐突な新作発表であるばかりか、一般向け書籍として初となる、生きている人間の霊言である。

　幸福の科学の教義では、人間にはそれぞれ、肉体に入っている霊と5人の守護霊をあわせた6人1組の「魂の兄弟」がついている。肉体が死んで生まれ変わるとき、魂の兄弟のうちの1人が肉体に入り、残り5人が守護霊としてそれを見守る。肉体担当は6人の魂による当番制なのだ。

　生きている人間の霊言は、肉体を担当していない非番の5人（守護霊）のどれかを呼び出す。厳密には肉体本人の霊ではないが、大川隆法総裁は守護霊でも本人の考えと「99％同じ」だと語っている。

　生きている人間の肉体から魂を引っ張り出してし

『オバマ守護霊インタビュー』（幸福の科学出版）

まうわけではないので、霊言を収録している最中でも、その人の肉体はいつもどおり活動を続けることができる。筆者自身、13年に大川総裁から守護霊を呼び出され霊言として発表されたが、霊言が収録されていた日も一日中、筆者の体調等にはとくだん変化がなかった。健康には害がないようだ。

こうした教義に基づいて、大川総裁は09年に金正日、鳩山由紀夫首相（当時）といった存命中の人物のほか、明治天皇、昭和天皇、坂本龍馬、勝海舟の霊言を発表した。

この年の5月。幸福の科学は、北朝鮮のミサイル実験を受けて、それに対抗するためとして「幸福実現党」を結党した。これに連動して霊言公表が復活し、存命中の政治家などの霊を呼び出すようになったのだ。

教団自身が「第二次霊言ブーム」と呼ぶ霊言ラッシュの始まりだった。幸福の科学出版のウェブサイトに掲載されている霊言書籍の情報をまとめてみたところ、２０１０年には42冊の霊言書籍を発刊。11年は27冊、12年は67冊という驚異的なペースだ。

霊言の発表の方法も１９９０年代とは大きく変わった。以前は書籍や機関誌で活字として発表するだけだったが、２００９年以降は映像でも収録し、教団施設内で１本５０００円で視聴できるようになった。映像は基本的に、霊を降ろした大川総裁に教団幹部など数人がインタビューし、多いときには数十人以上もの教団職員らが席を並べて聞くという構図のものだ。

教団は霊言映像のダイジェスト版をＹｏｕＴｕｂｅにアップしたり、「ブックフェア」会場の幸福の科学出版のブースで上映するなどして、一般向けのＰＲ素材にした。冒頭で紹介した「アイ・アム・ジーザス・クライスト！」も、ＹｏｕＴｕｂｅにアップされていた。

教団では一般向けに公開しない霊言もあるが、こうして公開するものは「公開霊言」と呼ばれ、教団施設に行けば信者でなくても視聴できた。

筆者はあるとき教団の広報担当職員から「意見が

聞きたい」と言われて、教団施設内で小沢一郎（当時、民主党）の霊言を見せられた。

「生きている人の霊を無断で呼び出してその人の名前を使って発表するのは、よくないですよ」

筆者はこう言ったが、職員は聞く耳を持ってくれなかった。

「でも、実際にこうして小沢一郎さんの霊が喋っているわけですから」

大川隆法総裁は、信者ではない芸能人やスポーツ選手などの霊言も連発した。アイドルグループ「ＡＫＢ48」の元メンバーとプロデューサーの秋元康氏の霊言書籍を発刊し、信者が秋葉原の「ＡＫＢカフェ」前でそのチラシを配るという宣伝活動も行った。ある芸能人のマネジャーは、筆者にこう語った。

「（霊言発表について）事前の連絡はなかった。もちろん許可もしていないが、抗議するつもりはない」

苦々しく思っていても、関わり合いになりたくはないようだ。

『AKB48 ヒットの秘密』（大川隆法、幸福の科学出版）

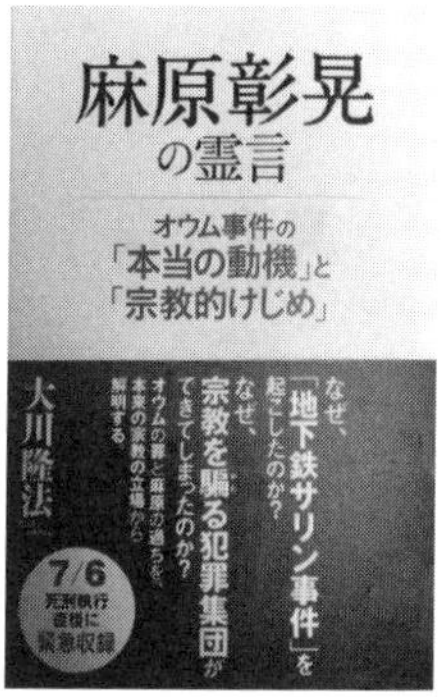

『麻原彰晃の霊言――オウム事件の「本当の動機」と「宗教的けじめ」』（大川隆法、幸福の科学出版）

## 他人を誹謗中傷するツールとしても活用

存命中の人だけではない。有名人が亡くなると、すぐに霊言を収録し書籍化。「死後第一声」などというキャッチコピーで宣伝する。

２０１８年、オウム真理教教祖・麻原彰晃ら13人の死刑が執行されると、すぐに麻原の霊言が出版された。その中で、麻原の霊の言葉として、こんな一文があった。

「肉体を失ったことは知ってるよ。今でも電気ショックが来るからな？　まだ感じるよ」

日本の死刑は電気椅子ではなく絞首刑なのに。

幸福の科学出版のウェブサイトに掲載されている大川総裁の著作は807冊（19年2月15日時点）。うち6割以上にあたる497冊を、霊言書籍が占める。存命中の人物の霊言を含んだものは181冊（霊言書籍のうちの36・4％）もあった。

宇宙人の霊を呼び出すという、これまた画期的な霊言が始まったのは2010年だ。同年発刊の『宇宙人との対話』は、ウンモ星人という宇宙人のセリフとして、母星語なのか「ヌッ。ヌッ。ナカ、ヌク、ナカ、ブー。ナガラ、ブー」などといった意味不明のカタカナが2ページにわたって続く。翌11年には、これが「と学会」の「第20回日本トンデモ本大賞」に輝いた。宗教指導者としては初の受賞だ。

幸福の科学では、一般の書店で流通する書籍のほかに、教団施設内のみで販売される「会内教典」と呼ばれる書籍も膨大にある。宇宙人の霊言は会内教典として多く発表されており、登場した宇宙人を別途まとめたイラスト付きの「宇宙人図鑑」のような会内教典まである。

クジラ型宇宙人やヤギ型宇宙人、カエル型やヘビ型など、やたらと地球上の動物と瓜二つの宇宙人が目立つ。それは宇宙「人」なのだろうか。

霊言は、他人を誹謗中傷するツールとしても活用された。10年に大川隆法総裁の離婚騒動が発覚すると、大川総裁は当時の妻・きょう子氏の霊を繰り返し呼び出して、教団職員や実の息子・娘に罵らせた。宗教取材を長く続けるベテランジャーナリストは、この映像を見て笑いながら言った。

「交霊術の歴史上、類を見ない下品さだ」

筆者の霊言も、批判的な記事を書く筆者への報復だった。14年に認可申請中だった「幸福の科学大学」の計画の修正を文科省の諮問機関から求められた際には、大川総裁は下村博文《はくぶん》・文科大臣（当時）の霊を繰り返し呼び出した。

あるときは、邪教の教祖が下村大臣を操って幸福

2012年衆院選で演説する大川隆法氏

の科学への妨害活動をしているかのような内容。またあるときは、教団の女性職員の中に下村大臣の霊が入り、女性職員の胸をまさぐるという「霊的セクハラ」行為まで映像で収録し、全国の教団施設で上映した。18年には、教団を離脱した大川総裁の長男・宏洋《ひろし》氏の霊を呼び出してプライバシーを暴露した。

　これらは全て書籍化されているわけではなく、教団内で映像が上映されるのみの場合もある。

　こうした中で、きょう子氏は11年、霊言が名誉毀損にあたるとして、大川総裁と教団相手に損害賠償を求め訴訟を起こした。しかし教団側は、「一般の人は霊言を信じていないのできょう子氏の社会的評価を低下させず、名誉毀損にはならない」「一般人は霊言を信じないどころか小馬鹿にする風潮があり、霊言を発表することによって社会的評価が低下するのは教団と大川総裁の方だ」といった趣旨の反論を行った。

　さすがに裁判所は、このような「逆ギレ」的な主張は採用しなかったが、「教団内部の問題でありきょう子氏の社会的評価を低下させたとは言えない」という趣旨の理由から、賠償を認めなかった。霊言で中傷された側が敗訴してしまったのだ。

　親族に対しては、誹謗中傷とは逆の霊言もある。大川総裁の長女・咲也加氏が2018年に出産した長男・隆一くんの霊言だ。大川総裁は孫の隆一くんに将来の後継者としての期待をかけているようで、隆一くんが胎児だった時期から出産直後にかけて繰り返し、霊言を収録。それを『ただいま0歳、心の対話』と題する書籍として出版した。

　隆一くんの霊を降ろした大川総裁が「バブバブ」などと赤ちゃん言葉で喋る変わった霊言だが、こんな内容もある。

〈ぼくがいるかぎり、幸福の科学は潰れないよ。ぼくがいるかぎり潰れない。絶対に潰れない。孫が一人優秀であれば潰れない。大丈夫〉（同書より）

〈ぼくはミラクルを起こすことを託されてる人材なんだ。「ミラクルの人」なんだ。頑張りますよ〉（同）

隆一くんがさも自分の意思で教団の将来を背負って立とうとしているかのような内容だ。孫に期待するあまり、孫の人生を霊言によって「既定路線」にしてしまっている。

無軌道な進化を遂げ暴走を続ける霊言だが、100冊発刊された14年をピークとして、翌15年には半減して41冊に。18年は26冊だった。

ピーク時に比べると寂しい冊数だが、それでもなお1か月あたり2冊のペースで発刊されている。もはや、誰もこれを止めることはできないのか。

［参考文献］


塚田穂高『宗教と政治の転轍点　保守合同と政教一致の宗教社会学』（花伝社）

関谷晧元『虚業教団――「幸福の科学」で学んだものは何だったのか』（現代書林）

米本和広・島田裕巳『大川隆法の霊言』（JICC出版局）

有田芳生『「幸福の科学」を科学する――大川隆法の宗教？』（天山出版）

「ああ…ラミューさん。お茶でも飲みませんか」

中野さんが何気なくそう言うと、後は軽くうなずいた。

２人はそのまま近くの喫茶店へ。中に入ると混んでいたが、かまわずあいている席を見つけて向かい合わせに座った。

「レモンスカッシュを下さい！」

ラミュー氏は座るとすぐに店の人に声をかけた。

「ぼくも…」

中野さんもあわてて同じものを注文する。

いきなりラミュー氏だ、レモンスカッシュだと意味がわからないだろうが、説明は後に。

中野さんがコンタクトした宇宙人ラミュー氏のスケッチ（『UFOと宇宙』1978年2月号より）

# テレビ、喫茶店、世界の終わり。日本のコンタクティー・ムーブメントと想像力

秋月朗芳

コンタクティー・ムーブメントの発端はジョージ・アダムスキーがメディアに登場したことによって始まった。それは１９５３年の『Ｆｌｙｉｎｇ Ｓａｕｃｅｒｓ Ｈａｖｅ Ｌａｎｄｅｄ』（空飛ぶ円盤実見記、邦訳は1954年、高文社刊）が出版された日だ。この本で、金星人とコンタクトしたことを告白したアダムスキーは一躍人気者になり、数えきれないほどの追従者を国内外に生み出した。

そしてこのムーブメントは、本家アメリカほどの規模には至らなかったが、少し遅れて日本にも訪れることになる。

ここでは、その発端から70年代後期までの4人の日本人コンタクティーを紹介しつつ、すこし変わった視点から眺めてみることにする。

まずはテレビだ。

## テレビ

### 【永井勉／1958年、群馬県吾妻郡】
### 人間ですから似るのが当然です

1958年3月26日、社用で群馬県の吾妻郡《あがつまぐん》を訪れていた永井勉氏が、社用をすませ釣りをしていたところ、家屋の上に浮かんでいる空飛ぶ円盤を目撃した。呆然と眺めていると、やがて意識が朦朧《もうろう》としてくるのを感じ、気がつくとその円盤の中にいたという。そして、隣には宇宙人らしき者が座っていた。

そこで永井氏が質問して宇宙人が答えるという会話がなされるのだが、唐突に宇宙人がこう切り出す。

「降りてみましょうか？」

すると二人はいつの間にか童話劇らしきものが上演されている劇場の中にいて、永井氏はその出演者に自分そっくりの人物がいるのを見つけて驚いた。

そのことを宇宙人に話すと彼はこう答えた。

「人間ですから似るのが当然です」

これは文学者でありUFO関係の著書も多い平野威馬雄《いまお》が編集した『それでも円盤は飛ぶ！』（1960年、高文社）に掲載された手記の要約である。この手記は永井勉氏によって第9回JFSA（日本空飛ぶ円盤研究会）の研究会席上で提出されたものだという。

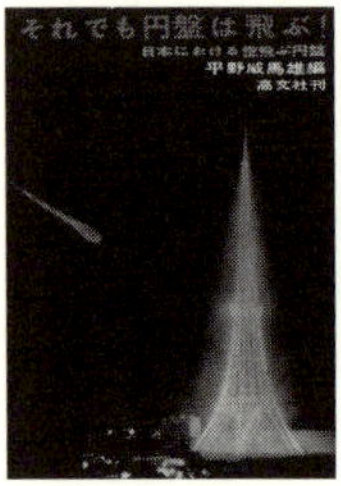

『それでも円盤は飛ぶ！』（高文社）

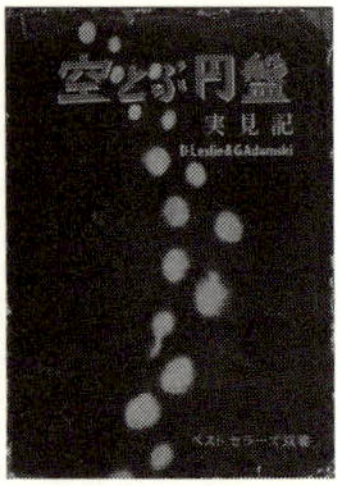

『空飛ぶ円盤実見記』（高文社）

永井氏の手記を実際に起こった出来事だと捉えるのは難しいが、それが嘘か白昼夢だとしても、劇中に自分を見つけてしまうというビジョンはコンタクティーのあり方を、うまく表現しているかもしれない。「人間ですから似るのが当然です」という謎めいた言葉は、宇宙人が見慣れない生き物である地球人の細かい差異を認識できないという解釈の他に、選ばれるのは誰でもよいという風にも解釈できる。――つまり、それは自分（永井氏）でも構わないのだと。

ここで唐突だがテレビの話になる。この頃テレビは一般家庭にはまだ高嶺《たかね》の花だったとはいえ、前年（1957年）には国産初のカラーテレビがＮＨＫに納入され、多くの人が街頭テレビで放送を楽しんでいた。

当時テレビは、日常を一瞬で「劇場」に変えてしまう、とてつもない力を持った新しいメディア・テクノロジーだった。さらに、テレビという朝から晩まで休みなく毎日放送されている広大な劇場には、特別な人ばかりでなく一般人も映り込む余地があった。視聴者参加の番組、思わぬ幸運を手にした無名の一般人、事件や事故があった現場の野次馬、街頭インタビュー…。人々はテレビの中に、そういった「自分でもよかった誰か」を見ていたわけである。

こう並べてみると、先の宇宙人の話とテレビの間に、なにかしらの接点を感じないだろうか。そしてこの「自分でもよかった誰か」には、後に、突然スプーンを曲げられるようになった少年や、空飛ぶ円盤に乗った人々、つまりコンタクティーが加えられていくわけである。永井氏の手記には、当時のテレビメディアの状況や願望が映り込んでいるようにも思えるのだ。

コンタクティーの表現は、どこかで時代性やメディアと繋がっているのかもしれない。そしてこのリンクはテレビの浸透と合わせて、より具体的に表現されていくように思われる。

**【山崎真二（仮名）／1976年、東京近郊】**

## ＵＦＯは映像伝達システム

東京近郊に住む山崎真二（仮名）さんは、1974年のユリ・ゲラー来日を機にスプーン曲げができるようになり、1976年の高校1年生になったばかりの頃、奇妙な文字を脳裏に見るようになる。そして、その年の6月、東京近郊の街中で「レミンダー」と名乗るビジネスマン風の宇宙人と喫茶店でコンタクトを果たす。宇宙人は、UFOが映像伝達システムであると語り、地球人がこのまま核エネルギーを使い続けると、海底に沈んだアトランティス（かつて現代を凌ぐ文明を有し、それゆえに没落し海に沈んだとされる伝説の大陸）のようになると警告した。

これは『UFOと宇宙』誌（1979年2月号）に掲載された「宇宙人に会った少年のはなし」という記事の要約である。

『UFOと宇宙』誌（1979年2月号）より「宇宙人に会った少年のはなし」

彼の話でテレビとの接点を感じたのは、UFOが映像伝達システムだと宇宙人が語っている点だ。それは「サムジーラ」と呼ばれるシステムで、映像化した情報をテレパシーによって地球の担当者に送っているのだという。

それまでのコンタクト体験にありがちな、宇宙人がマンツーマンでメッセージを伝えるという効率の悪い方法から、UFOから映像を複数の人に配信するという進歩を果たしている。そしてテレパシーを電波に置き換えれば、そのシステムはほとんどテレビと変わりないようにも思える。

ならば本当に、宇宙人から得られたメッセージや思想をテレビを使って不特定多数に配信する方が効率が良いのではないか？——そう考えたかどうかは定かでないが、別の本にこの体験とまったく同じことが書いてあって驚いてしまった。それは『UFOと超能力の謎』（1990年、日東書院）という本で、著者は超能力者・超常現象研究家として現在もテレビを含む様々なメディアで活躍している秋山眞人《まこと》氏である。つまり山崎真二（仮名）だった当時16歳の少年は、後にテレビからメッセージを発信する人物となったわけである。

## 喫茶店

先の話でもう一つ気になるのは、彼が喫茶店で宇宙人とコンタクトしている点だ。今でこそ、このようなシチュエーションは相当のミスマッチを感じるが、喫茶店でコンタクトしたという話はこれだけではない。

そしてここにも当時のメディア状況との接点をなんとなく感じることができる。携帯電話などなかった当時、喫茶店は人を繋ぐ場所であり、ソーシャルなコミュニケーションの場として機能する立派なメディアだったからだ。

――というわけで冒頭のレモンスカッシュに戻るわけである。

## 【中野さん（仮名）／1977年、札幌】レモンスカッシュをください！

札幌市に住んでいた中野さんは1977年頃にアダムスキー型円盤（アダムスキー撮影による詳細な写真で有名になった、丸い窓と底部に配置された3つのドームが特徴のUFO）と巨大な葉巻型母船を目撃する。またその数日後には自衛隊のヘリコプターを追うように飛行する三角型UFOを目撃する。その後も同様の目撃を経験し、ついにラミューと名乗る宇宙人とコンタクトすることになる。

それはいつものUFO観測をしている最中、いつのまにか立っていた宇宙人ラミュー氏が、中野さんにドーナッツ型の金属を手渡し、その場から走り去ったというのだ。その後、中野さんはスプーン曲げができるようになり、さらにはテレポーテーション能力まで備わり、月や冥王星にまでテレポートしたと語っている。

その翌年のある日、音のしないジェット機のようなUFOが実家近くの田んぼに着陸し、中野さんは搭乗をゆるされることになる。中にはタコのような生物とラミュー氏がいて、そこで様々な会話が交わされたという。

このような出来事の後になされるのが、『UFOと宇宙』誌（1978年2月号）の記事「札幌市で異星人との驚異的なコンタクト発生！」より冒頭に引用した喫茶店でのコンタクト・シーンである。

喫茶店で宇宙人が力強くレモンスカッシュを注文していることが何を意味するのかはわからないが、このときラミュー氏は、地球人の悪い想念で地球が太陽にのみこまれることを中野さんに話している。

## 世界の終わり

超常現象情報研究センター（一般社団法人潜在科学研究所）の羽仁礼《はにれい》氏が調べたところによると、日本人コンタクティー第1号は、1958年1月に「宇宙人とテレパシーでコンタクトしている」と名乗り出た酒井克己氏ではないかという。冒頭にあげた永井勉氏の体験も同じ年の出来事だ。そしてその前年（1957年8月）、松村雄亮《ゆうすけ》（1929〜?）によって、宇宙人との交流を目的とした団体「宇宙友好協会（CBA）」が設立されている。このあたりが日本のUFOコンタクティー・ムーブメントの発端と見てよいだろう。

**【松村雄亮／1958年、神奈川県（野毛《のげ》）】**

CBAについては先行研究が多いのでここでは大きく触れないが、彼らが起こした「事件」は、UFOに関心を持つ人たちの間に大きく影響を与え、またコンタクティーのもうひとつの特徴を明確に表しているので飛ばすわけにはいかない。

CBAの松村は、1960年から地球の地軸の移動（ポールシフト）によって大洪水によるカタストロフ（大惨事）がおきるという終末論を主張している。それは松村雄亮が翻訳したスタンフォード兄弟の『地軸は傾く?』に記されていたことであったが、後にCBAはそれを宇宙人に直接確認したとしている。そして、その時選ばれし会員には「リンゴ送れ、C（カタストロフ）」というメッセージが届けられUFOに救済されると説き、CBAをカルト集団的なイメージを世の人々に与える状態へと導いた。このことによって日本のUFOに関心を持つ人たちの間に大きな波紋を巻き起こしている。

　この松村のように、未来に大きな危機感を抱き、それを伝えようとしている点も多くのコンタクティーの重要な特徴のひとつである。先に紹介した東京の山崎さんは核エネルギー使用への警告、札幌の中野さんも、このままだと地球人の悪い想念によって地球が太陽にのみこまれてしまうだろうと告げられているのを思い出してほしい。そして、共に告げられた場所は喫茶店だった。

　喫茶店から「世界の終わり」へと繋がってしまう飛躍が、このムーブメントのひとつの特徴であり面白さとも言えるだろう。

　そしてこの松村雄亮も喫茶店で宇宙人とコンタクトしており、その様子が平野威馬雄の『宇宙人についてのマジメな話』（1974年、平安書店）に描かれている。

　そこで、二人は野毛の「ヨテアモ」という喫茶店で相対して坐った。北欧系のある種の神秘をたたえた美しい顔からは、終始微笑が消えなかった……年の頃は二十一、二歳であろうか……ワンピースの上に首からさげた直径五センチほどの装飾品が絶えず七色に光り輝いていた。

　ここで彼女は、自分は最近日本へ配属された宇宙人であること、現在横浜に三人、東京に四人の宇宙人が来ていること、キャップは東京にいることなど打ち明け、あなたは東京のキャップに会うようになるだろうといった。この時二人はコーヒーを注文したが、彼女はコーヒーに入れるべきミルクをコップの水について飲み、コーヒーには手をつけなかった。（傍点は引用者による）

この引用にある「水ミルク」も、食事の食べ方を

『宇宙人についてのマジメな話』（平安書店）

知らなかったというようなＭＩＢ《エム・アイ・ビー》の奇妙な行動（注1）との共通点があり、かなり気になるところだが、紙面は残り少ない。

## 最後に

コンタクティー・ムーブメントは80年代を過ぎると、ここで紹介した70年代までのケースのように宇宙人と物理的なコンタクトを果たしたという事例は少なくなる。それは、このムーブメントの立役者であり多くのコンタクティーの雛形《ひながた》となったアダムスキーの体験のほとんどが現在では科学的見地から否定されていること、また直接コンタクトしたという割には物理的な証拠が少なすぎること、さらに情報が大量に、そして均質なものが平等に得られるインターネットの急速な発展によって、それまで研究者などに限られていたコンタクティーに対する懐疑的な見解や情報が一般の人たちにも広く伝わるようになったことで、彼らの言葉を無邪気に信じることが難しくなっているからだろう。

　こうして多くのコンタクティーが登場したムーブメントも、年々リアリティを薄めていき、日本だけでなく世界的にも縮小傾向にあるように見える。代わりに例えばダリル・アンカのバシャールとのチャネリングによるコンタクト（注2）のように、精神的なコンタクトと、ワクワクしていれば人生うまくいくというようなメッセージが主流となる。こうなると、もはや科学的な根拠や証拠は必要なくなり、後はそれを信じたい者だけに伝わればいいだけのものとなる。

いま人間にコンタクトしてくる宇宙人は、喫茶店でレモンスカッシュを飲みながら地球滅亡を伝えたりしないだろう。このようにコンタクティーの想像力が、時代やメディアと絡み合いながらその表現を変化させているのを見るのも、なかなか趣《おもむき》深いものがあるのではないだろうか。また、この変化を知ることは、現在やこれからのコンタクティーのあり方をうらなうひとつの指針となるかもしれない。

（注1）ＭＩＢとは、ＵＦＯを目撃した人々のもとを訪れ、その事実を口止めしてまわっているとされる「全身黒ずくめの服装をした男たち」（Ｍｅｎ Ｉｎ Ｂｌａｃｋ／メン・イン・ブラック）のことである。ヒットした同名映画のように政府の秘密組織のエージェントとの解釈もあるが、１９６６年米国ミネソタ州のオワトナでのＵＦＯ目撃騒ぎのおり、ラルフ・バトラー夫人のもとを訪れたというＭＩＢのように、その範疇におさまりきらないケースも多い。
　そのＭＩＢは、まるで食べ方を知らないかのようにフルーツゼリーをまる呑みしようとしたというのだ。他にもボールペンを知らなかったり、男性なのにべったりと口紅をつけていたり、「エネルギーが切れてきたので帰らなければ…」といった奇妙な言葉を口走ったりと、不可解な行動が数多く報告されている。

（注2）ダリル・アンカ（１９５１年〜）は、バシャール（ＢＡＳＨＡＲ）と名乗るオリオン座近くの惑星エササニに住む知的生命体とチャネリング（トランス状態となって超越的存在と交信すること）という手法によってコンタクトしているとし、その内容をまとめた本を出版している。彼とバシャールの連名で出版された『ＢＡＳＨＡＲ　宇宙存在バシャールからのメッセージ』は80年代終わりに日本でも出版され、精神世界・ニューエイジ思想の支持者の間で広く読まれた。
　またダリル・アンカは映画の特殊効果デザイナーであり、劇場版第一作目の『スター・トレック』（１９７９）や『デイ・アフター・トゥモロー』（２００４）など数々の作品に関わっている。

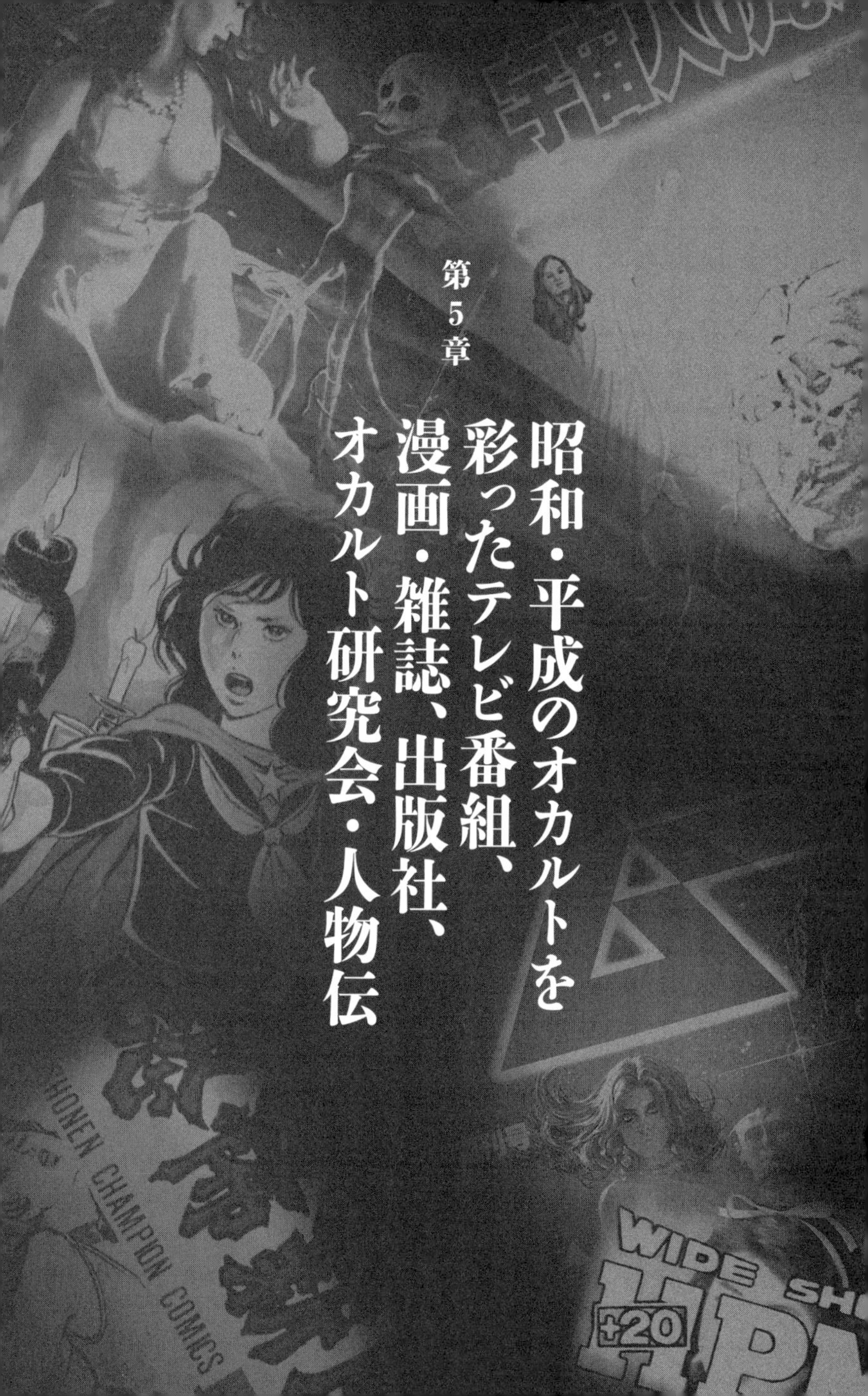


# 第5章 昭和・平成のオカルトを彩ったテレビ番組、漫画・雑誌、出版社、オカルト研究会・人物伝

# 昭和・平成のオカルト番組

本城達也

本稿では昭和・平成の時代に放送されたオカルト番組を取り上げる。ここでいう「オカルト番組」（フィクションを除く）とは、オカルト（3ページ参照）を扱う番組のことである。普段はオカルトを取り上げていない番組であっても、取り上げた回があれば便宜上、そのように記載する。

内容が肯定的か否定的かは問わない。実際には同じ番組でも回によって違ったり、調査や検証の結果が肯定でも否定でもなく未解明のままで終わったりするケースもあるからだ。

また、真相を明らかにしようとするスタイルかどうかも問わない。通常、そうしたスタイルをとればオカルトに否定的な結論が出ると思われがちだが、実際は必ずしもそうならないからである（番組で肯定的な研究家に取材すれば肯定的な結論が出ることもある）。

そのようなわけで、前述のように定義したオカルト番組の歴史を以降でまとめてみた。

## オカルト番組の始まり

日本でテレビの放送が始まったのは1953年からだが、オカルトを扱う番組が始まったのはいつからだろうか？

実は、これを特定するのがなかなか難しい。テレビ番組の場合、まとめて保存・管理するアーカイブがなされていないからだ。

一応、番組の収集・保存のための施設としては、公益財団法人放送番組センターが運営する「放送ライブラリー」がある。しかし実際には大部分の番組が保存されておらず、ほとんど役には立たない。

そのため昔の番組であればあるほど、放送された番組内容を確認することは困難になる。それでも筆者が今回、新聞のラテ欄（ラジオ・テレビの番組欄）やNHKのアーカイブスを中心に確認した限りでは、1959年12月21日（21時30分～22時）にNHK総合テレビで放送された『**生活の知恵**』という番組が、オカルトを扱った最も古い番組といえそうだ。

この『生活の知恵』は、1957年から1971年まで放送された情報番組である。その1222回目で取り上げられたテーマが「占い」だった。出演者は当時の有名な占い師・藤田小女姫《こととめ》、易経研究家の加藤大岳《だいがく》、日本運命学会会長の中村文聡《ぶんそう》、トランプ占い師の石井由紀など。

残念ながら具体的な内容まではわからないが、主な出演者を見る限り、おそらくそれぞれの占いについての紹介などがあったと思われる。

## 1960年代のオカルト番組①

その後はどうだろうか。1965年8月22日には東京12チャンネル（現在のテレビ東京）の『**未知への挑戦**』（21時～21時40分）という番組で「死者との対話」という回が放送されている。

この番組はジャーナリストの田原総一朗氏が東京12チャンネルのディレクター時代に企画提案したもので、1964年から1976年まで放送されたドキュメンタリー番組である。毎回、テーマを決めて、密着取材や実験を行うような番組だったという。「死者との対話」の回は未見のため、どういう内容だったのか残念ながら不明だが、テーマから推測すると霊媒師が取り上げられたのかもしれない。

実は、この後、霊媒師はちょっとした話題になる。1965年9月3日の『朝日新聞』のラテ欄で、「〝神占い〟にビックリ 芸術座の一行」という見出しの特集記事が組まれている。記事によれば、同年10月1日から12月中旬まで、東京の芸術座で霊媒師が登場する舞台「霊界様と人間さま」があり、その役者やスタッフなどが、実際の霊媒師のもとを訪れて実地見学を行ったのだという。

この舞台は当時、話題になったようだ。1965年9月15日には、『**アフタヌーンショー**』（NETテレビ、現在のテレビ朝日、12時〜13時）が舞台について紹介。番組では霊媒師も呼んで降霊術が行われている。

"神占い"にビックリ
芸術座の一行
お告げ受けた五十鈴
「霊界様…」の実地見学

1965年9月3日付『朝日新聞』夕刊のラテ欄に掲載された「"神占い"にビックリ 芸術座の一行」の記事

このときの様子は『週刊読売』（1965年10月10日号）の「真っ昼間・章太郎の死霊がテレビに！波紋よぶ『霊媒』ブッツケ本番放送」と題された記事が詳しい。

それによれば、番組では、妻が霊媒師で夫が審神《さに》者《わ》（霊媒師の通訳のような役割）の夫婦が出演。1965年1月に亡くなった俳優で人間国宝の花柳《はなやぎ》章《しょう》太《た》郎《ろう》と、1964年1月に交通事故で亡くなった喜劇俳優の八《はっ》波《ぱ》むと志《し》の霊を呼ぶ降霊術が行われたという。

その内容については、花柳章太郎の霊だというものが、その場にいた出演者（劇作家の菊田一夫、女優の有馬稲子氏、同じく草笛光子氏、アナウンサーの榎本猛）に対して、「ここにいらっしゃるみなさんは、わたくしがよーく知っている人々ばかりであります」と発言。ところが榎本アナウンサーは生前の花柳章太郎と面識がなかったのだという。

このようにその信憑性はイマイチだったようである。けれども放送中は「霊」の発言を否定するような情報が出なかった。そのため霊媒師を信じた視聴者から、放送後に霊媒師の住所を問い合わせる電話がNETテレビに殺到したという。

## 1960年代のオカルト番組②

1960年代は、他にもオカルト番組が放送されている。1965年11月8日には日本テレビで『11《イレブン》PM《ピーエム》』（詳しくは後述）がスタート。

1968年11月14日には『**万国びっくりショー**』（フジテレビ、19時30分〜20時）という番組で、「特集・フィリピンの心霊手術」と題された回が放送されている。

心霊手術とは、メスなどを使わず、傷跡も残さずに外科手術が行えると称するものだ。番組では「驚異の心霊手術家」だというフィリピンのアントニオ・アグパワー（通称トニー）が登場。スタジオにて舌と手で絆創膏《ばんそうこう》を切るパフォーマンスを行ったほか、フィリピンでの心霊手術の様子を撮影したVTRも流された。

ちなみに現地での撮影は1968年の9月中旬で、スタジオでの撮影は同年10月4日だったという。放送まで間があいた理由について、『万国びっくりショー』の大島正俊プロデューサーは『週刊新潮』の取材に対し、次のように答えている。

「原（引用者注・番組のディレクター）の撮影してきたフィルムを見て、検討していたんです。むろん、放送倫理規定にかかるかどうかも含めて。その結果、疑いなしとなって、科学的にはわからないところもあるが、事実は事実として放送することになったのです」（「逮捕された『心霊手術』とテレビ局の責任」『週刊新潮』1968年11月30日号）

これに対し、『週刊新潮』では同じ記事の中で次のように疑問を呈している。

「事実？この場合、撮影者にウソがなく、カメラが忠実に写し取ってきたというだけで、事実といえるかどうか。仮にトニーが手品を演じたとしたら、フィルムはその手品師ぶりを記録しただけに過ぎないことになりはしないか」（同前）

この指摘はそのとおりだった。1968年11月8日、当時、サンフランシスコにいたトニーは、インチキな手術を行った疑いでFBIに逮捕されたからである（番組側が逮捕を知ったのは放送後の11月21日か22日頃）。

この『週刊新潮』の記事では、「最初から手品を見せられていたとわかっていれば、それこそ〝びっくりショー〟で、何のことはない。しかし、このテレビ番組、いささかも手品とはいっていない。それどころか、自局のディレクターまで登場させて〝ホンモノ〟を強調しているのである。詐欺の片棒をかついだようなもので、無責任きわまるといってよい」と批判している。

しかし後述するように、こうした批判が後の番組で活かされることはなかった。

## 1970年代～1980年代のオカルト番組

1970年代になると、オカルトブームの影響もあって、オカルトを扱う番組はどんどん増えていく。代表的なのは、1973年から始まった『**木曜スペシャル**』（日本テレビ）、『**あなたの知らない世界**』（同前）、そして1976年に始まった『**水曜スペシャル**』（NETテレビ）などだろうか（いずれも詳しくは後述）。

あまり知られていないところでは、1976年8月8日にNHK教育テレビで放送された『**若い広場**』（22時30分～23時30分）という番組の「ぼくらのUFO」と題された回がある。

これは若者をスタジオに招いてトークする若者番組（1962年～1982年）だったが、8月8日の回ではUFOがテーマになった。出演したのは超常現象研究家の南山宏氏、同じく志水一夫（1954～2009）、JSPS（日本宇宙現象研究会）の雲英《きら》恒夫氏、同じく大槻哲史氏など。当時の若手研究家たちが並ぶが、教育テレビでもUFOがテーマとして取り上げられるほどに、当時はUFOが話題になっていたことがうかがえる。

1980年代も次々にオカルト番組が放送されていった。1983年1月27日には不定期放送の『**これが世界の心霊だ！**』（フジテレビ）がスタート（初回の関東の平均視聴率はビデオリサーチ調べで19・4％。以降も数字のみの場合は同様）。1985年9月20日まで、計6本の番組が放送され、自称霊能者の宜保《ぎぼ》愛子（410ページ参照）などが出演して活躍した。

1984年2月3日には、『**金曜ファミリーワイド**』（フジテレビ、20時2分～21時48分、19・4％）でスプーン曲げと透視が取り上げられる。番組に出演したのは、スプーン曲げ少年の関口淳君（94ページ参照）の後に超能力少年として有名になっていた清田益章《ますあき》氏と山下裕人《ひろと》氏。

番組ではスプーン曲げや透視を科学的に証明しようと実験を試みたが、清田氏と山下氏がインチキを行っているという結果が出てしまう。けれどもそれを隠すことなく放送したことで、大きな反響を呼んだ。

１９８８年10月11日からは深夜番組の『こだわりTV PRE《プレ》★STAGE《ステージ》』（テレビ朝日）がスタート。１９９２年10月16日まで続いた放送の中で、たびたびオカルトが取り上げられている。この番組の特徴のひとつは、スタジオで行われる討論形式のトークバトルだった。いわゆる肯定派と否定派にわかれて互いの主張をぶつけあうものである。この形式は後に同じテレビ朝日で放送がはじまる『ビートたけしの超常現象Xファイル』（後述）でも引き継がれていく。

80年代最後の１９８９年には、『**矢追純一UFO現地取材シリーズ**』（日本テレビ）も放送を開始した（詳しくは後述）。

## １９９０年代に起きた超能力詐欺とオカルト番組

１９９０年代に入ると、前出の『万国びっくりショー』から何も学ばなかったオカルト番組が放送される。次の四つの番組だ。

１９９２年11月12日『**追跡**』（日本テレビ、19時～19時30分、13・６％）

１９９３年４月１日『**ズームイン朝**』（同前、７時～８時30分、15・９％）

１９９３年４月９日『**ズームイン夜**』（同前、19時～22時48分、16・９％）

１９９３年12月19日『**難病に挑戦する超能力 邵《しょう》錦《きん》パワーの秘密!!**』（同前、14時～15時30分、10・９％）

これらは、中国の自称超能力者、邵錦を取り上げ、彼女が難病を治すことができるかのように放送。その内容を信じた視聴者の中には日本テレビに問い合わせるなどして、邵錦の宇宙パワーや気と称するものによる治療を受けた人もいた。

ところが、その治療コースは380万円から500万円と高額な上、前払いさせた後は、治療効果がなくても（実際なかった）途中解約や返金には一切応じないというものだった。

そこで視聴者らは、邵錦の治療行為が詐欺にあたるとして東京地裁に総額1億円余りの損害賠償を求めて提訴。東京地裁は1997年5月27日に、邵錦の行為は詐欺にあたるとして、慰謝料、弁護士費用も含めた請求額全額の支払いを邵錦とその夫（積極的に関与していた）に命じる判決を出した。

またこの他にも、日本テレビと番組制作会社も同時に訴えられたが、日本テレビ側が6000万円を原告の視聴者らに支払うことで和解が成立している。『万国びっくりショー』の心霊手術の放送時から約25年。このようなことが繰り返されたのは残念きわまりない。

## 地下鉄サリン事件以降のオカルト番組

邵錦の超能力番組が放送された後もオカルト番組は続く。そんな中、1995年3月20日にオウム真理教による地下鉄サリン事件が起きる。

これにより、オカルト番組は一時的に減ることになった。とはいえ、まったく放送されなくなったわけではない。

事件から8日後の3月28日には、『**驚異の霊能力者・宜保愛子スペシャル　中国神秘の超能力パワーと霊視対決!!**』（TBS、19時〜20時54分、12・3％）という番組が放送されている。この日は14時から放送の『スーパーワイド』（TBS）でオウム真理教と麻原彰晃の特集が組まれていたが、宜保愛子は夜の番組宣伝のために同番組にも生出演していた。

そのほか、4月から7月にかけても月に1本ペースでオカルト番組は放送され、8月には毎年恒例の『あなたの知らない世界』（日本テレビ）を含む心霊番組が3本、10月にも3本のオカルト番組が放送されている（11月にはアメリカの有名なオカルトドラマ『Xーファイル』も放送開始）。

１９９５年はオカルト番組の歴史上、もっとも自粛ムードが漂い、逆風が吹いた時期のはずだ。それでもこれだけのオカルト番組が放送されているところに根強い需要と人気がうかがえる。

１９９６年以降は代表的な番組をあげてみよう。

１９９６年２月２日には、『**金曜超テレビ宣言！ＵＦＯ墜落から48年　今世紀最大の衝撃映像　宇宙人は本当に解剖されていた!!**』（フジテレビ、19時～20時54分、18・１％）という番組が放送。当時欧米で話題になっていた「宇宙人解剖フィルム」が日本ではじめて紹介されている。

同年10月27日にはオカルトを検証することも多かったが内容は玉石混淆《ぎょくせきこんこう》の『**特命リサーチ２００Ｘ**』（日本テレビ）が始まり、２００４年３月７日まで放送された。

１９９７年10月25日には、現在も放送を続ける『**奇跡体験！アンビリバボー**』（フジテレビ）がスタート。

１９９８年12月31日には、こちらも年末恒例の番組となって放送が続く『**ビートたけしの超常現象Ｘファイル**』（テレビ朝日）の放送が始まった（初回の番組タイトルは『ビートたけしの世紀末ノストラダムス大予言１９９９年恐怖の大王の謎完全決着スペシャル！』。以降もタイトルは変わる）。

２０００年代になると、『**不思議どっとテレビ。これマジ!?**』（テレビ朝日、２００１年４月14日～２００２年３月16日）と『**ＵＳＯ!?ジャパン**』（ＴＢＳ、２００１年４月14日～２００３年９月13日）が同じ年月日に放送開始。ほかに『**ＦＢＩ超能力捜査官**』（日本テレビ、２００２年３月２日～２００８年４月８日）シリーズもスタート。

またスピリチュアル・カウンセラーの江原啓之《ひろゆき》氏のレギュラー番組『**えぐら開運堂**』（テレビ東京、２００３年10月３日～２００５年９月30日）、『**天国からの手紙**』（フジテレビ、２００４年４月18日～２００７年12月26日）、『**オーラの泉**』（テレビ朝日、２００５年２月12日～２００９年９月19日、詳しくは後述）や、占い師の細木数子氏のレギュラー番組『**ズバリ言うわよ！**』（Ｔ

BS、2004年8月10日〜2008年3月11日)、『**幸せって何だっけ**』(フジテレビ、2004年11月5日〜2008年3月14日)も放送された。

さらに2007年8月17日からは、現在も番組改編期で特番の放送が続いている『**やりすぎ都市伝説**』(テレビ東京)が始まる。番組のメインの出演者でタレントの関暁夫《あきお》氏による決めゼリフ「信じるか信じないかはあなた次第」は、今やすっかりお馴染みである。

また、2010年4月12日〜2011年9月12日までは日本テレビで『**不可思議探偵団**』が放送され、2013年3月25日からは現在も放送が続いている『**幻解!超常ファイル**』(NHK BSプレミアム、詳しくは後述)の放送が始まった。

## 個別のオカルト番組

さて、これまではオカルト番組の始まりからの流れを概観してきた。ここでは、これまでの番組の中からいくつかピックアップして少し詳しく書いておきたい。

なお、近年(2014年以降)のオカルト番組の動向については、最後にまとめることにする。

### 『11PM』(日本テレビ、1965年11月8日〜1990年3月30日)

当時話題になっていたオカルトのネタがたびたび取り上げられた深夜番組。番組開始当初は午後11時にスタートする番組だったため、この番組名になった(その後、放送開始時間は少しずつ繰り下がっていく)。

初期には「プレイハウス5」というミニドラマのコーナーがあり、そこで「予言」(1966年1月31日)、「雪女」(1966年2月9日)、「宇宙人」(1966年2月28日)といったテーマの回が放送されていた。

しかし、ドラマ以外でオカルトがはじめて取り上げられたのは、1966年6月13日に占いが取り上げられた回である。その後、同年9月7日には心霊、1967年8月17日に怪談、1968年2月14日に

1982年当時の番組タイトル『11PM』のテロップ。最初は女性が背景に映り、CMに入るときは水着姿のカットが入るなど、お色気要素もあった。

再び心霊、同年５月６日に空飛ぶ円盤と続いていく。

とくに当時の話題を先取りしたり、よく反応したりしていたのは１９７３年12月24日に自称超能力者のユリ・ゲラーのインタビュー映像をいち早く放送したときだろうか。他にも１９７８年９月11日と１９７９年１月１日に、当時、「天中殺《てんちゅうさつ》」（占いの算命占星学《さんめいせんせいがく》において人生でトラブルが集中しやすいとされる時期）で話題になっていた占い師の和泉宗章《いずみそうしょう》（１９３６〜２００１）を招いたときは、天中殺ブームを大いに盛り上げた。

また、１９８２年12月15日にはＵＦＯファンの間で有名な甲府事件（１９７５年に小学生二人が宇宙人に遭遇して肩を叩かれたとされる事件）のその後が取り上げられ、事件現場や成長した少年たちの貴重な取材映像が放送されている。

**『木曜スペシャル』（日本テレビ、１９７３年４月５日〜１９９４年３月31日）**

オカルト番組の代名詞ともいえる有名なバラエティ番組。放送開始の頃は、毎週木曜日の20時から20時55分までの１時間番組だったが、途中から90分番組になった。

テーマは毎回異なる。オカルトがはじめて取り上げられるのは意外と遅く、放送開始から半年以上経った１９７３年12月27日のことである。番組タイトルは「現代の怪奇!・決定版・これが空飛ぶ円盤だ!!」（19時30分〜20時55分）。

演出を担当したのは当時、日本テレビのディレクターだった矢追純一氏。番組では、過去６年間に集めたというＵＦＯ映像や写真数百点を紹介していた。これも意外なことに、現在のオカルト番組がよくや

1983年3月31日に放送された『木曜スペシャル　世界最高の超能力者ユリ・ゲラーの奇跡！』（日本テレビ）の冒頭テロップ。このときは再来日したユリ・ゲラーが出演。かつて1974年3月7日に、視聴者に対して行った生放送でのスプーン曲げパフォーマンスを再演するとして、このようなテロップが流された。

上記の番組に出演したときのユリ・ゲラー

上記の番組では、東京タワーの展望台に子どもたちを集めて、ユリ・ゲラーによる金属曲げのパフォーマンスが行われた（ユリ・ゲラーは手前の右から２番目）。

っている、オカルト動画や写真を数多く紹介していく構成とあまり変わらない。70年代から、すでに今と同じような構成の番組があったのだ。

その後の放送で、今も語り継がれる有名なオカルト回となったのは、１９７４年3月7日（19時30分～20時55分）に放送された「驚異の超能力!! 世紀の念力男ユリ・ゲラーが奇跡を起こす！」と題された回だろう（91ページ参照）。当時の日本にスプーン曲げブームを巻き起こした伝説の回である。

このときの回を担当したのも矢追純一氏で、矢追氏は以降もユリ・ゲラーを何度も取り上げたほか、１９７５年２月13日には雪男、同年10月２日はバミューダ三角海域、１９７６年7月22日にはオリバー（人とチンパンジーの混血種といわれたサル）、同年10月21日はネッシー、さらにＵＦＯは毎年のように取り上げ続けた。

木曜スペシャルがオカルト番組として有名になり成功したのは、矢追純一氏の功績が大きい。その矢追氏はテレビとは何かについて、あるとき次のように言っていたという（『テレビ夢50年 番組編④１９８１～１９８８』日本テレビ）。オカルト番組を長年手がけ、「怪奇ディレクター」とも呼ばれた矢追氏らしい至言である。

「塀に穴を開けて、そこに、〈覗かないでください〉

と書いておく。みんな覗きたがる。テレビってそういうもんですよね」

### 『あなたの知らない世界』（日本テレビ、１９７３年７月25日～１９９８年８月14日）

主に夏休み期間中に放送される心霊番組として有名になった番組（正確には昼の番組の１コーナー）。もともとは『お昼のワイドショー』（日本テレビ、12時～13時）の１コーナーとしてスタート。当初の放送は水曜日で、１９７３年７月25日の初回は、「あなたも超能力者になれる」というタイトルで超能力を扱っていた。

心霊が扱われるのは同年８月８日になってからである。このときのタイトルは「幽霊は本当にいるのか」。

心霊番組として人気が出てくると、視聴者から送られてきた心霊体験談の再現ドラマをよく放送するようになる。これがまたよくできていて怖く、夏休み中の小学生たちを震え上がらせた。

スタジオでは、放送作家で心霊研究家の新倉イワオ（１９２４～２０１２）による解説もあった。新倉の語り口は落ち着いていて、ただ恐怖心を煽るようなことはしない。そのため、これがまた番組の独特の魅力でもあった。

筆者も小学生の頃は毎年欠かさず見ていたものである。普段は怖い話が多いが、たまにちょっと良い話風に終わる回があり、それも楽しみだったことを覚えている。

### 『水曜スペシャル』（NETテレビ→テレビ朝日、１９７６年４月21日～１９８６年３月26日）

オカルト番組としては『木曜スペシャル』と並ぶ有名なバラエティ番組。もともとは歌番組の予定だったが、放送開始の３か月前になって90分のスペシャル番組を編成することになったという。そこで企画されたのが、先行する日本テレビの『木曜スペシャル』に対抗するかたちのバラエティ番組だった。

オカルトがはじめて取り上げられたのは、３回目の放送となった1976年5月5日の回である。このときはオランダの自称超能力者ジェラール・クロワゼを日本に招き、超能力捜査によって当時行方不明になっていた少女の遺体を発見するという驚きの結果を出した（219ページ参照）。これにより番組は視聴率30・5％を記録。『木曜スペシャル』の後発番組ながら、その存在感を大いに示すことに成功した。

　オカルト番組としては、その後も超能力捜査を何度も扱ったほか、1978年3月15日からは、俳優の川口浩（1936〜1987）を隊長とした有名な「川口浩探検隊シリーズ」がスタート。同シリーズは大人気となり、『水曜スペシャル』内では最後となる1985年11月20日の放送まで、長年にわたって同番組を支え続けた。

**『矢追純一UFO現地取材シリーズ』（日本テレビ、フジテレビ、1989年1月21日〜1998年7月30日）**

　UFO番組として最も有名といえる番組。矢追純一氏が企画、構成、演出を担当したほか、自ら出演して現地へ取材に出かけるスタイルをとった。ナレーターは矢島正明氏が担当。芸能人などのスタジオトークに頼らず、ひたすら現地取材の様子をレポートしていくスタイルで臨場感を演出していた。扱われた事例はガルフブリーズ事件、MIB、アブダクション、マジェスティック12《トゥエルブ》、ロズウェル事件、キャトルミューティレーション、カラハリ砂漠UFO撃墜事件、プロジェクト・シグマ、エリア51、ナチスのUFOなど、当時の有名なものがずらりと並ぶ。この番組を見ていれば、これらの事例について説明なしでも話が通じた（ロズウェル事件って何？とはならない）。

　なお、番組名はここでは『矢追純一UFO現地取材シリーズ』としたが、実はシリーズを通しての一貫した番組名というものはない。そのためか、知名度のわりに、いつ始まっていつ終わったのか、まとまった情報がなかった。

　そこで矢追氏の著書（番組が放送されると関連した本を

出していた）とラテ欄をもとに、シリーズの各番組名と放送日（放送時間はすべて19時～20時54分）、それに視聴率を左の一覧にまとめた。参考にしていただきたい。

①『緊急ＵＦＯ現地取材特報・米政府が宇宙人と公式会見!?恐怖の秘密協定を結んでいた!?』（日本テレビ、１９８９年１月21日、15・４％）

②『緊急ＵＦＯ徹底取材特報！宇宙人と人類の秘密協定!? 恐怖・人体実験の真相を暴く』（同前、１９８９年９月23日、20・２％）

③『矢追純一・ＵＦＯ取材特報第３弾　宇宙人存在の極秘情報公開が始まった!?』（同前、１９９０年10月13日、16・０％）

④『矢追純一ＵＦＯスペシャル第４弾!!緊急特報！生きた宇宙人がつかまった!?』（同前、１９９１年10月13日、23・５％）

⑤『矢追純一ＵＦＯスペシャル　宇宙人は人類の滅亡を知っている!?』（同前、１９９２年10月４日、20・１％）

⑥『矢追純一ＵＦＯスペシャル　ついに宇宙人とのコンタクトが始まった!?』（同前、１９９３年10月10日、22・９％）

⑦『矢追純一ＵＦＯスペシャル　独ナチスがＵＦＯを製造していた!?』（同前、１９９４年10月11日、12・９％）

⑧『緊急報告!!ＵＦＯ・最新極秘情報』（フジテレビ、１９９８年７月30日、14・８％）

※このほか、似た番組として、１９８４年２月23日に放送された『木曜スペシャル 緊急現地取材特報』（日本テレビ、19時30分～20時54分、13・６％）や、同年11月15日に放送された『木曜スペシャル 現地取材特報第２弾』（同前、７・３％）などもあるが、これらは木曜スペシャルの番組と判断し、シリーズには含めなかった。

**『国分太一・美輪明宏・江原啓之《ひろゆき》のオーラの泉』（テレビ朝日、２００５年２月12日～２００９年９月19日）**

２０００年代中頃からスピリチュアルブームを巻

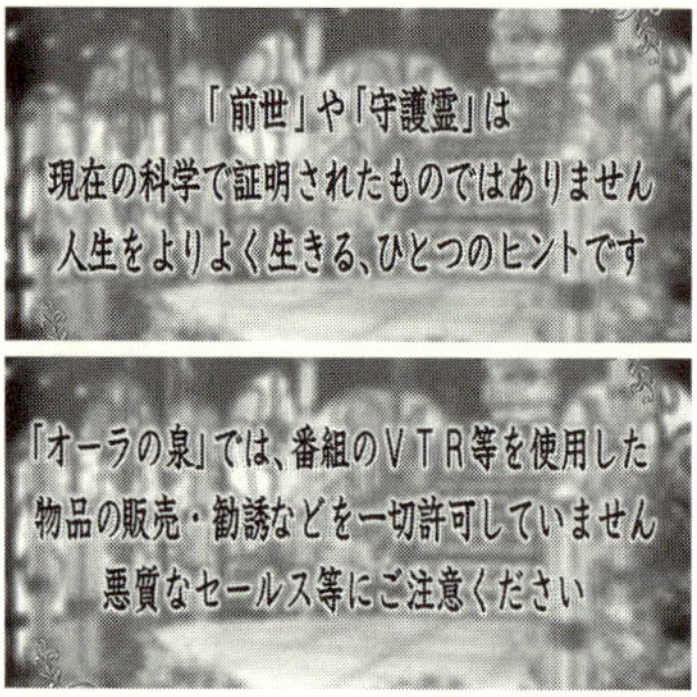


『オーラの泉』が2007年４月21日にゴールデンタイムに進出した回から、毎回番組の最後に提示されるようになったテロップ。これは2007年２月21日に全国霊感商法対策弁護士連絡会が日本民間放送連盟などに提出した要望書を受けてのもの。要望書では霊感商法などを助長するおそれがあるとして、スピリチュアル番組などで安易に断定的なコメントが行われる傾向を是正するように要望していた。

き起こしたトーク番組。２００５年２月12日に単発での放送があった後、２００５年４月４日（正確には５日）から深夜の時間帯でレギュラー放送が始まった。ゴールデンタイムに進出したのは２００７年４月21日の回からである（初回は19時～20時54分までの２時間スペシャルで、それ以降は19時57分～20時54分の放送）。

出演者は国分太一氏、美輪明宏氏、江原啓之氏。ナレーターは矢島正明氏。

番組では主に国分氏が進行役で、美輪氏と江原氏がスピリチュアルな視点から、毎回迎えるゲストに様々なアドバイスを送る役を担った。中でも江原氏はよく霊視を行い、それがよく当たると評判を呼んだ。

だが、すでに起きていることであれば事前調査で情報が得られる可能性がある。反対に、まだ起きていない未来のことで多くの人が予想できないことであれば、事前調査は通用しない。そうした未来のことについては霊視できていたのだろうか。

ここでは代表的な例を取り上げてみた。

**●船越英一郎氏（２００６年４月24日に出演）**

船越英一郎氏と当時の妻・松居一代氏は、その出会いから守護霊によってプログラムされていたという。前世でも縁があったと霊視された。ところが、この二人はその後、泥沼の離婚騒動を繰り広げ、２０１７年に離婚が成立した。

**●陣内智則氏（２００８年１月12日に出演）**

陣内智則氏は女優の藤原紀香氏と結婚後に出演。

番組放送時には、「前世を見ればわかる」「紀香さんは宝物」「結婚生活は問題ない」と霊視された。しかし2009年3月に離婚。

**●小室哲哉氏（2008年5月3日に出演）**

江原啓之氏からは、「新たな小室さんの時代がくる」、美輪明宏氏からは「当時（90年代）と今はまるでオーラが違う。当時のオーラは、どす黒い赤。今はまったく穏やかな綺麗な紫がかったオーラ」と霊視された。

ところが番組出演当時、まだ表沙汰にはなっていなかったものの、小室哲哉氏は5億円の詐欺を行っていた。そして2009年5月に懲役3年、執行猶予5年の有罪判決を受けた。

**●山口達也氏（2008年7月26日に出演）**

山口達也氏は結婚後に出演。その結婚は江原氏に霊視されていたという。しかし未来に起こる不幸は霊視できず。山口氏は2016年に離婚、2018年には強制わいせつ事件を起こし、書類送検、TOKIO脱退、ジャニーズ事務所退社となった。

**●間寛平氏（2009年1月17日に出演）**

世界1周をするアースマラソンの出発前に出演。江原氏は出発前にどうしても伝えたいことがあるとして、注意すべき点は海だと霊視。ところが、実際に間寛平氏をアースマラソン中に襲ったのは前立腺ガンだった（2010年にトルコで病を公表）。

これらを見る限り、まるで霊視できていなかったと言わざるを得ない。もし本当に霊視できるのならば、直接的なかたちではなくとも、注意することはできたはずではないだろうか。

江原啓之氏は番組で前世を霊視する際、「夢物語だと思って聞いてください」と前置きすることが多かった。その言葉どおり、彼の霊視は真に受けずに聞いておいた方が賢明なのかもしれない。

### 『幻解！超常ファイル ダークサイド・ミステリー』（NHK BSプレミアム、NHK総合テレビ、2013年3月25日〜）

毎回、オカルトの各事例を取り上げて丁寧な取材と検証を続けている日本のテレビ史上唯一の番組。2014年4月5日から2015年3月28日にかけては、20分の再編集短縮版が、NHK総合テレビでも放送された（それ以降も単発では総合テレビで放送されている）。

また2019年4月4日からはスピンオフ番組として、事件などを深く掘り下げる『ダークサイドミステリー』という番組もNHK BSプレミアムで放送を開始した。

ナビゲーターは女優の栗山千明氏、ナレーターは声優の中田譲治《じょうじ》氏が務める。

『幻解！超常ファイル』では、栗山千明氏が黒いドレスに身を包んだ妖しい雰囲気漂う「闇のナビゲーター」役で超常現象を紹介。その後、通常の姿になった栗山氏が登場。現実的な視点から疑問が述べられ、具体的な検証が始まるというパターンが多い。

栗山氏扮する闇のナビゲーターは、高飛車で自信に満ちあふれた態度を取る一方、無駄に粘着せずドライにやり過ごす一面もあり、どこか憎めない。また、彼女の紹介する話には煽りが入っているが、それによって視聴者の興味を惹きつける役割も果たす。

こうした演出は、どこから生まれたのか。番組プロデューサーの渡辺圭《けい》氏によれば、『木曜スペシャル』にあるという。渡辺氏が子どもの頃に見ていたオカルト番組の面白さやドキドキ感を採り入れているそうだ。

こういった〝遊び〟の部分もありつつ、番組では民放のオカルト番組があまりやってこなかった具体的な検証も手を抜かない。検証内容は一次情報の確認と現地調査、各研究者への取材などで構成されている。これは先行するオカルト検証本の手法から学んだことや、主に歴史番組を担当してきた渡辺圭氏自身の取材経験が活かされたものだという。

いわゆる「科学」を振りかざした頭ごなしの否定になっていないことがポイントで、地道な事実確認の積み重ねがこの番組を支えている。

とはいえ、質の高い検証を行うには時間と手間がかかる。それゆえ、番組は毎週の放送ではなく、年に数回（平均で３か月に１回）という放送ペースがとられている。

## 近年のオカルト番組の動向

最後に、近年（２０１４〜）のオカルト番組の動向をまとめておきたい。オカルト番組は２０１４年から２０１６年にかけて、ブームといえる状況にあった。

とくにブームのピークにあたる２０１５年には、オカルトを少しでも扱った番組が年間１００本を超え、企画のメインにすえた番組でも50本を超えたほどである。これは平均すると週に2回はオカルト番組が放送されたことになるわけだから、その人気ぶりがよくわかる。

２０１７年以降は落ち着いてきたが、それでもオカルト番組は放送され続けている。たとえば２０１８年10月16日には、「青森の神様」や「スピリチュアル・メッセンジャー」と呼ばれる木村藤子《ふじこ》氏の番組**『木村藤子のキセキ相談ＳＰ　もう一度あなたに逢いたい』**（フジテレビ、19時〜20時54分）が放送。木村氏は死者の遺品から霊視が行えるとして、フィギュア・スケーターの浅田舞《まい》氏の亡くなった母や、歌手のダイヤモンド・ユカイ氏の亡くなった親友などからのメッセージと称するものを語っていた。

またこのほかにも、先述のブーム期から放送が続く番組として、主に次の四つの番組がある。

### 『世界がビビる夜』（TBS、2014年3月27日〜）

２０１４年から番組改編期に放送されているオカルト番組。２０１８年３月７日の放送から番組タイトルが『ヤバいよ！怪奇探偵団』へと変更になっている。

この番組の目玉は、２０１４年９月３日の回からたびたび出演しているイタリアのジョバンナ・ポッダというアブダクティー（宇宙人に誘拐されたと称する人）の話である。

ジョバンナによれば、彼女は宇宙人に誘拐され、その子どもを出産したという。しかし、その宇宙人の子どもと称するもの（動画が残されている）はウサギの肉を使った偽物だと海外の研究家たちから指摘されている。

また２０１８年３月７日に放送された回では、寝室の枕元に現れた宇宙人を撮影したと称する画像を紹介。ところが、これもブラジルのクリエイター、フィリペ・デヴィッドがＹｏｕＴｕｂｅにアップしている動画からパクった偽画像だった。

しかし、こうした情報は残念ながら番組内では一切紹介されていない。そういう点では、この番組は、昔からよくあるオカルト番組のダメな部分をよく引き継いでいるといえる。


**『最恐映像ノンストップ』（テレビ東京、２０１４年８月13日〜）**


２０１４年から、主に毎年の夏に放送されている心霊番組。スタジオではなく、貸し切ったバスの中でタレントたちが心霊映像を見て怖がったり、心霊スポットを訪れたりするなどのスタイルが特徴になっている。

また番組では最近の事例だけではなく、昔の事例もよく取り上げる。たとえば２０１５年７月29日に放送された回では、怪奇作家の中岡俊哉の心霊写真を特集。２０１８年８月15日放送の回では、宜保愛子や岐阜のポルターガイスト事件（２０１ページ参照）が特集されている。


**『映っちゃった映像グランプリ』（フジテレビ、２０１５年１月27日〜）**

２０１５年から番組改編期に放送されているオカ

ルト番組。世界中から集めたオカルト動画を大量に紹介し、最後にその中からグランプリを決めるという形式をとる。

２０１８年６月30日に放送された回の番組紹介では、公式サイトにて、「これ本物なの？合成なんじゃない？なんてことは置いといて、不思議な映像をバンバン見て、グランプリを決めるこちらの番組」と書かれていた。

実際に番組を見ていると、明らかに合成だとわかる映像も数多く紹介されているが、残念ながら番組側はそうしたことを気にするつもりはないようである。

## 『世界の何だコレ!?ミステリー』（フジテレビ、２０１５年３月３日〜）

２０１５年から放送されているオカルト番組。もともと番組改編期に放送される特番だったが、２０１５年10月21日からは毎週水曜日に放送されるレギュラー番組となった。番組のレギュラー解説者は『ムー』の三上丈晴《たけはる》編集長が務める（ただし出番はかなり少ない）。

番組内でシリーズ化しているものとしては、座敷わらしが出ると噂される宿に泊まる企画や、海外で心霊現象が起きると噂されるホテルに泊まる企画、それに日本の心霊スポットとされる場所で野宿する企画などがある。

このうち、最初の企画はミステリー好きだという俳優の原田龍二氏が、幸運を呼び込むという座敷わらしの出没談がある全国の宿を訪れて宿泊。暗視カメラなどを部屋に設置し、怪音などの不思議現象が起きる様子を撮影するというものだ。

原田龍二氏はそうした現象を通して座敷わらしかもしれないものとコミュニケーションが取れているかのようだった。ところが２０１９年５月に原田氏の不倫問題が報じられてしまう。その結果、本書が出版されるときにはこの企画はなくなっているかもしれない。

## オカルト番組が放送され続ける理由

さて、以上のように、オカルト番組は昭和から平成の時代まで連綿と続いている。

なぜ、これだけ続くのだろうか？　筆者がこれまでにオカルト番組の制作スタッフの人たちから企画の相談を受けたときの経験からいえば、その答えは「夢やロマンがあるから」だと考えられる。

どれだけ真相を解明したり、冷静に考えてみるための情報を紹介することになっても、最後には未解明か肯定的な情報を紹介して終わりにしたいと相談されるからだ。そうした方が夢やロマンがあるからだという。オカルト番組に肯定的な内容が多いのも、そうした理由からだろう。

制作側にそうした考え方があり、視聴者にもそうした夢やロマンを求める層が一定数いるのであれば、オカルト番組がつくられ続けるのは必然である。

オカルト番組は２０００年代以降、ブームと比較的落ち着いた時期を繰り返す傾向にあるが、元号が変わって新しい時代になっても、その放送がなくなることはないだろう。


［参考文献］　※本文で取り上げたもの以外

『塀の上を走れ――田原総一朗自伝』（田原総一朗、講談社）

「心霊手術師つかまる」『朝日新聞』（１９６８年11月21日付朝刊、第15面）

『テレビ視聴率月報 関東地区』（ビデオリサーチ）

『判例タイムズ』（判例タイムズ社、９４２号）

『新・トンデモ超常現象60の真相（下）』（皆神龍太郎、志水一夫、加門正一、彩図社）

『宇宙パワーの奇跡 気の秘密編』（邵錦、日本テレビ）

『テレビ夢50年 番組編②１９６１～１９７０』（日本テレビ50年史編集室、日本テレビ）

『チャレンジの軌跡』（テレビ朝日社史編纂委員会、テレビ朝日）

「『幻解！超常ファイル ダークサイド・ミステリー』プロデューサー・渡辺圭氏インタビュー」『怪奇秘宝』（洋泉社）

# 昭和・平成のオカルトを彩った漫画

新田五郎

## １９７０年代以降にオカルト要素を取り入れた作品が増える

漫画は同時代のトピックスに、敏感に反応する。それはオカルトに関しても同様で、とくにブームとなった１９７０年代以降は、オカルト的な要素を取り入れた作品が増えていった。また、オカルトを取り扱った児童書の中には、エピソードを紹介するために漫画を導入したものも少なくない。漫画のわかりやすさが重宝されたためだ。

80年代半ばになると、レンタルビデオ店の増加にともなうスプラッタ・ムービー（血が大量に出る、残虐描写の多い映画）ブームと連動して「ＳＦ伝奇アクション」小説のブームが起こり、それにしたがいＳＦ伝奇アクションの漫画も増える。これらはオカルトを設定に取り入れてはいるが、それが実在するかどうかはあまり問題としないので、今回は除外した。

では、昭和・平成のオカルトに影響を与えられたり与えたりした作品を見ていく。

なお、発行年に関する情報は、２０１９年４月22日に調査・確認した。

**『貸本版　悪魔くん』全3巻　水木しげる（東考社、１９６３～64年。復刻版は全1巻、講談社、2017年。キンドル版もあり）**

１９６３～64年、貸本として全3巻、刊行された。

10万年に一人の天才と言われ「悪魔くん」の異名を持つ少年・松下一郎が、魔法陣から悪魔を召喚し、新世界をつくろうとする。「隠された知識」によって社会変革をもたらそうとする行為はいかにも「オカルト」っぽい。カート・セリグマン『魔法　その歴史と正体』やゲーテ『ファウスト』をヒントにしているという。本作以後、何度かリメイクされ、ドラマ化、アニメ化もしている。

**『幻魔大戦』全2巻、平井和正、石ノ森章太郎（秋田書店、1968年。復刻版は復刊ドットコム、2019年。キンドル版もあり）**

1967年、週刊少年マガジン連載。宇宙を破壊し続ける存在「幻魔」の地球侵攻を食い止めるため、プリンセス・ルーナ、東丈《あずまじょう》たち超能力者が結集する。物語は人類の滅亡をほのめかして中断してしまうが、その後、漫画と小説の合体作品として1971年に『新幻魔大戦』が描かれ、1979年に原作者・平井和正単独の小説作品として『幻魔大戦』『真幻魔大戦』が執筆される。これらはベストセラーとなり、1983年にアニメ映画『幻魔大戦』が公開され、こちらも大ヒット。シリーズを通し、時空を超えた戦士の出会いを描いたため、同じ前世を持つ（と認識される）者同士で集まろうとする「前世、転生ブーム」の一因となった。

**『エコエコアザラク』全19巻、古賀新一（秋田書店、1975～79年。復刻版はぶんか社、2016年。キンドル版もあり）**

週刊少年チャンピオン連載。黒魔術を使う美少女・黒井ミサが、さまざまな人たちに魔術をかけたり、超自然的な怪異に巻き込まれたりする一話完結形式の作品。タイトルの「エコエコアザラク」とは、ミサがよく使用する呪文に由来する。黒井ミサのキャラクター像は、学園漫画やアニメにありがちな「学校やクラスに一人はいる、やけに魔術にくわしい少女」の原型となった。

**『うしろの百太郎』全8巻、つのだじろう（講談社、１９７４～76年。復刻版はぶんか社、２０１７年。キンドル版もあり）**

１９７３～76年、週刊少年マガジン連載（１９７５年からは『月刊少年マガジン』にも並行して連載）。

主人公の少年・後一太郎《うしろいちたろう》は、心霊科学を研究する父・後健太郎のもとで、さまざまな超常現象を体験していく。ピンチの際は、守護霊である百太郎に助けられることもある。

同じ作者の『恐怖新聞』（後述）とともに、漫画を通じて昭和のオカルトの状況に大きな影響を与えた。とくに「霊界」「守護霊」「背後霊」「地縛霊」などの概念を一般に浸透させる一翼を担ったと言える。同時代に流行していた「コックリさん」の実践について作品中で警鐘を鳴らしているが、結果的に広めるきっかけにもなってしまった。

なお、心霊世界の秩序を説明されても、霊現象に関するモヤモヤが晴れるどころか、じんわりと不安にさせられるのが、つのだ心霊漫画の特徴。

**『恐怖新聞』全9巻、つのだじろう（秋田書店、１９７３～75年。復刻版はぶんか社、２０１７年。キンドル版もあり）**

１９７３年から75年まで、週刊少年チャンピオン連載。

霊魂や超常現象の記事、あるいは未来の出来事が書かれた新聞『恐怖新聞』が家に配達されてくる男子中学生・鬼形礼《きがたれい》が、さまざまな超常現象に遭遇する。心霊現象だけでなく、ＵＦＯやＵＭＡなども取り扱っている。恐怖新聞の送り主は悪霊であるため、常に作品内に不穏な空気が漂っている。

ほぼ同時期に連載されていた、同じ作者の『うしろの百太郎』とともに、「昭和オカルトに影響を与えた漫画作品」としては欠かせない存在。「心霊の世界」や、その他の不思議現象を「実在する」という前提で進む物語は、それまでの怪奇・恐怖漫画とは違った世界観を提示した。

また、2009年から2011年まで、西条真二氏によって『キガタガキタ！～恐怖新聞より～』全4巻、西条真二（秋田書店、2010～11年）というリメイク作品も発表されている。この作品は時代に合わせたホラーアクションの要素が強い。

つのだじろう氏は、『うしろの百太郎』『恐怖新聞』終了後も、心霊現象を扱った作品を多数執筆している。

**『ダイヤ少女』『続ダイヤ少女』『続々ダイヤ少女』黒田みのる、古出幸子（笠倉出版社、1978年）**

中学生の超能力少女・岡田マヤが、「心を忘れた人々」を改心させよ、と神から命を受け、「魔神」と戦う少女向けホラー。

黒田みのる氏は1958年にデビューした怪奇・心霊漫画家であり、新宗教系の教団「ス光（びかり）」の教祖。多数の怪奇漫画を発表しており、本作はそのひとつ。作中の世界観はおそらく彼の宗教観を反映しているので、少々お説教臭い内容ではある。

なお、本作では「空飛ぶ円盤」が飛来して心のきれいな人を救ってくれる、とあり、つのだじろう氏の『恐怖新聞』同様、かつてUFOと心霊は結びつきがあったことを記述している。

**『三つ目がとおる』全6巻、手塚治虫（講談社、1975年～77年。復刻版は復刊ドットコム、2017年。キンドル版もあり）**

1974～78年、週刊少年マガジン連載。過去に高度な文明を持ち、「第三の目」を持っていた種族「三つ目族」の末裔である少年・写楽保介《しゃらくほうすけ》は、ふだんは幼児のようだが、額の絆創膏をはがし第三の目を露出させると、天才的な頭脳と超能力を発揮する。そんな彼が親友の少女・和登《わと》さんとともに、超古代文

※

本文で紹介されている漫画の表紙（次ページも。なお、右下に※がついているものはオリジナル版の表紙ではない）

※

※

長南年恵の生涯
霊界通信劇画
超能力者列伝
微笑 別冊
380円

TENTOMUSI COMICS
てんとう虫コミックス
ドラえもん
第23巻
藤子・F・不二雄

SF COMICS
石森章太郎
サイボーグ009
CYBORG 009 (NO.13)

直撃!人類滅亡超真相
全てのオカルトはインチキだった!?
「この本で救われました」
作/山本弘 画/寺嶋としお

マガジンMMR
ミステリー調査班
1
UFO

花とゆめCOMICS
ぼくの地球を守って
日渡早紀 1

#1
あつまれ!ふしぎ研究部
安部真弘

美内すずえ
アマテラス

※

ASKA
1
学研

明の謎を解き明かしたりする。

連載当時のオカルトブームの影響を受けているが、謎を科学的に解明することを主眼としており、神秘性は薄い。手塚治虫は、いちおうブームには乗っかるが、オカルトに関しては引いて見ていたようである。

**『失われたムー大陸』全1巻、桑田次郎（大陸書房、1979年。復刻版は「失われたムー大陸＋ブラックホールX」のタイトルでパンローリング、2013年。キンドル版もあり）**

長らく地球を離れていた惑星探査艇が地球に戻ってきたとき、人類は滅亡していた。それは、ムー大陸滅亡の悲劇が地球規模で起こったからであった、というお話。

オカルト本を多数出版していた大陸書房（311ページ参照）は、漫画単行本のシリーズも出していた。それが「大陸謎シリーズ」であり、本作はその中の一冊。このシリーズには他に、いけうち・誠一『日本の宇宙人』、門井文雄《かどいふみお》『幻のアトランチス』、七瀬カイ『地球の大空洞』などがある。どれも、大陸書房のオカルト本を下敷きにしている。

## 80年代以降、ＳＦ伝奇アクションの漫画も増える

**『サイボーグ009』13～15巻、石ノ森章太郎（秋田書店、1980～81年。復刻版は復刊ドットコム、2017年。キンドル版もあり）**

長期シリーズ「サイボーグ００９」は、オカルト的な題材をときどき取り上げるが、ここでは月刊漫画少年（朝日ソノラマ、１９７７年７月号～79年９月号）に連載された中編エピソード「海底ピラミッド編」を紹介する。

バミューダ・トライアングルの海底に発見された「ピラミッド」をめぐり、００９たちサイボーグが、

悪の組織や宇宙人と戦いを繰り広げる。作中では「ブラックヘリコプター」（陰謀論にときおり登場する、国籍・所属不明の黒いヘリコプター）、月に関するオカルト本『それでも月に何かがいる』の「月には人工物がある」という説、謎の人物「サン・ジェルマン伯爵」（18世紀にヨーロッパで活躍した、ルイ15世の寵愛を受けたこともある人物。不死伝説がある）などのオカルト的な名詞が飛び交う。また、15巻には、本編を補完するかたちで「サン・ジェルマン伯爵」についての読み切りが収録されている。この短編は、「海底ピラミッド編」で「タイムマシンを駆使し、人類を操ろうとする異星人」として登場したサン・ジェルマン伯爵が、本当は何者だったのかを作者の石ノ森本人が考察するというものである。

石ノ森章太郎は、自身が携わり後に原作者の平井和正が牽引する『幻魔大戦』とはまた別個に、オカルト系の話題をよく自作に取り入れていた。

**『ドラえもん』第23巻、藤子・F・不二雄（小学館、1982年。キンドル版もあり）**

藤子・F・不二雄は、数多くオカルト・超常現象を漫画のネタにしてきた。たとえば『ドラえもん』の「ツチノコ見つけた！」（1975年）、（正確には『ドラミちゃん』の）「ネッシーが来る」（1974年）、『エスパー魔美』の「未確認飛行物体!?」（1977年）などがオカルトを題材としたエピソードの一部である。どれも、できるだけ科学的、SF的なアプローチをしている。

そんな中、『ドラえもん』の「異説クラブメンバーズバッジ」（1980年）というエピソードは、少々変わっている。たとえば地球空洞説（地球の内部は空洞になっているという説）などの「異説」が、バッジを付けた者たちの間でだけ現実化するのだ。マイクに「地球空洞説は正しい」と吹き込みバッジをつけると、バッジを付けた者にとってだけ、地球内部が空洞になるのである（ジャイアンとスネ夫もバッジにより地底世界を見てしまったため、騒動が起こる）。

オカルトや超常現象を題材とした漫画は数多いが、すでに間違っているとされている異説を、信じる者たちだけで共有し、「現実化」させるという話はめずらしい。正確には、「幻覚の共有化」だと見るべきだが、「異説クラブメンバーズバッジ」で具現化された世界に現実世界の物質を残してきても問題はなく、さらにはバッジを付けていない人々にもその「異説」が共有化される可能性があるという描写がある。つきつめて考えるとよくわからないのだが、まあ、ドラえもんのひみつ道具はどれもわりとザックリしているので……。

ちなみに、２０１９年３月から公開された劇場用アニメ『映画ドラえもん のび太の月面探査記』では、この「異説クラブメンバーズバッジ」が、上記の矛盾点を整理し、重要なアイテムとして登場している。

また、「Ｅ．Ｔ．大研究」「超能力大研究」などの項目を立て、さまざまな、いまだに立証されたとは言いがたいとされる異説について書いた『藤子・Ｆ・不二雄の異説クラブ』全２巻　藤子・Ｆ・不二雄（小学館、１９８９〜90年、復刻版は小学館、２０１４年）という書籍（漫画ではない）もある。この『異説クラブ』は、『映画ドラえもん のび太の月面探査記』公開に合わせ、雑誌『ムー』２０１９年４月号で特集が組まれている。

## 『微笑別冊　超能力者列伝　長南年恵の生涯』山本鈴美香（祥伝社、１９８４年）

女性誌『微笑』に１９８４年から85年にかけて連載。大ヒット漫画『エースをねらえ！』の作者・山本鈴美香《すみか》氏の手による、明治時代の超能力者・長南年恵（おさなみとしえ、または、ちょうなんとしえ）（注１）の伝記。山本氏は１９８１年頃から霊能者として宗教的な活動をする機会が多くなり、本作でも本筋からときどき脱線し、作者の宗教観や人生哲学が織り込まれている。また、「読むだけで幸福になる」「神のお告げでストーリーが決まる」とうたい「誌上予言」も行っている。

なお山本鈴美香氏は、平安末期を舞台に、神に仕える霊能力を持った少女や美青年が活躍する伝奇時代劇『白蘭青風』1巻（小学館、1983年、『プチフラワー』小学館、1983〜84年連載）という作品を描いている。こちらも回を追うごとに宗教色が強くなり、また自らの神秘体験をつづっていると思わせる部分も数多いが、中断したままになっている。

**『ぼくの地球を守って』全21巻、日渡早紀（白泉社、1986〜94年。復刻版は白泉社、2004年。キンドル版もあり）**

少女漫画雑誌『花とゆめ』連載。90年代初頭を舞台に、前世、異星人だった記憶を持つ7人の若者の恋愛、憎悪、葛藤などを描いた長編少女漫画。

主人公たちはオカルト雑誌『BOO（ブー）』（『ムー』のもじり）の投稿欄を利用し、「同じような夢を見る者」として、前世の仲間を集めていく。この背景には、80年代前半からの「転生、前世ブーム」がある（『幻魔大戦』の項、参照）、本作はそうした事象を取り入れつつ、「転生、前世ブーム」そのものを大きくするきっかけになったと言われる。

**『MMR マガジンミステリー調査班』全13巻、石垣ゆうき（講談社、1990〜99年。復刻版は講談社、2004年発行。キンドル版もあり）**

週刊少年マガジン連載。『週刊少年マガジン』編集部内で、編集者・キバヤシをリーダーとした「マガジンミステリー調査班　MMR」が結成される。本作は当初、その「MMR」が、さまざまな超常現象を解明していくのが主旨だったが、単行本第2巻以降は「ノストラダムスの大予言」を中心に据え、地球規模の自然災害や謎の組織の陰謀などの壮大な話となっていく。

「なんだってー!!」という、MMRの面々が「真相」を聞かされたときの驚きの声は「決めゼリフ」の一種として人気を呼んだ。なお、連載終了後も、断続的に続編が描かれている。

**『直撃！　人類滅亡超真相』全1巻、山本弘、寺嶋としお（秋田書店、2000年）**

週刊少年チャンピオン連載。何でも信じ込んでしまい、常に不安な少年・宇野見信治《うのみしんじ》が、IQ300の天才少女・元村しいなに、さまざまなオカルト事象についてレクチャーしてもらう「オカルト懐疑派」漫画。

取り上げられているのは、ノストラダムスの大予言、UFO&宇宙人、ポールシフトや小惑星激突などによる人類滅亡など。ノストラダムスを煽りまくった『MMR』が週刊少年マガジンに連載されていたので、ライバル少年誌がその主張に異議を唱えたものか。原作者が「と学会」会長（連載当時）であるという意味でも、時代を反映している作品である。

**『ショック・サイエンスASKA』全2巻、飛鳥昭雄、三神たける（学研パブリッシング、2012年）**

1988年から92年にかけて、少年向けオカルト雑誌『ワンダーライフ』（小学館）に連載された漫画「ショック・サイエンス」からテーマにつながりのあるものをピックアップし、再編集して解説記事を加えたもの。内容は恐竜絶滅の謎、ムー大陸の正体、謎の惑星「反地球ヤハウェ」についてなど。

毎回あすかあきお（作中ではひらがな表記）本人が、助手の少年・サイ九郎をしたがえて謎の老教授から指令を持ってくる「ミスター・カトウ」に導かれ、世界の不思議の謎を解いていく。少年漫画的なハッタリの効いた作風は、『MMR』とともに少年読者にインパクトをもたらした。

**『アマテラス』全4巻、美内すずえ（角川書店、1987～2001年。復刻版は白泉社、2009年）**

『月刊ASUKA』1986年9月号から連載、以後休止中。幼いころから不思議な力を発揮する少女・千倉沙耶《さや》は、実はムー帝国の雄神・スサノオの后《きさき》であり、戦士・クシュリナーダであった。彼女を筆頭に、ムー帝国から転生してきた人々が人類繁栄の陰で暗躍する「魔神族」と戦いを繰り広げる。

大ヒット演劇漫画『ガラスの仮面』の作者・美内《みうち》すずえ氏の手になる、超能力伝奇ファンタジーとでもいうべき作品。日本神話をベースに、ムー大陸、ピラミッド、UFOなど数々のオカルト事象を統合しようという意志が作品から感じられる。

また、美内すずえ氏は、「宇宙神霊」という神秘的存在とチャネリング（神、心霊、宇宙人などと交信すること）できると主張しており、精神世界の探求に力を入れている。本作執筆時にもチャネリングをしたという。さらに、彼女自身のチャネリング以外の神秘体験も、頻繁に本作の中に取り入れられている。

『あつまれ！　ふしぎ研究部』1〜5巻（2019年4月現在）、安部真弘（秋田書店、2016年〜。キンドル版もあり）

週刊少年チャンピオン連載。ふしぎなことを研究する美少女3人と、その3人娘に振り回される少年・五領大祐《ごりょうだいすけ》の騒動を描く、『侵略！　イカ娘』の作者による学園ギャグ漫画。

「ふしぎ研究部」というタイトルなので、オカルトを題材とした作品かと思ったら、3人の少女がそれぞれ催眠術、マジック、オカルトを個別に担当するという話だった。後の展開にバリエーションを持たせるための処置と思われるが、かつては混とんとしていた催眠、マジック、オカルトの3ジャンルが分離していることに時代を感じざるを得ない。

（注1）地元の山形県にいた頃は「ちょうなん」、大阪にいた頃は「おさなみ」を名乗っていた。「超常現象の謎解き」（法廷で認められた神通力「長南年恵」）参照のこと。
（http://www.nazotoki.com/chonan.html）

［参考文献］
『美内すずえ対談集　見えない力』（美内すずえ、世界文化社、2018年）
『消えたマンガ家2』（大泉実成、太田出版、1997年）

# オカルトの本を多く出版する出版社

昭和と平成のオカルト文化やブームの一翼を担ったものに、オカルトを扱った本があげられる。オカルト関係の本は小さな出版社から日本を代表するような大手の出版社まで、さまざまな版元から出されてきた。本稿では、それらのなかからいくつかの出版社を取り上げ、その歴史をたどっていく。（編集部）

## 酒井勝軍が組織した会が改称した国教宣明団

１９０６年（明治39）に酒井勝軍《かつとき》（３７０ページ参照）が組織した讃美奨励会《さんびしょうれいかい》を１９１５年（大正４）日本讃美団に、さらに１９１７年６月、国教宣明団《こっきょうせんめいだん》と改称して成立。１９２９年（昭和４）に『**参千年間日本に秘蔵せられたるモーセの裏十誡《うらじっかい》**』を出版。以後『**神代秘史百話**』（１９３０）、『**参千年間日本に秘蔵せられたるモーセの裏十誡**』（１９２９年版の事実上の改訂新版）『**天皇礼讃のシオン運動**』（以上１９３１）、『**太古日本のピラミッド**』（１９３４）、『**神代秘史**』全４巻（１９３５～36）、『**神字考**』（１９３６）、『**上記《うえつ》鈔訳《ふみしょうやく》**』**前・後篇**（１９３８）、『**世界之新政権**』（１９４０）の９点を刊行する。ほとんどが『竹内文献』（10ページ参照）がらみで、酒井が天津教事件に連座し、のきなみ発禁処分（安寧《あんねい》秩序紊乱《びんらん》）をうけた。

出版物とはいえないが、ほかに「ピラミッド神体石御写真」（３枚１組。１９３４）・「世界天皇の三種神器御写真」（３枚１組。１９３５年以前）・「モーセの十誠石御写真」（3枚1組。1935年以前）という写真セットと酒井勝軍の講演レコード「ピラミッドの新研究」（2枚1組。1938?）を頒布している。

　酒井勝軍はこの間、1936年に「神秘之日本社」を創立し、雑誌『神秘之日本』を創刊。同社からは**『今後の世界はどうなる』『ハルマゲドン』**（以上1937）、**『天孫民族と神選民族』**（1938）の3点を刊行している。

　国教宣明団と神秘之日本社の関係はよくわからない。

（藤野七穂）

## UFOコンタクティーの著書を いち早く翻訳・出版した有信堂高文社《ゆうしんどうこうぶんしゃ》

　1946年4月設立。法律系の学術図書を主力とする出版社である。社長の増永勇二（1916～1980）がUFOについて関心があり、UFOコンタクティーの著書をいち早く翻訳。日本に紹介したことでも有名である。荒井欣一（1923～2002）が創設した「日本空飛ぶ円盤研究会」（略称JFSA）の会誌『宇宙機』に出版物（空飛ぶ円盤シリーズ）の広告を掲載した。なお、〈空飛ぶ円盤シリーズ〉の出版にあたり、法律分野の出版書籍と区別するため創業時の社名である高文社を使用し出版しているという（創業2年後の1948年、有信堂高文社に変更）。

　UFOコンタクティーの著書の第一弾として出版したデスモンド・レスリー、ジョージ・アダムスキー**『空飛ぶ円盤実見記』**（高橋豊・訳、1954年8月）は、第1部でデスモンド・レスリーがUFO現象を概説し、第2部でアダムスキーがUFO搭乗者である宇宙人と会見したとする体験談を掲載する構成となっている。アダムスキーのこの体験談は、当時のUFOに関心を強く持つ人々の間に「宇宙人との会見は嘘か本当か？」との論点を生んだ。議論の機会を与えたことで、日本のUFO研究会創設の起因の一つとなったことは疑いないだろう。

　ジョージ・アダムスキーの会見・同乗の体験記（原書で3冊）は、前述の『空飛ぶ円盤実見記』のほか、**『空**

**飛ぶ円盤同乗記**』（久保田八郎・訳、1957年2月）、『**空飛ぶ円盤の真相**』（久保田八郎・訳、1962年9月）と全て出版されている。また、セドリック・アリンガム『**続・空飛ぶ円盤実見記**』（岩下肇・訳、1955年8月、後に『火星からの空飛ぶ円盤』と改題）やトゥルーマン・ベサラム『**空飛ぶ円盤と宇宙**』（久保田八郎・訳、1957年11月、後に『空飛ぶ円盤の秘密』と改題）などのコンタクティーの本も出版している。さらに、アダムスキーを信奉し日本GAPを組織した久保田八郎『**空飛ぶ円盤とアダムスキ**』（1969年12月）なども出している。

ただ、コンタクティーの本ばかりではなく、1960年代から1970年代にかけJFSAの荒井欣一と平野威馬雄との共著『**アポロと空飛ぶ円盤**』（1969年12月）、「近代宇宙旅行協会（略称MSFA）」の高梨純一『**世界のUFO写真集**』（1976年4月）、怪奇作家の黒沼健『**空飛ぶ円盤の謎と怪奇**』（1974年6月）なども出版している。

なお、1970年代後半のオカルトブーム終焉の前である1976年7月、CBA会員であった喜多要光（1940〜?）の『**UFOと地球大陰謀作戦**』を最後に〈空飛ぶ円盤シリーズ〉の新刊本は出版されていない。

（有江富夫）

## ヨガ関係や古史古伝の本を出版する
## 霞ヶ関書房

株式会社霞《かすみ》ヶ《が》関《せき》書房は1960年2月16日、岡本正一《しょういち》（正心《せいしん》・正人《せいじん》・淡山《たんざん》。1893〜1983）によって創立されたヨガ系出版社。『出版年鑑'61』では戦後の創立となっているが、創業は1940年9月。宮崎《みやざき》小八郎《こはちろう》『**神代の文字**』（1942）を戦後、吾郷《あごう》清彦《きよひこ》（本名・哲夫《てつお》。石見別《いわみわけ》清彦・草薙《くさなぎ》八束彦《やつかひこ》などの筆名を持つ。古道大系研究所を主宰、『日本神学』同人。1908〜2003）の解説付きで復刻（1974）しているので、戦後も社業を継承しているとみられる。

古史古伝関係では吾郷清彦《きよひこ》『**古史精伝ウエツフミ**——原文併記全訳』全6巻（1975〜76）、日ユ同祖論（17ページ参照）モノの岡本安出《あんでる》『**合図の旗——日本とユダヤの使命**』（1974）、絵守《えもり》きよし『**異色古代史——イエス・キリスト日本で死す**』（1974）。「世界一家天皇論三部作」と銘打つ奥所一男《おくしょかずお》『**救世主の出現と地上天国**』（1972）・森佐平《さへい》『**小説すめらみこと——日本神秘の根源**』（1973）・浜《はま》本末造《もとすえぞう》『**万世一系の原理と般若心経の謎**』（1973）がある。

その他、西洋オカルト本も出していて、リバイ・ドーリング『**宝瓶宮福音書**』（栗原基訳。1970）やベアード・T・スポールディング『**ヒマラヤ聖者の生活探究**』全5巻（仲里誠吉《なかざとせいきち》訳。1969）がある。前者は著者がアカシックレコード（人類以前から存在するとされる地球の記録情報）を解読したというイエスの前半17年を記したもの、後者は経営コンサルタントの船井幸雄《ふないゆきお》（船井総合研究所創業者）が推奨したこともあり、一部に高い評価がある。著者は神智学協会《テオソフィカル・アカデミー》（1875年にニューヨークでヘレナ・P・ブラヴァツキーらが結成した神秘思想団体）関係者で現地に行かずに書いた完璧な偽書という話もある。

（藤野七穂）

## シッチンやデニケンの本を出した 二見書房

株式会社二見《ふたみ》書房は1960年8月25日創立。同社には「サラブレッド・ブックス（サラ・ブックス）」という新書レーベルがある。1974年4月、W・リンク&R・レビンソンのベストセラー小説『刑事コロンボ1構想の死角』（石上三登志《いしがみみつとし》訳）や中岡俊哉『**狐狗狸《コックリ》さんの秘密**』などで刊行が始まった。以後、オカルト本を多数出版している。中岡俊哉編『**恐怖の心霊写真集**』、アンドリヤ・H・プハーリック（井上篤夫《あつお》訳）『**超能力者ユリ・ゲラー**』（以上1974）をはじめ、翌年には中岡俊哉『**世界のUFO**』でUFO本を出し、宇宙考古学《アストロ・アーケオロジー》（古代宇宙飛行士説《エンシェント・アストロノーツ・セオリー》）モノのロビン・コリンズ（青木榮一《えいいち》訳）『**謎の白鳥座61番星**　宇宙人に征服された地球！』（1975）、アラン&サリー・ランズバーグ（南山宏訳）『**宇宙人飛来の謎**』、リチャード・E・ムーニー（青木栄一・木《こ》暮利貞《ぐれとしさだ》訳）『**太古宇宙戦争の謎**』（以上1976）、矢追《やおい》純一『**全国UFO目撃多発地帯**』（1978）などを送り出した。

他に、ゼカリア・シッチン（1922〜2010。アゼルバイジャン出身のジャーナリスト・編集者・著述家。古代シュメル文字を解読できる数少ない人物で、シュメル神話を解読し、古代宇宙飛行士説を唱えた）、エーリッヒ・フォン・デニケン（1935〜。スイスのSF作家。古代宇宙飛行士説を広めた功労者）の本も出しているし、矢追純一氏の著作も多い。アンドルー・トマス（青木榮一訳）『**幻のアトランティス伝説　海底帝国の謎**』（二見書房、1976）など失われた大陸モノも出しており、未確認動物《クリプティッド》モノでは、ロイ・P・マッカル（南山宏訳）『**幻の恐竜を見た**』（1989）が秀逸。結局、コンゴ盆地のテレ湖に棲むという「恐竜」（モケーレ・ムベンベ）は見つからないのであるが、探検記録として読ませる。

90年代には、リチャード・C・ホーグランド（並木伸一郎編訳）『**〈火星〉人面像の謎——赤い惑星の神秘**』、山口直樹《なおき》『**怪奇人面の呪い——謎の不思議現象を追え**』、パット・デルガード＋コーリン・アンドルーズ（南山宏編著・訳）『**ミステリー・サークルの謎**』（以上1990）、ノーボスチ通信社編（佐藤利《とし》郎《ろう》監訳）『**モスクワ上空の怪奇現象**』（1991）、南山宏『**オーパーツの謎——古代文明は現代科学を超えていた**』（1993）から始まるオーパーツものを5冊刊行するなど、時代を反映したオカルト本を出し続けてきた印象が強い。

（藤野七穂）

## 新進気鋭のオカルト作家の本を出版した
## 大陸書房

1967年に創立。創業者である竹下一郎氏（1926〜）は、1956年に双葉社に入社。雑誌『別冊実話特報』（1956〜1963年）を創刊（334ページ参照）し、編集人（のち竹下逸朗名義で発行人）

となる。次いで雑誌『世界の秘境シリーズ』（１９６２～１９７２年）を創刊（３３４ページ参照）し、発行人となる。こうして「秘境」ものをはやらせる一端を担った（注１）。

田中聡・著『ニッポン秘境館の謎』に掲載された竹下一郎氏のインタビューによると、双葉社を離れた後、人物往来社（１９６８年に新人物往来社と社名変更、３１４ページ参照）に入社し、そこで顧問を務めたという。そして同社で世界史を扱うための別会社、山王書房を創立。そこでは『秘境探検シリーズ』『世界冒険シリーズ』を出版している。しかしその後、人物往来社が経営難となったため退社し、１９６７年に独立して大陸書房を創業したという。

竹下一郎氏は、記念すべき大陸書房での１冊目として「世界のノンフィクション」シリーズと銘打った、『**失われたムー大陸　太平洋に沈んだ幻の大帝国**』（ジェームズ・チャーチワード著、小泉源太郎訳、１９６８年３月）を出版した（注２）。ハードカバー仕様で口絵写真もカラーを含む装丁（２刷目以降はソフトカバー版で口絵写真も無い装丁となる）であった。

１９７０年代にオカルトブームが起きて以降は、ブームに後押しされて、出版点数が増加。ジャンル分けも進み、次のようなシリーズ群が形成された。〈失われた大陸〉〈秘境・探検〉〈失われた文明〉〈ＵＦＯ〉〈怪獣・動物〉〈怪奇・奇談〉〈日本古代文明〉〈宇宙文明〉〈神秘〉〈四次元〉〈オカルト〉〈仙人・瞑想〉。

これらのジャンルごとに、大陸書房からは様々なオカルト本が陸続と出版された。筆者の手元にある１９７８年４月付の『図書目録』では、各シリーズの書籍数を集計すると２５０冊を超える刊行点数が確認できる。

ここからは著者名と書名を挙げるにとどめるが、前記のシリーズで著名あるいは新進気鋭と言われる人たちが大陸書房から著書を出版している（書名の後の〈　〉はシリーズ名）。

谷口正彦氏（１９３８～）の『**メキシコの天孫族**』（〈失われた文明〉）、並木伸一郎氏（１９４７～）の『**ＵＦ**

**O入門**』、山本佳人（1949〜2014）の『**仏典とUFO**』、清家新一（1936〜2009）の『**空飛ぶ円盤製作法**』（以上〈UFO〉）、實吉達郎氏（1929〜）の『**日本の古代獣**』（〈怪獣・動物〉）、アレクサンドリア木星王氏（木星王名義）（1932〜）の『**奇談 日本の謎と怪奇**』（〈怪奇・奇談〉）、吾郷清彦（1909〜2003）の『**日本神代文字**』、武田崇元氏（武内裕名義）（1950〜）の『**日本のピラミッド**』（以上〈日本古代文明〉）、斎藤守弘（1932〜2017）の『**宇宙の前衛科学**』（〈宇宙文明〉）、南山宏氏（1936〜）の『**超自然の世界**』（〈神秘〉）、内田秀男（1921〜1995）の『**四次元世界の謎**』、橋本健（1924〜2007）の『**スプーン曲げの四次元**』、中岡俊哉（1926〜2001）の『**心霊の四次元**』、市村俊彦氏（1935〜2012）の『**テレパシーの世界**』（以上〈四次元〉）、高藤聡一郎氏（1948〜）の『**仙人入門**』（〈仙人・瞑想〉）など。

並木伸一郎『UFO入門』（大陸書房）

武内裕『日本のピラミッド』（大陸書房）

創業直後の1970年前半、空前のオカルトブームが日本を席巻し、経営も順調と思われたが、1970年代後半のブーム終焉と共に苦しい時代が訪れることとなる。

1980年代に入って、竹下一郎氏は会長職に退き外部から社長を招いて経営再建を目指した。その後、ビジュアル系セルビデオにより業績が回復するかに見えたが、1992年に倒産した。

竹下一郎氏は作家としての顔も持ち、篠田八郎名義で、『**世界の奇習**』『**首狩り族の世界**』、『**世界の黄金伝説**』（後に『世界の財宝』と改題）、『**世界の探検家**』『**喰人族の世界**』『**世界の秘境**』（3部作）、『**海の七不思議**』『**見えない戦争**』『**失われた秘境**』などを自身が経営していた大陸書房から出版している。処女作

は1963年にアサヒ芸能出版から出版した『秘境残酷物語』（アサヒ芸能出版は後の徳間書店）。（有江富夫）

（注1） 創刊当時、日本では海外旅行には自由に行ける状況ではなく（認可を受ける必要があった）、1966年になって渡航回数制限（年間1回限り）も撤廃され、海外旅行が自由化されるようになった。しかし、その費用は庶民には高額であった。「秘境」もののヒットの要因としては、行ったことのない「秘境」（場所・土地）に感じる神秘性もさることながら、口絵等に登場する「秘境」の女性の裸体写真も購入の動機になったことは否定できないであろう。
（注2）ムー大陸とは、過去に太平洋にあったとされる大陸。ジェームズ・チャーチワードによれば高度な文明を築き繁栄していたが、約1万2000年前に巨大地震の発生を引き金に、一夜にして海底に没したという。
　チャーチワードによるムー大陸に関する著書で邦訳されたものは大陸書房（4冊）、たま出版、新人物往来社、角川春樹事務所、青樹社、中央アート出版社から出版されている。

## 中岡俊哉やチャーチワードの本を出した 新人物往来社

株式会社新人物往来社《しんじんぶつおうらいしゃ》は1968年10月1日創立。『歴史読本』の発行元である同社は、2008年11月26日に中経出版に身売り。翌年4月7日にその中経出版も角川グループホールディングスに子会社化され、さらに2013年4月1日には吸収合併されたために社名も消失。いまではKADOKAWAの文庫レーベルにその名残をとどめるのみとなった。

　同社は通俗歴史モノで知られたが、オカルト分野でも、中岡俊哉**『地球のスリラーゾーン』**（1977）、吾郷清彦**『日本超古代秘史資料』**（1976）・**『超古代神字・太占総覧』**（1979）、佐藤有文《ありふみ》**『地球外文明の遺産――超古代史の謎』**（1982）、柞木田《たらきだ》 龍《りゅう》善《ぜん》**『安徳天皇と日の宮幣立《へいたて》神宮』**（1986）、ジェームズ・チャーチワード（小泉源太郎訳）**『ムー大陸研究原典』**（1995。大陸書房版『失われたムー大陸』と小泉源太郎の自著『ムー大陸の謎を解く』を合本にした）などを出版。

忘れてはいけないものに、稲生平太郎《いのおへいたろう》**『何かが空を飛んでいる』**（１９９２）がある。詩人で映画監督の福間健二《ふくまけんじ》氏主宰の詩誌『ジライヤ』（発売は雀社）連載稿（２号〜５号、７〜９号）を初出とする。ＵＦＯ現象を空飛ぶ円盤に求めない日本では珍しい内容で、巻末には書影入りの円盤本書誌まで付いていた。一見すると、ＵＦＯ本とは思えない横山晴夫《よこやまはるお》氏による秀逸な装訂と口絵レイアウトをもつ、新書判・ハードカバーだった。版元の宣伝不足が災いしたのか売れ行きはよくなかったらしい。在庫切れの後に評価を高め、レアアイテム化。一時は復刊ドットコムに登録されていた（その後他社から再刊）。

なお、同社の子会社・荒地《あれち》出版社（サリンジャー選集で知られていた）からは、オーストラリアのジャーナリスト、ケン・アンダーソン（澤田憲秀《さわだのりひで》訳）**『ヒトラーとオカルト伝説』**（１９９７）が刊行されている。聖槍《ホーリーランス》（ロンギヌスの槍）や占星術などナチスのオカルト・コネクションの真偽を追跡している。（藤野七穂）

## 韮澤氏が社長を務めるたま出版

１９６９年４月創立。たま出版といえば、先代社長で創業者の瓜谷侑広《うりたにゆうこう》（１９１５〜１９９７）が眠れる予言者（催眠状態の下、人からの相談や質問に受け答えしたことから、そう呼ばれた）として知られるエドガー・ケイシーを日本に紹介したことで有名である。現在の社長である韮澤《にらさわ》潤一郎氏（１９４５〜）は超常現象をテーマとするＴＶ番組に出演するなどして有名。

その韮澤潤一郎氏であるが、松村雄亮《ゆうすけ》（１９２９〜２０００？）が代表をしていた「宇宙友好協会（略称ＣＢＡ）」の会誌『空飛ぶ円盤ダイジェスト』に記事が掲載され名前が出ていることは、あまり知られていないようである。また、韮澤氏はアダムスキー信奉者で、安斎純夫《すみお》（１９３０〜１９８０）と共に「ＵＦＯ教育グループ」を運営し、会誌『ＵＦＯ教室』を出していたこともある（会は現在、休会中）。

韮澤氏は１９９５年、森脇十九男《とくお》（１９４４〜２０

16）が主宰する『開星論』のUFO党」から参議院選に出馬し落選するというユニークな

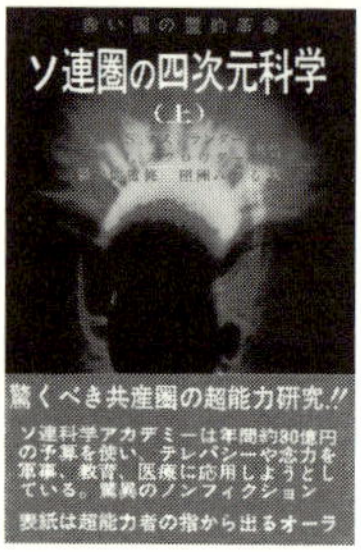


S・オストランダー、L・スクロウダー『ソ連圏の四次元科学』（上巻、たま出版）

経歴も有する。

　出版の傾向は、韮澤潤一郎氏が社長になる前には編集長の肩書きで取り仕切っていたが、アダムスキー一辺倒にはならず、広く超常現象の著書を刊行していた。例えば、S・オストランダー、L・スクロウダー『**ソ連圏の四次元科学**』（照洲みのる・訳、橋本健・監修、上巻1974年4月、下巻1974年6月）、ルイーズ・L・ヘイ『**ライフヒーリング**』（中西珠佳江・訳、1993年11月刊行、2012年3月に改訂新訳を出版）、山根菊子（山根キク名義、1893〜1965）の『**キリストは日本で死んでいる　異色考証　宇宙考古学の原典**』（1975年9月）（注1）といったものがあげられる。

（有江富夫）

（注1）戦前に出版された山根菊子『光は東方より』（日本と世界社、1936年刊）の復刻である。

## コリン・ウィルソンや心霊主義の本を出す 工作舎

　株式会社工作舎《こうさくしゃ》は1971年4月5日創立。同年9月〜1982年までオブジェ・マガジンと称する『**遊**』を刊行。同社のオカルト関係書は多いが、コリン・ウィルソン（1931〜2013。英国の小説家、評論家）の『オカルト』以降の研究成果を集めた『**ミステリーズ**』（高橋和久《かずひさ》訳。1987）、英国ヴィクトリア・エドワード朝（1850〜1914）の心霊主義を詳述したジャネット・オッペンハイム（和田芳久《よしひさ》訳）『**英国心霊主義の抬頭**』（1992）をまずあげたい。ほかにジョスリン・ゴドウィン（松田和也《かずや》訳）『**北極の神秘主義**——極地の神話・科学・象徴性、ナチズムをめぐって』（1995）とマーガレット・チェニー（鈴木豊雄《とよお》訳）『**テスラ**——発明王エジソンを超えた偉才』（１９９７）。前者は極の元型＝北極星への信仰を軸に、ＵＦＯ・地球空洞説・ナチス現存説・アガルタなどを論じる。後者は２０１６年にＦＢＩが機密文書を解禁した、現クロアチア出身の発明家ニコラ・テスラの決定版伝記。

最後にもう１冊、井村宏次『**サイ・テクノロジー——気の科学・気の技術**』（１９８４）をあげておこう。本書は生体エネルギーの研究書で、『遊』誌連載原稿を改稿し、新たに４００字詰め２００枚もの書き下ろし原稿を加えてまとめたもの。井村の商業出版ではデビュー作ではないかと思う。

同社の翻訳は全訳が基本のようで、良書が多い。

（藤野七穂）

## 霊学・霊術と古史古伝の本を出す
## 八幡書店

株式会社八幡《はちまん》書店は１９８２年5月26日創立。社主は「霊的ボリシェヴィキ」（霊・精神に関する「霊的」と宗教を否定したウラジミール・レーニン率いる暴力革命党派「ボリシェヴィキ」という一見相容れない言葉の組み合わせで表現された世界観。共産主義と大本霊学〈出口王仁三郎の霊学思想〉の2つの革命思想を混淆《こんこう》させたもので、「霊的革命」に近い概念だろう）創案者の武田洋一《よういち》氏（筆名・崇元）。当初は有限会社だった。設立母体が大石凝真素美《おおいしごりますみ》全集刊行会であったように、『**大石凝真素美全集**』（１９８１。初版は同刊行会が版元）に代表される霊学・霊術モノと『**神代秘史資料集成**』（１９８５）を中心とする古史古伝モノが出版の2大看板。前者には大正期の大本（教）機関誌復刻版『**神霊界**』全9巻（１９８６）、『**友清歓真**《ともきよよしさね》**全集**』全8巻（１９８８）、『**言霊秘書**』（１９９２）などがあり、後者には原典を写真で公開した『**神伝富士古文献大成**』全7巻（１９８６）や90年代に真贋《しんがん》論争が話題を呼んだ『**東日流外三郡**《つがるそとさんぐん》**誌**《し》』全6巻（１９８９〜90）など。『東日流外三郡誌』装訂はペヨトル工房のミルキィ・イソベ氏だったが、後発だったためか思ったほどには売れなかった。近年では廉価版霊術本の復刻に力を注いでおり、装訂には凝らなくなっている。他にアニメ関係のエヴァ用語事典編纂《へんさん》局編『エヴァンゲリオン用語事典』（1997）や陰謀論の浅水量介《あさみずりょうすけ》『ダイアナ暗殺のセオリー』（1998）も刊行している。（藤野七穂）

## 『ボーダーランド』と同名の文庫を出版した角川春樹事務所

株式会社角川春樹《かどかわはるき》事務所は1995年9月12日創立。社長は角川春樹氏（1942〜）。同社は荒俣《あらまた》宏《ひろし》氏を編集人とするオカルト雑誌『ボーダーランド』を創刊（1996年6月〜97年9月）。連動して1997年6月3日、「ボーダーランド文庫」を立ち上げた。

ジェームズ・チャーチワード（小泉源太郎《げんたろう》訳）『**失われたムー大陸〈第一文書〉**』（1997）からスー・コヴァック（並木伸一郎訳）『**世にも不思議な物語**』（1998）まで28冊刊行。大半が大陸書房版の改題文庫化で、新たに口絵と解説が付けられた。解説は南山宏・並木伸一郎・武田崇元・志水一夫の諸氏による分担執筆（J・アレン・ハイネック『**第三種接近遭遇**』〈南山宏訳。1997〉だけは高梨純一《たかなしじゅんいち》が解説を執筆）。それぞれの解説には個性があって面白いが、志水以外は大陸書房版が親本という事実を書かない傾向があった。28冊のうち、ハワード・A・ビュークナー、ヴィルヘルム・ベルンハルト共著の『**ヒトラーとロンギヌスの槍**』（並木伸一郎訳。1998、これには解説なし）と『**世にも奇妙な物語**』の2冊は初訳では珍しいいきなりの文庫化だった。新訳には時間がかかるので、創刊時から文庫の範囲を広げる意図があったのかもしれない。

打ち切りになったせいか、大陸書房版コナン・ドイル『神秘の人』（小泉純《こいずみじゅん》〈林剛《はやしたけし》。1924〜81〉訳。1969）を親本としながら、『**コナン・ドイルの心霊ミステリー**』（1998）は、「ハルキ文庫」に入っている（解説は一柳廣孝《いちやなぎひろたか》氏）。また、ルイス・スペンス『幻のレムリア大陸』（浜洋《はまひろし》訳。大陸書房、1968）やピーター・コロシモ『宇宙人の痕跡』（竹山博英訳。大陸書房、１９７３）は予告されながら、未刊に終わった。ここから推測すると「ボーダーランド文庫」の打ち切りは急に決まったもののようだ。

単行本では、コリン・ウィルソン（川瀬《かわせ》勝《まさる》訳）『**アトランティスの遺産**』（１９９７）、マイク・ダッシュ（南山宏訳）『**ボーダーランド**』（１９９８）を出している。（藤野七穂）

## 今もっとも勢いのあるオカルト出版社、ヒカルランド

株式会社ヒカルランドは２０１０年4月8日創立。同年の田村珠芳《しゅほう》『**宇宙人と闇の権力の闘いが始まりました**』などから出版活動を開始した同社は、「日《ひ》月神示《つくしんじ》」本を出すなど、今もっとも勢いのあるオカルト出版社だろう。社長の石井健資《たけし》氏は徳間書店出身で、「超知シリーズ」などを手がけた編集者。それだけに氏の色が出版物にあらわれているようだ。

なかでも、徳間版（竹内慧《けい》訳）を親本とする『**地球人類を誕生させた遺伝子超実験**』（２０１７）から始まった、ゼカリア・シッチンの「シュメールの宇宙から飛来した神々」シリーズ（現在6まで）は注目される。

黒川柚月『「日月神示」夜明けの御用岡本天明伝』（ヒカルランド）

「日月神示」関係で、黒川《くろかわ》柚月《ゆつき》『**「日月神示」夜明けの御用岡本天明《おかもとてんめい》伝**――初めて明かされる雛型《ひながた》神業の足跡！』（２０１２）をあげておく。予言書『日月神示』を自動書記した、画家・岡本天明の初の伝記だ。関係者への徹底的な取材により、エピソードも含めて生涯を浮き彫りにした労作である。

歴史系オカルトではアビグドール・シャハン博士（国立アリエル大学教授）をはじめ、ユダヤ人自身の唱えた「日猶同祖論」的な見方を集めた久保有政編著『**もう隠しようがない日本人が知って検証していくべき　この国「深奥」の重大な歴史**――ユダヤ人が

唱えた《古代日本》ユダヤ人渡来説』（2016）がある。同社では徳間書店の「超知ライブラリー」の1冊、ノーマン・マクレオド『［超図説］日本固有文明の謎はユダヤで解ける』（久保有政訳編。2004）を『**【超図解】日本固有文明の謎はユダヤで解ける**——なぜ天皇家の秘密の紋章はライオンとユニコーンなのか』（2018）と改題し新装復刊もしている。

2020年には、「学術書」の分野にも進出。ミヒャエル・H・カーター『**SS先史遺産研究所アーネンエルベ**——ナチスのアーリア帝国構想と狂気の学術』（森貴史監訳、北原博・溝井裕一・横道誠・舩津景子・福永耕人訳）を刊行している。

最後にもう1冊、「オカルト」の作り手（送り手）側にフィーチャーしたインタビュー集『**JAPANオカルト怪獣記**——オカルトークバトル オカルト業界の怪獣級編集者が大集結!!!』（2017）は見逃せない。登場するのは、飛鳥昭雄（別名：あすかあきお・千秋寺《せんしゅうじ》京介《きょうすけ》。漫画家・サイエンスエンターテイナー）・守《も》屋汎《やひろし》（元徳間書店編集者・『ゴッドマガジン』編集長・出版プロデューサー）・武田崇元（八幡書店社主・『ムー』創刊顧問。筆名：武内裕など）・志波秀宇《しばひでたか》（元小学館編集者・『ワンダーライフ』編集長。筆名：北一策《きたいっさく》）・三上丈晴（『ムー』現編集長）らの諸氏。本書読者には、これ以上の個人の詳しい説明は不要だろう。本音がどこまで引き出せているかはわからないが、もはや歴史となりつつあるオカルト業界の舞台裏をかいまみせてくれる。

（藤野七穂）

［参考文献］（藤野七穂担当分）

出版年鑑編集部編『出版年鑑 2017年版』（出版ニュース社、2017）など各年版
角川春樹『わが闘争—不良青年は世界を目指す』（イースト・プレス、2005）
藤野七穂「偽史源流行」第5回・第12回・第13回・第17回（月刊『歴史読本』2000年5月号・12月号、2001年1月号・5月号）
編集部「本誌の沿革」『神秘之日本』第15号（神秘之日本社、1937年11月）
中島渉（インタビュー・構成）「もう一人のカリスマ 武田崇元『80年代オカルト』一代記！」『宝島30』第4巻1号（宝島社、1996年1月）
四方田犬彦『先生とわたし』（新潮文庫、2010年）

# オカルト本も出版している総合出版社

## 新潮社
### 黒沼健の異色読み物シリーズを刊行した

１８９６年創立。雑誌『週刊新潮』でおなじみの文芸出版社。１９５０年代にオカルト出版物をシリーズ化して複数刊行する先駆け的な出版社であった。そのシリーズを支えたのは黒沼健《けん》（１９０２〜１９８５、３８９ページ参照）その人。

『**秘境物語**』（１９５７年4月）を皮切りに、『**失われた古代都市**』（１９７６年12月）までの16冊の〈異色読み物シリーズ〉を刊行した。黒沼の一連の作品は海外の雑誌（『ＦＡＴＥ』『ＡＲＧＯＳＹ』など）の記事を情報源として、掌編《しょうへん》（ごく短い小説）の形式で雑誌に連載した記事をまとめたものだった。

黒沼健のほかには、「日本空飛ぶ円盤研究会」（ＪＦＳＡ）の初期の会員でＵＦＯ観測会に参加するなど熱心な会員であった、作家の三島由紀夫（１９２５〜１９７０）の『**美しい星**』（１９６２年10月）を出版している。三島がＵＦＯファンであったことを示す、忘れ形見的な作品といえよう。

最近では、オカルト作家の中岡俊哉（１９２６〜２００１）の生涯を描いた岡本和明、辻堂真理『**コックリさんの父　中岡俊哉のオカルト人生**』（２０１７年8月）なども出版している（著者のひとり岡本和明氏は中岡の次男で、１９５３年生まれ）。

（有江富夫）

## オカルト関連の良書を出版している講談社

1909年11月創業。講談社は、集英社・小学館と売り上げ規模で覇を争うほどの最大手の総合出版社。直近のもので講談社の売上高は1179億円（2016年度）、集英社の売上高は1164億円（2017年度）、小学館の売上高は945億円（2017年度）という規模になっている。

講談社がオカルト記事を掲載したのは、雑誌『週刊少年マガジン』に連載された「**超自然のなぞ**」（1969年）、「**ロマン・サイエンス**」（1974年）が最初期だと思われる。筆者は共に南山宏氏。前者は時期的に1970年代前半のオカルトブーム直前の記事で、百万規模の読者層の小中学生がオカルトに触れるきっかけのひとつになったといえるのではないか。後者はオカルトブーム真っ盛りの時期の記事であり、小中学生に影響を与えたといえるだろう。連載記事の「超自然のなぞ」は、そのままのタイトルで〈マガジンブックス〉から出版されている。

1990年から1999年にかけては、やはり雑誌『週刊少年マガジン』に漫画家の石垣ゆうき氏（1965～）による「**MMR マガジンミステリー調査班**」（304ページ参照）が不定期で連載された。この漫画は、フィクションでありながら実際に活躍した超能力者や超常現象研究家などが登場する。コミックス全13巻が出版された。第1巻はサブタイトル「UFOミステリーサークルの謎を追え！」として UFOとミステリーサークルの謎を追うストーリー、第2巻から最終巻の第13巻までは、ノストラダムスの予言（1999年に人類が滅亡すると解釈できる予言のこと）をベースとしたストーリーとなっている。予言が示した年月（1999年の7の月）が実際に訪れる時期に重なっており話題を呼んだ。

ほかに、横尾忠則氏（415ページ参照）自身の精神世界に関する考えを綴った『**なぜぼくはここにいるのか**』（1976年7月）、科学とオカルトの分離の歴史や今の科学の細分・専門特化したことがオカルトに興味を抱かせることと指摘した池田清彦氏（1947〜）の『**科学とオカルト**』（2007年）などがある。また講談社の雑誌『ホットドッグ・プレス』の連載記事をまとめた、南山宏『**宇宙から来た遺跡　宇宙考古学フィールドワーク**』（1981年5月）、佐藤守『**実録　自衛隊パイロットたちが接近遭遇したUFO**』（2010年7月）、講談社の子会社である星海社発行、講談社発売の原田実『**オカルト「超」入門**』（2012年5月）などもある。

（有江富夫）

## 『SFマガジン』を発行し、超常現象本を出版した早川書房

1945年8月創業。海外文学に強い出版社である。SF系出版社の印象が強いのではないだろうか。

1959年に創刊し、現在も出版継続中の雑誌『SFマガジン』（正式表記は『S－Fマガジン』）。その2代目編集長（就任期間：1969〜1974）は、後に超常現象研究家となる南山宏氏（1936〜）が務めた。同誌は、コラム形式の「世界ファンタスティック通信」（1961年4月号〜1966年8月号まで連載）、「海外みすてり・とぴっく」（1966年10月号〜1975年8月号まで連載）を通して主に海外発の超常現象の情報を提供した。両方とも主な筆者は「近代宇宙旅行協会」名義であるが、実態は同会代表の高梨純一。

また、1962年5月から刊行を開始した、新書サイズによる「ハヤカワ・ライブラリ」シリーズで、1960年代にオカルト関係の書籍が取り扱われた。フランク・エドワーズ『**世界は謎に満ちている**』（庄司浅水・訳、1965年11月）、占星術師のジーン・ディクソンに焦点を当てたルース・モンゴメリイ『**水晶の中の未来　ケネディ暗殺を予言した女**』（坂入香子・訳、1966年10月）などの翻訳もの。『SFマガジン』誌で1961年12月号から1963年8月号まで連載された記事を書籍化した『**サイエンス・ノンフィクション**』（斎藤守弘、1964年6月）などがある。

また、「ハヤカワ・ノンフィクション」シリーズで

はジョン・A・キール（注1）の『**UFO超地球人説**』（巻正平・訳、1976年10月）が出版されている。本書は人口に膾炙《かいしゃ》するUFOは宇宙人が操るという地球外起源説（ETH：ExtraTerrestrial Hypothesis）を採らず、出版当時としては目新しいUFOは超地球人（Ultraterrestrials）が操るという次元間起源説（IDH：InterDimensional Hypothesis）を採るもので、類書が少ないうえに絶版となっているため古書市場で高値で取引されている。

『SFマガジン』1973年10月臨時増刊号では、オカルト・エッセイ特集と題して、アイヴァン・T・

『UFO超地球人説』（ジョン・A・キール、巻正平・訳、早川書房）

サンダースンの「宇宙人よこんにちは」（小隅黎《こずみれい》・訳［注2］）とカール・G・ユングの「心理的投影としてのUFO」（村松仙太郎・訳）、シンクレア・ルイスの「霊魂かテレパシーか?」（深町真理子・訳）、スジィー・スミスの「幻覚と幽体離脱」（関口幸男・訳）、R・ドウイット・ミラーの「転生の原理」（風見潤・訳）、ナンダー・フォダーの「ポルターガイストの精神分析」（北川智也・訳）の海外記事が掲載された。1978年8月号から1979年2号までは日下実男（1926〜1979）の「サイエンス・クリティック ユーフォロジー論考」が連載された。1998年6月号では「特報：UFO編隊、本誌編集部に襲来す！」と題して、ほぼ全ページを費やして特集が組まれ、UFO現象とSFとの関係について色々な角度から考察している。この特集の監修者である伊藤典夫氏（1942〜）は、企画の企図を「UFOをフィクションとして楽しむ傾向が日本でも強まってきたように思えたから」と述べていることは興味深い。

（有江富夫）

（注１）ジョン・Ａ・キール（１９３０〜２００９）は、アメリカのジャーナリストで超常現象研究家。『ＵＦＯ超地球人説』の原書は１９７０年に出版されたが、それに先行する形で１９６９年に出版されたジャック・ヴァレの『マゴニアへのパスポート』等と共に一部のマニアたちから注目された（なお、『マゴニアへのパスポート』は、出版社による訳書は出版されていないが、２０１６年にＵＦＯ問題評論家・花田英次郎氏により自費出版された）。

　また、１９６６〜１９６７年にかけて発生した、米国ウェストバージニア州でのＵＭＡ遭遇事件をまとめた『モスマンの黙示』（植松靖夫・訳、南山宏・監修、国書刊行会、１９８４年）を原作としてリチャード・ギア主演で映画『プロフェシー』（２００２年）が作られたことも付記しておく。なお、１９５８年に光文社より出版された『ジャドウ　東洋の黒い魔術』（白井正夫・訳）は、キールの処女作である。

（注２）小隅黎の本名は柴野拓美（１９２６〜２０１０）。ＳＦ翻訳家、ＳＦ作家、ＳＦ研究家。小隅黎は筆名で、本名と共に使用してＵＦＯ記事を書いている。日本初のＵＦＯ研究団体の日本空飛ぶ円盤研究会（ＪＦＳＡ）の初期の会員で、１９５７年にＪＦＳＡ会員の有志により、日本初のＳＦクラブである「宇宙塵《じん》」（当初は、「科学創作クラブ」）を設立したことで有名。

## スピリチュアルブームの一端を担った KADOKAWA（角川書店）

　１９４５年11月10日創業。１９５４年４月２日、株式会社に改組。はじめは文芸出版社であったが、１９７０年代にエンタメ路線へ舵《かじ》を切り、１９７５年に角川春樹氏（１９４２〜）が社長に就任すると映画製作にも進出。成功を収め、総合出版社へと成長した（現在の社名は株式会社ＫＡＤＯＫＡＷＡ）。

　オカルト出版物にも力を入れるようになったのは、オカルトブームと歩調を合わせるように１９７０年代前半になってから。オカルト出版物を担うのは文庫版で、〈超自然の謎シリーズ〉としてフランク・エドワーズ『**世にも不思議な物語**』（庄司浅水・訳、１９７５年５月）、ゲルハルト・Ｒ・シュタインホイザー『**超能力の秘密　神々への回帰**』（金森誠也・訳、1976年7月）、アーディケント・T・ジェフリイ『**〈悪魔の海《デビルズ・シー》〉に挑む　世界のトライアングル**』（竹内太郎・訳、1978年9月）などの海外著書の翻訳ものを出版した。なかでも、エーリッヒ・フォン・デニケンの古代宇宙飛行士説の一連の著書、『**星への帰還**』（金森誠也・訳、1971年5月）、『**未来の記憶**』（松谷健二・訳、1974年10月）などがヒットし勢いづくこととなる。

1980年代から1990年代にかけては、スピリチュアルブームの一翼を担う、シャーリー・マクレーン『**アウト・オン・ア・リム　愛さえも越えて**』（山川紘矢、山川亜希子・訳、1986年2月）、ジェームズ・レッドフィールド『**聖なる予言**』（山川紘矢、山川亜希子・訳、1994年11月）等を出版した。近年もロンダ・バーン『**ザ・シークレット**』（山川紘矢、山川亜希子、佐野美代子・訳、2017年10月）などの自己啓発書を出版している。

なお1993年に角川春樹氏は角川書店の社長を退任。1995年に角川春樹事務所を設立した（318ページ参照）。

（有江富夫）

### 雑誌『ムー』を発行する学研プラス（旧学習研究社、学研パブリッシング）

1946年に教育事業の学習研究社として設立。2009年の改組において学研パブリッシングが設立され、2015年に出版事業が統合され学研プラスとなる。

オカルトの読み物を扱うようになるのは、1950～60年代、学生向けの学習参考書的な雑誌の特別読み物にオカルト記事が書かれたことからのようである（筆者が確認できるところでは、『中学コース』『中学二年コース』『高1コース』『中1の科学』『中2の科学』『ヤングエース』などにオカルト関連記事が掲載されていた）。

単行本でのオカルト出版物は1970年代に入ってから、シリーズ形式の『ジュニアチャンピオンコース』として出版された（例えば『**世界のなぞ世界のふ**

**しぎ**』佐藤有文・著、１９７１年刊、『**七つの世界の七不思議**』庄司浅水・著、１９７４年刊、『**超科学ミステリー**』斎藤守弘・著、１９７４年刊など）。

やはりシリーズ形式で、１９７６年から１９７７年にかけ『超常世界への挑戦シリーズ』（全12巻）が出版されている。このシリーズは、コリン・ウィルソン及びクリストファー・エバンスが監修を務め、オカルト分野の各種テーマ（超能力、ＵＭＡ、心霊、予言、魔術、占い、ＵＦＯ、魔女、失われた大陸）について、研究者などが各分野を分担し執筆した。コリン・ウィルソン『**驚異の超能力者たち**』（木村一郎・訳、第１巻）、フランク・スミス『**幽霊とポルターガイスト**』（安田洋平・訳、第４巻）などが１９７６年に、ジェレミー・キングストン『**魔女の恐怖**』（船戸英夫・訳、第11巻）、ロイ・ステマン『**謎の大陸アトランチス**』（小野協一・訳、第12巻）などが１９７７年に出版された。

しかし、学研プラスから発行されているオカルト出版物で著名なものといえば、１９７９年に創刊された雑誌『**ムー**』であろう。『ムー』は２０１９年現在、紙の形で発行を継続している唯一のオカルト誌となっている。

『ＪＡＰＡＮオカルト怪獣記』（飛鳥昭雄、武田崇元、志波秀宇、守屋汎、その他著、ヒカルランド、２０１７年）によると、創刊の経緯は、雑誌『高２コース』の編集長だった森田静二氏（雑誌『ムー』の初代編集長を務めた）と副編集長だった太田雅男氏（『ムー』の３代目編集長）のふたりが企画発案。これに『ムー』の顧問となる武田崇元氏が企画作成を応援する形でできあがったという。南山宏氏も創刊当時から顧問を務めている。誌名の『ムー』はムー大陸に由来する。現在の編集長は三上丈晴氏。

雑誌『ムー』を軸に、〈ムー・スーパー・ミステリー・ブックス〉〈ポケット・ムー〉〈ムー・ブックス〉という新書版のシリーズや単行本を刊行している。超常現象研究家の巨頭の南山宏氏と並木伸一郎氏との対談をまとめた、『**ＵＦＯ超古代文明対談　南山宏×並木伸一郎**』（２０１６年３月）なども出版している。

（有江富夫）

## 「超知ライブラリー」シリーズを刊行した徳間書店

1954年3月19日創業。カリスマ経営者といわれた徳間康快《やすよし》（1921〜2000）が率いた出版社（現在の社長は平野健一氏）。徳間康快がカリスマ経営者とされるのは、ミノルフォン株式会社を買収し、徳間音楽工業（後の徳間ジャパン）として音楽業界へ参入し、倒産した大映を再建して映画産業へも参入し、宮崎駿《はやお》氏のスタジオジブリを設立するなど、出版事業にとらわれない事業展開を行ったからだろう。

1970年代のオカルトブームのなか、1975年6月に新書版のチャールズ・バーリッツ『**謎のバミューダ海域 UFO基地か四次元の断層か**』（南山宏・訳）を出したが、これが大ヒットし〈トクマブックス〉として徳間書店のオカルト出版物のジャンルが形成された。後の1990年代には単行本の〈「超知」ライブラリー〉〈超☆スピ〉、2000年代には文庫版の〈5次元文庫〉シリーズを刊行するようになる。

阿基米得『謎のカタカムナ文明　秘教科学の最終黙示』（徳間書店）

徳間書店は、既出の大陸書房を引き継ぐかのように大量のオカルト出版物を発行した。ごく一部を挙げれば、阿基米得《あきよねと》氏（1949〜）の『**謎のカタカムナ文明　秘教科学の最終黙示**』（1981年5月）、チャールズ・バーリッツ『**ニューメキシコに墜ちた宇宙船　謎のロズウェル事件**』（南山宏・訳、1981年1月）、ジャン＝ピエール・プチ『**宇宙人ユミットからの手紙 30年間2000通の秘密文書の謎を解明**』（中島弘二・訳、1993年6月）、高坂和導（1

ページ参照）の**『「竹内文書」超図解 地球3000億年の記憶』**（1995年3月）、リサ・ロイヤル、キース・プリースト**『宇宙人遭遇への扉 人類の進化を導くプレアデスからのメッセージ』**（星名一美・訳、1997年2月）などである。

これらの出版を推し進めたのは、守屋汎氏と石井健資氏のふたりの編集者で、守屋氏は〈トクマブックス〉の多くのオカルト関連書を手掛けた。石井氏は〈［超知］ライブラリー〉〈超☆スピ〉〈5次元文庫〉の立ち上げに参加した。

なお、石井氏は2010年3月に徳間書店を退社後、ヒカルランド（319ページ参照）を起業し数多くのスピリチュアル系の書籍を出版している（注1）。

（有江富夫）

（注1）ヒカルランドのロゴは漫画家のさくらももこ（1965～2018）がデザインした。さくらは、石井健資氏が徳間書店時代に手がけたエンリケ・バリオス『アミ 小さな宇宙人 かって地球を脱出した人々が棲む星の名は「オフィル」』（石原彰二・訳、1995年3月）を読んで感銘し、デザインを引き受けたという。

# 昭和・平成のオカルト雑誌の歴史をたどる

オカルティズム（神秘思想）は前近代にはもっぱら宗教が扱い（これは現代も続いている）、明治以降は近代的な学問の周縁でも研究された。明治中期には最初の催眠術のブームがあり、末期には千里眼事件（超能力の実在を信じた東京帝国大学の福来友吉や懐疑派の山川健次郎らが検証実験を行い、資料すり替えなどの問題が生じた事件）が起きているが、それらは学問と詐術の狭間に出現して新聞等のメディアをにぎわせたほか、心霊研究の雑誌やポピュラー・サイエンスを扱う科学雑誌には後々まで話題を提供した。

当時、千里眼のような超常現象は「変態心理学」の研究対象だったが、大正・昭和初頭には『変態心理』『犯罪科学』『犯罪学雑誌』『犯罪実話』『犯罪公論』などの雑誌が生まれ、猟奇犯罪や性犯罪などと併せてオカルト的な話題も扱っていた。変態とは正常を意味する本態の対語で、変態心理は現代なら異常心理学に相当し、超常現象研究も含んでいた。犯罪嗜《し》好《こう》や異常性欲、さらには憑依《ひょうい》や妄執《もうしゅう》、偽史の主張といった信仰と詐術の狭間に位置するような事象もまた、この範疇で捉えられるだろう。これらは探偵小説の隆盛やエロ・グロ・ナンセンス趣味の流行と併せて、一般読者にもかなり広く読まれた。

探偵小説は1938年（昭和13）4月の国民総動員法以降は執筆が困難になり、オカルト的な話題も風俗壊乱《かいらん》の流言飛語《りゅうげんひご》として排除されるようになっていく。だが戦前に流布されたそれらのオカルト的話題、その出版人脈は根絶やしになったわけではなく、戦後から現在に至る出版文化のなかでも話題・執筆者・出版人の系譜が地下水脈のようにつながっており、折々の時代風俗に合わせて変形しながら復活と再生、そして消費拡大のサイクルを続けている。

（長山靖生）

## 大衆オカルト雑誌の始まり

戦後日本における大衆オカルト雑誌の嚆矢《こうし》は、１９６３年（昭和38）から１９６６年（昭和41）まで刊行されていた『不思議な雑誌』（日本文芸社、途中「相互日本文芸社」に社名変更）といえる。もちろんこの雑誌以前にもオカルト的な記事を扱ったものは多くあった。しかし『不思議な雑誌』は、それ以前の雑誌と比べ大きな違いがあったのだ。ここではまず戦前から連なる雑誌の歴史を振り返りながら、『不思議な雑誌』という大衆オカルト雑誌の誕生をみてみよう。

## 大正末期から昭和初期にエロ・グロ雑誌が多数刊行された

戦前と現在の出版状況で、大きく異なる点を一つ挙げるとすれば、内務省による「検閲」が行われていた点だ。その内容が反体制的であったり、長山靖生氏が前記したように風俗壊乱するものと判断されれば、出版物には当該箇所の削除、または「発禁」の措置が取られた。

大正末期から昭和初期は、この発禁を何度も食らいながらも「変態」や「猟奇」を謳《うた》った、エロ・グロ雑誌が多数刊行された時期である。これらの雑誌には単なるエロ記事だけでなく、性の民俗学的な研究・考察のほか、現在のオカルト雑誌が扱うような幽霊・妖怪・迷信といった記事や画像も散見された。

一つ例を挙げてみよう。１９２９年（昭和４）12月の『**猟奇画報**』創刊号（日本風俗研究会）では、その巻頭に現在オーパーツとして名高い「クリスタル・スカル」（水晶ドクロ）の写真が収められている。

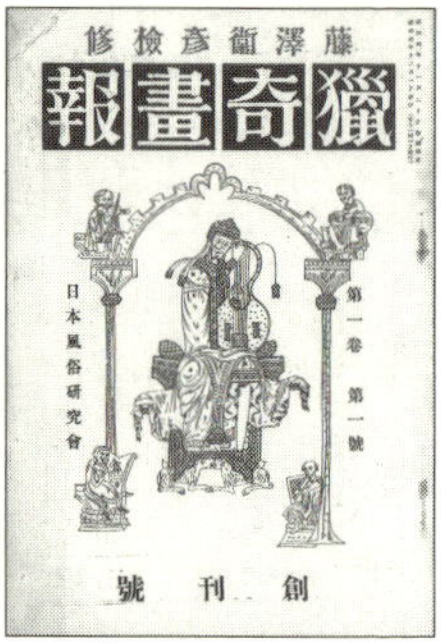

『猟奇画報』創刊号

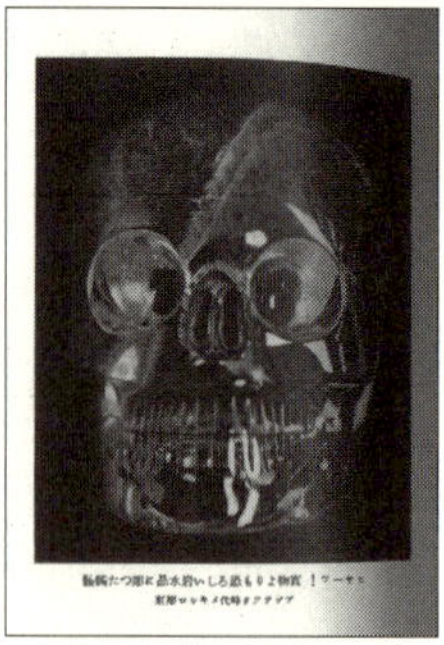
水晶ドクロ（『猟奇画報』より）

「アヅテツク（筆者注・アステカのこと）時代メキシコ彫刻」とキャプションがあるのみで詳細な解説は無いが、その形から大英博物館所蔵の「ブリティッシュ・スカル」であることがわかる。クリスタル・スカルがオーパーツとして世界的に有名になるのは後のことだが、これは日本で最初期の紹介と考えられるだろう。

この雑誌の編集兼発行を務めた風俗・伝説研究家、藤澤衛彦《もりひこ》は、後に「猟奇」という言葉にはエロの要素だけでなく「その熟語の表現する如く飽くまで奇を猟《あさ》れる意味のもので、天地のあらゆる奇が含まるべき」（富岡直方《なおかた》・著『日本猟奇史』に寄せた序文より。啓松堂、1932年）と述べている。藤澤はクリスタル・スカルも、「天地のあらゆる奇」の一つとして見たのだろう。

さて戦後になると、性をテーマとする記事を載せた大衆娯楽誌、いわゆる「カストリ雑誌」の出版が始まった。この代表といわれるものが1946年（昭和21）10月創刊の『猟奇』（茜《あかね》書房）である。『猟奇』はエロ小説のほか、エロにまつわる歴史や風習を紹介しており、戦前のエロ・グロ雑誌を彷彿《ほうふつ》とさせる内容であった。また最終号となった5号（1947年6月）の巻頭には、「猟奇編輯《へんしゅう》更生の辞」と題する編集部の文章が掲げられたが、そこで「猟奇」という言葉について「天地のあらゆる奇が含まるべき」と、戦前の藤澤衛彦の言葉を用いて説明した（藤澤自身も『猟奇』の書き手となり、異類婚姻譚《たん》を紹介する記事を連載）。

ところで『猟奇』は1946年（昭和21）12月の

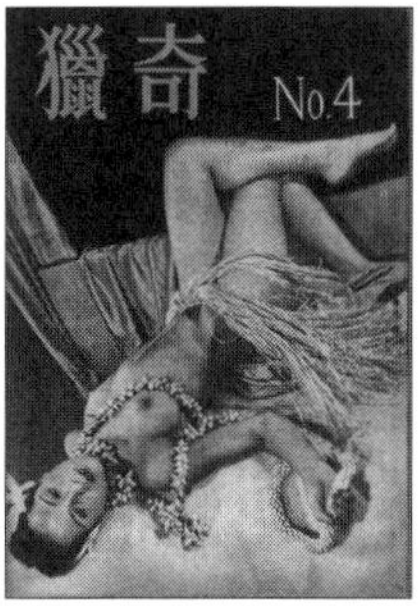

『猟奇』第４号

『風俗草紙臨時増刊 現代読本』

『別冊実話特報』第一集

2号において「わいせつ物頒布《はんぷ》等の罪」で警察に摘発されてしまう（これは戦後の出版物で、同罪で初の摘発だった）。だが、この事件が雑誌の知名度を上げることになり、他のカストリ雑誌も追随した内容を出していく。山本明『カストリ雑誌研究』（出版ニュース社、１９７６年）によると『猟奇』は「結果としてはカストリ雑誌のプロトタイプをつくりあげてしまった。エロを論じるにあたって、その起源にさかのぼって、民俗学知識を披露しながら展開するパターンは、戦前の『犯罪科学』『グロテスク』（筆者注・エロ・グロ雑誌）にもみられたが、戦後は『猟奇』がそれを踏襲し、その後のカストリ雑誌のすべてにつきまとった」という。

『猟奇』は戦前のエロ・グロ雑誌の影響を受けていた。そして『猟奇』自身が他のカストリ雑誌に影響を与える存在であったのだ。カストリ雑誌自体は昭和20年代中頃を頂点に出版数を減らし消えてゆくが、それは新たな雑誌の誕生へと繋がっていった。例えば大阪で１９４７年（昭和22）に創刊された『奇譚クラブ』（曙書房）は、カストリ雑誌として始まりSMなどを扱うアブノーマル雑誌へと変貌を遂げた。このライバル誌として、東京では１９５３年（昭和28）に『**風俗草紙**』（日本特集出版社）が刊行される。『風俗草紙』は１９５４年に警察の摘発を受けたことをきっかけに廃刊するが、これこそが『不思議な雑誌』に繋がる雑誌となることについて次項で扱う。

## 〈性〉や〈秘境〉の雑誌から、オカルト誌へ

次に昭和30年代（1955年〜）の様子を見てみよう。この時代になると、新聞社などのマスメディアと共に遠征隊を組んだ人類学者によって「海外学術調査」が実施された。その調査報告として日本人にとって知られざる民族や風習が紹介されるようになると、〈秘境〉ブームが巻き起こる。これを受け、秘境を大衆向けの読み物として紹介する雑誌『**別冊実話特報**』（1956年〜1963年）、『**世界の秘境シリーズ**』（1962年〜1972年）が双葉社から刊行された。『別冊実話特報』は、エロ・グロと夫婦生活（つまり夫婦の性）を取り上げる雑誌『実話特報』の別冊だが、編集を務めた竹下一郎氏は「『実話』っていうのは、英語でトゥルー・ストーリーという意味だろう。常識を斜めから見るから面白いんだ」（『活字秘宝　この本は怪しい!!!』洋泉社、1997年）と考え、第一集で秘境記事の他、レムリア大陸、火星の円盤人、ネッシーといったオカルト記事を掲載した。竹下氏は続く『世界の秘境シリーズ』の編集も担当し、創刊号で黒沼健の怪奇小説、綿谷雪《わたたにきよし》による占星術紹介、北村小松の空飛ぶ円盤と宇宙人の記事を載せることになる。〈秘境〉雑誌はその当初からオカルトがセットだったのだ。なお竹下一郎氏は、後に大陸書房を立ち上げオカルト本を大量に出版した人物であることも付記しておく。

『世界の秘境シリーズ』創刊号

　また双葉社による秘境雑誌の類似誌として、芸文社は1965年に『**奇談クラブ**』を刊行。創刊号は秘境記事に外国の風俗、犯罪、オカルト（黒沼健の怪奇実話、生まれ変わりのほか、〈日本の秘境〉として恐山を紹介）

『不思議な雑誌』創刊号

を詰め込んだ多彩な内容であったが、後に誌名はそのままに、ヌード写真やお色気記事を扱うエロ雑誌になってしまった。秘境雑誌からエロ雑誌への転換が許されたということは、秘境とエロ、そしてオカルトが近しい存在であり、読者層も同じであったことのひとつの証明となろう。

　そして1963年、『**不思議な雑誌**』が創刊される。この雑誌が出版されるまでの経緯は、日本文芸社の社史『日本文芸社三十年史』（1990年）に詳しいが、そこでは時代の大きなうねりの中で、必要に迫られ刊行された様子が語られている。

　国内が翌1964年に開催される東京オリンピックの景気に沸く中、出版界では婦人団体などによる「悪書追放運動」の嵐が吹き荒れていた。来日する外国人観光客を低俗な出版物（悪書）に触れさせないとする意図もあったという。

　このあおりをうけ、日本文芸社では主力誌である『実話三面記事』『事件実話』の2誌が悪書の指定を受けてしまう。悪書とされた雑誌は書店に置いてもらえなくなる。結果、同社は2誌に代わる新雑誌を立ち上げる必要に迫られた。こうして刊行された雑誌こそが『不思議な雑誌』であった（なお日本文芸社では、雑誌『現代読本』1957年3月号を「妖怪変化実録史」と銘打ち、幽霊、空飛ぶ円盤、ネッシーなどの記事を載せたことから、オカルト雑誌を作るうえでの実績を持ち合わせていた。この号は、刊行から僅か4か月で『現代読本臨時増刊特集・妖奇実話』と改題新装のうえ再刊されている）。

　表紙絵は、かつて『風俗草紙』にて怪奇幻想的な表紙を描いていた秋吉巒《らん》が手掛けている。編集長は途中から『実話三面記事』の編集長、氏家富良《うじいえとみろう》が務めたが、もともと彼は『風俗草紙』の編集長だった。

　実は『風俗草紙』を発行していた日本特集出版社は、日本文芸社を創業した夜久勉《やくつとむ》によって立ち上げられた版元である。だからこそ『風俗草紙』に関わっていた人材が『不思議な雑誌』を作っていたのだ。そこにはかつて、警察によって雑誌を潰された人々が、今度は悪書とされた雑誌に代わるものを作る、そんな姿を見出すことができる。

ではここで『不思議な雑誌』の創刊号（6月1日発売、刷り部数10万部）を開いてみよう。巻頭には即身仏や人魚のミイラ、イギリスで二人の少女によって撮影され真贋《しんがん》論争が巻き起こったコティングリーの妖精といった写真が収められている。目次には幽霊や、雪男、ヒトラー生存説などのオカルト記事が並ぶ。さらにジャングルに住む民族やエスキモーの風習・生活の紹介記事、そして南海の孤島におけるセックス奇談も掲載されている点に注目したい。

それまで〈オカルト〉は〈性〉や〈秘境〉の雑誌に載っていたものの、それはサブ的な位置付けであった。しかし『不思議な雑誌』ではメインが〈オカルト〉であり、従来の〈性〉や〈秘境〉雑誌と立ち位置が逆転したのだ。これこそが、戦後日本における大衆オカルト雑誌の〝誕生〟した瞬間である。そして、その誕生までの道のりは、（ここではその是非は問わないが）出版する側と、それを抑え込もうとする側との歴史でもあった。

日本文芸社は「心機一転の思いを込めて」社名を「相互日本文芸社」と改めた。東京オリンピックが開催される1964年の4月のことである（現在の「日本文芸社」に社名を戻したのは1968年4月）。『不思議な雑誌』は同ジャンルの雑誌が他にないことから、黒沼健のほか、庄司《しょうじ》浅水《せんすい》、中岡俊哉、種村《たねむら》季弘《すえひろ》、森優（南山宏氏の本名）といった、後にオカルト界を牽引する人々から原稿の持ち込みがあったという。しかしネタ切れ、売上低下から、1966年7月号で終刊となった。

最後にここまでに紹介した雑誌の〝ある共通点〟を述べて、本項の締めくくりとしたい。いずれの雑誌も「天地のあらゆる奇」を紹介しようとしていた点だ。「奇」とは〈性〉であり、〈秘境〉であり、そして〈オカルト〉だったのだ。

（中根ユウサク）

［参考文献］
「日本出版秘史『土人本』のすべて」（『活字秘宝 この本は怪しい!!!』洋泉社、１９９７年）
田中聡『ニッポン秘境館の謎』（晶文社、１９９９年）
飯倉義之「美しい地球の〈秘境〉」（『オカルトの惑星』吉田司雄・編、２００９年、青弓社）
飯田豊一『『奇譚クラブ』から『裏窓』へ』（２０１３年、論創社）
渡辺豪「付録・カストリ雑誌小研究」（『カストリ雑誌　創刊号表紙コレクション』西潟浩平、カストリ出版、２０１８年）
大道晴香「１９６０年代の大衆文化に見る「非合理」への欲望（Ⅱ）「秘境ブーム」をめぐって」（『蓮花寺佛教研究所紀要』第11号、２０１８年）

以上、大正末期から昭和初期のエロ・グロ雑誌、昭和30年代の〈性〉や〈秘境〉の雑誌から、オカルト誌が誕生するまでを見てきた。次に歴史雑誌や幻想文学の雑誌がどのようにオカルトを扱ってきたかを概観する。

（編集部）

## 偽史、幻想文学を中心にしたオカルト雑誌――『歴史読本』『パイディア』『牧神』『幻想と怪奇』『オカルト時代』『地球ロマン』『迷宮』『GSたのしい知識』『季刊　邪馬台国』

戦後は、オカルトは怪奇小説や幻想文学との関係もあって、文芸誌や思想雑誌などで取り上げられ、そうした文芸ジャンル専門誌も現れた。

また「神代文字」で書かれたものを含む古史古伝と呼ばれる史料や超古代史、また義経＝ジンギスカン説などといった偽史は、江戸時代から一部の好事家や国学者らによって研究されており、近代の国権拡張運動と連動する形で伝搬した。それらは戦後になっても一部の大衆歴史雑誌や青少年雑誌の彩りとして、折にふれて特集されるなどし、今なお一部には熱心な読者がいる。

宗教的・秘教的にか、あるいは色物《いろもの》という極端な形で扱われていた偽史を、ひとつの娯楽的「歴史ジャンル」の域に高めた雑誌は『**歴史読本**』だろう。

同誌は1956年に人物往来社より「特集　人物往来」として発行され、誌名が『歴史読本』、版元が新人物往来社と変わった後も、2015年10月に休刊するまで、長らく歴史読み物の雑誌として続いた（末期には版元は中経出版、KADOKAWAと変わった）。

同誌は毎号特集を組んでいたが、超古代史関連の特集もしばしば組んでいる。例えば1976年5月号は「特集　超古代史の謎」で、同号には当時「古史古伝」の研究をリードしていた吾郷清彦編「全面公開　日本超古代秘史資料」や能坂利雄「超日本人物誌」、川崎真治「富士山はピラミッドか」、柞木田《たらきだ》龍善「天孫民族の主流はユダヤ人」などのほか、真鍋博「超古代人は100mを5秒で走った」、水木しげる「超古代は妖怪の時代だった」、山本暎一「宇宙人に教化された人類」などの随筆も見られる。山本暎一は虫プロダクション創立に参加し、TVアニメ『鉄腕アトム』『ジャングル大帝』にかかわり、後にはTVアニメ『宇宙戦艦ヤマト』の監修・校正・脚本を担った人物だ。

『歴史読本』では本誌だけでなく、『歴史読本臨時増刊』として「世界謎の超古代史」（1981年）、「特集　異端の神々と謎の古代文字」（91年）のような全頁特集号を出し、また実質的にはムックである『別冊　歴史読本』でも「謎の超古代史、宇宙との交信か、太古の謎の遺跡」（93年）など、しばしば超古代史号を刊行した。

『歴史読本』は基本的には超古代史を否定しない立場で扱ったが、2004年の別冊『徹底検証・古史古伝と偽書の謎』のように、批判的に取り上げた場合もある。この号には私（長山）も執筆し、偽史研究家の原田実、田中聡両氏と鼎談《ていだん》もしたのだが、その際に編集部と「とうとう偽史として扱うことになりましたね」と話したら、「その辺りは玉虫色で。もちろん皆さんにはご自身のお考えで話していただいて……」といったような柔軟な姿勢で、実際その後も超古代史特集を行っていた。とはいえ『歴史読本』には、偽史を娯楽として楽しむ姿勢が強かった。この点が『ムー』との違いだ（『ムー』もオカルトを扱うエンターテインメント誌だが、あくまで〝手品ではなく超能力〟といった姿勢だ）。

一方、幻想文学系のオカルト紹介では、地味ながら竹内書店の『**パイデイア**』（68〜73年、全16号）が果たした役割は大きい。同誌は10号で「シンボル・錬金術」、12号で「日本的狂気」、13号で「終末の思想」を特集。10号には種村季弘「化学の結婚」、巌谷國士「黒い太陽の神話」、J・L・ボルヘス著、土岐恒二訳「カバラ擁護論」など、12号には竹内健「神字論」など、13号には松田修「終末観なき終末」などが載っており、硬派のオカルト研究の高い水準を示した。

さらにオカルト文化の健全な（というのも変だが）普及には『**牧神**《ぼくしん》』（73〜78年、マイナス3号〜12号）と『**幻想と怪奇**』（73〜74年、創刊号〜12号）が、画期的役割を果たした。『牧神』は3号で「幽霊奇譚」、7号で「神秘主義について」を特集、『幻想と怪奇』は創刊号が「魔女特集」、2号「吸血鬼特集」、3号「黒魔術特集」、そして8号では「オカルト文学の展開」、9号「暗黒の聖域」を特集している。

両誌にはそれぞれ、怪奇幻想文学の優れた研究者が関与していた。英文学者の由良君美《ゆらきみよし》（1929〜1990）は『牧神』の版元・牧神社《ぼくしんしゃ》の顧問を務め、その創刊号に寄稿している。一方、歳月社の『幻想と怪奇』は紀田順一郎氏が編集し、荒俣宏氏も参加した。

青土社の『**ユリイカ**』も、70、80年代は主に欧米の先鋭的文学や文化を特集しており、シュルレアリスムやエロティシズムと共に、オカルティズムも関心領域に含んでいた。同誌は1974年7月臨時増刊号として「総特集　オカルティズム」を刊行している。

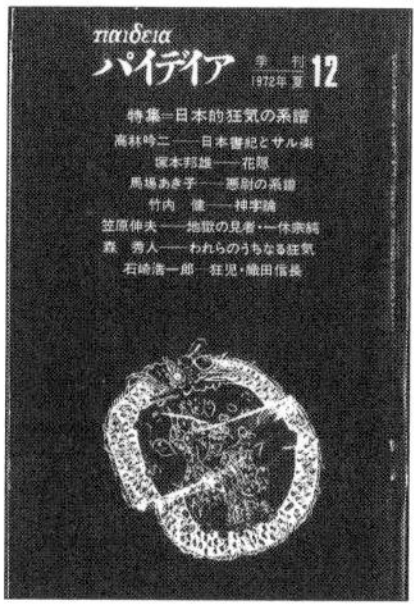

『パイデイア』第12号

『牧神』創刊号

76年にはみのり書房から『**オカルト時代**』（76〜77年、全8号）が、紘映社《げんえいしゃ》から『**地球ロマン**』が創刊された。前者は〈謎と神秘・四次元の世界を探る〉を副題とし、少なくとも前半は心霊主義的な傾向が強かった。「日本の教祖　シリーズ」が大きく扱われ、「創刊記念特大号」では出口王仁三郎、「10月特大号（2号）」では中山みき、「11月特大号（3号）」では黒住宗忠が取り上げられている。

一方、『地球ロマン』（76年）、『復刊　地球ロマン』（76〜77年、通巻全6号）は、第1期（2冊）は良くも悪しくもカストリ雑誌のようだったが、復刊後は総特集形式を取り、構成も装丁も一新された。特集では偽史や偽天皇などオカルト的主題を扱い、執筆者の充実も見られた。

『オカルト時代』創刊号

『迷宮』第１号

同誌の編集は武田洋一氏と伊藤裕夫氏が共同で務めていた。伊藤氏は由良君美ゼミの出身者で、その関係もあってか由良も寄稿している。またこれを契機として由良と武田氏の接近が進んだ。

武田洋一氏は武田崇元などの筆名も持ち、後にユニバース出版の『**UFOと宇宙**』（**後の**『**トワイライトゾーン**』）、白馬書房の『**迷宮**』などの編集に関わり、超古代史、神道系神秘思想の出版などで知られる八幡書店を創設した人物だ。

なお由良君美は英文学に底流する神秘思想だけでなく、国学系のそれにも関心を寄せていた。高山宏氏、四方田犬彦氏、脇明子氏らはいずれも由良ゼミの出身で、彼らの関心領域の広さ、オカルトへの柔軟な態度には学統を感じる。

なかでも四方田犬彦氏は、少なくとも一時はオカルトに対してアカデミズムの枠からはみ出す危険水域ぎりぎりまで好意的だった。ニューアカデミズムが脚光を浴びた1980年代、浅田彰氏、伊藤俊治氏、四方田犬彦氏らが責任編集を務める雑誌『**GSたのしい知識**』（84〜88年、全7号）が刊行されたが、その7号の特集は〈神国日本〉だった。同誌には四方田犬彦「出口王仁三郎『霊界物語』を読む」、武田崇元氏へのインタビュー「神道霊学のコスモロジー」などが載っている。この特集をプロデュースしたのは四方田氏だった。

「偽史」はアカデミックな歴史学界では、批判する価値も認められないという形でほぼ黙殺されてきたが、近年では偽史の成立過程に関する研究も見られる。また梓書院の『**季刊　邪馬台国**』（79年〜）では、初代の野呂邦暢《くにのぶ》の後を受けて責任編集を務めた安本美典《びてん》氏が『東日流外三郡誌《つがるそとさんぐんし》』を偽書であると早い時期から断じ、安本氏をはじめとする多くの論者による偽史を検証批判する特集がしばしば組まれた。その検証結果は概ね事実だろうと私も思う。その一方で邪馬台国研究における安本氏の見解には、全面的に支持することが躊躇《ためら》われる面もある。

偽史研究にかかわる者は、これを合理的、批判的な立場から研究する場合であっても、どこかで偽史的思考に惹かれ、いつの間にか新たな「物語」の作り手になってしまうのかもしれない。この危険性はあらゆる分野の研究者が孕《はら》んでおり、常に自戒する必要がある問題だ。　（長山靖生）

ここまでは大衆オカルト雑誌誕生の経緯と、その後の歴史（偽史）、幻想文学を中心とした雑誌を見てきた。次からは昭和・平成日本のオカルトシーンに大きな影響を与えたと考えられる雑誌を個別に見ていく。なお占い雑誌やスピリチュアル・開運関連雑誌も広い意味でオカルト雑誌の範疇に入るだろうが、紙幅の都合で今回は省いた。　（編集部）

**日本初のUFO専門誌『コズモUFOと宇宙』**（のちに『UFOと宇宙』と改題）
**【コズモ出版社→ユニバース出版社】**
**1973年7月～83年7月。隔月→月刊。全96号**

『コズモUFOと宇宙』創刊号

久保田八郎により日本初のUFO専門誌として創刊（創刊当初の雑誌名は「コズモ」がメインで、サブタイトルが「UFOと宇宙」だった）。もともと久保田は、コンタクティーであるジョージ・アダムスキーの哲学とUFOの研究団体「日本GAP」（364ページ参照）を運営していた。その会誌『GAPニューズレター』53号（1973年9月）では、本誌について次のように述べられている。「ノンフィクション・ストーリーだけに限っており、小説類は一切載せない。したがって報道誌的性格が濃厚である」と。この報道誌としての側面は12号（75年6月）にて遺憾なく発揮された。同年2月25日に発生した「甲府事件」（二人の小学生が宇宙人と遭遇したという、日本UFO史における著名な事件）を巻頭特集として大きく伝えたのだ。

また4号から6号にかけ斎藤守弘（412ページ参照）が「日本古来の天空人出現説考」を寄稿しているが、これは日本の古文献や随筆の中から宇宙人の痕跡を探す内容で、「うつろ舟」（江戸時代、日本の海岸に漂着した釜《かま》型の船で、その形からUFOではないかといわれる）を紹介している点は特筆すべきだろう。また号を重ねる度に読者欄が充実していき、UFO研究サークルの紹介や文通欄も掲載され、現役では最古参のUFO研究家、天宮《あまみや》清氏は本誌を「購読者の間に大小の愛好家グループも生まれた。若い研究者を生み出す社会的基盤となった」（『日本UFO研究史』ナチュラルスピリット、2019年）と評した。

編集長は久保田から武田益尚（武田崇元氏の別名）、

中村省三《しょうぞう》氏に引き継がれながら96号で終わるが、これは休刊ではなく誌名と内容を変え『トワイライトゾーン』誌としてリニューアルされる。（中根ユウサク）

［参考サイト］

「Cosmic Consciousness」(http://www.adamski.jp/readme.html)

**総合的なオカルト誌だった『トワイライトゾーン　UFOと宇宙』**（のちに『トワイライトゾーン』と改題）**【KKワールドフォトプレス】**
**1983年11月～89年12月。月刊。全74号**

『UFOと宇宙』96号から約3か月後。誌名と出版元を変更して刊行された97号が『トワイライトゾーンUFOと宇宙』である。表紙には「不思議・不可思議・スーパーミステリー」の文字が躍《おど》り、巻頭特集こそ米UFO調査機関のブルーブックだが、その他の記事はUFO吸血ゾンビ、心霊相談、イタコなど。UFO専門誌から総合的なオカルト誌へ大きく内容を変更しての登場となった。

『トワイライトゾーン』第97号

また本誌ではアメリカの白魔術師、魔女バベッタを何度も取り上げる。バベッタがフジテレビの番組、金曜ファミリーワイド『これが世界の心霊だ！PART４』（84年4月13日放送）への出演を機に、102号から副題の「UFOと宇宙」を消し、魔術や占いの特集を増やしていった。すると中高生を中心とした読者が増えたという（『これが世界の心霊だ！』の関東地区の視聴率は、ビデオリサーチ調べで17・1％。NHK、民放の裏番組と比べると、阪神×巨人戦ナイターの視聴率は突出して高いが、それに次ぐ順位で、人気ドラマ『太陽にほえろ！』よりも上位。番組の影響は決して小さくなかったと考えられる）。本誌編集部を取材した『RackAce』は「まじないや占い、あるいは非日常的な世界で〝遊ぶ〟ヤング。彼らには、恋愛問題や進路（＝

将来）など、結構たくさんの悩みがある。それがヤングを〝トワイライトゾーン〟に誘う背景になっているのではないか」と分析した。

　さらに１９８９年４月号で大々的な雑誌のリニューアルが行われる。前号（３月号）では「人類とＵＦＯの新たなる関係」と題したＵＦＯ特集が組まれた一方で、表紙は女性モデルの写真となり「メイクでツキを呼びこもう!!」と題した特集を掲載している。そう、女性向けオカルト誌になったのだ。「トキメキ占い大百科」（８月号）、「インテリア・マジック」（10月号）などの特集が組まれつつ、同年12月号をもって本誌は休刊。『コズモＵＦＯと宇宙』から続く16年の歴史は、総合オカルト誌、女性向けのオカルト誌と変遷しつつ、その幕を閉じた。（中根ユウサク）

［参考文献］
『テレビ視聴率月報 関東地区』（１９８４年４月、ビデオリサーチ）
「オカルト誌にみる現代ヤングの終末観とサバイバル術」（『Ｒａｃｋ　Ａｃｅ』１９８５年６月号、東京出版販売）

## 「秘教科学」を喧伝した『ワンダーライフ』

［小学館］
１９８８年９月〜91年３月。隔月刊。全22号

創刊号を開けば多くの漢字にルビが振られ、『コロコロコミック』の広告が入っていることに気が付く。実は小学４〜５年生を対象として刊行されたオカルト雑誌であった。現在『ムー』等で活躍するあすかあきお（飛鳥昭雄）氏も毎号漫画を掲載したが、彼も元は『コロコロ』本誌や増刊号に作品を発表していた作家である。また「ドラえもん」でおなじみ藤子・Ｆ・不二雄は漫画ではなく、地球空洞説などの異説を紹介する「藤子・Ｆ・不二雄の異説クラブ」（３０２ペー

『ワンダーライフ』第５号

ジ『ドラえもん』の項も参照）を連載した。

ところが実際の読者は、想定よりも年齢層が高かったという。また編集長や編集スタッフは、彼らが「秘教科学」と呼ぶオカルト体系を信じていた。こうして号が進むにつれ、誌面は独自性を強めていくが、注目すべきは株式会社Ｚ《ザイン》（注）の代表取締役、小島露観《ろかん》氏を登場させたことだ。小島氏は８号で作家・高橋克彦氏の対談相手として初登場したが、そこで彼は「神の宇宙計画の実践者」「２０００年期に展開する銀河皇朝《おうちょう》を創設する戦士の育成にあたっている」と紹介されている。そして高橋氏に対し、ハレー彗星と共に地球に飛来した悪魔と戦争をしている、と語る。また15号以降は小島氏自身が記事を寄稿し、占星術や神智学を踏まえた独自の考えが掲載された。

さて、編集長を務めた志波《しば》秀宇《ひでたか》氏が後に語るところによれば、小学館の重役に雑誌の「累積赤字が１億円超えたら即時にやめます」と述べていたという。果たして赤字は膨らみ（実際には２億円になったとか）雑誌は終わることになったが、最終刊となる22号では、オカルト的視点に基づき日本とはどのような国でどこに向かうべきかを読者に問う、特集「神秘の日本」が組まれるに至った。このように本誌はオカルト雑誌の系譜において、今なお異彩を放っている。


（中根ユウサク）

（注）後にその名称を変えつつ、１９９４年首都壊滅地震の発生を唱えるなどした団体。

［参考文献］

『超常現象謎学事典』（秘教科学研究会・編、小学館、１９９３年）
『仰天！オカルト業界編集日誌』（まほろば計画・編、扶桑社、１９９３年）
『ＪＡＰＡＮオカルト怪獣記』（飛鳥昭雄／守屋汎／武田崇元／志波秀宇／三上丈晴／他著、ヒカルランド、２０１７年）

**「マインド・スペース・マガジン」と標榜した『Ａｚ』［新人物往来社］１９８７年８月～95年春（５月）。季刊（創刊～14号）↓隔月刊（15～26号）↓季刊（27～35号）。全35号**

成人を対象とした「オカルト雑誌」。「マインド・スペース・マガジン（mind space magazine）」（６号まで表紙に、それ以降15号までは目次に「宇宙時代の「人間」を考える！」との惹句《じゃっく》も印刷されていた）を標榜《ひょうぼう》していた。創刊編集長は野村敏晴《としはる》氏（現在のビイング・ネット・プレス社長）。『歴史読本臨時増刊』で『戦国大名家３７０家出自総覧』（１９８４年）、『Ａｚ』創刊後も『オカルトがなぜ悪い！』『禁断の超歴史／科学』（以上１９９４年）などの特集を手がけた。

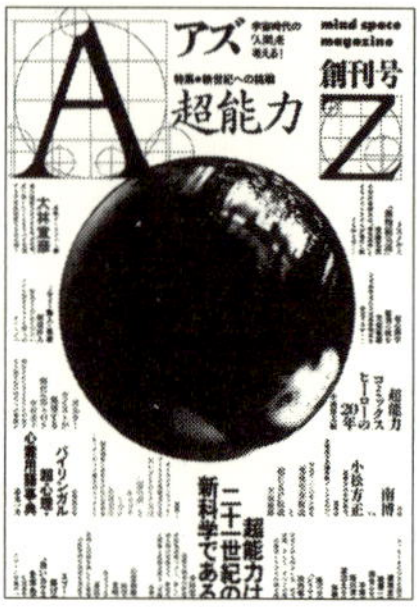

『Az』創刊号

創刊号は「超能力——新世紀への挑戦」。特集論考7本ほどに対談・インタビュー各１本、連載４本、エッセイ「私の不思議体験」や情報欄などから構成されている。特筆すべきは18ページに及ぶ井村宏次（４４３ページ参照）執筆の「超能力は21世紀の新科学である」。井村主宰の生体エネルギー研究所の研究成果を発表したもので、古代遺跡でのリーディング、ソ連における予知実験、中国の「気」とキルリアン研究などの成果を報告し、気功に未来を見出している。他稿も、動物磁気説《アニマル・マグネティシズム》（18世紀末にドイツ出身の医師Ｆ・Ａ・メスメル〈メスマー〉が提唱した学説。メスメリズムとも呼ばれた。宇宙〈万物とその周囲〉は普遍的流体〈一種のガス＝動物磁気〉に満ちており、人体はこの流体運動の作用下にあって、病気は体内での磁気不均衡で生じるとする）、ポルターガイスト、心霊治療、死後生存仮説と超ＥＳＰ仮説を扱い、「（年表）ＳＰＩＲＩＴＵＡＬ ＳＣＩＥＮＣＥ変遷史」や巻末「バイリンガル超心理・心霊用語事典」などと合わせて、濃密でかなり高度な内容だった。

以後も「世紀末宗教」「謎の超古代文書」「超エネルギー〝気〟」「宇宙進化大予言」「超医療」……と続く。個人的には15号から始まる「アズ・フォーティアン・ワールド（当初は「アズ・データボックスＦＴバージョン」）」が興味深かった。イギリスのロバート（ボブ）・リカード主宰の超常現象専門誌『フォーティアン・タイムズ』（１９７３年『ザ・ニューズ』として創刊、76年16号から現誌名に改題、現在も継続刊行中）と提携し、同誌掲載記事から注目話題を紹介・解説するというものだった。16号では英国ネス湖の未確認動物《クリプティッド》ロッホ・ネス・モンスター（通称〝ネッシー〟）、18号ではＡ　Ｂ　Ｃ《エイリアン・ビッグ・キャット》（本来の棲息域以外で目撃される大型猫科動物？で、未確認動物の一種。英国サリー州で１８２５年から目撃事例がある。ファントムキャット、ブリティッシュビッグキャットともいう）が取り上げられた。

本誌には前述の井村宏次以外に種村季弘・鎌田東《かまたとう》二《じ》氏・並木伸一郎氏・中島渉《なかじまわたる》氏・笠原敏雄《かさはらとしお》・横山《よこやま》茂雄《しげお》氏（稲生平太郎《いのおへいたろう》・法水金太郎《のりみずきんたろう》）・志水一夫など多彩な人たちが寄稿していたが、連載からは、種村季弘『ハレスはまた来る――偽書作家列伝』（青土社、１９９２）・井村宏次『スーパーサイエンス――異形の科学を拓いたサイエンティストたち』（新人物往来社、１９９２）が生まれ、井村の遺著となった『霊術家の黄金時代』（ビイング・ネット・プレス、２０１４）にも、本誌初出の大正期の霊術団体・太霊道《たいれいどう》や六甲山の巨石を「解読」した荒深道斉《あらふかみちなり》（本名・道太郎。古神道系団体・道ひらきの初代道主《みちぬし》。１８７１～１９５３）などの記事が収録されている。

27号から編集人が交代し、ユング、フロイトなどの心理学雑誌に完全リニューアルされた。28号で野村編集長が1号だけ復帰し、「病気はなぜ治るのか――癌を治す心と体の癒し」を特集。この号では人間を「体・心・気・霊性などの有機的統合体」ととらえる、ホリスティック医学への志向が打ち出されている。これが『Ａｚ』本来の最終形態とするならば、社会・自然・宇宙との調和にもとづいたホリスティック（全的・包括的）な観点から「人間とは何か」を問い直す雑誌だったといえるのかもしれない。類誌のない独自路線、試みであったと評価できよう。12～26号まで、グラフィックデザイナー・宇野亞喜良《うのあきら》氏のイラストが表紙を飾ったのもオカルト的な胡散臭《うさん》さや昏《くら》さを感じさせず、新鮮だった。

なお、同誌では定期購読者を対象に、「Ａｚ友の会」をつくり、井村宏次をはじめ占い師・鮑黎明《パオ・リーミン》などの講演会、日本ダウザー協会会長・堤裕司《つつみゆうじ》氏のダウジング講座なども実施しており、会報も出していたことはあまり知られていないだろう。（藤野七穂）

［参考文献］
『Ａｚ媒体資料』
『Ａｚ友の会ニュース』第２号

**荒俣宏氏と横尾忠則氏が支えた『ボーダーランド』［ケーアンドディー・エンタープライズ↓角川春樹事務所］**
**１９９６年６月～97年９月。月刊。全16号**

角川文庫で横溝正史ブームを作り、映画の製作者としても数々のヒット作を飛ばした角川春樹氏が、新たに立ち上げた出版社（３１８ページ参照）で荒俣宏氏を責任編集の立場で迎え入れ創刊。角川春樹氏は出版人としての功績以外に、精神世界に傾倒していることもよく知られている。そのためオカルト雑誌の創刊は必然だったといえるかもしれない。表紙は毎号、横尾忠則氏が担当。カラーページも多くビジュアル中心の誌面作りがされた。また海外の記事も豊富で、創刊号では２０００年代にＦＢＩ超能力捜査官としてテレビ番組に登場するジョー・マクモニグル（テレビ番組ではマクモニーグルと表記）が、日本のメディア「初登場」となった。

『ボーダーランド』創刊号

この雑誌に関連するもので是非とも紹介しなければならないものがある。それは１９９７年６月創刊の、雑誌名を冠した「ボーダーランド文庫」だ。この文庫は全28冊が刊行されたが、その多くは既に倒産していた大陸書房のオカルト本の文庫化である。しかしチャーチワード、ジョン・A・キール、ハイネックなどのオカルト研究の基本書というべきものを並べ、（当時大学生だった筆者のような）若い読者にとっての道標《みちしるべ》となった。『ボーダーランド』97年9月号では巻末に「次号から誌面刷新！」と見出しのもと、ノーベル物理学者ブライアン・ジョセフソンのインタビュー予告が載ったが、ついに刊行されることはなかった。

（中根ユウサク）

**今やオカルト文化のアイコンになった『ムー』**
**［学習研究社→学研パブリッシング→学研プラス］**
**１９７９年11月～81年11月まで隔月刊、82年１月より月刊。現在も刊行中**

２０１８年10月12日から約２週間、東京・池袋のパルコミュージアムにて「創刊40周年記念　ムー展」が開催された（同年12月に福岡、翌19年２月には名古屋を巡回）。２０１９年に創刊40周年を迎えることから、その軌跡を追う展示であった。

『ムー』はその知名度や影響力から、今や名実共に日本を代表するオカルト雑誌だ。その歴史の始まりは、かつて学研が出していた学年誌『コース』にある。当時『コース』では

『ムー』創刊号

UFOなどのオカルト記事も載せており、読者の反応が良かったという。そこで専門誌が企画され、『ムー』刊行へとつながった。創刊号は企画・構成協力として、斎藤守弘、佐藤有文（427ページ参照）、武内裕（武田崇元氏の別名）、中岡俊哉、南山宏氏と、そうそうたるメンバーが名を連ねている。

ところで初期の『ムー』には、今では見られなくなったページがある。漫画作品に、アニメ、SFの情報だ。5号の表紙には「UFO・超能力・心霊―SF・アニメ」という文字までが載り、オカルトを中心とした総合エンターテインメント誌だったことがわかる。また創刊号から5号（80年7月号）までの表紙イラストを、SF小説などで活躍していた生《おお》頼範義《らいのりよし》が手掛けた。

さて、SFといえば『SFマガジン』（早川書房、323ページ参照）を想起させるが、初期『SFマガジン』は海外の超常現象情報も載せており、かつてはSFの読者と、超常現象やオカルトを求める読者が重なっていたことがわかる。となれば初期『ムー』は、図らずも初期『SFマガジン』と同じ読者層を想定していたことになる（両誌には南山宏氏が関わっているという共通点もある）。しかし時代が変わり、読者が求めるものも変化したのであろう。当時の『ムー』の売上は良くなかったという。

三代目編集長を務めた太田雅男氏はこう振り返る。

「読者対象は中、高生で、彼らはSFやアニメのファンでもあるんですが、少なくとも『ムー』にはそれを望んでいなかった」（『Rack Ace』1985年6月号）。かくして『ムー』は誌面の方針転換を実施する。記事をノンフィクション中心とし（注1）、1981年11月号から〝読ませる雑誌〟として刷新したのだ。これが功を奏し売上が上昇、82年から月刊化を果たした。

現在、五代目編集長・三上丈晴氏は多数のテレビ番組やイベントに出演。また、様々な企業とコラボした『ムー』グッズが発売されるようになった。『ムー』は雑誌の域を超え、オカルト文化のアイコンになったといってもいいだろう。だが三上氏は今後の

『ムー』についてこう語っている。「本誌のスタイルは今後も変えないと思います」「ネットでは伝わらない内容をじっくり熟成・発酵させた記事を届けていきたい」「〝永遠のマンネリ〟でいこうと思っています」（『新文化』２０１９年２月28日）

現在の『ムー』は、創刊当時10代だった読者が今も読んでいるという（注２）。『ムー』はその変わらないスタイルだからこそ、今までも、そしてこれからも読まれ続けてゆくに違いない。

（中根ユウサク）

（注１）ただしフィクションを全く扱わなくなったわけではない。例えば１９８２年12月号および83年８月では、「ク・リトル・リトル神話」（クトゥルー神話）を紹介。97年７月号ではアニメ『新世紀エヴァンゲリオン』の特集も組まれた。

（注２）『広報会議』２０１９年３月号に掲載された『ムー』読者層データによれば、男性64％、女性36％。年代別では10代９％、20代26％、30代34％、40代20％、50代以上11％。

［参考文献］

「オカルト誌にみる現代ヤングの終末観とサバイバル術」（『Ｒａｃｋ　Ａｃｅ』１９８５年６月号、東京出版販売）
『ケトル』VOL.43　特集「『ムー』が大好き！」（太田出版、２０１８年）
「創刊号40周年記念「ムー」クロニクル」（『ムー』２０１９年１月号〜３月号、学研プラス）
「創刊40周年迎える月刊「ムー」（学研プラス）」（『新文化』２０１９年２月28日、８面、新文化通信社）
「専門誌の現場から　学研プラス『ムー』」（『広報会議』２０１９年３月号、宣伝会議）

［２０２０年10月追記］

『ムー』の発行元は、学研プラスがメディア事業の会社分割を行ったことで、２０２０年７月よりワン・パブリッシング（学研プラスと日本創発グループの合弁会社）へと引き継がれている。

# オカルト研究団体

## 心霊研究団体から
## オカルト現象全般を研究する団体まで
## ――オカルト研究団体の歴史

羽仁礼

　昭和から平成の時代、各種超常現象の研究を目的とした数多くの団体が結成されている。こうした団体の研究対象は心霊現象や超心理学、ＵＦＯ、宗教的奇跡その他多岐にわたり、積年の風雪に耐えて存続しているものもあるが、あえなく消滅したものも多数ある。

　こうした雑多な団体すべてをとりあげることは難しいが、本稿ではオカルトの各分野における代表的な研究団体につき、その設立の経緯や活動について紹介する。

　なおＵＦＯ研究団体については、そのあとに有江富夫氏が団体ごとに紹介を行う。

### 最初の心霊研究団体は「心霊科学研究会」

　日本においては、古くから霊が祟《たた》るとか、そうした霊を鎮《しず》めるなどの観念があり、江戸末期から生じた新宗教などにも霊の作用や霊が起こす現象などを説くものがあった。そうした宗教団体を別にすると、日本最初の心霊研究団体は、１９２３年（大正12）、浅野和三郎《わさぶろう》らが設立した「**心霊科学研究会**」であろう。１９２９年（昭和４）には「大阪心霊科学協会」や「東京心霊科学協会」も設立される。

　第二次世界大戦勃発により、これらの団体は活動を休止したが、１９４６年（昭和21）、旧東京心霊科学協会の会員だった宮沢虎雄《とらお》を中心として「**日本心霊科学協会**」が新たに設立され（１９４９年に財団法人化）、機関誌『心霊研究』の発行（３号でいったん中断し、『心霊と人生』と改題したが、１９４７年に再度『心霊研究』のタイトルに戻る）、心霊関係の書物を出版するなどの活動を続けている。２００８年（平成20）に公益法人改革三法が施行されると、「**公益財団法人日本心霊科学協会**」となった。

　一方、浅野正恭《せいきょう》や脇長生《たけお》は、考え方の違いから、昭和24年に「日本心霊科学協会」を脱退し、「心霊科学研究会」を再び結成した。以後「心霊科学研究会」は機関誌『心霊と人生』の発行を続け、１９５９年（昭和34）に「**日本スピリチュアリスト協会**」と改称して現在に至るが、メールで活動状況を問い合わせても返信はなかったし、書籍の販売もしばらく停止されているようだ。

　他に「**日本スピリチュアリズム協会**」という、似たような名称の団体があるが、これはスピリチュアル・カウンセラーと称する江原啓之氏（４３６ページ参照）が１９８９年に設立した「スピリチュアリズム研究所」を母体とする一般社団法人である。

　他に昭和時代の代表的な心霊研究団体と言えるのが「**菊花会**《きくかかい》」で、心霊研究家の小田秀人《ひでと》が１９３０年（昭和５）に設立した。

　小田秀人は、広島県で医師の子として生まれた。旧制広島中学の頃「お前は医者になるのではない。政治家になるのでもない。お前はこれから釈迦やキリストや、孔子やソクラテスのやったことを研究して、その人たちの成し遂げなかった事を成し遂げねばならぬ」という何者かの声をはっきりと聞いたことから哲学を志し、旧制一高の哲学科に入学、いったん東大に入るが、すぐに京大に移籍した。一高時代から京大時代にかけては、哲学者の三木清《きよし》とかなり親しくなり、いろいろと議論にあけくれたようだ。

京大には10年通い、その間3冊の詩集を自費出版したが、卒業までは、心霊はおろか神仏に一切興味がなかった。しかし、ある人物の紹介で神道系新宗教の大本教本部を訪れたことで人生が一変する。

大本では聖師（教祖）の出口王仁三郎《おにさぶろう》にも面会し、修行にも参加したが、その際自分自身が遠方の病人を治療するという経験をし、以後心霊研究に没頭した。

当初は浅野和三郎の研究会にも参加していたが、1930年、霊媒・亀井三郎の協力を得て、自らの団体「菊花会」を設立する。設立メンバーには、一高で小田秀人の先輩にあたり、晩年は神様シリーズで独特の世界を描くに至った作家・芹沢光治良《こうじろう》もいた。

「菊花会」は、亀井三郎をはじめ、津田江山《こうざん》、萩原真《まこと》などの霊媒による交霊会を頻繁に実施、交霊会では物体浮揚や直接談話など華々しい物理的心霊現象も多発した。また霊媒を養成する活動も行い、内山若枝《わかえ》、竹内満朋《みつとも》などが「菊花会」での修行により霊能力を開花させたという。

菊花会は戦後も復活したが、その規模は次第に先細り、1989年（平成元）の小田の死去に伴って活動を停止した。

## 「日本超心理学会」などの超能力系研究団体

日本を代表する超心理学研究団体が、「**日本超心理学会**」である。

この団体は1963年（昭和38）、大谷宗司《そうじ》防衛大学校教授、恩田彰《あきら》東洋大学教授、金沢元基《もとき》都立竹台高校教諭の3人が中心となって、「超心理学研究会」として発足した。中心人物の一人、金沢元基は、「日本空飛ぶ円盤研究会」の創立以来の会員であり、「日本心霊科学協会」の理事も務めていた。

1968年（昭和43）になると、この研究会は発展的に解消し、小熊虎之助《おぐまとらのすけ》明治大学教授を会長に据え、「日本超心理学会」となった。1978年（昭和53）、小熊が死去すると大谷宗司氏が二代目会長となって現在に至る。

学会誌『超心理学研究』の他、『パラサイコロジー・

ニュース』、『ニュースレター』などの発行を行い、定期的に研究会を開催していたが、10年ほど前に運営方針を巡る対立が起こり、その結果、残念ながら現在は活動停止状態にある。

他に心霊・超心理学研究を標榜する団体には、**「福来《ふくらい》心理学研究所」**や**「飛騨福来心理学研究所」**などがある。

「福来心理学研究所」は、１９６０年（昭和35）、福来友吉《ともきち》（１８６９〜１９５２。御船千鶴子や長尾郁子の千里眼［透視・念写など］能力を研究した）の資料を弟子たちが引き継ぐ形で、宮城県仙台市にて財団法人として設立された。

福来友吉が明治の千里眼事件（御船千鶴子や長尾郁子などの千里眼能力を巡って起きた騒動とそれに伴う論争）の際、実験に使用した鉛管や、透視能力者を自称した三田光一《こういち》が念写した月の裏側の写真など貴重な資料を今でも保管しており、独自の研究活動も継続している。２００８年の公益法人改革では一般財団法人に移行した。

「飛騨福来心理学研究所」は、１９８３年（昭和58）3月に「六次元弁証法（六次元論）」なるものを唱える元教師で神秘現象研究家の山本健造《けんぞう》が財団法人として設立した（現在は一般財団法人）。山本は１９５６年（昭和31）に、福来博士の出身地である岐阜県高山市に「福来友吉博士記念館」を建設し、仙台の研究所と同様に福来博士にまつわる資料を展示していた。現在は同記念館の他に、山本の死後、新たに造られた「福来記念・山本資料館」を「飛騨福来心理学研究所」が運営している。

## 宗教的ＵＦＯ団体

１９５４年（昭和29）に始まる第一次ＵＦＯブームの時代、「日本空飛ぶ円盤研究会」や「近代宇宙旅行協会」「宇宙友好協会」など、さまざまなＵＦＯ研究団体が設立された。

こうしたＵＦＯ研究団体については別項に譲る（３５８ページ参照）が、中にはＵＦＯ研究を標榜しながら、一種の宗教団体としか思えないような団体もある。いわばＵＦＯカルト教団の先駆けともいうべきものだが、その典型的なものが「優良宇宙人との交流会」であろう。

これは、１９５３年以来宇宙創造神のメッセージを取り次いできたと自称する田原澄《すみ》を中心に結成されたグループで、一時は電気工学者・工学博士の関英男の支持も受けた。現在は「**ザ・コスモロジー**」と改称して活動中である。

田原澄は１９１４年（大正３）に東京に生まれた。看護婦をしていたが、長男の事故死や次女の病気を機に宗教団体・天真道《てんしんどう》に入信、祝詞《のりと》や神詞拝誦《しんしはいしょう》（神のお告げを丁寧に読むこと）などの修行を続けた結果、宇宙創造神のメッセージを取り次ぐようになったという。

その内容には、太陽系内の惑星からやってくる友好的な宇宙人だとか、オリオン座の邪悪な霊波など、その後出版されたアメリカのコンタクティー、ジョージ・アダムスキーやジョージ・ハント・ウィリアムソン（１９２６～１９８６。アメリカのコンタクティー）の著書に影響を受けたと思われる部分が多い。

機関誌『宇宙の理』は現在も毎月発行されている。

もう一つの宗教的ＵＦＯ団体が「**宇宙クラブ**」である。この団体は、コンタクティーを自称する堀田《ほった》建城別《たてきわけ》が設立した。

堀田建城別は「日本空飛ぶ円盤研究会」の会員でもあり、１９５７年３月17日に行われた同研究会の第４回総会において、異星人とコンタクトしているとカミングアウトしたようである。堀田の詳しい人となりは不明であるが、一部では某企業の社長であるとも言われている。また、宗教団体・神道天行居《しんどうてんこうきょ》（友清歓真《ともきよよしさね》が創始した神道系宗教団体）の道士でもあったようだ。

宇宙クラブは機関誌『宇宙人』を８号まで発刊し、機関誌はその後『宇宙クラブ通信』と名を変えたようだが、いつのまにか活動を停止してしまった。

なお、現在九州には、自称ヒーラーの星椎水精《ほしいすいせい》が代表を務める「宇宙クラブ」という企業があるが、堀田建城別の団体とは関係ないようだ。

## オカルト全般を扱う研究団体

他に、オカルト現象全般の研究を行うとうたった団体もある。

「**日本超科学会**」は１９７３年、橋本健が設立した。入会条件は、橋本が発明したアルファコイル（41ページ参照）を購入することであり、公式サイトによる会員数は6万6千人となっているが、これはアルファコイルを買った人の人数だろう。

公式サイトには、スプーン曲げやサイババの物質化（なにもない空間から聖灰その他の物品を取り出すこと）、奇跡的な治療などあらゆる奇跡を肯定する立場が宣言されている。２００７年の橋本の死後も公式サイトは残っているが、掲載されている電話番号は現在使用されていないし、メールに対する返信ももらえなかった。

もうひとつの「**日本サイ科学会**」は１９７６年、関英男（電気工学者・工学博士）が「日本ＰＳ学会」として設立したもので、広く超心理学、心霊科学、宇宙生命学、ＵＦＯなどの関連分野にわたる事象を研究するとしている。論文集『サイ科学』や自由投稿誌『サイの広場』、会報の『サイジャーナル』を現在も発行し、定期的に会合も開催している。

他にも、帯津《おびつ》良一医師を会長とする「**サトルエネルギー学会**」や、宗教法人玉光《たまみつ》神社の宮司・本山《もとやま》博《ひろし》が設立した「**国際宗教・超心理学会**」などが現在も活動中である。

［参考文献］
「サイ科学会」（http://psi-science.sakura.ne.jp/）
「心霊科学協会」（http://www.shinrei.or.jp/）
「日本スピリチュアリスト協会」（http://www.j-spirit.jp/index.html）
「日本スピリチュアリズム協会」（http://spiritualism.or.jp/about_spiritualism/）
『スピリチュアル用語辞典』（春川栖仙、ナチュラルスピリット）
『四次元の不思議』（小田秀人、潮文社）
『宇宙機』（日本空飛ぶ円盤研究会、第一〇号）
『創立五十周年記念特集』（財団法人日本心霊科学協会）
『宇宙人』（宇宙クラブ、第一号）

# ＵＦＯを扱った代表的な研究団体

有江富夫

## なぜ《アンチ・コンタクト派》と《コンタクト派》に分けたか

　本稿では、ＵＦＯ分野の代表的な研究団体を紹介する。そうするに当たり、日本のＵＦＯ研究団体の研究の取り組みの志向性をわかりやすくするため、《コンタクト派》と《アンチ・コンタクト派》とに分類した。

《コンタクト派》とは、「宇宙人と会見した。ＵＦＯに搭乗した」との体験を拠り所として、ＵＦＯは宇宙人の乗り物であると断定し、それを固く信じる団体のことを指す。

《アンチ・コンタクト派》とは、コンタクト派が支持する体験（者）の内容に疑義を唱える団体のことを指す（ここに分類される研究団体は「科学的な研究」を標榜しているが、学問的な厳密さにおいて「科学的な研究」としてよいかには疑問符もつくので、この項では《科学派》と呼ぶのは避けた）。

　このような分類をしたのには、日本のＵＦＯ研究史において、１９５０年代半ば、コンタクティーの体験の真偽がＵＦＯに興味を抱く人々の間で話題になったことが、日本で最初の研究会設立のきっかけの一因となったことが背景にある。

また、１９６０年代に「近々、大災害が襲う。その時、宇宙人が救済のためＵＦＯに乗ってやって来る」「その情報は、会見した宇宙人から教えてもらった」という言説をめぐる論争が起きたことも背景にある。

　それらをめぐり、評価が二つに分かれたので、この二つに分けてみた。

【アンチ・コンタクト派】

### 日本最初のＵＦＯ研究会「日本空飛ぶ円盤研究会」（英語の団体名：Japan Flying Saucer Research Association：ＪＦＳＡ）

１９５５年（昭和30）７月に、ＵＦＯを科学的に究明するとの趣旨で設立された団体。設立したのは東京・五反田で古書店を経営していた荒井欣一《きんいち》（１９２３～２００２）である。

設立の発端は１９４７年にさかのぼる。この年、アメリカでアーノルド事件（１９４７年６月24日、ワシントン州上空で高速で飛ぶ九つの飛行物体が目撃された事件。この目撃事件はニュースとなり、ＵＦＯ騒動の発端となった）が発生。日本でこの事件が報道されると、荒井欣一は興味を抱き、同じ興味を持つお店のお客とＵＦＯ談義をしたことなどを契機として、「日本空飛ぶ円盤研究会」を設立することになった。

設立に当たり荒井は、それまでに雑誌にＵＦＯ記事を書いていた劇作家・小説家の北村小松（１９０１～１９６４）に会い、どうＵＦＯ研究に取り組むべきかのアドバイスを受けている。そして、会の設立とともに、顧問に迎えている（北村の紹介で、後に顧問や特別会員などを増やすこととなる［注］）。

会の研究スタンスは、設立の趣旨である「科学的に解明する」との姿勢で貫かれた。会誌は設立と共に発行された『宇宙機』で、１９６０年（昭和35）まで全32号を刊行。同年、荒井が体調を崩し会は休会となるが、１９７２年（昭和47）に活動を再開している。

再開後は講演会や展示会などを一般向けに開き、「ＵＦＯのことを研究し、結果として欧米の研究内容に引けを足らないレベル」に達することを目指した。なお、１９７９年（昭和54）には荒井欣一が所有しているビルの5階に、所有資料によるＵＦＯの私設図書館「ＵＦＯライブラリー」を開設。現在、この資料類は福島市飯野町にある「ＵＦＯふれあい館」に移設・展示されている。

［注］顧問・特別会員（客員）の一覧

顧問

宇宙工学者の糸川英夫（１９１２〜１９９９）
随筆家の石黒敬七（１８９７〜１９７４）
漫談家・作家の徳川夢声（１８９４〜１９７１）
作家・航空評論家の中正夫（１９００〜１９６３）
科学評論家の原田三夫（１８９０〜１９７７）
アマチュア天文家の保積善太郎

特別会員（客員）

文芸評論家の荒正人（１９１３〜１９７９）
天文学者の畑中武夫（１９１４〜１９６３）
作家の平野威馬雄（１９００〜１９８６）
アマチュア天文家の小槇孝次郎（１９０３〜１９６９）
作家の新田次郎（１９１２〜１９８０）

［参考文献］
『いつもＵＦＯのことを考えていた　ＵＦＯライブラリー・荒井欣一さん訪問記』（和田登、文渓社、１９９４年）
『ＵＦＯこそわがロマン　荒井欣一自分史』（並木伸一郎・岡静夫・編、自家出版、２０００年）ほか

### 「近代宇宙旅行協会」（英語の団体名：Modern Space Flight Association：ＭＳＦＡ。後に、日本ＵＦＯ科学協会と改称）

１９５６年（昭和31）11月、大阪において設立された団体。設立したのは当時、貿易業をしていた高梨純一（１９２３〜１９９７）である。

もともと高梨は大学生時代に宇宙及び宇宙旅行の問題に関心を持ち研究していたが、公立校で理科の教師をしていたときにアーノルド事件の報道に接したことを契機に、ＵＦＯ問題にも惹かれ研究するようになった。そうして１９５６年に設立されたのが「近代宇宙旅行協会」である（後に、「日本ＵＦＯ科学協会」英語の団体名：Japan UFO Science Society：ＪＵＦＯＳＳと改称）。

会誌として『空飛ぶ円盤情報』（後に、『空飛ぶ円盤研究』に改題）を発行し、１９９４年（平成６）発行の96号まで続いた。

その研究スタンスは、語学力を生かして内外の文

献・資料を吟味し、データを分析する実証的なもの。また、会誌は継続的に刊行され、多くの事件・情報を提供していたことも、今のようなネット時代でない時期においては実に研究に資する価値あるものだったといえる。

なお、意外な一面といえるかもしれないが、高梨純一は１９５６年（昭和31）に『心霊の秘庫を開きて』と題する書籍を出版している。これは心霊科学研究会の会員でもあった高梨が同会の会誌『心霊と人生』に連載した記事をまとめたもの。序文で「過去十五年来、この種の蒐集と研究に努力を傾けて来た」と述べており、昭和15年（高梨はこのとき17歳）ごろには心霊研究を開始していたという。

［参考文献］
『心霊の秘庫を開きて　欧米心霊研究界の近況』（高梨純一、ライト書房、１９５６年）
『空飛ぶ円盤実在の証拠　その科学的究明』（高梨純一、高文社、１９７３年）
『空飛ぶ円盤騒ぎの発端』（高梨純一、高文社、１９７４年）ほか

## 「日本宇宙現象研究会」（英語の団体名：Japan Space Phenomena Society：ＪＳＰＳ）

１９７３年（昭和48）１月に設立された団体。会長は並木伸一郎氏（１９４７〜）、副会長は池田隆雄（１９５２〜２００２）。会は前身となる並木氏の「奇現象研究同好会」（１９７０年４月設立）と池田の「日本宇宙現象研究会」（１９７１年10月設立）の２団体が合併してできたもの。設立時に、前年に活動を再開した、ＪＦＳＡの荒井欣一を顧問として迎えている。

会長の並木氏は会の運営の傍ら、学研プラスが発行するオカルト情報誌の『ムー』のメインライターも務めている。また、オカルト書籍の執筆なども行っている。

副会長の池田隆雄は、１９７０年（昭和45）に所属していた天文同好会の会報にＵＦＯ目撃記事が載せられていたのを見て、ショックを受けたことで研究を開始したという。１９７４年（昭和49）に大陸書房か

ら出版された『日本のUFO』は、池田のそれまでの研究成果の一端を示すものであった。1980年（昭和55）にはUFO観測儀を完成させている。

日本宇宙現象研究会の主要な会誌は、1973年（昭和48）に創刊した『未確認飛行物体』で、1996年（平成8）に16号を発行したのちは事実上の休刊となった。その後、それを補うかのようにUFO資料シリーズ（『空飛ぶ円盤を巡る狂気　ベンダー・ミステリー』礒部剛喜・編著　1990年　ほか6冊）を2000年（平成12）まで発行したものの、研究局の責任者だった副会長の池田隆雄が2002年（平成14）に亡くなった影響であろうと思われるが、会の活動自体も低迷したようである。しかし、2017年（平成29）11月に『未確認飛行物体 2017《特別号》』が発行された。

その研究活動としては、マスコミなどに取り上げられたUFO目撃事件に対して、現地調査を行い目撃当事者らに取材し、その記録を残していることや、当時としては貴重な海外情報の紹介を行っていることなどが挙げられる。

『未確認飛行物体 2017《特別号》』
（日本宇宙現象研究会）

［参考文献］
『日本のUFO』（池田隆雄、大陸書房、1974年）
『UFO発見法』（並木伸一郎、大陸書房、1975年）
『UFOはホントにUFOか　誰も書けなかったUFOの真相』（並木伸一郎、郷・出版部、1978年）ほか

【コンタクト派】

## 「宇宙友好協会」（英語の団体名：Cosmic Brotherhood Association：ＣＢＡ）

１９５７年（昭和32）８月に設立された団体。理事長は、日本生産性本部の専務理事の肩書きを持つ郷司浩平《ごうしこうへい》（１９００～１９８９）。理事として久保田八郎（１９２４～１９９９）、松村雄亮《ゆうすけ》（１９２９～２０００？）、橋本健（１９２４～２００７）の他に３名。

１９６０年（昭和35）に発行した『宇宙友好協会（ＣＢＡ）の歩み』（『空飛ぶ円盤ニュース』特別号）に掲載された「ＣＢＡの設立」と題する趣旨説明文では、「空飛ぶ円盤の飛来によって新時代の到来に目覚めた六名（前記理事の他は、小川定時、桑田力、小川昌子）は」と書き出し、「日本空飛ぶ円盤研究会や、近代宇宙旅行協会の研究態度——宇宙人の存在を頭から否定し、（中略）アダムスキーその他のコンタクト・ストーリーをあり得ることとして研究する態度にかけていた」とＪＦＳＡ及びＭＳＦＡを名指しで非難している。そのうえで、「むしろでき得れば宇宙人とも友好関係に入り、地球上に新時代を築こうとして集まる」と述べている。

その後の活動において、自らの主張に疑義・反発する他のＵＦＯ団体や公的機関などと対立する。羽仁礼氏の別稿「ＣＢＡ事件を起こした宇宙友好協会（ＣＢＡ）」（40ページ）を参照。

主要な会誌として、１９５８年（昭和33）に『空飛ぶ円盤ニュース』を発行し、１９６７年（昭和42）の99号まで刊行した。その他、『空飛ぶ円盤ダイジェスト』（１９６１～１９６４）、英語版『ＢＲＯＴＨＥＲＳ』（１９６２～？）等も発行している。また、１９７４年（昭和49）に『ＵＦＯ ＮＥＷＳ』を発行したが、会誌としてはこれが最後のものと思われる。

１９７４年の『ＵＦＯ ＮＥＷＳ』の発行が組織的活動の最後と思われるが、休会・解散の宣言のようなものが公にされているわけでなく、その後の会の活動・消長については謎の部分が多い。

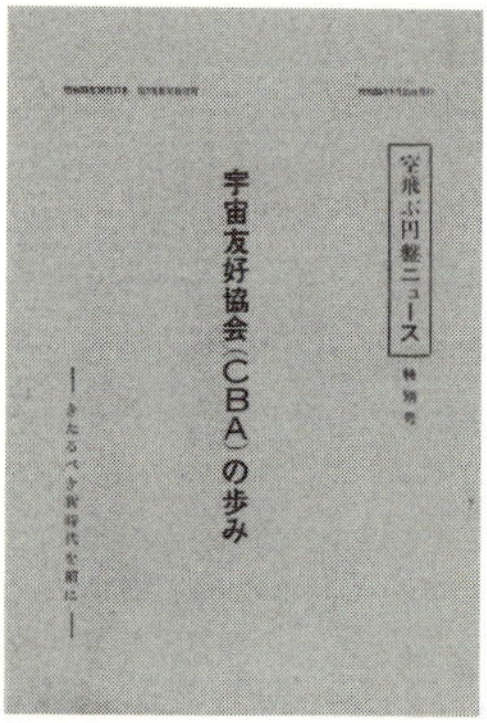


『宇宙友好協会（CBA）の歩み』（宇宙友好協会）

なお、前掲の『宇宙友好協会（CBA）の歩み』では、「松村雄亮は（中略）、日本最初の研究団体UFO Research Group in Japanを結成」とし、同会をCBAの前身の組織としている。しかし、「日本最初」を示す確たる資料・活動は確認されていないようである（活動が確認できる最古の資料は、JFSAの荒井欣一によれば1956年9月9日付『読売新聞』とのこと）。

［参考文献］
『空飛ぶ円盤ニュース特別号 宇宙友好協会（CBA）の歩み』（宇宙友好協会、1960年）
『地球ロマン 天空人嗜好』復刊2号（絃映社、1976年）
『UFOこそわがロマン 荒井欣一自分史』（並木伸一郎・岡静夫・編、自家出版、2000年）ほか

## 「日本GAP《ジーエーピー》」（英語の団体名：international Get Acquainted Program－Japan ：GAP－J）

1961年（昭和36）9月に設立された団体。設立者はCBA設立時に理事として名を連ねた久保田八郎。短期間ではあるが一時、CBA代表（1960年3月〜同年9月）となった久保田であったが、CBAをやめる原因となったのはアメリカのコンタクティー、ジョージ・アダムスキー（1891〜1965）と親交があり信奉する久保田と、自ら宇宙人とコンタクトしていると主張する松村雄亮との軋轢《あつれき》によるものという。

久保田八郎はCBAを1961年（昭和36）6月にやめ、そのわずか3か月後には「日本GAP」を設立することとなる（なお、GAPとは「知らせる運動」［Get-Acquainted Program］という意味の世界的なグループ活

動のこと)。久保田とアダムスキーの接点は、１９５３年（昭和28）８月に郷里である島根の書店で偶然手にしたアダムスキーの原書を読んだこと。翌９月には、アダムスキーに手紙を送っている。以来、アダムスキーが亡くなる直前まで手紙のやり取りは続けられた。

日本ＧＡＰの活動は研究というより啓蒙で、アダムスキーの著書（『生命の科学』『宇宙哲学』『テレパシー』などがテキスト）の内容を理解し、それを実践することを目指した。

会誌は１９６１年（昭和36）に『News Letter』の名称で創刊され、幾度かの改題を経て『UFO contactee』となり、１９９９年（平成11）に１４６号で終刊した。

日本ＧＡＰは久保田の死去により、１９９９年12月に解散した。

なお、久保田八郎は日本ＧＡＰを運営する傍ら、１９７３年（昭和48）７月にコズモ出版社（後のユニバース出版社）を設立し、初のＵＦＯ専門の商業誌『コズモＵＦＯと宇宙』（後に『ＵＦＯと宇宙』と改題）を創刊する。久保田は１９７７年12月号をもって編集人をおりている。

［参考文献］
『空飛ぶ円盤とアダムスキ　死と空間を超えて』（久保田八郎・編、高文社、１９６９年）
「Cosmic Consciousness 日本ＧＡＰ資料室」（http://www.adamski.jp/GAP-japan/）

**［地域団体］**

１９７０年代のオカルトブームの際、各地域でＵＦＯ研究会が相次いで創設された。ここでは、ごく一部であるが簡単に紹介していきたい。

兵庫県の「**日本ＵＦＯ研究会**」（アンチ・コンタクト派の団体）、創設者は平田留三（１９２４〜１９９８）。１９６６年に近代宇宙旅行協会（ＭＳＦＡ）から分派独立。会誌『ＪＵＦＯＲＡ』を発行。

東京都の「**日本ＵＦＯ情報センター**」、創設者はＪＳＰＳ（日本宇宙現象研究会）幹部の志水一夫（１９５４～２００９）。創設は１９７３年。志水一夫は『ＵＦＯの嘘』等を著した。

静岡県の「**ユーホロジストクラブ**」（コンタクト派の団体）、創設者は平野泰敏《やすとし》氏。創設は１９７３年。会誌『ユーホロジスト』を発行。

愛媛県の「**重力研究所**」（コンタクト派の団体）、創設者は元日本ＧＡＰ会員の清家新一《せいけしんいち》（１９３６～２００９）。創設は１９７４年。会誌『宇宙艇』を発行。前身は「国際宇宙研究会」（１９７２～１９７４）。清家新一は『空飛ぶ円盤製作法』等を著述。

宮崎県の「**日本宇宙ＵＦＯ研究会**」、創設者は並幸夫氏。創設は１９７４年。会誌『ＵＦＯ』を発行。

山梨県の「**ＳＰＮＷ**」（コンタクト派の団体）、創設者は元日本ＧＡＰ会員の山本佳人《よしと》（１９４９～２０１４）。創設は１９７６年。会誌『宇宙誌』を発行。前身は「宇宙研究協会」（１９７２～１９７６）。山本佳人は『キリスト宇宙人説』等の著者。

埼玉県の「**ＵＦＯ教育グループ**」（コンタクト派の団体）、創設者は元日本ＧＡＰ会員の安斎純夫（１９３０～１９８０）、創設は１９７６年。会誌『ＵＦＯ教室』を発行。同会は安斎純夫が亡くなった後は韮澤潤一郎氏が引き継いでいるが、現在は休会中。

また、１９７３年創刊のＵＦＯ専門誌『ＵＦＯと宇宙』には、読者が研究会を作り会員を募集する「ＵＦＯファン集まれ！」というコーナーがあった。筆者が記録した範囲（１９７５年２月号から１９８０年４月号）では、実に２７９の団体が設立を報告し、会員募集を行っている。ごくごく一部を以下に示す。

東京都の「**宇宙文明を実現する会**」（コンタクト派の団体）、創設者は高橋田一《たいち》。創設は１９７５年。高橋田一は『目覚めよ地球人』（注１）などを著述。

千葉県の「**国際超自然現象調査局**」、代表だった磯部剛喜《いそべつよき》氏（１９６２～）は現在、ＪＳＰＳの幹部を務める。『第三帝国と空飛ぶ円盤』（ＪＳＰＳ発行）等を著した。

静岡県の「**日本超宇宙通信協会**」（コンタクト派の団体）、創設者はコンタクティーの秋山眞人氏（１９６０〜）。会誌『超宇宙通信』を発行。秋山氏は『秋山眞人のスペースピープル交信全記録』等の著者。

愛知県の「**宇宙友の会**」（コンタクト派の団体）、創設者は元ＣＢＡ会員の袰高侯雄《ほろたかきみお》。創設は１９７８年。会誌『宇宙の友』を発行。高公二名義で『光次元の神秘』（大石美代子・共著）を著述。

（注１）高橋田一の著書『目覚めよ地球人』で、「ユーホロジストクラブ」代表の平野泰敏氏が「推薦者のことば」を書き、「本書の高橋田一氏は、世界中でも数少ない『真実のコンタクティ』であると、私は思う」とコメントを寄せている。

## 【大学研究会】

### 「全日本大学超常現象研究会連合」（略称、大学連合）

１９７５年（昭和50）７月に大学の超常現象を研究する研究会の横断組織として設立された。呼び掛け人は東京理科大のＮ氏（初代会長に就任）で、各大学の同好の会が連携・補完して、研究の質の向上を目指すことを活動の趣旨とした。設立時の参加数は、大学研究会15、一般団体3で、後年には荒井欣一のＪＦＳＡ、並木伸一郎氏のＪＳＰＳ、北島弘氏の「日本空中現象研究会」、志水一夫の「日本超自然現象研究会」が協賛団体として活動を応援している。

大学連合の活動としては、各大学の新会員に対する合同研修、研究成果を示す講演会、研究討論と親睦を深める合宿などを実施。また会員向けの情報誌『ＳＩＤ』を発行した。

目立った活動としては、１９７８年（昭和53）の

## ＵＦＯを扱った大学の研究団体（一部）

表凡例：①団体名称　②団体結成年　③団体創設者　④出版物　⑤備考

| | | | |
|---|---|---|---|
| ①**京都大学近代ピラミッド協会**[a] | ②1977年 | ③O氏 | ④『ピラミッドの友』 |

⑤メンバーにより『オカルト・ムーヴメント　近代隠秘学運動史』（創林社、1986年）を著す。創設時メンバーの横山茂雄氏（1954～）が稲生平太郎名義で『何かが空を飛んでいる』（新人物往来社、1992年）を出版した。

| | | | |
|---|---|---|---|
| ①**慶應義塾大学超常心理研究会** | ②1975年 | ③志水一夫 | ④（未発行） |

⑤創設者の志水一夫（1954～2009）は、超常現象研究家・作家として超常現象から歴史、アニメなどの多岐にわたる研究・執筆を行った。

| | | | |
|---|---|---|---|
| ①**島根大学超自然現象研究会** | ②1977年 | ③松岡信宏 | ④『Z』 |

⑤創設者の松岡信宏氏（1957～）は、筆名で『伯家神道の聖予言』（たま出版、1996年）ほか超常現象の著作を数多く手がけている。

| | | | |
|---|---|---|---|
| ①**東海大学UFO超心理学研究会** | ②1972年 | ③T氏 | ④『UPジャーナル』ほか |

⑤6代目会長の大谷淳一氏（1957～）は、雑誌『UFOと宇宙』や『ムー』に超常現象に関する記事を執筆。

| | | | |
|---|---|---|---|
| ①**東京大学ＵＦＯ研究会** | ②1978年 | ③藤木文彦 | ④『宇宙都市』 |

⑤研究会名義で『実証 UFO大百科』（勁文社、1990年）ほか都合3冊を著述した。創設者の藤木文彦氏は、映像解析者としてUFO番組に出演したり雑誌に記事を寄稿している。

| | | | |
|---|---|---|---|
| ①**日本大学超心理UFO研究会** | ②1969年[b] | ③高橋洋一 | ④『UFO RESEARCH』、後に『VISION』 |

⑤大学連合の2代目代表としてK氏、3代目代表として岡本譲治氏（1957～）が就任。創設者の高橋洋一氏をはじめ、同会会員の大槻哲史氏や礒部剛喜氏らは、後にJSPS（日本宇宙現象研究会）の主要メンバーになっている。

（a）京都大学近代ピラミッド協会は、1973年に浅井総一氏らが創設した京都大学UFO超心理研究会から分派したもの。『ピラミッドの友』の創刊号は超古代史然とした内容であったが、2号では吉永進一氏（1957～）や横山茂雄氏（法水金太郎名義）が神智学の記事を執筆。

（b）大学連合の中で唯一1960年代に創設された超常現象研究会。なお、最古と思われる大学超常現象研究会は、1950年代後期に活動が確認できる京都大学UFO研究会（代表：川瀬保孝）である。京都大学UFO研究会はJFSAの荒井欣一代表が中心にまとめた1957年10月の「宇宙平和宣言」（JFSA会誌『宇宙機』1957年11月号・16号の付録）及び、1958年11月の「警察官職務執行法改正案に反対する声明」（JFSA会誌『宇宙機』1958年12月号・24号）に名前を連ねている。

　なお上記の「宣言」及び「声明」は、全日本空飛ぶ円盤研究会連合（JFSAの荒井欣一の呼びかけで、1957年7月に結成）名で公表された。全日本空飛ぶ円盤研究会連合に参加したのは、JFSAのほかに、松村雄亮の日本空飛ぶ円盤研究グループ、仙波順一の日本UFOクラブ、高梨純一の近代宇宙旅行協会である。

ＵＦＯ搭乗員とのコンタクトに備えたシミュレーションを行ったことがあげられる。このシミュレーションはＪＦＳＡの荒井欣一の指導の下、新宿副都心の高層ビル建設予定地の空き地にて大学連合が協力して、地上に降りてきたＵＦＯ搭乗員とのコミュニケーションを図る場面を想定して行われた（ＪＦＳＡの会誌『宇宙機』20号［１９５８年５月］に掲載された「宇宙人との接触要領についての一試案」をベースとしてシミュレーションを行った）。

シミュレーションの模様は１９７８年６月24日にＮＨＫ総合の番組『テレビロータリー』にて、荒井欣一に注目した「ＵＦＯこそわがロマン」（出演者・北川幸比古（注））内で放映された。

大学連合の終焉は、４代目会長であった東京大学ＵＦＯ研究会会長の藤木文彦氏（１９５９～）が、１９８３年（昭和58）に学業専念のため大学連合の運営を離れたことがきっかけである。こののち、１９８６年に数か月間だけ活動が再開されたものの、しばらくして大学連合の活動は停止した。

（注）北川幸比古（１９３０～２００４）は、児童文学者として知られる。フランク・エドワーズ『超能力者の世界』（早川書房、１９６６年）の翻訳者であり、高梨純一監修『空とぶ円盤きたる』（童音社、１９７５年）を著すなどした超常現象研究家でもあった。『解明された宇宙人と宇宙機』（文久書林、１９６３年）の著者である根津芳雄は北川幸比古の筆名であるとされる。

# 昭和・平成オカルト人物伝

ここでは昭和・平成オカルトに関わった人たちを紹介していく。ただし、ASIOS著『UFO事件クロニクル』（彩図社）で紹介された人たちは内容が重複するため今回は取り上げていない。興味のある向きは同書を当たってほしい。（編集部）

## 反ユダヤ主義から日ユ同祖論に転じた
## 酒井勝軍《さかいかつとき》（1874〜1940）

キリスト教伝道者にして日猶《ゆ》(ユ)同祖論者。1874年（明治7）、山形県村山郡上ノ山鶴脛町《かみのやまつるはぎ》（現・上山市）に、山下吉重の次男として出生。幼名を勇吉《ゆうきち》といい、酒井家を継いだ。13歳で小学全科を卒業し、山形英学校に入学するが2年後、退学。J・P・ムーアから受洗し、クリスチャンとなった。

一家を挙げて上京するが、17歳のとき「勝軍」と改名し、単身、仙台神学校に入学。東北学院普通科を卒業後、再度上京し、1896年（明治29）5月には処女作となる、イギリスの作家ヘンリー・ウィリアム・ダルケンのピョートル大帝の伝記『伯多大帝《ペートルたいてい》』（安息日学校新聞社《あんそくび》）を「秋野茂広《あきのしげひろ》」名義で翻訳刊行する。

24歳のとき医科大学雇《やとい》となるものの、1898年（明治31）、音楽研究を目的として渡米。シカゴにあるムーディ聖書学院、さらにシカゴ音楽大学に学んだ。1902年（明治35）に帰国すると、東京唱歌学校を設立。1903年（明治36）11月、『うれしき鐘歌《かねうた》』（警醒社《けいせいしゃ》書店）を刊行。「酒井勝軍」名義としては、本書が初の単著となった。

１９０４年（明治37）２月17日付で外国武官接伴《せっぱん》係附《がかりづき》（第二軍七等）の陸軍通訳官（奏任《そうにん》待遇）として、給与80円で雇われ、日露戦争に従軍。１９０６年（明治39）には『讃美論《さんびろん》』『教育と音楽』『クリスマス讃《さん》美歌《びか》』（湯谷瑳一郎《ゆやさいちろう》との共編）などを刊行。教会廓清《かくせい》（悪いものを取り除くこと）を目的に讃美奨励会《さんびしょうれいかい》（１９１５年〈大正４〉６月、日本讃美団と改称。同６年にはさらに国教宣明団《こっきょうせんめいだん》と改称する）を組織し、機関誌『讃美の友』を創刊（のち『シオン通信』と改題するが、シベリア出兵従軍で廃刊）。

１９１４年（大正３）６月７日、渋谷の夜空に「異象」（輝く日輪のなかの十字架）を見て、神秘世界に傾倒していくが、この頃まではまだ、賛美歌運動家であった。シベリア出兵（１９１８年〈大正７〉～22）に通訳として従軍してから、変わってくる。このとき、『シオン賢者の議定書《ザ・プロトコール・オブ・ジ・エルダーズ・オブ・シオン》』や反ユダヤ主義の洗礼を受けたらしい。１９２４年（大正13）、『猶太人《ゆだやじん》の世界征略運動』『猶太民族の大陰謀』『世界の正體と猶太人』（以上、内外《ないがい》書房）の「反ユダヤ三部作」を相次いで刊行するのである。陸軍の「ユダヤ問題専門家」安江《やすえ》仙弘《のりひろ》の勧めともいわれるが、『猶太民族の大陰謀』には附録として『シオン賢者の議定書』のほとんどを訳出、反ユダヤ主義を紹介しながらもシオン運動（パレスチナ〈イスラエルの地〉にユダヤ人国家を建設することを目指した運動。シオニズムと同じ）を賞揚している。

１９２７年（昭和２）10月、陸軍省からの出張のかたちでユダヤ問題の「現地研究」のために欧州視察に派遣された安江仙弘大佐に通訳として同行する。安江は翌年１月、エルサレムを出て中近東から欧州へと回るが、酒井勝軍はそのままパレスチナに滞在。車でパレスチナを踏査し、シオン運動の現状やピラミッドなども調査したらしい。帰国すると12月13日付で外務大臣・田中《たなか》義一《ぎいち》宛てに速《すみ》やかに「エルサレムに総領事館或《あるい》は領事館」を新設し、「ハイファ及ポートセッド（ポートサイド）に分館ヲ配置」するよ

酒井勝軍（復刻版『神秘之日本 酒井勝軍追悼号』より）

う建議書を提出している。

酒井はエルサレム滞在中、オリーヴ山（橄欖山）上でも幻視（旭日旗）体験をする。帰国後の1928年（昭和3）9月『橄欖山上《かんらんさんじょう》疑問《ぎもん》の錦旗《きんき》』（万里閣《ばんりかく》書房、1928）でこれを公表し、翌月の『神州天子国《しんしゅうてんしこく》』（万里閣書房、1928）では、はじめて「失われた十部族《ロスト・テン・トライブ》」が日本に来住したことを記すようになった。さらに、『天孫民族の足跡』で詳論される予定だったが、『竹内文献』との出会いが変えてしまう。

1929年（昭和4）3月10日、酒井勝軍は初めて茨城県磯原《いそはら》町（現・北茨城市）の天津教《あまつきょう》（皇祖皇太《こうそこうたい》神宮《じんぐう》）を参拝する（同行者は高畠康次郎《たかばたけこうじろう》・長谷川栄作《はせがわえいさく》・中山忠也《なかやまちゅうや》・中山忠直《なかやまただなお》・鳥谷幡山ら）。ここで、「モーセの裏十誡《うらじっかい》」石を「発見」してしまう。これによって、ユダヤ→日本と考えていたことが本末転倒だったことを覚り、『天孫民族の足跡』原稿を没にして、8月には『参千年間《さんぜんねんかん》日本に秘蔵せられたるモーセの裏十誡』（国教宣明団）を緊急発表する。同年9月11日、11月3日、同21日と何度も皇祖皇太神宮を訪れ、「モーセの十誡」石関連資料を発掘（このため1931年12月には29年版『参千年間日本に秘蔵せられたるモーセの裏十誡』に新資料を加え、同題で「初版」として再出版）。

以後の酒井勝軍は日本→ユダヤだったことを「実証」しようとする。裏づけとなったのはつねに『竹内文献』だった。1930年（昭和5）から『神代秘史百話』など『竹内文献』絡みの著作が多くなる。その他も『竹内文献』を機軸に理論構築されていくことになる（『天孫民族《てんそんみんぞく》と神選民族《しんせんみんぞく》』国教宣明団、1937年など）。1932年（昭和7）「日猶《にちゆ》協会」設立もその延長だった。

1934年（昭和9）からは「日本ピラミッド」問題で忙殺されていく。同年4月の「葦嶽山《あしたけやま》ピラミッド」（広島県庄原《しょうばら》市）を、翌年1月には長崎県五島の福江島で、9月には飛驒高山で上野平《うわのだいら》の「平面ピラミッド」を「発見」する。11月には「大石神《おおいしがみ》ピラミッド（第二のピラミッド）」を確認に青森へ。

同年、『太古日本のピラミツド』（国教宣明団）を出版するも発禁（安寧秩序紊乱《びんらん》）となったため、翻訳という形でエドガー・モートンの『ピラミッドの正體』（吉川弘文館）を刊行するが、これまた発禁となった。１９３６年（昭和11）「神秘之日本社」を設立し、10月１日に雑誌『神秘之日本』を創刊（第44号まで続刊）。ピラミッド関係記事は『神秘之日本』誌上に載ることになる。

１９３８年（昭和13）、岩手県釜石《かまいし》市西の五葉山裾野の甲子《かっし》村明神台《みょうじんだい》（現・釜石市）の調査に入る。５月22日、付近の川原で神秘金属「ヒヒイロカネ」を発見。翌年10月15日、病軀《びょうく》を押して地元民10人と岩手県五葉山の調査を実施する。この無理が祟って病気が悪化。１９４０年（昭和15）７月６日、死去する。

墓は多磨霊園にある。死後、遺稿集『世界之新政権』（国教宣明団）と『神秘之日本　酒井勝軍追悼号』が刊行された。

（藤野七穂）

［参考文献］

『神秘之日本　酒井勝軍追悼号』（国教宣明団、１９４０年）
『地球ロマン復刊Ⅰ号　総特集　偽史倭人伝』（絃映社、１９７６年８月）
相沢源七「酒井勝軍の〝神州天子国〟論について――その日猶主義を中心として　上～下（２）」『東北学院大学東北文化研究所紀要』第15～19号（東北学院大学東北文化研究所、１９８４年３月～87年８月）
久米晶文『「異端」の伝道者酒井勝軍』（学研パブリッシング、２０１２年）
山本伸一「酒井勝軍の歴史記述と日猶同祖論」小澤実編『近代日本の偽史言説』（勉誠出版、２０１７年）

## 偽宝物を作り、超国家主義的教義を打ち立てた竹内巨麿（１８７５?～１９６５）

宗教団体・皇祖皇太神宮《こうそこうたいじんぐう》（天津教《あまつきょう》）の教祖。

天津教を創始した竹内巨麿には口述による自伝『明治奇人　今義経鞍馬修行実歴譚』と、その口述自伝を巨麿の息子で天津教の皇祖皇太神宮管長を継いだ竹内義宮《よしみや》が増補した『竹内巨麿伝　デハ話ソウ』がある。後者には、巨麿の両親について次のように書かれている。

前管長竹内巨麿の実父は人皇五十九代宇多天皇の皇子敦実親王三十二代の孫、庭田権大納言従一位伯爵源重胤卿である。（中略）実母は大中臣清麿三十四代の孫、藤波神宮祭主正二位子爵大中臣光忠卿の一女・奈保子である。生まれつき賢くて美しい人だった。重胤が大廟参向のときは常に藤波方に逗留せられたので、奈保子はこれに近侍し、何くれとなく卿を懇切に待遇したのが縁となって、その寵愛を蒙った。

その後、1874年（明治7）元旦未明に重胤《しげたね》と奈保子が共に霊夢を見て懐妊し、1875年（明治8）正月元旦に、妊娠13か月で男子を出生したという。

しかしこの口述にはいろいろ疑問がある。まず庭田重胤は伯爵だったことはなく、藤波光忠《みつただ》も子爵ではない。叙爵されたのは庭田家は子の重直の代から、藤波家も言忠の代からだ。何より問題なのは、庭田重胤は1873年（明治6）に53歳で没しており、1875年（明治8）に生まれた子供の父親であるはずがない。もちろん13か月の妊娠期間というのは非現実的だ。

政府機関が調査した竹内巨麿の出自はだいぶ違っている。特高の調書によれば、竹内巨麿は1874年（明治7）、富山県新川郡新保村の寡婦・杉政みつの私生児として生まれた。父親に関しては「石川県の木挽《こびき》職・森山勇吉」「木挽職・通称竹次郎（姓不詳）」の二説があり定かではない。いずれにせよ、彼は富山県で生まれ、生後間もなく近在の小作農竹内庄蔵にもらわれ、戸籍上はその長男として届けられた。出生届にある誕生日は明治7年5月12日で、竹内巨麿の戸籍上の本名は竹内岩次郎だった。

一方、巨麿の口述では竹内家も清和源氏の名流ということになっている。しかし養父とそりが合わず少年期から不満を鬱積させ、士族の娘を自称する遊女などから剣術を学んだ。16歳の時に養父が亡くなると、養祖父から「我家の宝と庭田大納言から預かった品を与える」と言われた。また越中立山に登山した際、神示を受け、さらに明神神社で女神に会い、鞍馬山《くらまやま》で修行せよと告げられる。

東京に出て宝物を知人に預けた巨麿は、鞍馬山、大悲山《だいひざん》で修行すること千日間、大己貴尊《おおなむちのみこと》はじめ多くの神々の神示を受け、さらに修験者から神法道術や神代文字を学んだ。

覚醒した巨麿は、再び上京して御嶽教《おんたけきょう》（教派神道の一つで下山応助《おうすけ》により創始された。国常立尊《くにとこたちのみこと》などを祭神とする）に入門、さらに研鑽を積んだのち、１８９９年（明治32）に宝物・文献を携えて茨城県多賀郡磯原町に移り、皇祖皇太神宮を「再興」、天津教を開いた。

この間の経緯を記した特高調書によると、竹内巨麿は１８９４年（明治27）に上京、石工人・竹橋五郎方に職人見習いとして住み込んだが、御嶽教に入信して熱をあげるに従い、仕事を蔑《ないがし》ろにして職を転々とするようになった。修行名目で全国を放浪するうちに自ら教団を起こすことを目論むようになり、教団権威付けのための偽宝物作りに着手。１９００年（明治33）、磯原に移った。当初は独立教団ではなく、御嶽教天都《てんと》教会という名称だったという。加持祈祷などを行って徐々に信者を集めた。巨麿にはカリスマ性があったのはたしかだ。

巨麿は遅くとも大正前期には宝物・文献の存在を語り始めたが、開示は１９２１年（大正10）頃からだった。当初、公開したのは超古代史の史料ではなく、「後醍醐天皇御宸筆」「長慶天皇御宸筆」「日蓮上人御真筆」などだった。

やがて酒井勝軍が『竹内文書』に注目し、１９２９年（昭和４）、鳥谷幡山、高畠康次郎と共にモーゼ十戒石を「発見」、教団は超古代史に向かって傾斜を強めていく。

『竹内文書』の内容は別項に譲るが（10ページ参照）、皇祖神や歴代天皇にまで独自の「歴史」を展開、それらが評判になるにつれて、巨麿の語る「歴史」や教団の超国家主義的教義への批判も高まってくる。

その結果、１９３０年（昭和５）12月、警察が詐欺容疑で竹内巨麿、前田惇、高畠康明（康次郎）を取り調べた。この時は不起訴で済んだが、１９３２年（昭和７）に特高警察が巨麿を拘引、不敬の言動を咎めて神宝拝観の禁止、教団施設の鳥居撤去を命じた。
しかしその後も教団は一部軍人などの強い支持を受けて存続。1935年（昭和10）には秦真次を介して神宝の一部を靖国神社の遊就館館長に託している。なお秦真次の名前は、1933年（昭和8）1月の神宝拝観者中に見出される。当時、秦は憲兵司令官中将だった。

1937年（昭和12）2月13日、竹内巨麿ほか1名が不敬罪、文書偽造行使罪、詐欺罪の容疑で逮捕、その後さらに13人が拘引された。そして4月17日、巨麿のみが不敬罪で起訴された。この間、神宝は証拠品として水戸地方裁判所に移管された。一審は1942年（昭和17）3月16日に有罪判決を下した。

控訴審でも敗訴し、巨麿側はさらに上告、この際には鵜澤總明《うざわふさあき》が特別弁護人となっている。その際の上告趣意書は鵜澤の手になると思われるが、神代文字の実在可能性を論じた研究として堂々たる内容を備えており、『竹内文書』に関する文献で最も歴史的価値があると思われる。上告審は時局が悪化するなかで進められ、大審院は1944年（昭和19）12月12日、「この問題は裁判所の権限を超えた宗教問題」「証拠不十分」として無罪判決を下した。だがその後も「神宝」は返還されず、やがて東京大空襲で多くが焼失した。

戦後には1950年（昭和25）1月にGHQから極端な国家主義的宗教として解散指定を受けた。独立回復後に活動を再開したものの戦前のような活気はなかった。それでも皇祖皇太神宮は今もひっそりと存続している。竹内巨麿は1965年（昭和40）1月27日に亡くなったが神社は今も現存しており、数年に一度（不定期）で祭事を催し、教団に残った「神宝」を開陳することもある。時にオカルト・マニアなども訪れており、火種が消えたわけではない。（長山靖生）

［参考文献］
長峯波山『竹内巨麿伝　明治奇人今義経鞍馬修行実歴譚』（八幡書店、1987年）
竹内義宮『竹内巨麿伝　デハ話ソウ（改訂新版）』（皇祖皇太神宮、1993年）
長山靖生『偽史冒険世界』（筑摩書房、1996年）

## 『カタカムナのウタヒ』を発見・研究した楢崎皐月《ならさきさつき》（1899〜1974）

日本の化学者・農業技術者。「植物波農法《しょくぶつはほう》」の提唱と八鏡《はちきょう》文字（化美津《かみつ》文字）という特殊な図形文字で記述する80首のウタヒ（和歌）を渦巻状に配列した、上代の直観物理の書物『カタカムナのウタヒ』の発見と研究で知られる。楢崎皐月は、1899年（明治32）5月9日、札幌市に生まれた。『大衆人事録第12版』ではこう記すが、遺族に取材した武田洋一氏によると、「山口県東萩の母の実家で生まれ、北海道で幼年時代を送った」らしい（「楢崎皐月と相似象学 解説」）。母・時代《ときよ》が旧長州藩士の楢崎寛直《ひろなお》（1841〜95）の娘だった関係で楢崎姓を継いだらしく、実兄・治《おさむ》もまた楢崎姓を名乗っている（『炭油』）。父は丹野軍治《たんのぐんじ》といい、皐月は次男だった。

楢崎皐月は仙台二高（宮城県第二中学校。現在の宮城県仙台第二高等学校）を中退し上京している。中学校卒業後1年入隊したとも、仙台二高中退後に「レントゲンの研究家河喜多某の知遇を得」て、日本電子工業の電気の専門学校に学んだという話もある（宇野多美恵『相似象』8号）。

楢崎皐月（1966年撮影。『超科学書「カタカムナ」の謎』廣済堂出版、1993年より）

1925年（大正14）までに、坂田勝一の二女・トキと結婚したらしく、26年（大正15）に長男・朝《とも》彌《や》をもうけている。1931年（昭和6）には、日本無線電視株式会社の専務に就任し、翌年には長女・博子《ひろこ》（石田博子）が生まれている。この博子が武田洋一氏のいう「楢崎の遺子H子さん」だろう（『謎のカタカムナ文明』）。

30代も終わりの1938年（昭和13）段階で楢崎皐月は「日本電球商会日本スパッターリング工業所」を経営していた。社名からみて、電球用のスパッタリング、すなわち金属成膜《せいまく》技術である「乾式《かんしき》めっき法」(真空蒸着《メッキ》)を開発していたのではないかと思う。

楢崎皐月は1936年(昭和11)12月、日本炭油工業株式会社の創立に参加。同社は、奈良県出身の藤本栄次郎《ふじもとえいじろう》(1884〜?)が資本金175万円で設立した石炭油化を行う会社で、福島県相馬《そうま》郡上真野《かみまの》村(現在の南相馬市北西部)に工場を建設する。褐炭《かったん》を利用する楢崎発明の高周波利用油化法によって、昭和14年度には年産1万トンの人造石油を生産する予定だった。楢崎はこのベンチャー企業に「専務取締役」として迎えられたと考えられる。

1940年5月には『炭油』(大日本炭油工業株式会社、1940年)を上梓し、翌年(1941)8月から業界誌『鉱業評論』(鉱業之日本社)に「人造液体燃料の構想」を3回連載している。大日本炭油工業は1941年(昭和16)には満洲に進出したらしく、藤本栄次郎は関東軍司令部の支援で製鉄事業に従事したようだ。同社専務の楢崎も満洲に渡った可能性がある。

楢崎皐月の渡満については、弟子の宇野多美恵《うのたみえ》(2007年没)は楢崎の工場(「東北線〈常磐線の誤り?〉平《たいら》近くの原町《はらまち》の彼の工場」)を訪れた東条英機《とうじょうひでき》(首相当時となるが)自らの懇請を受けたのだといい(『相似象』8号)、遺族は石原莞爾《いしわらかんじ》からの要請とも証言しているが(前掲『謎のカタカムナ文明』)、いずれも資料的な裏づけはない。

遺族の話では、1943年(昭和18)頃楢崎一家は中国東北部にある吉林《きつりん》市内の江北区昌平街《しょうへいがい》に居住していた(『謎のカタカムナ文明』)という。戦時中に楢崎皐月が「関東軍直轄独立勤務第一中隊」に所属していたと指摘したのは村岸淑生《よしお》(朝日新聞の記者か?)であるが、阿基米得氏の調査により「厚生省援護局陸軍北方部隊略歴」で確認できたというので(『謎のカタカムナ文明』)、楢崎と関東軍につながりがあったことは事実らしい。楢崎は、吉林省陸軍製鉄技術試験所の所長をしながら、「貧鉄鉱から良質の鉄を精錬する」研究などに携わっていたとされるのだが、軍の「秘密研究」では資料が表に出ることはなく、具体的なことまではうかがいしれない。

この吉林省陸軍製鉄技術試験所所長時代（１９４４）に楢崎皐月は、北山《ペーサン》にある道院・娘々廟《ニャンニャンびょう》を訪ねたという。そこで楢崎は廟の道士・蘆有三《ラウサン》から古代日本から大陸に渡った八鏡文字を使う一族（アシヤ族）が、優れた製鉄技法を伝えたなどという、「老子古伝」なるものを聞くことになる。

戦争で一人息子の朝彌を失った楢崎は、おそらく終戦前に帰国。１９４５年（昭和20）８月13日から衆議院議員・星一《ほしはじめ》（星製薬創業者。１８７３〜１９５１）の援助を受け、五反田の星製薬内に重畳波研究所を設置（ミキたんまい工房ウェブサイト）。楢崎はここに陸軍系・海軍系の研究家（技術者）を集めたという。この年、技術開発のための秘密研究グループ「化成会《かせいかい》」を結成。他方、帰国する部下たちの収容のため習志野《ならしの》の軍用地払い下げを受けて、農業をやらせていたともいう（『相似象』８号）。

楢崎グループは、星一の要請で戦後の飢餓と将来の食糧危機に備えて、「新しい農業技法の開発」にあたったが、星の急逝（１９５１年１月19日）によって、資金援助が断たれた。星一の長男でＳＦ作家の星新一《しんいち》（本名・親一《しんいち》。１９２６〜97。父の死後、星製薬を継承）が楢崎皐月のことを記憶しており、その証言によると、社内では「酒に電波をかけておいしくする」といった類の研究と思われていたらしく、研究費の無駄遣いと判断されたようだ（前掲『謎のカタカムナ文明』）。

楢崎らはそれでも研究費を工面しながら、「植物波農法」を開発する。政治学者の大塚健洋《おおつかたけひろ》氏によると、植物波農法とは「静電気発生装置を用いて植物の種子を優生化し、収穫を増大させるもの」だ（大塚健洋『大川周明と近代日本』）。

この「植物波農法」の普及（注１）については、『植物波農法』指導開始」を１９５０年（昭和25）からとする資料もある。

１９４８年（昭和23）から全国の大地電位の分布実測調査に踏み切り、３年間で全国１万７０００カ所（１万２１５２か所とも）を回ったという（ミキたんまい工房ウェブサイト）。その間の１９４９年（昭和24）

初頭、楢崎皐月は兵庫県六甲山系の金鳥山《きんちょうざん》頂上にある俗称・狐塚《きつねづか》（芦屋道満《あしやどうまん》の墓）付近で穴居して調査測量中、偶然に平十字《ひらとうじ》なる猟師姿の人物と出会う。平の父はカタカムナ神社の宮司であるという。

平十字から御神体という古い巻物を見せられ、二十夜かけて筆写する（『相似象』8号）。この大学ノートに筆写したものが、『カタカムナのウタヒ』の原典となる（平持参の「古い巻物」の所在は不明）。ただし、『静電三法』巻末の著者略歴には「1950年（中略）六甲山中でカタカムナの古い文献を見せられ筆写」とあって1年ずれており、「昭和24～25年ころではなく、30～31年ころ」とする娘の証言もある（前掲『謎のカタカムナ文明』）。

楢崎皐月が『カタカムナのウタヒ』について語り始めるのは1966年（昭和41）からのようだ。評論家・佐々木光俊《みつとし》氏によると、同年の『生野道』というタイトルの謄写プリントのなかでらしい（座談会「異端科学を語る」）。

楢崎は1969年6月から70年7月にかけて、東京・虎ノ門教育会館ホール5階会議室で13回におよぶ「日本の物理学」の連続講演を行う。第6回の講演の際（69年12月4日）、『カタカムナのウタヒ』の後継者となる宇野多美恵と出会う。宇野は講演会に、「日本の上古代の文献」の演題に惹かれて参加したのだという。

晩年4年間は、後継者・宇野多美恵への自身の『カタカムナのウタヒ』研究・成果の伝授に費やされる。楢崎は家族と折り合いが悪く、体調が悪いなか、千葉県習志野から渋谷の相似象学会まで通っての指導だった。73年11月末からは、8か月ほど病床に伏し、翌年7月31日に死去したという。（藤野七穂）

（注1）植物波農法の普及には大川周明《おおかわしゅうめい》（1886～1957）が関与しており（大塚健洋『大川周明と近代日本』『大川周明』）、その関係で楢崎皐月が登場する資料が若干存在する。1953年（昭和28）11月から大川は植物波農法の普及に尽力するが、翌年11月には楢崎と大川は決裂している。

［参考文献］
「楢崎皐月の経歴」(https://jyunku.hatenablog.com/entry/20080712/p1)
「ミキたんまい工房」(http://www.iyashirochi.jp/)
『大衆人事録 第12版 東京篇』(帝国秘密探偵社、1938年)
『大衆人事録 改訂第13版 東京篇』(帝国秘密探偵社、1940年)
『大衆人事録 第14版東京篇』(帝国秘密探偵社、1942年)
楢崎皐月『炭油』(大日本炭油工業株式会社、1940年)
楢崎皐月「人造液体燃料の構想」『鉱業評論』(鉱業之日本社、1941年8月〜)
楢崎皐月『日本の第一次文明期の特徴』(自家版、1966年)
楢崎皐月『直観』第1号(手写。年代未詳)
宇野多美恵『相似象』第7号・第8号(相似象学会、1974・1975年)
『地球ロマン 復刊Ⅳ号 綺想科学鑑』(絃映社、1977年8月)
阿基米得『謎のカタカムナ文明』(徳間書店、1981年)
大塚健洋『大川周明と近代日本』(木鐸社、1990年)
寺石悦章「楢崎皐月の生涯について」「楢崎皐月に関する資料について」『四日市大学総合政策学部論集』第9巻第1・2号(四日市大学、2010年3月)
村岸淑生「決戦段階に入った左右両翼の農法」『日本週報』286号・昭和29年(1954)5月15日号

## 海外情報や国内研究者の成果を紹介した
## 平野威馬雄《いまお》(1900〜1986)

フランス文学者として有名な人物。オカルトとの関係では、UFO研究家、翻訳家、「お化けを守る会」の主宰者として知られる。

UFO研究におけるスタンスは、UFOは実在することを前提に、宇宙から来るとする宇宙船説に立つ。研究スタイルとしては、事件の真偽を判定したり仮説を提示したりするのではなく、語学力を生かして海外情報や国内研究団体・研究者の成果を引用し、著作を通して紹介することにウエイトを置いていた。

UFO研究のスタンスの特徴を示す著作としては、日本では目撃事例の少ないヒューマノイド(人型の宇宙人)について、チャールズ・ボーエン編集の著書をまとめた『ヒューマノイド　空飛ぶ円盤搭乗者』(高文社、1974年5月)が挙げられる。海外情報や国内研究団体・研究者の成果を引用する特徴を示す著作としては、国内研究会の会誌を借り受けるなどしてまとめた、『それでも円盤は飛ぶ！』(高文社、1960年5月)が挙げられるだろう。

平野威馬雄がUFOと関わりを持つのは、1973年12月に刊行された『円盤についてのマジメな話』（平安書店）によれば、出版されたばかりのデスモンド・レスリー、ジョージ・アダムスキーの『空飛ぶ円盤実見記』（高橋豊訳、高文社、1954年8月）を友人でもあるNHK職員（最終役職は局長）の中道《なかみち》定雄（1919〜2011）から薦められたことからだという。アダムスキーの体験談に困惑し、その真偽を判断できるようになるためにも研究を始めることとなる。

UFO研究会への参加は1959年8月のことである。同年7月24日付の『内外タイムズ』の記事に松村雄亮《ゆうすけ》が代表を務める「宇宙友好協会（CBA）」が掲載されていたのを見て興味を持ち、8月の総会に参加。するとCBAが唱える近々に迫る地球規模の大災害（181ページ〜参照）に備えるべく組織に組み込まれ、地区連絡担当を任じられるまでに至ったという。しかし平野威馬雄は、CBAのこのような性急な行動と一線を画すため離脱していくこととなる。

『円盤に乗った青年のマジメな話』（平安書店）

この頃、荒井欣一が会長を務める「日本空飛ぶ円盤研究会（JFSA）」や高梨純一が会長だった「近代宇宙旅行協会（MSFA）」の存在を知り交流を始める。

その後、平野威馬雄は1960年に3冊の著書を出版してからしばらく研究は休止状態となる。1970年代に入って空前のオカルトブームの到来と軌を一にして、活動を再開する形で健筆をふるった。

なお、1974年7月に出版した『円盤に乗った青年のマジメな話　北海道宇宙人事件の真相』（平安書店）は、1冊まるまる単独事件（仁頃《にころ》事件）（注1）のみで構成するという、日本のUFO研究本では初めての試みを行い、一部読者に注目された。

ちなみに実際に現地まで行って調査した平野威馬雄は、本事件にどんな感想を抱いたか？　本書の巻末の「むすびにかえて」では、「僕としては資料をできる限り生の形で提供して、読者の賢明なる良識に判断をゆだねるばかりだ」としているが、ＬＰレコード『衝撃のＵＦＯ』（ビクター音楽産業、１９７４年）に同封されている冊子の解説の「監修者のことば」では、「本を書いた時、ただの一切、『彼は宇宙人に会った』とも『ＵＦＯにのった』とも書かず、『彼は宇宙人に会ったと言っている』『彼は円盤にのったと言っている』と書いたのである」としており、仁頃事件での青年の体験に対して懐疑的だったことを匂わせている。

そして、１９７4年9月に「宇宙人《ヒューマノイド》特別講演会」（「日本空飛ぶ円盤研究会」主催）が東京・品川で開催され、その講演者の一人として平野威馬雄は「自分ではやらせてしまって、ぶっこわすなんて申し訳ないが、良心的に言って、これは絶対にウソである！　いっぺんに考えを変えたわけでなく、再度調査を重ねての結論である」と発言（１９７8年9月刊、『ＵＦＯはホントにＵＦＯか』並木伸一郎、郷・出版部より）して、仁頃事件を否定する結論を述べている。

ほかに、研究のきっかけともなったジョージ・アダムスキーの体験談に対する評価であるが、１９７3年12月刊の『円盤についてのマジメな話』（平安書店）では、アダムスキーを知ったころは、「聖書のように尊重し、アダムスキーを、メシアのように畏敬したものである」が、「今では、もう、アダムスキーを一個の〝狂信者〟ないし〝うそつき〟としか、思えなくなってしまったのである」と１８０度転換したことを告白している。

しかし、それから5年後に収録されたＴＶ番組（注2）のエンディングで、「アダムスキーの体験は本当にあったこと」とコメントして評価を再び逆転させている。その後、この発言に沿うような著述やコメントはないようで、真意を確認することはできていない。

１９７2年に「お化けを守る会」を設立して、１９７4年以降にＵＦＯ関連の著作が低減していく一方で、お化け関連の本の出版が増加していくこととなる。

「お化けを守る会」は、死後の生存に関する確証をつかむため設立したとするが、会員になるための条件はゆるく、お化けの存在を頭から否定しない人なら歓迎するとしている。また、お化けという語についても、「幽霊というと怖いが、おばけというとユーモアがある。バケモノとなると、グロテスクになる」（1974年8月刊、『おばけの本』廣済堂出版より）として、理論的でなく感覚的・語感的な定義になっている。

お化けに対する研究スタイルは、UFOの場合と同様で、海外情報の翻訳と国内の研究家の成果を引用する形で著書をまとめている。

1986年11月、心筋梗塞のため入院先の千葉県松戸市立病院で亡くなった。享年86。

（有江富夫）

（注1）1974年4月6日、北海道北見市仁頃に住む男性（当時28歳）が奇妙な宇宙人を目撃、UFOの中に連れ去られたとされる事件のこと。

（注2）1978年4月3日23時10分～24時10分に放送された『23時ショー』（テレビ朝日）のこと。UFO関係者で出演したのは平野威馬雄、斎藤守弘。収録日は1978年3月14日であったことがわかっている。

## 霊的世界観・手かざし・心霊研究・超古代史を新宗教の場で接合させた岡田光玉（1901～1974）

岡田光玉（こうたま、教団の表記では「かうたま」）は、真光《まひかり》（主には世界真光文明教団とそこから分立した崇教《すうきょう》真光）とその系統の諸教団における教祖・開祖である。

真光は、その霊的世界観と手をかざして高次元の光を放射するという手かざし儀礼「真光の業《わざ》」が注目を集め、阿含《あごん》宗、GLA（とその派生教団）などとともに、新たなタイプの新宗教——「新新宗教」の代表の一つともされてきた。その点のみでも、昭和のオカルトの一面を彩ったと言えそうだが、実はそれだけではない。ここでは、①霊的世界観、②真光の業の特徴、③心霊研究とのつながり、④『竹内文書』とのつながり、に焦点を当ててみたい。

岡田光玉（生名・良一《よしかず》）は1901年、東京・青山にて生まれた。陸軍少将まで務めた父・稲三郎の言に従い、陸軍士官学校へと進み、卒業後は近衛師団歩兵第一聯隊《れんたい》に配属され、その後は主に輸送方面でいくつかの作戦に従事した。１９４１年には陸軍中佐となったが、落馬事故の後遺症から病気に苦しみ、「三年の命」を宣告された。この病の体験が信仰への開眼の契機となったという。

現役を退いた岡田は、敗戦前後には各種の事業経営に奔走するとともに、素朴ながら「手かざし」行為を始めた。また、さまざまな宗教を遍歴し、研鑽を積んだのだという。

１９５９年2月27日、岡田光玉は高熱による５日間の人事不省《じんじふせい》ののち、「天の時到《いた》れるなり。起《た》て、光玉と名のれ。手をかざせ。厳しき世となるべし」との最初の「御神示」を受けた。同年、東京・神田にて「L・H陽光子友乃会《ようこうしとものかい》」が発足した。１９６３年に宗教法人・世界真光文明教団となり、以降教勢を伸ばした。

１９７４年、岡田光玉が逝去。後継者をめぐり、法廷係争にまで至った。古参幹部の関口榮《さかえ》（１９０９～１９９４）が、「二代教《おし》え主《ぬし》」として世界真光文明教団を継いだ。他方、岡田の養女・岡田恵珠《けいしゅ》（１９２９～２０１６）は１９７８年に崇教真光を分立させた。

両教団の基本的世界観や実践形態は、ほぼ共通している。現界は霊界の影響下にあり、心や体の問題、病気や争苦などの問題状況も、その原因は「霊」にあるとされる。講習を受けてペンダント状の「おみたま」を受け取れば誰でもできる手かざし儀礼「真光の業」により、霊・心・体ともに浄《きよ》めることで、「次期文明」に残る「種人《たねびと》」となること、それを育てることが目指されている。

こうした①霊的世界観や②手かざし儀礼は、神道霊学や諸団体にも広く見られるが、基本的には先行する大本《おおもと》とその系譜にある世界救世教《きゅうせいきょう》（岡田茂吉《もきち》〔１８８２～１９５５〕が１９３５年に開いた手かざし儀礼「浄霊」を特徴とする新宗教）の影響を強く受けたものだと言ってよい。両団体での「霊主体従《れいしゅたいじゅう》」の考えは、真光では「霊主心従体属《れいしゅしんじゅうたいぞく》」（霊が主で、心が従で、体が属）

と微修整された。手かざし儀礼も、講習を経てペンダント「おひかり」を受けることで「浄霊」ができる救世教の形式を彷彿させる。実際に、岡田光玉は戦後まもなく世界救世教に関わり、東京の武蔵野・多摩方面で支部長を務めていたという証言がある（安食卓郎「明主様の御教えに心開かれて（下）」）。こうした点から、岡田─真光は従来、救世教の分派教団のように扱われることが多かった。

ところが、岡田─真光には、単に救世教の分派という枠には留まらない側面がある。当の救世教では、霊的現象に段々と傾倒していったことで異端視されていった。「手かざし」は共通だが、憑霊《ひょうれい》現象に対して霊査（霊の種類などを調べること）し、霊と対話するような形式は、真光に特徴的なものだ。また、岡田光玉を「ヨのみ役《やく》」（「ヨ」は、真光における「象神名《カタカナ》」という言霊体系において、混乱を表す「ラルロ」の前、ヤ行の最後として重要視される。現界での神の代行役）という使命を持つ者とし、単に救世教の岡田茂吉信仰に留まっていない。その点で考慮しなければならないのが、③心霊研究とのつながりである。

教団が示す「岡田光玉師年譜」には、「昭和23年12月24日『ヨのみ役』について、大峰老仙《おおみねろうせん》より塩谷博士、神示を受く」との唐突な記述がある（『大聖主岡田光玉師』）。立教より10年以上前である。

この「塩谷博士」とは呼吸法「正心調息法《せいしん》」を提唱した医師の塩谷信男《しおやのぶお》（1902～2008）のことである。塩谷は若いころに腹式呼吸や手当て療法に出会い、戦前から「生命線療法研究所」の看板を掲げて、手当て療法も行っていた。戦後、「物理霊媒」（物理的な心霊現象を起こせるという霊媒）による心霊研究を始め、1948年には霊媒の萩原真《まこと》（1910～1981）とともに千鳥会《ちどりかい》を結成し、交霊会を行っていた。「大峰老仙」とは塩谷信男らに霊示を与えていた存在のようだ。なお、千鳥会は宗教法人化し、1952年には「真《まこと》の道」となり、現在まで続いている。年代は確定できないが、岡田光玉は塩谷らと交流があり、少なくとも同じような霊的な場にいたと言えるだろう。

岡田光玉が「ヨのみ役」であることなどの特別な使命は、心霊研究の場で「み魂《たま》調べ」をされることで確からしいものとなっていった。それは立教後にも続いた。後に世界真光文明教団を継ぐ関口榮は次のようなエピソードを伝えている。

…神から与えられたお役目を〈天杖《てんじょう》〉という方法で調べてくれる〈真の道〉というところがあり、師（岡田）はそこへ案内を受けてお出かけになりました。昭和35年6月のことでした。…私も師のお供をして参加させて頂きましたが、〈真の道〉の方々は師が〈ヨのみ役〉と知って大いにおどろき、深い敬意を表されたのを覚えています。

（関口榮『日本よ、霊的先進国たれ』）

「天杖」とは、筆をつけた棒を両側から持ち（「こっくりさん」式に）神示をうかがう扶乩［ふけい・フーチ］の一種である。この「真の道」が萩原真のところであったかは留保が必要なのだが、いずれにしても「ヨのみ役」についてのある程度の共通理解がなければこうした「おどろき」も成立しなかったはずだ。

またこの天杖では、「崇盟五道《すうめいごどう》」（世界の諸宗教をまとめるべく働きかける役目）・「與崇賀従道《よすかじゅうどう》」（ス［主］の神の力を分け与える役目）が岡田の使命であることも明らかにされたという（崇教真光編『輝ける崇教真光五〇年史』）。また、翌1961年には、神示により「ヨ（与）宮《みや》真光呂《ろ》」の「呂号」（「呂」は神の居場所の意）を賜わったとされる。この「真光呂」の文字は、役小角《えんのおづぬ》を霊界から指導したとされる烏仁《うじん》仙人（真の道で神示をくだす神霊のひとりでもある）が書いたという（同）。これらからは、初期の岡田―真光は、複数の場が構成する心霊研究ネットワークのなかにいたことがわかる。

加えて、④『竹内文書』とのつながり、である。この点が、岡田―真光をさらに救世教の一分派団体と画すものとしている。真光の根本教典『御聖言《ごせいげん》』には、たとえば以下の神示が収められている。

…（日本には）黄《おお》（王《おお》）人《びと》を置《お》き、全世界《ぜんせかい》五色《いろ》人《びと》を枝《えだ》・支人《えだびと》と致《いた》して分《わ》け派《つか》わし配《くば》り弘《ひろ》ごらせ、スベルのみ役《やく》（スメラ）を現界統治《このよとうち》の神代行者《かみかわり》として置《お》きし不二《ふじ》の地《ち》なれば、五色人《いろびと》に対《むか》いて霊籍《ひせき》の基人《もとびと》なりしを、ヤマト、—《たて》の真中《まなか》の人《ひと》、山《やま》に止《とど》まりし人《ひと》と申《もう》させしなり（1966年2月5日神示）

このような、日本が世界の霊的中心地・人類の発祥地である、世界統治のために遣わされた存在が天皇である、日本の霊的な在《あ》り方が世界の在り方に影響を与えるため垂範《すいはん》すべき使命を持つ、といった天津教・竹内巨麿の『竹内文書』と近接した主張がなされている。

岡田光玉と『竹内文書』との接点は、二つの可能性が特に考えられる。

一つは、前述の塩谷信男である。塩谷は、戦前に天津教の外郭団体・神宝奉賛会《しんぽうほうさんかい》（会長・矢野祐太郎—神政龍神会の創始者）の理事のひとりであり、同じく外郭団体とされる皇道《こうどう》世界政治研究所の発起人のひとりでもあった。戦後の岡田と塩谷との交流のなかでこうした考えに触れなかったとは考えにくいが、確証はない上に、岡田がこうした思想を（少なくとも）前面に見せたのは、前述の神示のように少し後になってからのことである。

なお、真光の多層的な霊界観には、神政龍神会の矢野祐太郎の中心的著作『神霊密書（神霊正典）』（1932年。戦後再刊）の影響も認められるが、こちらも伝播の経路ははっきりしない。

その点で、もう一つの可能性が、関口榮とその周辺である。事業家でもあった関口の元には、

…小さな教団の教祖、拝み屋と言われる街の祈祷師なども訪問してくる。彼らにも賛助金を惜しまなかった。…名高い竹内文書の竹内義宮《よしみや》（巨麿の息子）や、日猶同祖論で知られる山根キクらも、たびたび出入りしていた。…関口榮は山根キクの所説に関心を寄せ、出版なども援助していた。（薗部芳郎著・関口勝利監修『陽光の人』）

ということである。これはおよそ昭和30年代のことであった。こうした人的交流があって、関口榮が媒介となり、岡田への神示に反映された可能性もあろう。関口は、岡田没後もこうした霊的ナショナリズムを繰り返し強調したというのも傍証になる。

岡田光玉―真光には、以上のような四つの「オカルト」的要素がうまく共棲している。霊の世界だけ、手かざしだけ、心霊研究だけ、竹内文書だけでなく、それらが戦後の「新宗教」という枠組みにおいて接合されたことが、そのユニークなところであり、ある程度の規模まで運動が伸張した主因にもなっているだろう。

（塚田穂高）


［参考文献］

岡田光玉『御聖言』（非売品、発行年不詳）

岡田光玉監修・陽光文明研究会編『奇跡の世界―霊魂の実在を証明する―』（大陸書房、１９７０年）

崇教真光編・救い主様伝記編纂委員会監修『大聖主　岡田光玉師』（L・H陽光出版、１９８３年）

大内義郷『神代秘史資料集成 解題』（八幡書店、１９８４年）

関口榮『日本よ、霊的先進国たれ―〈魁のメシア〉岡田光玉が予言した神の大経綸―』（現代書林、１９９２年）

薗部芳郎著・関口勝利監修『陽光の人』（陽光社、１９９４年）

安食卓郎「明主様の御教えに心開かれて（下）―終生一求道者の心―」『岡田茂吉研究』11、１～22頁（１９９５年）

崇教真光編『輝ける崇教真光五〇年史』（L・H陽光出版、２００９年）

塚田穂高『宗教と政治の転轍点―保守合同と政教一致の宗教社会学―』（花伝社、２０１５年）


## 超常現象や超古代文明を人気にした黒沼健《けん》（１９０２～１９８５）

作家、翻訳家。日本で超常現象や超古代文明などの題材を先駆的に紹介し、ポピュラーなものとすることに貢献した。

本名、左右田道雄《そうだみちお》。１９０２年５月１日、神奈川県横浜市生まれ。旧制神奈川中学校、旧制第八高等学校を卒業。東京帝国大学法学部ドイツ法学科を卒業した１９２８年頃から『新青年』に参加し、作家活動を開始した。１９３９年以降は映画の脚本なども手掛け、のちには東宝の怪獣映画『空の大怪獣ラドン』（１９５６年）の原作や、ＳＦ連続テレビドラマ『海底人８８２３《ハヤブサ》』（１９６０年）の原作・脚本を執筆した。自らの創作だけでなく、海外推理小説などの翻訳も数多くこなし、翻訳者としても活躍した。

ノンフィクション・ミステリーの領域では、１９２９年にカスパー・ハウザー（19世紀ドイツの謎の少年で、素性が明らかになる前に暗殺された）を題材にした記事を、『新青年』に掲載したのが最初である。以降、黒沼健が手掛けた主題は空飛ぶ円盤、異星人、未確認生物、超古代文明、秘境、心霊、超能力、予言、歴史上の謎めいた事件など、この種のジャンルをほとんど網羅しており、一部の主題では日本で最初に紹介した人物と位置付けられることもある。黒沼は海外で実際に調査したことなどはなく、海外から取り寄せた膨大な資料を踏まえて執筆していたという。

戦後、『オール読物』などに連載されたノンフィクション・ミステリーは、三島由紀夫や開高健《かいこうたけし》など、文壇にも多くのファンを持っていたという。そうした連載には、『秘境物語』（１９５７年）を皮切りに単行本化されたものが多くあった。志水一夫がまとめた略年譜では、共著・訳書も含めて約50点が挙げられている（『奇人怪人物語』河出文庫）。

１９８５年7月5日、老衰のため逝去。連載を持っていた『トワイライトゾーン』がその年の10月号で組んだ15ページの追悼特集には、「今やっと陽の目を見はじめたいわゆるスーパーミステリーの世界を日本に持ちこんだ先駆者」（並木伸一郎氏）、「現在の超常現象、超能力者、古代文明、ミステリーなどのブームを巻きおこす最初のパイオニア」（佐藤有文）など、その業績を称えて逝去を惜しむ声が寄せられた。

また、没後の文庫版（『予言物語』河出文庫）で解説を担当した志水一夫は、黒沼の業績について、日本で子供だましと捉えられがちだった領域の作品を「大人、それもマニアではない一般の人々の読み物として確立した、ということにつきるのではなかろうか」とまとめていた。

ただ、前記追悼特集や志水一夫の解説でもそうだが、黒沼健がノストラダムスの日本人最初の紹介者と位置付けられることがある点には、少々の留保をつけておきたい。

黒沼は晩年、『歴史読本臨時増刊 占い予言の知恵』（新人物往来社、１９７５年）に「私にとってノストラダムスに執着があるのは、戦後最初に書いた原稿ということにもある」と書き、志水はこの証言から、ノストラダムスの日本人最初の紹介者と推測していた。しかし、こうした推論には疑問がある。

黒沼健の最初のノストラダムス関連記事は『謎と怪奇物語』（新潮社、１９５７年）所収の「七十世紀の大予言」と思われる。そこには、１９４７年に日ソ関係が悪化し戦争になり、ソ連が打ちのめされるという完全に外れた解釈が載っており、確かにそれ以前に書かれたことを思わせる。

しかし、雑誌索引データベース『ざっさくプラス』によれば、この記事の初出は『探偵実話』１９５２年３月号なのである。これは、仏文学者の渡辺一夫によるノストラダムスの評伝（『人間』１９４７年11月号）よりも明らかに遅い。前出の黒沼健の証言は「書いた」であって「出版した」でない点に注意が要る。

仮に黒沼が証言通り47年までに原稿を書いていたのだとしても、発表は見合わせたのではないだろうか。なぜなら当時はＧＨＱ占領下で、戦争賛美やソ連批判はプレスコードに抵触したからである。平和憲法を制定したはずの日本が、新たな戦争でソ連を叩きのめす、といった解釈を含む原稿は、そのままの形で出版することは難しかったはずなのだ。

とはいえ、渡辺一夫の紹介はあくまでも歴史的に捉えるものであり、予言解釈で未来のシナリオを描く要素を含んでいなかった。言い換えると、ノストラダムスの未来予言解釈を日本人として最初に紹介した人物ということならば、ほぼ間違いなく黒沼が該当するだろうし、その貢献は否定されるべきでないだろう。

さて、ノストラダムスに限った話ではないが、黒沼健の著書がオカルト関連で直接参考文献に掲げられる例は、もうほとんどないと言ってよい。インターネットの普及により、かつての情報環境に比べると、格段に海外資料を入手・閲覧しやすくなったからである。また、先駆者として後続作家の盗用に悩まされていた黒沼は、ささいな部分では意図的に虚偽の内容を挿入して盗作避《よ》けにしていたというから、すべての内容を無条件に信じるわけにもいかないという事情もある。

しかし、現在のオカルト業界には、ネットを単なる手抜きの道具としか見ていないような、浅薄《せんぱく》な転載の切り貼りで構成された雑文も少なくない。かつて黒沼が三島由紀夫たちから称賛されたのは、物珍しさだけが理由ではなく、その文体に負うところも大きかったはずである。前記『トワイライトゾーン』の追悼特集でも、並木伸一郎氏や實吉達郎氏は、文体の妙味についても評価していた。情報環境の制約にもかかわらず、膨大な手間と費用をかけて誠実な調査を重ね、「読ませる」文章でマニア以外の人々をも魅きつけた黒沼の作品には、オカルトを語る者たちにとって、今なお学ぶべき点があるのではないだろうか。

（山津寿丸）

［参考文献］
「黒沼健略年譜」（志水一夫・編、『奇人怪人物語』黒沼健、河出文庫、1987年）
「解説」（志水一夫、『予言物語』黒沼健、河出文庫、1987年）
「秘境と謎と怪奇——黒沼健の世界」『幻想文学』（諸星翔、第8号、1984年）
「世にも不思議な物語——異色作家〝黒沼健〟の世界」『ムー』（山梨賢一、1982年9月号）
「黒沼健——謎と怪奇の世界」『トワイライトゾーン』（編集部、1985年10月号）

## ベストセラー『謎の竹内文書』の著者・佐治芳彦《さじよしひこ》（1924〜?）

古代文明評論家・作家。1924年、福島県会津若松市生まれ。父親は養鶏業を営んでいたとも、北海道での事業に失敗したともいう。小学校までは会津若松で過ごし、中学校から大学卒業までを仙台で暮らした（一時は北海道小樽市にも住んでいた）。

1951年、仙台の東北学院大学英文科を卒業し、さらに東北大学に入学。1954年に同大文学部史学科（日本史専攻）を卒業。卒業後は商社マン、編集者を経て、小学館、講談社の百科事典チームに参加する。その後、独立してフリーライターとなった。

確認できる範囲では『「アスアサ四ジジシンアル」――ドキュメント・〝椋平虹〟の挑戦』（みんと、1975年）が処女作だと思われる。同書は1946年の南紀地震などを予知したという、独学の地震研究家・椋平広吉《むくひらひろきち》（1903～1992）を描いたドキュメントだった。タイトルも地震予知の電文から取られている。

この時期の佐治芳彦には、「現代のタブー」への挑戦として、地震学会から無視された「椋平虹」（椋平広吉が地震の前兆となると考えた虹のこと）と歴史学会から黙殺された『竹内文書』の問題を取り上げる2つの腹案があった。先に形となったのが、前者だったというわけである。椋平の地震予知のカラクリが、刊行翌年に暴露されたためか（「地震予知47年間のトリック」『サンデー毎日』3040号掲載など）、その後の文庫化などには至っていない。

1978年にはデービッド・ロービック『人工人間――生物学革命の驚異』（パシフィカ）を翻訳している。人工授精などを扱った最先端医療モノだったのであるが、これもなぜか唯一の訳書となった。以後、翻訳の仕事はしていないようだ。

佐治芳彦を有名にしたのは、なんといっても1979年6月に徳間書店から刊行された、『謎の竹内文書――日本は世界の支配者だった！』だろう。佐治による「現代のタブー」への挑戦第2の矢であった。『竹内文書』の世界観をやさしく噛み砕いた内容で、天津教事件（173ページ参照）についても触れていた。

佐治芳彦（『東日流外三郡誌の秘密』カバー折り返し部分より）

「正史」から消された「歴史の潜流」としての『竹内文書』読解の当否は別として、本書のベストセラー化によって、佐治は「古代文明評論家」

としての地位を確立。以後、「古史古伝」モノと『石原莞爾――甦る戦略家の肖像』（現代書林、１９８４年）に代表される「戦記・現代史モノ」が著述の２本柱となっていった（『冠婚葬祭入門』〈日東書院、１９８０年〉のようなものもある）。

徳間書店からはのちに「佐治芳彦〈謎の〝激史〟〉シリーズ」と呼ばれる、「超古代史」「古史古伝」モノがラインナップされていくことになる。『謎の竹内文書』の続編にあたる、『謎の神代文字――消された超古代の日本 古史古伝のロマン』（１９７９年）から『謎の契丹古伝――ユーラシア騎馬民伝 日本は大アジアの民だった！』（１９９０年）に至る９冊を刊行（同社刊行『謎の縄文列島』〈１９８９年〉などの「佐治・超古代推理シリーズ」３冊を加える場合もある）。日本文芸社・新人物往来社・新国民社などでも健筆を振るい、『歴史読本』、『歴史Ｅｙｅ』、『歴史と現代』（歴史と現代社の発行で、発売が新国民社）などの歴史系雑誌や単行本で「古史古伝」モノを多くものしている。80年代前半は、鹿島曻《かしまのぼる》主宰の新国民社関係の仕事が多いが、『桓檀古記《かんだんこき》』出版を契機に新国民社とは疎遠となる。

１９９２年12月の『世界最終戦争 甦る石原莞爾』（ベストセラーズ）から書き下ろし小説（架空戦記モノ・ＩＦ小説）にも進出（「スペキュレーション〈思考実験〉戦史」などと称していた）。刊行の背景には、１９９０年に始まった荒巻義雄《あらまきよしお》『紺碧の艦隊』がブームになっていたこともあったようだ。売れ行きがよかったのでシリーズ化されたらしい。

95年には超古代ファンタジー『創世記「竹内文書」傳』全３冊（ベストセラーズ）、『九鬼文書』を手掛かりにした宇宙長編叙事詩『地球誕生神話』（日本文芸社）といった「古史古伝」モノの書き下ろし小説も書いている。理由は定かではないが、90年代半ばから『「超新論」古史古伝』（徳間書店、２００４年）までの10年間は、近・現代史（とくに太平洋戦争関係）モノ

『謎の竹内文書』（佐治芳彦、徳間書店）

に傾斜していたという（注1）。

久しぶりに書かれた『「超新論」古史古伝』は、1990年代の「和田家文書」真贋論争を経て、「古史古伝＝偽史」説定着への佐治芳彦の異議申し立て、「古史古伝」の可能性の再提起だったようだ。安易な偽史説が「古史古伝」の全否定・切り捨てにつながりかねないことから、いままでの著作にはなかった「偽書・偽史論」を展開。網野善彦《あみのよしひこ》らによって明らかにされた「偽文書の効用」などに着目し、「古史古伝」にもそれなりの史料価値を見出そうとしている。同書を書く際には、文中にも登場する原田実氏の協力を得たらしく（『歴史読本』編集部にも依頼があったという）、それによって「古史古伝」の研究動向・現状を把握している。「古史古伝の共通の核」論の完成も原田氏の示唆によった結果らしい（原田実氏示教）。

2年後の『闇の日本史古史古伝書――悠久の歴史の闇に埋もれた驚愕の真実』（２００６年）が、「古史古伝」モノでは最後の著作となった。同書は、定番の『竹内文書』『九鬼文書』から、これまであまり取り上げてこなかった『先代旧事本紀大成経《せんだいくじほんぎたいせいきょう》』『物部文書』『カタカムナ文献』までも概説し、終章には「偽書とは何か」を配しており、それまでの佐治の「古史古伝研究」を集大成した観があった。が、不幸なことに版元の英知出版が翌年4月に自己破産したため、あまり市場に流通せず、話題にもならなかった。

著作刊行の最後も、ベストセラーズ版『新・世界最終戦争4（巨頭たちの合従連衡）』の文庫化（１９９８年刊の加筆・修正）だった（ぶんか社文庫、２００９年8月）。

佐治芳彦は「国際縄文学協会」に所属し、WEB上の国際縄文学協会HP上にコラム「日本の巨石文化・1」と「日本列島の巨石文化・2」を２０１１年5月1日に発表している。これが確認できる最後の原稿になるようだ。

さらに同協会のブログには２０１２年11月18日付で、蔵書の「SFマガジンの創刊号から10年分」と「SFアドベンチャーの創刊号から最終号までの全巻」を協会会員に無償譲渡したいと打診した旨の告知がなされている。これからすると佐治芳彦が亡くなったのは2012年11月以降のことなのだろう。散骨されたらしいが、正確なところはわからなかった。

（藤野七穂）

（注1）1995年から98年にかけては東北電力のPR雑誌『白い国の詩』に、「超古代史」の統一的題名のもとに複数の著者や対談が掲載されたが、佐治芳彦は最初の466号（1995年6月号）に「超古代とは？」を寄稿。以後も「古史古伝」「世界の古史古伝」「巨石文化」「十和田高原を行く」「東日流外三郡誌」など、連載枠の過半を執筆している。

　1997年12月には、串田孫一・今井通子・今福龍太編『富士山』（博品社）に、佐治芳彦「宮下文書は現在も生きている」と題するエッセイを寄せている。2002、2003年にはにっぽん文明研究所主催の講演会で、「古史古伝概論　そのI」「古史古伝概論　そのII　抹殺された神々の復活」を講演して健在ぶりをみせており、まったく「古史古伝」から離れていたとは思えない。

## 『東日流外三郡誌』を擁護し続けた古田武彦（1926〜2015）

歴史学者。1926年、福島県喜多方市生まれ（本籍は高知県）。父親が教師だったために家族は転勤を繰り返しており、少年時代の長期間を広島で過ごす。第二次大戦による戦災で、旧制広島高等学校（広島大学総合科学部の前身）での恩師ら多くの知人を失ったことは後年の古田武彦の学風に影を落とした。

　1945年、東北帝国大学（現・東北大学）法文学部日本思想史学科に入学、その年の4月から6月にかけての3か月間、日本思想史の大家だった村岡典《つね》嗣《つぐ》の薫陶を受けた。

　大学卒業後は公立高校教員として長野県、兵庫県、京都府などに赴任。教員としての在職中に親鸞に関する実証主義的研究で成果を上げ、1970年、清水書院の叢書「人と思想」シリーズの『親鸞』を担当執筆した。それと機を同じくして研究に専念するため、教職を辞する。

１９７１年、古田武彦は著書『「邪馬台国」はなかった』を朝日新聞社から発表した。これは学術論文「邪馬壹国」（『史学雑誌』１９６９年９月）の内容を単行本化する企画に基づく著作だったが、邪馬台国ブーム勃興の波にのってベストセラーとなった。

１９７３年、古田武彦はさらに１世紀から７世紀半ばまで中国や朝鮮半島諸国と国交を保っていた倭王は一貫して近畿の王権（天皇家）とは異なる九州王朝に属しており、日本国内のこの時期の金石文《きんせきぶん》（金属器や石碑などに刻まれた文字群）に登場する「大王」「倭王」も九州王朝の王だったとする『失われた九州王朝』（朝日新聞社）を上梓した。

続いて古田は１９７５年に、近畿天皇家の祖とされる神武は九州王朝の分家であり、記紀の神話は九州王朝の神話を盗用したものだとする『盗まれた神話』（朝日新聞社）を世に問うた。

古田武彦は、これらの著書で、舌鋒するどく学界の権威を非難したが、その攻撃性は当時の読者やメディアが求めるものだったため、古田はたちまちメディアの寵児となった。

また、この３冊のベストセラーがきっかけで古田武彦説に賛同する人々による支援組織が全国各地に結成され、その連絡網が作られた。ちなみに、この３冊はその後、角川文庫、朝日文庫で文庫化され、今世紀に入ってからもミネルヴァ書房から愛蔵版が出されるほどのロングセラーになっている。

さて、古田武彦は『「邪馬台国」はなかった』において、魏志倭人伝が倭国のはるか東南の国々について記述していることに注目、倭人が日本列島と南米大陸を結ぶ航路を認識していたと説いた。さらに古田は、当時、アメリカの研究者によって唱えられていた縄文人南米渡航説（九州の縄文人が南米エクアドルに渡って土器の様式を伝えたとする説）を自説の傍証として宣伝した。

角川書店社長（当時）だった角川春樹氏が企画した野生号Ⅲは、復元古代船により、古田武彦の倭人南米渡航説を実験航海で裏付けようとする計画であり、伊豆下田からチリ北部の海岸までの航海に一応は成功している。

倭人南米渡航説は、古代日本人の行動圏が予想外に広かったことを示すものとして『竹内文書』擁護者などからしばしば利用された（たとえば佐治芳彦『謎の神代文字』１９７９年、他）。また、この時期の古田武彦の影響として、『失われた九州王朝』がベストセラーになったのがきっかけで、日本各地で「古代○○王朝」（○○は地方名）の存在を主張する動きが生じた。それがいわゆる古史古伝の宣伝ともつながったことも注目すべきである。（たとえば『富士宮下文書』を根拠とする「富士王朝」説など）。

１９８４年、古田武彦は昭和薬科大学に教授として奉職した。また、この年から『サンデー毎日』が行なった「日本にピラミッドがあった!!」キャンペーンでも古田は顧問に加わっている。

１９９０年、古田武彦は著書『真実の東北王朝』（駸々堂）において『東日流《つがる》外三郡誌』を真正の古文書と認めると表明。古田は『東日流外三郡誌』所蔵者が自説の裏付けとなる「古文書」を次々と提出することに魅せられた（実際には所蔵者が古田へのサービスのために新たな文書を偽作し続けていたと思われる）。

古田武彦の顔写真を表紙に使用した『東日流［内・外］三郡誌――ついに出現、幻の寛政原本！』（メタブレーン）

『東日流外三郡誌』への肩入れは多くの批判を招いた。古田武彦の最大の支援組織だった「市民の古代研究会」もこれが契機となって古田から離れた（一方で古田は自分への支持を続ける者たちを囲い込む形で支援組織を再編した）。

古田武彦はさらに『ＴＨＩＳ　ＩＳ　読売』１９９３年７月号に「足摺に古代大文明圏」を掲載、高知県の足摺《あしずり》岬に点在する巨石群は縄文人が航海の指標にするために築いた建造物（縄文灯台）であると主張した。古田は、足摺岬縄文灯台説の検証と称し、巨石にアルミ箔を貼って、その反射光の光度を計る実験を行なっている（この件に関し、土佐清水市教育委員会では観光資源化が期待できるとして古田の研究を支援する予算を組んだ）。

１９９６年、古田武彦は昭和薬科大学を定年退職した。２０１５年に世を去るまで、古田は、その晩年のほとんどを『東日流外三郡誌』擁護のために費やした。

なお、古田の『東日流外三郡誌』研究には私自身も関わっていた。くわしくは斉藤光政著『戦後最大の偽書事件「東日流外三郡誌」』（集英社文庫、２０１９年）を参照されたい。

（原田実）

## 昭和オカルトの巨人、中岡俊哉（1926〜2001）

### ◉少年誌・少女誌で連載、一躍売れっ子ライターに

怪奇作家。オカルト研究家。１９２６年（大正15）11月15日、東京・大塚生まれ。本名・岡本俊雄。祖父は浪曲《ろうきょく》師・桃中軒雲右衛門《とうちゅうけんくもえもん》。母親が養女となった千葉県館山市の祖父母の家で育てられた。７歳のときに死んだ祖父の霊を目撃するなど、青年時代までに数度の不思議な体験をした。帝国商業卒業の１９４３年（昭和18）に鞍山《あんざん》（中華人民共和国東北部にある都市）の昭和製鋼所に就職が決まり、渡満。一攫千金の夢と馬賊になりたいという野望のためであった（父は文部省の役人で、満州で国語選定委員をしていたという）。満州では戦争に動員され、後に加わることになる八路軍（後の中国人民解放軍）とも交戦した。

終戦後、劇団「民衆座」を立ち上げたが、反戦演劇に怒った元日本兵に暴行され、大連（遼東半島南端の都市）へ逃亡。逃亡先ではソ連によりロシア語を叩き込まれ、日本人向け『民主新聞』の記者にされた。そこを脱出し、八路軍の捕虜となったが、革命への参加を決意（注１）。山東戦線（山東省）に参加。

ここで2度の臨死体験。超能力者にも会い、超常現象への興味が出てきたという。その後は工場労働に従事。ここで3度目の臨死体験。魯迅文芸学院演出部（陝西省延安市にある芸術大学）で学び、中国演劇史の研究も行った（注2）。1952年（昭和27）10月、瀋陽市（中国東北地域の都市）のコンクールで振り付けを担当した『職場の声』の入賞が契機となり、12月、北京放送局の日本向け放送のアナウンサーとなった。ラジオドラマの『孫悟空』（この番組では脚本・演出などをすべて一人で行っていた）を担当、メーデー実況、スターリン逝去の報にも関わった。待遇が良く生活には困らず、休暇中に民間伝承、怪奇現象の取材を行い、段ボール5箱分もの話を集めた。

1958年（昭和33）4月帰国。駐在員として就職するという話があったが事情があってなくなり、公安に「アカ」として尾行されるなど辛い日々を過ごした。生活のためラジオプレス社に就職。雑誌『テアトロ』（注3）に演劇記事を寄せるなどメディアでも活動を始める。この頃、脚本創作研究を行う同人を作り活動、アニメのシナリオに怪奇物を取り入れ好評であったことや、職場で見た外電のなかに怪奇話を見たことから雑誌への怪奇記事連載を思い立つ。

1964年（昭和39）1月、『週刊少年マガジン』に中岡俊也名義（誤植であると思われる）で登場（昭和38年～39年の『少年キング』で書かれた無記名記事のなかに中岡俊哉の単行本に見られるものがあるので、実際は前年から書いていたと思われる）、さらに『少女フレンド』でも連載開始。

この連載中に、中岡俊哉が『少女フレンド』に書いた「幽霊館が東京にあった！」の記事を見た少女たちが現地に押し寄せ、編集部が警察にお詫びする羽目になった事件を起こす。同じ時代の怪奇作家と比べても、中岡の記事にはリアリティがあったことがわかる。挿絵の石原豪人の魅力も忘れ難い。

そんな中岡の記事に教育評論家の滑川道夫が千葉日報（1965年［昭和40］12月7日4面）の紙上で「恐怖感をそそるのも感心できないが、実話に取材して美談化したり、催涙性を強調してゆがめている」という批判をした。中岡は同紙昭和41年1月8日の記事で「事実をよりよく伝えるための創作は必要であり、子どもたちに見せる文章は大人向けよりも神経を使って書いている」と反論した。

　１９６５年、さらに連載は増え、一躍売れっ子ライターとなった。生活のため、怪奇記事を書きまくったが、初期の頃は中国の諺や演劇界の話題、国境が生んだ不幸など、ジャーナリストたらんとする記事も書いていた。だが、世間が必要としたのは「怪奇作家・中岡俊哉」だったようだ。また、楳図《うめず》かずおの漫画「ヘビ少女」の原作も手がけたという（注4）。

　当時の中岡俊哉の記事は荒唐無稽なものが多かった。一方、恐怖感をあおる文章と挿絵の相乗効果に独特の魅力があった。子どもたちから寄せられた怪奇情報を紹介するなど、「学校の怪談」的な記事を書いており、先駆的でもあった。

　活動開始数年で、多くの単行本を上梓（『戦場の怪25話』日本文芸社、中岡俊哉伝説の始まりとも言える児童書『世界の怪事件』『S・Fスリラー』『世界の魔術妖術』『世界のウルトラ怪事件』『世界の怪奇スリラー』『世界の怪獣』秋田書店、『世界の秘宝』『この謎はまだとけない』少年画報社など）。怪奇作家としての地位を確立した。

　１９６７年（昭和42）、脳梗塞のためラジオプレスを退社。同年、テレビ番組『万国びっくりショー』（フジテレビ、１９６７年11月2日放送開始。その後の奇人・変人を招く番組への影響が大きかった）、１９６９年（昭和44）、『ショック』（日本テレビ、１９６９年2月20日～１９６９年7月31日。その後のテレビ朝日『水曜スペシャル』などの走りであると考えられる）に構成作家として参加。この手の番組の先駆者と言えよう。しかし、『万国びっくりショー』は番組に登場した心霊治療師が後に海外で逮捕されたため、番組に対して無責任と批判する声は絶えなかった。

　１９６９年、南米への海外取材を敢行。翌年、３度目の南米取材ではブラジルの心霊術師ホセ・アリゴーの治療を受け、魚の目が完治。構成作家として監修を手がけたテレビ番組『恐怖！』（日本テレビ、

1970年6月15日〜1971年3月31日放送。脚本で新倉イワオが参加）の特別番組が高視聴率をマーク（注5）。

1971年（昭和46）、祥伝社『テレパシー入門』がベストセラーに。この頃から「超常現象研究家」が肩書きになる。それ以前はそう名乗ることもあったが、基本は「私は怪奇作家。心霊研究家ではありません」というスタンス。1972年（昭和47）、日本超能力研究会を結成、本格的な超能力研究に乗り出した。

## ●超能力ブームと心霊写真

1974年（昭和49）1月、関口淳少年の超能力を知り（注6）、その後のテレビ出演に同席。少年は一躍時の人となった。

同年3月、日本テレビ『木曜スペシャル』で放映されたユリ・ゲラーの超能力が話題（注7）となり、俗にいう「超能力ブーム」が始まった。そんななか、週刊朝日の記事「カメラが見破った超能力のトリック」で関口淳少年のトリックが暴露され、中岡俊哉は黒幕扱いされるなど辛い日々を過ごした（注8）。4月、二見書房から『狐狗狸さんの秘密』が発売され、ヒット（『心霊大全』474ページの中岡俊哉のコメントでは170万部）。7月、『恐怖の心霊写真集』（二見書房）もヒット。心霊写真は女性週刊誌や学年誌に何度も載せられ、一般人も日常的に使う言葉になるほどに浸透した。中岡が取り上げる以前にも心霊写真は存在したが、恐怖と銘打ち、国内の写真に付けた鑑定の力は大きかった。地縛霊という心霊用語（注9）も定着させた。

だが鑑定方法は写真に手をかざしたり、霊気感応計測器（一部の研究家限定の機械）を使い反応を見るなど疑問点も多い。現在では偽物とされる海外の心霊写真を見抜けなかったのも事実だ。

1976年（昭和51）5月、中岡俊哉が招いたオランダの超能力者ジェラール・クロワゼがテレビ朝日『水曜スペシャル』で行方不明の少女の行方を透視。結果的に透視は当たり、番組は30・5％の視聴率をマーク。しかし当時の各週刊誌からは事前調査で予想可能だったとの批判を浴びた。

その後、テレビ出演増により、心霊相談が急増。それに応える形で二見書房で守護霊本シリーズを執筆。中岡俊哉によれば、人につく守護霊は干支による菩薩であるという。

平成以降、雑誌連載・テレビ出演は減ったが、単行本執筆を中心に活動、生涯のテーマとなるハンドパワーの研究を続けた。中岡俊哉のいうハンドパワーとは人間の手が持つ本来の能力ということだが、それは実際には巷間いわれるところの超能力に近いものであろう。

インターネットの発達と共に、その著作の荒唐無稽な部分が注目され、「トンデモ本作家」扱いされることが増えた。

２０００年（平成12）、研究の集大成ともいうべき『心霊大全』（ミリオン出版）発売。

２００１年（平成13）２月、末期の胃がんであることが判明。弟子のパワーヒーリングを受けていたが、同年９月24日逝去。


中岡俊哉は作家としての手腕に加え、テレビマン的見せ物感覚（注10）も有していた。そのため、魅力的ではあるが、批判を浴びやすい部分があった。

しかし活動期間の長さ、心霊写真を一般に浸透させた影響力、膨大な著作数はまさに「昭和オカルト界の巨人」という呼び名が相応しい。（幕張本郷猛）

（注１）週刊大衆の記事によると、終戦の玉音放送後、寮長に非国民として暴行され、負傷。中国人・馬青年の手厚い看護に感動し、八路軍の捕虜ではあったが、中国革命に加わることを決意。馬青年は、それまでボーイとして中岡俊哉に顎で使われていたにもかかわらず情をかけてくれたため、感動したことに記事ではなっていた。
（注２）本によっては「中国芸術大学」（大陸書房『世界の超能力者』）、「中国演劇大」（波書房『世界霊魂物語』）卒業となっている。中国演劇に精通していたので、学んだことは嘘ではないと思われる。アナウンサー時代、中国へ亡命した二代目中村翫右衛門《かんえもん》とも同じ日本人として交流があったという。１９８４年に中岡俊哉は島倉千代子芸能生活

三十周年記念リサイタルの舞台『恋椿』の脚本を書いている。島倉千代子の役は、中岡の祖父である桃中軒雲右衛門（明治から大正時代に大人気だった浪曲師）に恋した芸者。
（注3）テアトロ社発行。主に中国演劇界の話題を取り上げた。1959年6月号では、中岡俊哉は中国演劇資料の翻訳（要訳）記事を書いている。岡本好華なる記名の記事もあるが、中国を第二の故郷としていた中岡の初期のペンネームではないだろうか。なお、『テアトロ』1959年8月号には『世界のモンスター』（秋田書店）の著者・山内重昭作の戯曲「雪あかり」が掲載された。
（注4）中岡俊哉が原作であることは明かさない約束であったという。中岡俊哉が原作の漫画としては上記以外にも、さがみゆき（絵物語）、灘しげみ、高階良子、いけうち誠一、ほしのちあき、広永マキ、中里龍などの作品がある。
（注5）『神秘！恐山　超能力と死者の世界』で、女優でもあり霊能者でもある北条きく子が力道山の霊を呼び出すという内容が放送された。司会の川口浩は、「俳優ならもっとスマートにやれ」と北条きく子を批判。力道山の霊が乗り移り話す北条に遠藤幸吉（プロレス解説者）は笑いをこらえていたという（放送ではカット）。霊に対する川口の態度に中岡俊哉は「番組を降りる！」と激怒。後年まで続く川口との間の確執の始まりであった。
（注6）少年は中岡俊哉の用意した厳格な条件での実験の場においても、実際に手を触れずにスプーンを曲げて見せたという。
（注7）中岡俊哉は1973年ロンドンでゲラーに会い、能力を見せてもらった。1974年2月の来日記者会見、日本テレビの『11PM』にもゲラーと出演。ただし3月放送の番組には関与していない。
（注8）関口淳少年の父が書いた記事（「日本超能力研究会に参加することになって」『超能力』）には、中岡俊哉が「淳君の力は本物。誰に対してもそれを自信を持っていいきれる」「朝日の力が大きくても、僕の頭から中国語とロシア語の知識はなくせない。この研究を力でつぶされても、翻訳の仕事で食べていけるよ」と発言したとある。中岡は相当、精神的に追いつめられていたと思われる。秋に海外の超能力研究を見て帰り、自分の研究に再び確信を持ったようだ。
（注9）「地縛霊」という言葉は『心霊と人生』1927年

11月号（4巻11号）の「地縛霊の解放」（文・浅野和三郎）で、earthboundの訳で、「所謂『浮べぬ霊魂』『迷へる亡者』などなど同様な意味を以て使用されて居る」と紹介されている。ネット上で見かける「地縛霊は中岡造語説」は間違い。
（注10）テレビ番組『ショック』でのシャム双生児取材は当初、医師などに拒否されたが、『週刊テレビガイド』に掲載された大山プロデューサーのコメントに拠れば、「特別医学取材班」という形にて許可され同番組での取材を成功させた。一方、中岡俊哉は雑誌記事では人の親でもある自分の複雑な気持ちも吐露している。

［参考文献］

本文中で触れた本と中岡俊哉の著書は大きく参考にしたもの以外は除いた
「『人民の声』七年間」（文・岡本俊雄、『文芸春秋』文芸春秋社、37巻10号）
「八路軍に徴用され中国革命に生きた私」（文・岡本俊雄、『週刊大衆』16巻34号）
「心霊信仰私考」（文・中岡俊哉、『ムー』学習研究社、3巻5号・4巻1号・4巻5号）
「〝クロワゼットの奇跡〟でまたメシのタネができた「オカルト名士」たちの鼻息」（『週刊文春』文芸春秋社、18巻20号）
「日本超能力研究会に参加することになって」（文・関口甫、『超能力』日本超能力研究会、１９７４年11月）
「ゆうれい館が東京にあった！」（文・中岡俊哉、『少女フレンド』講談社、3巻46号）
「あなたは3月7日放映超能力青年ユリ・ゲラーの奇跡を信じるか」（文・中岡俊哉、『週刊大衆』17巻21号）
「北条きく子の霊感で川口浩が大ゲンカ！」（週刊明星、12巻31号）
「逮捕された「心霊手術師」とテレビ局の責任」（『週刊新潮』新潮社、13巻48号）
「子どもたちのためにもこの年を平和に」（文・中岡俊哉、『千葉日報』昭和41年1月8日、4面）
「今年も〝怪奇屋〟で暮らす」（文・岡本俊雄、『千葉日報』昭和40年1月6日、4面）
「人物風土記　中国演劇の道」（『千葉日報』昭和36年12月11日、4面）
「ブラジルの怪奇1　シャム双生児会見記」（文・中岡俊哉、『週刊少年サンデー』11巻27号）
『コックリさんの父　中岡俊哉のオカルト人生』（岡本和明・辻堂真理、新潮社）
『花のいのち』（島倉千代子、みき書房）
『俺の喉は一声千両』（岡本和明、新潮社）
『読売新聞　縮刷版』（読売新聞社）
「「ショック！・海外シリーズ」の紙上予告編　この残酷シーンがカラー放送で」（『週刊テレビガイド』１９７０年10月16日号、東京ニュース通信社）

## 「1999年人類滅亡」説を日本に定着させた五島勉氏（1929〜）

ルポライター、小説家。1973年の『ノストラダムスの大予言　迫りくる1999年7の月、人類滅亡の日』（祥伝社。以下『大予言』）が大ヒットしたことで、「ノストラダムス＝1999年人類滅亡」という図式を日本に定着させた。

1929年11月17日、北海道函館生まれ。本人によれば6人兄弟の末っ子で、旧制函館中学、旧制二高を卒業。1953年東北大学法学部卒業。卒業後に上京し、ルポライターとして活動。学生時代から原稿料をもらう機会があったらしいが、雑誌索引データベース『ざっさくプラス』で出てくる最古の署名記事は『あまとりあ』掲載の3件（1955年）である。週刊誌のルポライター時代には、得意分野から「皇室ものの五島」と呼ばれたという。当時から著書も多く、転機となった『大予言』以前にも約20冊の著書を確認できる（この時期の著書や雑誌記事では「勉」を「つとむ」と読ませていた）。比較的初期から小説も手掛けていたことが分かるが、「失われた大陸」関連と創価学会関連のルポを除くと、宗教・オカルト関連は見当たらない。

『大予言』は日本のオカルト業界に大きな影響を及ぼし、以降シリーズ化された。この本以降、五島勉氏は祥伝社から予言以外に、超古代文明などに関する本も複数刊行するようになった。版元はそれらを「五島勉の文明批評シリーズ」と呼んでいた。

他社から出した著作でも予言系が増え、聖書、ヒトラー、H・G・ウェルズ、エドガー・ケイシー、聖徳太子など、多彩な予言を主題に据えていた。

ただ、ノストラダムスの第一人者とされることが多いにもかかわらず、信頼できる研究歴を確定させるのは難しい。五島氏自身の証言が、媒体によってまちまちだからである。

『大予言』は大ヒットの反面、批判にもさらされた。作家の高木彬光は「この本は意識的な誤訳、意識的なミスに満ちている。どうにでも解釈できる予言を異常誇大に解釈した、五島氏個人の姿勢と筆力が、大予言ショックを生み出した」（『週刊大衆』１９７４年8月22日号）と指摘していた。

他方で、昭和レトロ関連の著作がある初見健一氏のように、当時は、事実の尊重よりも読者を楽しませることこそプロ意識とする風潮があったとして、そのエンターテインメント性を評価しつつ、誤りが逐一指摘されることに同情的な意見もある（『ぼくらの昭和オカルト大百科』初見健一）。その観点からすれば、『大予言』について五島勉氏自身がいろいろ語った中でも、「何かを訴えたいという大それたものではなく、斬新でまだ誰も読んだことのない面白い本を多くの人に届けたいという気持ちから」（『怪奇秘宝』２０１６年9月）といった発言が、本音に近いのかもしれない。

確かに、『大予言』初巻当時の風潮がそうならば、同情の余地があるのも事実だろう。しかし、高木彬光による批判をはじめ、五島氏の手法に批判的な論調が当時のマスメディアでも少なくなかった事実は、事態がそう単純ではなかったことを示している。

例えば、五島氏は反大予言キャンペーンを張った週刊誌があったとし、空から汚染が降るという説はインチキだと、その記事に登場した科学者たちから糾弾されたが、後に酸性雨、オゾン層破壊などが明らかになり、警告した自分の方が正しかったと、ことあるごとに繰り返していた。

五島勉氏が「週刊Ｇ」と呼ぶその媒体は、明らかに『週刊現代』１９７４年2月7日号の記事を指している。しかし、そこで批判されているのは、汚染物質が上空にたまり続けて、重さが極限に達した１９９９年に一気に降ってくる、というシナリオの非科学性が批判されているに過ぎない。たとえば酸性雨のように、汚染がそのつど雨水に混じって降る現象は、このシナリオの真逆である。また、『大予言』では地球化学者の三宅泰雄に言及しているが、その三宅の『地球の汚染』（１９７１年）で酸性雨に数ページが割かれていた通り、すでに未知の現象ではなく、後から的中したわけでもない。五島氏は酸性雨が1977年に初めて知られるようになったと主張したが（『大予言・中東編』）、これは事実関係を歪めている。

『大予言』を時流に合わせた演出と捉える場合、その手法への批判が増えてきたのは時流が変わったことを示している。それに対し、五島勉氏は時代が変わっても、核兵器や環境問題への真剣な警告者というキャラを変えず、自分への批判を、ノンフィクションに創作を混ぜた手法に対してではなく、軍縮・環境保護への反発であるかのように位置付けている。しかし、五島氏ほどの筆力なら、相手の主張を歪めて悪役に仕立てたりせずに反論するなど、路線変更もできたのではないだろうか。

さて、まったく異なる観点からの評価もある。文芸評論家の許光俊《きょみつとし》氏は、五島勉氏が現実社会、女性、外国人、技術など様々な対象に二律背反的な観念を抱いているとし、彼の著書にはそれらの緊張関係が孕《はら》まれていると捉えた。そして、そこに偏見、悪意などが含まれると認識しつつも、「ここにはやはり一人の人間の生の紆余曲折が刻印されている」と評し、ノストラダムス関連にしても、紹介者でも研究者でもなく、ノストラダムスにかこつけた私小説作家と捉えている（『99年の滅亡を夢見て』）。

確かに、そう捉えると腑に落ちる点もある。ノストラダムスの手紙を創作し、実際の手紙に書かれていた「絶対に諦めるな」という助言と正反対の、「一度絶望せよ」という思想を展開した『ノストラダムスの超法則・死活の書』などは、まさに私小説的手法の最たるものだろう。ノストラダムスの思想を知る上では無価値だが、五島氏の自分語りと捉えれば、まったく別の評価も可能かもしれない。

なお、オウム真理教への影響について、五島勉氏は、自分の本よりも「精神科のお医者さん」（名指ししていないが、川尻徹以外に該当者はいない）が「自分勝手なこと」を書いたノストラダムス本の方が影響していたと述べつつ、そんなものまで自分のせいにされることへの一種の諦めを示している（『文春オンライン』）。実際、立花隆氏らは川尻の解釈書の中でも、『滅亡のシナリオ』（祥伝社）の影響の大きさを指摘していたので、あながち嘘ともいえない。

しかし、その本（『滅亡のシナリオ』）のカバーで「若い世代に薦めたい」と推薦していたのは、他でもなく五島勉氏だったのであり、濡れ衣のように語るのは少し違うように思われる。出版社との付き合いから断れなかったのかもしれないが、五島氏が他のノストラダムス本に推薦文を寄せるのは極めてまれなだけに、よりによってそのような本を推薦していることについては、良くも悪くも「持っている」人だと思われてならない。本人の意向にかかわらず、1973年以降の日本のオカルトブームを考察する上で、まず名を挙げねばならない人物の一人であることは確かだろう。

（山津寿丸）


［参考文献］

『99年の滅亡を夢見て』（許光俊・編著、青弓社、１９９９年）

『ぼくらの昭和オカルト大百科』（初見健一、大空出版、２０１２年）

「それでも『大予言』は当る　わがノストラダムスへの大反響と大批判にこたえて」（五島勉、『文芸春秋』１９７４年４月号）

「２００万部を超える大ベストセラー『ノストラダムスの大予言』の真実　五島勉氏・インタビュー」（取材・文　坂茂樹、『怪奇秘宝』、２０１６年９月刊行）

「〝終末〟予言商売大繁盛」（佐木隆三、『問題小説』１９７４年５月号）

「伝説のベストセラー作家・五島勉の告白『私がノストラダムスを書いた理由』」（笹山敬輔、文春オンライン、２０１８年１月１日）(http://bunshun.jp/articles/-/5624)

「予言されなかった『大予言』」（沢田博、『創』１９８２年11月号）

「殺人を正当化するオウム『金剛乗』とは何か」（立花隆、『週刊文春』１９９５年７月27日号）

「あと25年後の７月に世界の人類は滅亡するという大予言は実現するのか」（『週刊現代』１９７４年２月７日号）

「『１９９９年世界の終わり』を〝取材〟し続けるトップ屋ダマシイ」（『男性自身』１９８０年３月20日号）

「ノストラダムスに捧げた半生　五島勉の軌跡」（『月刊オーパス』１９９４年10月号）

このほかノストラダムス関連限定ではあるが、五島氏による寄稿、インタビュー、対談・鼎談など80件以上をまとめたリストが、筆者（山津）のサイトにある

(https://www42.atwiki.jp/nostradamus/pages/135.html)

## 「霊能力」で世界史の謎に挑んだ宜保愛子（1932〜2003）

自称霊能者。1932年、神奈川県横浜市で生まれる。3歳の時に2歳年下の弟が遊びで持っていた火箸が左目にあたり、失明寸前の火傷《やけど》を負う。そのころから霊の姿がぼんやりと見えるようになったという。幼少期は浪曲師・広沢虎造《ひろさわとらぞう》のファンだった父に連れられて浪花節《なにわぶし》を聞きに行き、翌日にその真似をして父を喜ばせるのが常だった。

1938年、小学校入学直後に友達をジフテリアで失ったが、その直後から死んだ友達が話しかける声を聞くようになり、やがて他の死者の声を聞いたり、近所で起きる火事を予知したりするなどの能力を示すようになったという。小学生になってからは無口（宜保愛子自身、当時の自分のことを「自閉症児」と呼んでいる）だったが、小学5年生になってからは自分の心霊体験を話すことで校内の人気者となり、近所の人から失《う》せ物探しなどの相談を受けるようになった。

1944年、9歳年上の兄が少年兵として戦死。1945年5月10日、29日の横浜大空襲に先立つ空襲で横浜市の自宅を失う。こうした戦禍の中で多くの戦死者の霊と出会い、その無念を思い知らされたという。

戦後はバラックでの生活が続く。その時期、弟が進駐軍の自動車に轢かれて死亡。一か月ほどの間、弟は毎晩夢に現れて霊界の状況を報告してくれた。また、インフルエンザで死にかけた時には夢の中で兄が迎えに来たが、目の前に現れた川を渡ろうとした時に弟に追い返され、気が付いたら蘇生していたという。

20歳前後にはダンスに熱中したり、英文タイプの技能を身につけたりしたが、裁縫や茶道のようないわゆる花嫁修業には関心が持てなかった。21歳の時、急な発熱で入院、腎臓病と診断される。病気から快復した時には霊能力は失われていた。

１９６０年に結婚、３人の子供に恵まれるも読書だけが趣味の浮世離れした夫が他人の連帯保証人を引き受けたため、借金に追われる日々を送る。１９７０年頃、一番下の子供が幼稚園に入園した日に友人と話していて、突然その相手の家の墓所を霊視、霊能力が帰ってきたことを知る（以上、参考・宜保愛子『霊能者として生まれて生きて』講談社、１９９１年）。

また、19歳頃から7年間、ミー子という猫を飼っていたが、ミー子は人の言葉が理解できるだけでなく、仏壇で、宜保愛子の弟の霊を慰めるような行動をとっていたという。ただし、宜保が霊能力を失っていた時期と重なるため、ミー子の行動の意味は確認できなかったというが、この経験は後に宜保が『女性自身』などで、ペット関係の心霊相談を受け付ける際の役にたったようである（参考・宜保愛子『私の猫は超能力者?』日東書院、１９９５年）。

１９７０年代半ば、オカルトブームの到来でテレビ出演の依頼を受けるようになる。１９８４年には『ムー』（学研）の心霊写真鑑定コーナーに参加、87年には『女性自身』（光文社）に連載記事を持つようになり、霊能者としてさかんにメディアに登場するようになる。90年に夫が死亡した直後にはしばらくテレビ出演を休業したことがあるが、92年から再び出演するようになる。

１９９２年12月の日本テレビ系列の番組ではエジプト取材の映像を交えつつツタンカーメンの死因やギザの大ピラミッドの内部を霊視、93年12月の同系列の番組ではイギリス取材におけるロンドン塔でのエドワード5世と弟のヨーク公リチャード（二人ともロンドン塔幽閉後の消息は不明）の死の状況を霊視するなど、霊能力で世界史の謎に挑む、という新機軸を示した。

１９９５年3月20日の地下鉄サリン事件後のテレビ界のオカルト番組自粛の動きの中で、一時はメディアの表舞台から姿を消す（ただし、事件直後の3月28日には宜保愛子の霊視番組が放送されている）。

しかし、その間も地道な講演活動やウェブ上での肉声メッセージ発信などを続けていた。

2001年からは、バラエティ番組を主な活動の場として、親しみやすい高齢女性のイメージで新たなファンを獲得した。

2003年5月6日、胃がんのために逝去。自称霊能者にありがちな金銭がらみのスキャンダルが生じることは最後までなかった。

宜保愛子の能力について、霊能力ではなく、左目の視力欠損を補うために発達した感覚で目の前の人の記憶やイメージを読み取っている（つまり一種の超能力を使っている）と考えても説明できる、という説もあった。しかし、そもそも彼女の左目の視力が失われていたかは確認されていない。

宜保愛子の古代エジプト霊視については東京都内の公共図書館を活用することで構成可能な内容であることが永瀬唯氏によって考証されている（『と学会レポート　ギボギボ90分！』楽工社、2006年）。

同時期にテレビ出演していた自称霊能者の多くが修験者・巫女・僧侶といった宗教家風のいでたちだったり、奇抜なデザインのドレスを着たりで非日常的な衣装をまとっている中、宜保愛子はやや派手ではあるが普段着に近い衣装で通していた。

霊を非日常の存在としてではなく、日常の一部と感じさせるような演出が「霊能者」としての宜保の持ち味だったといえよう。だからこそ、21世紀になってからのバラエティ転身も成功したものと思われる。

（原田実）

## 「前衛科学評論家」として活躍した斎藤守《もり》弘《ひろ》（1932〜2017）

1960年代、昭和でいえば35年以降、様々な少年誌やSF雑誌に、UFOや心霊現象、超古代文明、超能力など、種々の超常現象に関する情報を掲載し、中岡俊哉と並んで超常現象研究に関しては先駆的な役割を果たした人物がいた。斎藤守弘である。

1960年代当時は前衛科学評論家という肩書きを用い、豊富な科学知識を武器に、1960年代から1970年代にかけてはテレビ番組にもしばしば登場し、多くの関係書を執筆した。

その知的好奇心は飽くことを知らず、著書やコラムなどでは、UFOや古代文明、大異変、タイムスリップ、オートマトン（自動人形。中世のからくり人形など）や古代の不思議な発明（たとえば飛行機械やロボットなど）、超心理学や奇病、生体内核融合（生物の体内で行われる核融合。ニワトリを用いたケルブランの実験が有名）など、ありとあらゆる超常現象を扱っている。まだ海外の情報が乏しい時代に古書店を漁り、日本の古文書や洋書を渉猟《しょうりょう》して、UFOや異星人らしき記述を発掘するなど、後の古代宇宙飛行士説を先取りする研究も行っていた。

がしゃどくろ（ガチガチと音を立てる巨大な骸骨《がいこつ》の妖怪）やサンジェルマン伯爵（フランス革命直前に暗躍した人物で、死後何度も姿を見せることで有名）タイムトラベラー説を発案したばかりでなく、うつろ舟や肉人（1609年、徳川家康の前に姿を見せたという、全身が肉団子のような姿の妖怪）の記述を発見したのも斎藤守弘だし、ナメクジのテレポートやハーキンマー（アメリカのモンタナ州にあるフラットヘッド湖の怪獣のこと。斎藤守弘が参照した資料にこの名が載っていたようだ）についても広めた。驚いたことに、1957年に発行された『宇宙機』第15号の記事では、かの「マゴニア」（中世のフランスで、天空のどこかにあると信じられた架空の領域）についても言及している。UFO研究家のジャック・ヴァレが『マゴニアへのパスポート』を発表し、世界中のUFO研究家に衝撃を与える10年以上も前の話である。

まだまだ海外の情報が乏しい状況の中、彼がどういった資料から「マゴニア」の記述を見つけたのか、今となっては謎である。

超常現象だけでなくSFにも造詣が深く、日本最初のSF同人誌『宇宙塵』の創設にも関わり、手塚治虫の漫画「ドオベルマン」には実名で登場している。

斎藤守弘は、1932年（昭和7）、東京で生まれた。『SFマガジン』1964年（昭和39）8月号の記事によれば、母方が三河島（現・東京都荒川区）の大地主の家系であり、かなりの資産家一族とされている。しかし、本人にこ

『空飛ぶ円盤は宇宙機である』（河津薫、日本空飛ぶ円盤研究会）

のことを尋ねると否定していた。

中学生で終戦を迎えたとき、原子爆弾を落としたアメリカに復讐するため、原子破壊兵器の発明を誓い、以後原子物理学の書物を読み漁ったという。

ところが、中学3年のときUFOの存在を知ったことで超常現象の世界にのめりこみ、以後通常の科学では説明できないさまざまな怪異に関する資料を集めるようになった。

日本最初のUFO研究団体である「日本空飛ぶ円盤研究会」が設立されたときは、まだ東京教育大学（現・筑波大学）の学生であったが、すでに大量の資料を集めており、同研究会の荒井欣一会長から是非にと求められて入会したという。本人は、荒井欣一、高梨純一と並んで、日本で最初にUFO研究を開始した三人男のひとりと自称していた。

「日本空飛ぶ円盤研究会」の機関誌『宇宙機』には繰越波夫《くりこしなみお》の名も用い、第7号からほとんど毎号のように記事を執筆している。この団体が、「空飛ぶ円盤は宇宙機である」との題名で懸賞論文を公募したときには、河津薫名義で応募した斎藤守弘の作品が第一席に選ばれ、1958年（昭和33）に『空飛ぶ円盤は宇宙機である』として出版されている。

大学卒業後一時会社員も経験したということだが、すぐに執筆生活に転向し、『SFマガジン』や『少年マガジン』をはじめ、数多くの雑誌にオカルト記事を執筆した。多くの著書を刊行し、印税のみで、日本のビバリーヒルズとも言われる神奈川県逗子《ずし》市小坪《こつぼ》の高台に住居を購入したという。この点に関し、関係者の間では、土地取引の仲介で莫大な収入を得たという噂が広まったようだが、本人は頑としてこれを否定していた。

だが、斎藤守弘の著書を詳しく眺めると、ある時期からUFOについてほとんど言及しなくなったことに気づく。この点について本人に確認すると、「U

FO研究が科学でなくなったので興味を失った」との答えが返ってきた。

晩年になると、斎藤守弘の関心は古代史に移ったようだ。世界各地の古代神話を比較研究した結果、古代の北半球全体に共通して「極孔神《きょっこうしん》」信仰なるものが存在したという仮説を打ち立てるに至った。

この壮大な構想が人口に膾炙《かいしゃ》する前に、斎藤守弘は鬼籍に入ってしまったが、A4版にして240ページに及ぶ遺稿が残っている。斎藤の頭の中にあった「極孔神」の実態とはいったいどのようなものだったのか？　この遺稿が出版されれば、その全容が明らかになるかもしれない。

（羽仁礼）


［参考文献］

『神々の発見』（斎藤守弘、講談社）

『宇宙機』（日本空飛ぶ円盤研究会、各号）

『空飛ぶ円盤は宇宙機である』（河津薫、日本空飛ぶ円盤研究会）

「SFを創る人々・その14斎藤守弘氏」『SFマガジン』（大伴昌司、早川書房、1964年8月号）

「UFO研究の元祖荒井欣一氏にインタビュー」『UFOと宇宙』（ユニバース出版社、1978年12月号）

「国宝土偶「縄文ビーナス」を解読する」『縄文』（斎藤守弘、国際縄文学協会、第26号）


## テレパシーコンタクトをしていた横尾忠則《ただのり》氏（1936〜）

グラフィックデザイナー、画家、イラストレーター、美術家、作家、写真家。1970年代には作品の題材にUFOを取り上げるなどしていた。テレパシーコンタクトによるUFOとの接触を体験しているUFO体験者として知られ、研究家の一面としては、国内のコンタクティーらの体験を雑誌の対談の形で紹介したりもした。

芸術活動においてUFOをモチーフとした作品も多く、UFOに対する関心が高いと思われる。UFOとの物理的あるいは精神的な接触を体験している点で「コンタクティー」と呼ばれる存在であるといってよい。

横尾忠則氏とオカルトとの関わりは、『横尾忠則自伝』（文藝春秋社、1995年11月）によると、1970年1月に起きた交通事故の後遺症で同年9月から2か月ほど入院し、退院後の自宅療養中に高文社から出版されていた〈空飛ぶ円盤シリーズ〉と新潮社から出版されていた黒沼健の〈異色読み物シリーズ〉を読みふけったことがきっかけだという。事故で入院していた同年2月の初めごろに、それまで興味がなかったUFOの出てくる夢を見たことで、以来、強い関心を抱いたという。

このとき読んだなかでも、ジョージ・アダムスキーの『空飛ぶ円盤同乗記』（久保田八郎・訳、1957年2月）の内容に強く心を揺さぶられた。「ぼくには真実に思えた。たとえそうでなくてもこのストーリィはぼくの魂を震わせずにはおかなかった。かつて読んだどんなに素晴らしい本よりも『空飛ぶ円盤同乗記』は勝っていた」（前掲『横尾忠則自伝』の223ページより）と書いている。

その後、UFOとの物理的な接触を得るため、テレパシーコンタクト（テレパシーを用いてUFOとの接触を試みること。コンタクトに発声を伴うか否かはコンタクティーにより異なる）を試み、1974年にUFOの呼び出しに成功したという（注1）。この前後より、UFOの夢も、UFOを見ることから、宇宙人と会話したり、UFOに乗せてもらう内容へと変化した。

また、UFOコンタクティーやUFO研究者たちとも積極的に会っているのもこの時期で、雑誌のエッセイや対談をまとめた形で書籍を出版している。そこでUFOに対する思いを「いつかあの空飛ぶ円盤に乗ってくる異星の人々の子として転生したいと心から望んでいる」（『なぜぼくはここにいるのか』講談社、1976年7月刊の195ページ）、「UFOは人類にとっての予言者であると同時に導師〈グルー〉である」（『8時起床、晴。』佼成出版社、1980年10月刊の76ページ）などと述べている。

1987年以降、それまでのテレパシーコンタクトやドリーム・コンタクト（夢に出てくるUFOや宇宙人との接触を横尾氏はそう呼んだ）とは異なり、チャネリング（高い知性や精神性を有する神や宇宙人などの存在と交信すること）という接触方法で行われるようになる。チャネラー（チャネリングをする人）として、超能力者の北川恵子氏や、算命学の占い鑑定をしている中森じゅあん氏などが関わった。交信の内容については、例えば『天と地は相似形』（日本放送出版協会、１９９４年２月）などに断片的に語られているのみである。

　最近の状況としては、『ほぼ日刊イトイ新聞』というサイトの糸井重里氏との対談（注２）で触れられている。それによると、「いまはもう関心がないから、ＵＦＯが出たって、どうってことないけどね。まぁ、関心がないから出ないんですよ。関心があるときに、それが出る」と語っている。

　また、手塚治虫の公式サイト『虫ん坊』の「手塚治虫生誕90周年企画　スペシャルインタビュー【後編】第6回　横尾忠則さん」（注３）では、「ＵＦＯ、ぜひ見てみたいんですけど、今も呼べるんですか？」とインタビュアーに問われて、「今はＵＦＯのことを考えなくなったから、最近は見てないですね。でも、今でも来いと思えば現れるかもしれないけど。そんなわけで、ＵＦＯとの遭遇をきっかけに宇宙に興味をもってしまって、モチーフとして好んで描いていた時期がありました」と答えており、以前より興味は低くなっていることがうかがえる。（有江富夫）

（注１）横尾忠則氏のテレパシーコンタクトの方法は、１９７３年に知ったコンタクティーの苅屋《かりや》瑞夫《まさお》氏（１９４３〜）のやり方に倣ったもので、無発声で行われる。苅屋氏のコンタクト体験は、横尾氏との雑誌上での対談をもとにつくられた『ＵＦＯ革命』（晶文社、１９７９年３月）に紹介されている。

（注２）『ほぼ日刊イトイ新聞』のヨコオライフ（https://www.1101.com/yokoolife/2017-09-25.html）

（注３）『虫ん坊』の「手塚治虫生誕90周年企画　スペシャルインタビュー【後編】第6回　横尾忠則さん」（https://tezukaosamu.net/jp/mushi/entry/14200.html）

## 現代日本版のP・T・バーナムか？
## 康芳夫《こうよしお》氏（1937〜）

プロデューサー、興行師。1937年、東京都千代田区に生まれる。両親が中国人医師・康尚黄《しょうおう》と日本人・巽の国際結婚だったため、戦時中は家族で日本人の偏見にさらされ、戦後は父親が中国から呼び出され、漢奸《かんかん》裁判（戦後の中華民国が、戦時中に日本に協力したとされた中国人の罪を問うために開廷した裁判）や、国共内戦での徴用などでなかなか日本に帰国できないといった苦難に遭った。

1958年、東京大学に入学（教育哲学専攻）。大学祭（五月祭）の実行委員長になってコンサートや講演会などの企画にたずさわった。後年の興行プロモーターとしての手腕はこの時期に磨かれたようである。また、その企画を通じて知り合った石原慎太郎氏を介してマスコミ関係者や文化人との人脈を作っていった。

1962年、石原氏の紹介で、小説家の有吉佐和子と知り合い、当時の彼女の夫で興行師だった神《じん》彰《あきら》の会社・アートフレンドアソシエーションに入社、本格的に興行師としての道を歩み始めた。

1964年、インドから魔術師を呼ぶ計画を立てて友人のインド哲学者・松山俊太郎を現地に派遣するも失敗。代わりにドイツの興行師と組んで偽者の「アラビア大魔法団」興行を企画。横尾忠則氏のポスターや三島由紀夫の応援コメントの効果もあって大ヒットとなった。

1967年、康芳夫氏は神彰の下で、ボクシングヘビー級チャンピオンのカシアス・クレイ（後のモハメド・アリ）の来日試合を計画した。その計画について、読売新聞社主の正力松太郎からの協力まで取り付けるも、クレイがベトナム戦争徴兵拒否によってタイトル剥奪・パスポートを没収されたために水に流れ、神の会社は倒産した。

独立後の1970年、康芳夫氏は、覆面作家・沼正三《しょうぞう》によるSF小説『家畜人ヤプー』の出版をプロデュース。天皇制と性倒錯という2つのタブーに抵触する内容だったためにさまざまな非難や、右翼による事務所の襲撃があったが、康氏はそれらをも宣伝に利用し、ベストセラーにした（現在でいう「炎上商法」の先駆けというべきか）。

1972年、念願だったモハメド・アリ招聘を実現、来日試合をプロモートする。これ以降、康芳夫氏は、格闘技興行に力を入れ、1976年のモハメド・アリ対アントニオ猪木戦ではジョイント・プロモーターとして参加、1979年にはウガンダのイディ・アミン大統領とアントニオ猪木氏の試合を計画し、モハメド・アリにレフェリーを依頼して開催日時まで決まりかけたところでアミン大統領が失脚して、やはりお流れとなった。

『虚人魁人康芳夫』（康芳夫、学習研究社）

オカルト関係での活動としては次のようなものがある。

1973年、石原慎太郎氏を総隊長とするネス湖怪獣国際探検隊を結成、9月上旬から11月下旬にかけて、現地のスコットランドに滞在し、ネッシーを探索した。

1976年7月、ヒトともチンパンジーともつかない未知の生物という触れ込みでアメリカから「オリバー君」を招聘した。「オリバー君」が登場した日本テレビの番組は康芳夫氏自身の証言によると50%に近い高視聴率を記録したという（記録に残っている平均視聴率は24・1%）。

結局、朝日新聞の報道で「オリバー君」の正体はチンパンジーだったということで落ち着くが、康氏はその記事について朝日新聞社と読売新聞社（日本テレビは読売系）の確執によるものと断じている（康芳夫『虚人魁人康芳夫』学習研究社、2005年）。

1984年、『週刊プレイボーイ』（集英社）誌上において、精神科医・川尻徹によるノストラダムス解釈を案内する連載記事「滅亡のシナリオ」をプロデュース。この連載は、翌85年に新書版『滅亡のシナリオ』として祥伝社から出版された。これにより川尻はオカルトファンの間で注目され、次々に予言解読本を出版する（川尻は第1回トンデモ本大賞受賞者である）。

ちなみに後にオウム真理教を起こす松本智津夫（麻原彰晃）は70年代に康芳夫氏の経営する出版社で働いていたことがあり、さらに「滅亡のシナリオ」雑誌連載当時には川尻宛のファンレターをさかんに編集部に送っていた。そのため、公安警察関係者からも康氏が麻原を煽って事件を起こさせたのではないかと疑われたことがあるという（平井有太『虚人と巨人』辰巳出版、2016年）

1986年、康芳夫氏は、バイブルランド国際調査委員会を結成し、イラク北部においてノアの方舟を探索するという計画を立ち上げたが、湾岸戦争でいったんは立ち消えとなった。

今世紀に入ってからも康氏はこの計画にご執心で、磯崎新氏の「クルドの方舟美術館」計画（イラクのクルド人自治区にノアの方舟を模した美術館を建てる構想）に相乗りする形での実現を図った（康芳夫『虚人のすすめ』集英社・2009年）。これについては結局、美術館計画自体が撤回されている。

また、今世紀に入ってからさまざまな媒体で、イタリアの研究者と組んでヒトクローン計画を進めていると公言しているが、その真偽は不明である。

康芳夫氏自身は、自分が求めるのは「虚実皮膜の間にあるロマン」であるという。また、「不合理や無秩序を恐れるな。そこにこそ新しいヒントはある」とも述べている。さしずめ、現代日本版のP・T・バーナム（1810～1891、ホラ話と珍奇な見世物を売り物としたアメリカの興行家）というあたりか。（原田実）

## ギネス世界記録を持つ超有名占い師、細木数子《かずこ》氏（1938～）

占い師。元実業家。1938年4月4日、東京・渋谷の円山町で生まれる。7歳の頃に父親を亡くし、13歳頃からは母親が経営していた「娘茶屋」という店の客引きをして稼いでいたという。

地元の松濤《しょうとう》中学校を卒業後、成徳《せいとく》学園高校（現・

下北沢成徳高校）へ進学。在学中から夜に水商売をしてお金を貯め、17歳で中退。自身の貯金と、娘茶屋の常連だった証券会社の副社長からの援助も得て、１９５５年に丸の内で喫茶店を開業する。これが細木数子氏にとって初めての自分の店だった。

その後、細木氏は店の売却と開業を何度か繰り返していく。23歳のときには銀座のバーで雇われママを引き受けるが、この当時の『酒』（酒之友社、１９６１年３月号）という雑誌では、和服姿の細木氏が写真つきで紹介されている。記事によれば、「取り澄ましたケンのある美人と一見みうけられるが、ひとたび口を開けば才気煥発」だという。若いときから、個性の強い話術は変わっていなかったのかもしれない。

プライベートでは、１９６３年、25歳のときに、当時経営していたクラブの客だった静岡の老舗眼鏡店の男性と結婚。けれども長くは続かず、３年後に離婚へと至る。

一方で事業は順調だったが、１９７１年、店に来ていた客の詐欺にかかり、億単位の借金を負ってしまう。

しかし、債権者を説得して再開したクラブと、１９７４年に新しく開業した赤坂のディスコ「マンハッタン」が繁盛したため、借金はわずか数年で完済。すると、今度は自分以外の人物の借金問題に関わるようになった。１９７７年に、当時数億円の借金を負っていた歌手の島倉千代子（１９３８〜２０１３）の後見人となったのである。

島倉の興行権を手に入れた細木数子氏は、「マンハッタン」を経営するかたわら、芸能プロダクション「ミュージック・オフィス」を設立。「光星龍」という名前で社長に就任し、１９７９年から翌年にかけては同名で島倉の歌の作詞も手がけるようになった（タイトルは「噂」「女の私が得たものは」「春秋の舞唄」「千歳扇の舞」「女がひとり」「綱わたり」「愛の砂漠」の全７曲）。

こうした曲はそれほどヒットしなかったものの、当時の島倉千代子には地方公演や劇場公演などで年収が２億２０００万円ほどあったといわれており、借金は３年で完済してしまう（完済後にミュージック・オフィスは解散。島倉は１９８１年にコロムビアへ移籍）。

ちなみに、細木氏はこの3年の間に何度か島倉千代子関係の話題で週刊誌に登場しているが、当時は人気歌手の借金問題を取り仕切る実業家という立場だった。

## ●占い師としてデビューへ

この実業家から、現在よく知られている「占い師」に変わってデビューするのは1982年のことである。この年の5月に自身初の占い本『六星占術《ろくせいせんじゅつ》による運命の読み方』(ごま書房)を出版したときだ。

それまでの経歴からすれば、実業家から、いきなり占い師になるのだから唐突な印象はぬぐえない。それもそのはずで、占いの本を出すことは当初から計画されていたわけではなかったという。

『文藝春秋』(2004年11月号)によれば、「銀座や赤坂で一世を風靡した女の半世紀として書かれた原稿を、ごま書房の社長が占い本として書き直すよう助言」した結果、生まれたものだったそうだ。

当時、細木数子氏は前出のディスコ「マンハッタン」で遊び半分で占いもやっていたという。けれども、占いに関わるようになった経緯についてはいくつかの話がある。

細木氏自身の話では、借金を負っていた1970年代前半頃に、東京・赤坂の豊川稲荷で占いをしていたおじいさんに教わったということになっている(六星占術はその後に自分で編み出したとも)。

他方で、ジャーナリストの溝口敦《あつし》氏の取材では、細木数子氏が占いに関わるようになったのは、「マンハッタン」の出店準備等で相談にのってもらった占い師の神煕玲《じんきれい》氏の影響で、1974年のことだったとしている(六星占術は神氏が考案した占い「六大天冲殺《てんちゅうさつ》」と酷似しており、溝口氏はパクリだとも指摘)。

いずれにせよ、細木氏は1982年に『六星占術による運命の読み方』を引っさげ、新たに占い師としてデビューを果たした(当時の著書での肩書きは「占術研究家」)。この本では占いによるセックスの相性を赤裸々に述べたり、多くの著名人の浮き沈みを占ったりと、読者が食いつきそうな話題を積極的に採り入れている。

また細木数子氏自身も営業のため全国を回るなどしたという。そうした努力の甲斐もあってか、同書は売り上げを伸ばしていき、最終的には70万部のベストセラーになった。

こうして以降の細木氏は、「六星占術の細木数子」として有名になっていく。

### ●ギネス世界記録の達成

１９８３年10月には、歴代首相の指南役といわれた思想家の安岡正篤《まさひろ》（当時85歳）と突然結婚し、世間を騒がせた。この結婚は同年12月の安岡の死によってすぐに終わりを迎える。しかし、その後も細木氏は安岡を先生と仰ぎ、自著でも積極的にその名前を宣伝に利用していくようになった。

１９８６年には、著書の累計発行部数が５００万部を突破。勢いにのる細木氏は、著書の出版にとどまらず、テレビや雑誌などへのメディア進出の他に、六星占術の勉強会や個人鑑定も積極的に開催していった。その結果、１９９３年までには、細木氏の著書の累計発行部数は２４００万部を超えるまでになったという。

ところが、細木氏は93年からしばらくの間、メディアへの露出を控えていった。その理由はそれぞれ違うものが複数あげられていて、残念ながらどれが本当か（もしくはあげられていない本当の理由が他にあるのか）わからない（『宝石』１９９３年４月号のインタビューでは大殺界［六星占術での悪い運気のこと］に入ることを理由にあげ、『新潮45』２００５年４月号では当時のブームの人気がありすぎて怖くなったからと言い、『週刊文春』２００６年６月15日号では、あるタレントに浅学非才を指摘されて勉強しなければと思ったからだと述べている）。

なお、１９９３年11月には、細木数子氏が個人鑑定の際に法外な値段の墓石を売りつけたとして、佐賀県の主婦から佐賀地裁に訴えられている（このときは個人鑑定に同席していた京都の墓石販売業者も一緒に訴えられた）。それまでにも細木氏の個人鑑定では先祖供養の大切さが説かれる一方で、祟《たた》りめいた話を絡めて高額な墓石を売りつけているとの批判が起きていた。

しかし、この裁判は1996年に主婦側が訴えを取り下げた（理由は明らかになっていない）ことで判決が出ることとなく終わっている。

2001年には、六星占術の本の累計発行部数が3400万部になり、世界一占いの本を売った著者としてギネス世界記録に認定された。そして2002年、細木数子氏は本格的にメディア復帰を果たす。

この年の12月15日に放送された番組『おしゃれカンケイ』（日本テレビ、ビデオリサーチ調べによる視聴率は関東平均で16・0％、以降も出典は同様）にメインゲストとして出演。これを皮切りに、2003年4月25日には『中居正広の金曜日のスマたちへ』（TBS、17・0％）、同年9月30日に『史上最強の占い師!!細木数子vsウンナンSP』（TBS）、さらに2004年1月9日からはTBSで『史上最強の～』が特番でシリーズ化され（1月9日は17・0％）、2月3日（16・8％）、4月2日（17・2％）、7月4日（25・2％）と放送が続いた。

こうした番組では細木数子氏の歯に衣着せない物言いが好評となる。その結果、前出のシリーズ番組『史上最強の～』は8月からタイトルを『ズバリ言うわよ！』に変更してレギュラー放送が開始されることになった。

また、2004年8月17日にはフジテレビで放送された『細木数子の人生ダメだし道場2』も視聴率が22・4％を記録。11月から『幸せって何だっけ』という新たな番組名でレギュラー放送が始まった。

この二つのレギュラー番組は細木氏の知名度を大きく高めることになる。2005年の本人のインタビューによれば、当時、番組1時間あたりの出演料はテレビ業界トップクラスとなる400万円にもなっていたという。

テレビ出演の機会が多くなることで、著書の売り上げも連動するように上昇。2003年に3900万部だった累計発行部数は、2005年に5300万部、2006年には6500万部となり、飛躍的な伸びを示した。

## ◉ブームの終息から現在へ

ところが２００６年５月、『週刊現代』（講談社）誌上でジャーナリストの溝口敦氏が、細木数子氏の半生を取材した連載を開始する。この連載では、かねてから指摘されていた細木氏と暴力団関係者らとのつながりが詳しく取り上げられ、注目を集めることになった。

溝口氏は、連載前の段階で細木氏を通じて暴力団幹部から連載中止の圧力を受けたことなども報じたが、細木氏はこれに対し、同年、名誉毀損などを理由に６億円の損害賠償を求める訴えを東京地裁に起こした（なぜか訴えた相手は溝口氏ではなく講談社の社長）。

当時、細木数子氏側はこの件についてファックスを通じてマスコミ各社へ告知し、各社がこれを報道したため、ご存知の方もいらっしゃるかもしれない。

その後、裁判の結果はどうなったのだろうか？

裁判は２００８年５月に実質的な審理に入り、講談社側が細木氏と暴力団幹部、溝口敦氏らの証人尋問を要求している。

ところが細木数子氏はこれに応じず、同年７月14日には、訴えそのものを取り下げてしまった。そのため判決は出ていない。

なお、細木氏は審理に入る２か月前の２００８年３月に、前出のレギュラー番組２本を降板している。メディアへの露出もそれ以降、ほとんどなくなってしまった。

とはいえ、２００８年以降も著書は出し続けている。その積み重ねは、やがて再び大きな記録へとつながっていく。２０１７年、ついに累計発行部数が１億部を突破したのである（同年８月時点で１億１２０万部）。

かつて、これほど占い師として大成功を収めた者はいない。何が売れるかを見極め、売れるための仕組みをつくり、メディアも上手く利用しながら売り込んでいく。その商売センスの良さは、さすが元実業家といえる。

一方で、問題点も指摘されてきた。書籍や個人鑑定で不安を煽り、高額の墓石購入を勧めるやり方が霊感商法のようだとの指摘や、暴力団関係者とのつながりを指摘するものなどである。

それでも細木数子氏がつくり上げてきた熱心な支持者たちは離れることなく、彼女を「先生」と呼び、支え続けている。

２０１６年、78歳となった細木氏は、姪の細木かおり氏を養子に迎えた（細木氏に実子はいなかった）。２０１８年12月には、細木数子氏とかおり氏による初の共著となる『新版 幸せになるための先祖の祀り方』（飛鳥新社）を出版。表紙には二人が並ぶ写真が使われ、プロフィール欄でも、かおり氏は細木氏の後継者として紹介された。

『女性自身』によれば、２０１９年の1月2日に開かれた初詣《はつもうで》会という催しで、今後、かおり氏が細木数子氏の活動を引き継いでいくとの話が（かおり氏本人から）あったという。

すでに細木氏は80歳を超えた。メディアでの活動もほとんどなくなっている彼女が、今後かつてのようなブームを起こすことはないだろう。

だが、後継者は得ている。その後継者である細木かおり氏は、２０１９年から本格的にテレビへ出演しはじめた。今後、彼女が第2の細木数子として新たなブームを起こすことがあるのかもしれない。

（本城達也）


［参考文献］

『女の履歴書』（細木数子、廣済堂出版）
『昭和虚人伝』（佐野眞一、文藝春秋社）
『細木数子――魔女の履歴書』（溝口敦、講談社）
『酒』（酒之友社、１９６１年3月号）
「目撃!! 島倉千代子が独立をめぐって恩人と大喧嘩!!」『週刊平凡』（平凡出版、１９８０年5月8日号）
「島倉千代子全集こころ すべての方に感謝を込めて：歌手生活60周年記念26」（日本コロムビア）
『六星占術による運命の読み方』（細木数子、ごま書房）
「密着取材「あなた、地獄に落ちるわよ」細木数子 妖しき大殺界の女王」『文藝春秋』（日垣隆、文藝春秋社、２００４年11月号）
『人間の器』（神煕玲、ジョイス・ワイブルーレッドクリエイティブ）
「細木数子 相談料『10分間30万円』超売れっ子への風当たり」『アサヒ芸能』（徳間書店、１９８６年12月25日号）
「細木数子・激白10時間 俗世にさようなら しばし、心の道を歩む歳月に」『宝石』（日高恒太朗、光文社、１９９３年４月号）

「テレビ出演一回四百万で、やめるもんか！ テレビ降板は『どこかのバカが書き飛ばし』、大殺界は『跳ね返す』――細木女史、大いに怒り、大いに叱る。」『新潮45』（細木数子、日高恒太朗、新潮社、２００５年４月号）
「ここまで語るか細木数子 第３弾」『週刊文春』（文藝春秋社、２００６年6月15日号）
「訴えられた細木数子サンの〝お墓商法〟！」『週刊宝石』（光文社、１９９3年12月2日号）
『京都に蠢く懲りない面々』（湯浅俊彦、一ノ宮美成、グループ・K21、講談社）
『ギネスブック２００１』（ティム・フットマン編、きこ書房）
『平成16年版 六星占術による土星人の運命』（細木数子、KKベストセラーズ）
『平成18年版 六星占術による天王星人の運命』『平成19年版 同』（細木数子、KKベストセラーズ）
「溝口敦の仕事 細木数子氏の6億円裁判」（http://www.a-mizoguchi.com/trial_5.html）
「【新文化】ベストセラーズ『細木数子の六星占術』が1億冊突破」（https://www.shinbunka.co.jp/news2017/08/170821-03.htm）
「細木数子事務所（公式）」（https://www.officehosoki.com/）
「細木数子 表舞台から引退へ…動き出した後継者は美魔女ママ！」（https://jisin.jp/entertainment/entertainment-news/1699279/）

## 少年少女たちの幽霊妖怪博士、佐藤有文《ありふみ》（１９３９～１９９９）

### ●「人魂を捕まえて」遊んだ幼年時代

怪奇作家、研究家。本名同じ。１９３９年（昭和14）、秋田県大館市で教師、小説家、古代史家の佐藤鉄《てっ》章《しょう》の長男として生まれた。佐藤鉄章の本名は佐藤有次郎（１９１４～１９９０）。佐藤有文は幼少時より病気がちで、赤痢・腸チフス・ジフテリア・エキリなどの伝染病にかかり、病室の外で母親は数度の最終宣告をされたほどであった。５歳のときには囲炉裏の火で燃えたぎる鍋に倒れ込み頭全体にひどいやけどを負う。このときは髪の毛がすべて抜け、頭蓋骨まで見えるほどの重傷だったという。しかし、青森県弘前市の医者が持つ秘伝の黒い塗り薬を知り、治療を受けると、やけどは完治した。

祖母から雪女や座敷わらしの話を聞くなどして育ち、村はずれの墓場で度胸試しで本人曰く「人魂を捕まえて」遊んだという。小学校高学年から中学生のときには秋田県・大湯町のストーンサークルを見物。縄文土器の発掘にも行き、歴史に興味を持った。大下宇陀児《うだる》、江戸川乱歩などの怪奇文学も愛読していた。

その後は不明な部分が多い。茨城大学国文科を中退し、1962年（昭和37）頃から妖怪の研究を始めたようだ。

学研の仕事で会った作家の斎藤守弘に影響を受け、ライターの道へ進む。

## ●児童書で開花したその魅力

学研の雑誌（注1）で記事を書き始めたが、記事の多くは洋書からの翻案や再構成であり、まるで斎藤守弘の習作であるかのような雰囲気であった。それでも徐々に力をつけ、1970年（昭和45）に講談社『ぼくらマガジン』で悪魔特集（注2）・吸血鬼特集を書き、これが後年のドラゴンブックスの原型となった。学研や集英社の雑誌で怪奇小説「骨なし村」「緑の魔人」（後に続編「ドグマの復讐」も書いた）、漫画版「骨なし村」の原作も書いた。小説は物語風で、最後の数行で話が急に進むなどバランスが悪かった。この時期の作品は学年誌が中心だったため、現在もその頃の作品の知名度は低い。

なお佐藤有文は同人「まらりあ会」に所属していたことが知られているが、同会の詳細は不明。

1971年（昭和46）から5年の間に佐藤有文は学研『世界のなぞ世界のふしぎ』『怪奇ミステリー』、立風書房『世界妖怪図鑑』『日本妖怪図鑑』、講談社ドラゴンブックス（全11巻）で怪奇作家としての名声を得た。その特徴は、大伴昌司や斎藤守弘が『少年マガジン』で展開させた挿絵や写真、洋書からの図版をコラージュさせた、見てわかりやすい編集と、子ども相手でも妥協の無い方向性だった。

特にドラゴンブックスの5冊（『吸血鬼百科』『悪魔全書』『日本幽霊百科』『四次元ミステリー』『霊魂ミステリー』）は、それまでの児童書とは明らかに異なるオーラを放射していた。参考文献はモンタギュー・サマーズ、日夏耿之介《ひなつこうのすけ》、コリン・ウィルソン、澁澤龍彦《しぶさわたつひこ》、種村《たねむら》季弘《すえひろ》などであり、『悪魔全書』（２０１８年に復刊）では秋吉巒《らん》の裸体画が並びＳＭチックな香りすらする完成度であった。これらの本を執筆する際、佐藤有文は血を吐くほど、身体を酷使して書いたという証言が残っている。

佐藤有文の影響力は70年代限定で言えば、水木しげるに匹敵する、あるいはそれ以上であったと思われる。妖怪のすべてに挿絵をつけ紹介した功績は大きい。立風書房の本はロングセラーを続けながらその後入手困難となり、佐藤の奮闘虚しくドラゴンブックスは１年数か月でシリーズが休止となったため超レア化。後年書いた妖怪関連本は焼き直しにすぎず、妖怪作家としての活動は実質10年ほどでしかなかった。

活動歴50年の水木しげるの存在が巨大化する一方、佐藤有文の本は入手の難しさに加え、わかりやすさ最優先に徹した編集（例えば、ニコラス・マヌエル・ドイッチュ画の『死と若い女』は、『吸血鬼百科』のなかでは「吸血ガイコツ」として紹介された、など）や、出典が不明とされる妖怪が含まれ、現在もネット上で、妖怪研究家としての評価は分かれている。しかし現在の佐藤人気はこの期間に集中していると言ってよい。この時代の小学生にはインパクト抜群であった。

### ●単行本ヒットでテレビ出演増

１９７５年（昭和50）、青森県北津軽郡市浦《しうら》村役所から『東日流外三郡誌』が公開された。佐藤有文は現地に駆けつけ、原本を村史編纂者に見せてもらった。下巻の和紙があまり古くないことに気付いたが、その後も熱烈に支持した。生まれ故郷の東北に歴史から抹殺された古代文明があったというロマンに取り憑かれたのであろう。同書を重要な拠り所として、10年越しで研究に没頭。１９８５年（昭和60）に、その成果を単行本『紀元前に実在した津軽古代王国の謎』（サンケイ出版）にまとめた。佐藤の人生の後半は古代文明を追うロマンに彩られていたといえよう。

１９７６年（昭和51）、ＫＫベストセラーズから『ミステリーゾーンを発見した』を刊行、続いて出た『地球の中の怪談ブラックホール』もヒット。日本各地の怪奇現象取材にも積極的に取り組み、四次元作家（当時の肩書き）としてマスコミに登場する機会が増えた（ＴＢＳ『日曜特バン』の「吸血鬼特集」、同『3時にあいましょう』での蛇石解説が印象深い）。

１９７９年（昭和54）、学研の雑誌『ムー』に執筆、記事や心霊写真鑑定を載せるなどしていたが、編集と対立する結果となり、１９８３年（昭和58）秋、編集雑誌『トワイライトゾーン』に鞍替え。編集に自らの意向を反映させた魔術特集が組まれ、付録の魔術ステッカー監修や、かつての児童書を彷彿させる悪魔や吸血鬼の記事掲載、心霊相談担当など大活躍をみせたが、数年で廃刊となった。

１９８６年（昭和61）にはサンケイ出版『コミックＷＯＯ』で漫画「ソロモン黙示録」の原作（絵／さいとう・たかお）を担当したが、大きな反響はなかった。

この頃から、佐藤有文事務所で有料の心霊相談なども行っていたようだ。

１９８９年（平成元）、『トワイライトゾーン』休刊後、マスコミへの登場は大きく減った。雑誌『サスペリア』（秋田書店）の「心霊写真館」など数えるほどしかない。ワニブックスの本が文庫化されるなどしたが、１９９２年以降の雑誌記事は筆者が調べた限り３本である。単行本は１冊のみ。

１９９２年（平成４）１月、東京・早稲田にシルク・ロード・アートサロン「曼荼羅屋」を開店。日本で初のチベット曼荼羅専門店だったが、オウム真理教に命を狙われたりしたこともあり（?）［隠れ里『物ノ怪書』第十二巻より］、１９９４年（平成６）頃閉店した。

その後もチベット密教研究会会長の肩書きでネットに文章を載せるなどしていた（注３）。１９９５年（平成７）暮れ、妖怪同人隠れ里がインタビューした当時は「チベット密教関連の本とビデオを出す」と意気込んでいた。

その後、角川書店『怪』がインタビューをしようとして探したところ、１９９９年（平成11）に故人となっていたことが判明した。死後時間が経ってから報じられるなどかつての人気作家としては、寂しい最期だった。

（幕張本郷猛）

（注1）主に『コース』、まれに『学習』。土屋有という名義で書かれた『世界妖怪図鑑』そのままの記事や、その後佐藤有文の単行本に収録された記事が存在する。関係者の証言、今後の研究が待たれる。

講談社『ぼくら』『少女フレンド』で記事を書いた人物に森田有弘・森有文・森右文・北右文なる人物がいる。佐藤有文と斎藤守弘の関係を示唆させる名前だ。情報をお持ちの方、お話を聞かせてください。

（注2）悪魔特集の石原豪人・柳柊二の挿絵はそのままドラゴンブックス『悪魔全書』に再録された。

（注3）チベット密教と中国気功法（http://www.imart.or.jp/~nogimori/chibet.html）。２０１８年3月現在、閲覧不可。

［参考文献］佐藤有文の著書は除いた
「早すぎたスキム・カルチャー」『Trashmen』（取材・文／中村金太郎、ＴＲＡＳＨＭＥＮ コアマガジン社、１９９９年）
「佐藤有文先生突撃レポート」『物ノ怪書』（隠れ里・著、第十二巻、１９９９年）
「日高見アラバキ族の実在」『歴史と旅』（佐藤有文・文、秋田書店、20巻１号）
『幻想芸術』（マルセル・ブリヨン著、坂崎乙郎・訳、紀伊国屋書店）
『この本は怪しい!!!』（洋泉社）
「夕映えの詞華」（野中堯・文、『奥羽文学』第二次27号）
『怪』vol.12（２００１年12月）

## 『竹内文書』研究家で自称コンタクティー だった高坂《こうさか》和導《わどう》（１９４７〜２００２）

『竹内文書』研究家、自称コンタクティー。本名・高坂克己《かつみ》（「高坂勝巳」「高坂剋魅」名義の著述もあり）。

１９４７年、青森県荒川村生まれ。北海道で育つ。小学生の頃には網走郷土博物館に通い、古生物の化石や古代の土器を飽きもせず観ていたという。

北海道教育大学2年生の時に札幌でCBA（宇宙友好協会）が開催した空飛ぶ円盤写真展を見学。それがきっかけで1967年にはハヨピラ・ピラミッド建造にも参加した。

高坂和導は宇宙教育講座と称して、大学近隣の子供たちにUFOの話をするとともに、北海道の各地でUFOを呼ぶ会を開いた。卒業論文「新時代における宇宙教育」は宇宙人やUFOの存在への啓蒙を学校教育に組み込むべきだという内容だった。しかし、この卒論は教授に容れられず、高坂は大学教育の現状に失望して中退した。

1971年に上京、調布市の児童会館でUFOサークルを開き、子供たちや父兄を相手にUFOや宇宙人に関する啓蒙活動を行なう。また、関東の古墳めぐりをしている時に出会った老人から『竹内文書』について教えられる。

高坂和導自身の証言によると、ある夜、近所の丘に登って、『竹内文書』の内容は真実かどうか天に問うたところ、黄金色に輝く光球が飛んできて「これはまことの歴史です」と告げたという。それを機に、高坂は『竹内文書』の研究と普及に生涯を捧げることを誓った。

73年ころからはヒッピーのコミューン（自治的共同体）と接触し、情報を交換しあうようになる。74年7月、当時、ヒッピー・コミューンの一部で囁かれていた74年8月25日天変地異予言を真に受け、長野県の山村に移住。その年の秋には東京に戻る。

なお、同じ74年には最初の著書『地球遺跡宇宙人のなぞ』を立風書房ジャガーバックス（児童向けシリーズ）の1冊として発表。『竹内文書』の超古代天皇を宇宙人と結びつける説を世に問うた。

1975年4月16日、東京12チャンネル（現・テレビ東京）の『ビックリ大集合』に出演し、テレパシーでUFOを呼ぶというパフォーマンスを行なった。UFOを呼び出す呪文とされる「ベントラ」は高坂和導がCBAから受け継ぎ、マスメディアを介して広めたものである。

やはり1975年に、高坂和導は、エーリッヒ・

フォン・デニケンの来日を迎えて遮光器土偶のレプリカをプレゼントしている。

70年代後半から80年ころにかけての高坂和導は、たびたび欧米の宇宙考古学・コンタクティー関係の集会に参加し、『地球ロマン』『ＵＦＯと宇宙』『たま』などの雑誌にそのレポートを発表していた。

また、『竹内文書』の刊本（印刷・刊行された本）である『神代の万国史・増補版』（１９７８年）の編集や、その解説書『日本の真相』（１９７８年）の監修・校閲にも関与する。『神代の万国史・増補版』収録の万国地図は、主に当時の高坂夫人がトレースしたものである。ちなみに『日本の真相』の著者はギフト・メーカーとして有名なシャディの会長（当時）林信二郎であった。

『地球遺跡宇宙人のなぞ』（立風書房）

１９７６年2月、フランスのニースで、当時は無名の新興コンタクティーの一人にすぎなかったクロード・ボリロン（ラエル）の著書を購入、『ＵＦＯと宇宙』編集長（当時）・中村省三氏にその翻訳の企画を持ちこんだ。

ボリロンの著書は『ＵＦＯと宇宙』誌上に連載された後、改めて単行本『聖書と宇宙人』（クロード・ボリロン著、中村省三他訳、ユニバース出版社、１９８０年）として刊行、これがきっかけとなって１９８０年12月に日本ラエリアン・ムーブメントが発足することになる。高坂和導は日本ラエリアン・ムーブメントの初期においてラエルの来日をセッティングするなど積極的に活動したが、日本の天皇が宇宙人の直系子孫であるという高坂の主張がラエルに受け入れられることはなかった。やがて高坂はラエリアンを離れる。

１９８０年代後半からは「日本のピラミッド」ブームに乗って『ムー』などで論考を展開、さらに90年代には『［超図解］竹内文書』（徳間書店、１９９５年）などの著書を続々と出版する一方、「宇宙医学研究院」院長として宇宙エネルギーを用いた健康器具なるものの普及に努める。

1997年、パシフィックウエスタン大学より医学博士号取得（ただしこの博士号は正規の学位としては認められていない）。

2002年10月17日死去。享年54。『トンデモ発想で生きてみないか?』（サンマーク出版、2002年）が生前最後の著書となった。

高坂和導の人生は、日本UFOカルト史と、戦後の『竹内文書』普及史の双方において無視できない軌跡を描いたといえよう。

（原田実）

## トレンドを把握しビジネス・オカルトを追求する秋山眞《まこと》人氏（1960〜）

超常現象研究家。自称超能力者・コンタクティー・霊能者。1960年11月27日、静岡県下田市生まれ。

中学2年生、14歳の時にUFOに関心を持ち、1、2か月の間、毎夜、夜空に向かって「UFOよ、来い」と念じ続けたところ、オレンジ色の光体が空中を飛んでいくのを見た。

それ以来、秋山眞人氏は、金属製品にさわると自然に壊れたり、学校の朝礼中に他の生徒や教師のオーラが見えたり、死んだはずの人の姿が眼前に現れたりといった奇妙な体験をするようになったという。

ちょうどその時期、1974年2月のユリ・ゲラー来日・テレビ出演をきっかけに起きた超能力ブームで、秋山氏はいわゆる超能力少年の一人としてメディアの取材を受けるようになる。ブームの終焉と共に超能力少年たちは、メディアから遠ざけられたが、秋山氏は社会不適合に悩む仲間の相談にのるうちにリーダーシップを発揮し、1980年に自由精神開拓団という団体を結成した。

1985年、自由精神開拓団を解散した後、秋山眞人氏は超能力開発セミナーを開設。1986年には最初の著書『超能力開発マニュアル』（朝日ソノラマ）を発表。

また、1987年4月から88年6月にかけて、発行人として、オカルト情報ムック『Boston Club』を11号まで刊行した（監修者名義は「ボストン・クラブ」）。

『Boston Club』はビジネス誌読者層を狙って、自己啓発系のテクニックからヨーガ、心霊学、超心理学、超古代史、さらには神道系や修験道系の霊学・霊術まで扱っており、この編集・出版で培った人脈が後の秋山眞人氏の活動を支えることになる。

超能力者としての秋山氏は、超能力ブームが去って以降の80年代も日本テレビ系『11ＰＭ』、フジテレビ系『オールナイトフジ』などのバラエティ番組で超能力実験のパフォーマンスを行なっていたが、90年代初頭にはＴＢＳ系『ギミア・ぶれいく』（１９８９～92）で潜在能力開発トレーナーとして、新たな超能力少年たちを指導し、その実験に立ちあった。

『超能力開発マニュアル』（朝日ソノラマ）

また、国際気能法研究所という団体を設立、１９９０年代後半のテレビ・オカルト番組自粛期にもその団体の所長として次々と著作を出し続けた。現在、国立国会図書館検索で確認できる著書・共著は約70冊である。

大正大学大学院博士課程前期終了。修士論文「大正期における霊術および霊術化の研究」（霊術とは海外の心霊学と日本土着の修験道などが習合した民間療法・信仰）は『宗教学年報』32号（２０１７年）に掲載されている。

また、著者やＨＰのプロフィールによると、ホノルル大学国際顧問・客員教授やIRI-College潜在能力研究科教授を務めたこともあるという。ちなみにホノルル大学はディプロマミル（学位などを売る、いわゆる学位商法を行なう団体）の疑いが強いとされる非認定大学である。

また、IRI-CollegeはＮＰＯ法人国際総合研究機構（ＩＲＩ）に属しているが、この団体の研究部長の小久保秀之氏によると、「ここは未知の能力、いわゆる超能力とか潜在能力、そういう未知の物理現象を科学的に研究しようという研究機関」だという（Abema TIMES「アニメのような超能力の世界…蛭子能収、研究機関に密着取材」2017年12月5日付、ちなみにこのweb記事には「超能力研究家」という肩書きで秋山眞人氏のコメントも掲載されている）。

最近の秋山眞人氏は、web上での超常現象動画ラッシュを受けて、バラエティ番組などでそれら動画の解説を行なうことも多い。

秋山氏は、80年代から現在まで一貫して、その時代のトレンドを把握しつつビジネスとしてのオカルトを追求してきた。あるいは、その軌跡をたどることで20世紀末から今世紀初頭にかけてのオカルト業界の流れを追うことができるかも知れない。

（原田実）

## 人気と知名度抜群のスピリチュアル・カウンセラー、江原啓之《ひろゆき》氏（1964〜）

いわゆる霊能者、スピリチュアル・カウンセラー。1964年12月22日、東京都墨田区に生まれる。4歳のときに父親の死を、中学2年生のときには母親の死をそれぞれ霊視したという。

若くして両親を亡くし、7歳年上の姉も結婚したため、高校1年生のときより一人暮らしを始める。高校卒業後は和光大学人文学部芸術学科へ進学。しかし低級霊（人に取り憑いて悪さをするという霊）の霊障に悩まされるようになり、学費を工面するためのアルバイトを休みがちになった結果、退学を余儀なくされてしまったという。

その後、多くの自称霊能者に相談。20人目の寺坂多枝子《たえこ》氏に守護霊を霊視されたことにより大きな変化が訪れる。その守護霊は「昌清霊《まさきよれい》」という修験者で、もとは戦国時代に京都御所を護衛した後に出家した立派な人物だという。昌清霊は加持祈祷《かじきとう》による病気の治癒を得意とし、江原啓之氏の霊能力を使って、世のため人のために働かせようとしているらしい。これにより、以降は「昌清霊」が江原氏の守護霊ということになる。

その後、本人いわく滝行や寺での修行を経て、偶然知り合った男性のもとで心霊相談を開始。だが、その男性は江原氏を利用するばかりで、ろくに生活費も渡さないような状態だったため、夜逃げ同然で男性のもとを離れたという。

1987年、23歳のときには北沢八幡神社（東京都世田谷区）に奉職。同時に國學院《こくがくいん》大学別科神道専修Ⅱ類へ入学。神主の資格を得るため実務実習生として働くかわりに神社が学費を負担した。

この頃より、神社を訪れる人を相手に心霊相談を再開。大学卒業後は神社を去り、いわゆる「霊能者」として独立。1989年3月に、世田谷区にある住居を兼ねたアパートの一室に「スピリチュアリズム研究所」を設立した。

1990年にはイギリスへ留学。帰国後、カウンセリングに訪れていた女性と結婚し、息子を2人もうける。

その後、師と仰ぐ寺坂氏の紹介で知り合っていた作家の佐藤愛子氏との対談企画などを経て、少しずつメディアの取材依頼を受けるようになっていく。

**◉路線変更から著書がベストセラーに**

初の著書『自分のための「霊学」のすすめ』（ハート出版）を出版したのは1995年1月のことだった（「推薦の言葉」は佐藤愛子氏が書いている）。ところが当時は現在に比べるとまだ名前がそれほど知られていなかったことや、本の内容も堅苦しいものだったことから、ほとんど売れずに終わってしまう。

さらに2冊目の本も話題にならず絶版に。悩んだ江原啓之氏は、ここで路線変更を考える。恋愛や子育てなど、日常に関わることに焦点をあてるようにし、それらについて、わかりやすい言葉でスピリチュアルな視点からアドバイスするスタイルに変えたという。

すると評判が良くなり、2001年には3冊目の『幸運を引きよせるスピリチュアルブック』（三笠書房）を出版して初めてのベストセラーを記録する。このときは重版が50回以上で、100万部を超えたという。

2005年4月には、後に人気レギュラー番組となる『オーラの泉』（テレビ朝日）がスタート。著名人をゲストに迎え、江原啓之氏が霊視によるアドバイスをするスタイルで高視聴率を獲得。スピリチュアルブームを巻き起こすに至った。

このブームにより著書の売り上げも大きく伸び、2006年2月時点で、著書が合計35冊、総発行部数は760万部を超えるまでになったという（「スピリチュアルカウンセラー江原啓之の『正体』」『週刊文春』2006年2月23日号）。

●霊視で出演した番組が大きな問題に

ところが2007年、フジテレビの番組『FNS27時間テレビ』（7月28日放送）に江原啓之氏が出演して霊視をした企画に対して、霊視された女性（以下、Aさん）から、一方的な内容で本人および関係者が傷つけられたとして、BPO（放送倫理・番組向上機構。当時はBRCという略称）に抗議があり、大きな問題となる出来事が起きた。

この番組では、東北地方で美容院を経営するAさんをサプライズで霊視するという企画を実施。Aさんは美容院経営のかたわら、亡き父から引き継いだリンゴ園でとれるリンゴを困っている人たちに無償で送るボランティア活動をしていたが、ボランティアに熱中するあまり、美容院が経営難に陥っていると紹介された。

そこで、今後のあり方を江原啓之氏に霊視してもらい、亡き父からのメッセージをアドバイス（先述の状況を肯定した上で、「Aさんが悪い！ 自分自身の生活を度外視してはだめ！」などと説教するような内容）として放送。

ところが、この放送に対して抗議を受けたBPOが調査してみると、実際はAさんの美容院が経営難に陥っているとする客観的な裏付けはなかったことや、そもそもボランティアでリンゴを送る活動も過去に2度しか行っていなかったこと、さらには江原氏の霊視内容に対し、Aさんが反論した場面がカットされていたことなどが明らかになった。

こうしたことから、BPOは2008年1月21日に調査結果と番組の問題点についてまとめた意見書を公表。フジテレビに自省を求めた。

フジテレビ側はこれを受けて、同年３月27日、社内で議論した結果を12ページにわたる報告書としてまとめ、ＢＰＯに提出。問題の再発防止の約束と関係者への謝罪を表明した。

一方、当事者の一人である江原啓之氏は、ＢＰＯの意見書公表が報じられた日の翌１月22日、自身の公式サイトでこの問題についてのメッセージを発表。意見書を重く受け止めて慎重に行動するとしつつ、フジテレビの番組制作のあり方を批判した。

だがメッセージは同日夜、「当文面の無断での引用転載が認められました」との理由を記し、すぐに削除してしまった。残念ながらそれ以降、再掲載していない。

このような問題が起こりながらも、他局のテレビ朝日では看板番組の『オーラの泉』がそれから１年ほど続いている。しかし、その番組も２００９年３月にレギュラー放送が終了。それからは月に１回のペースに変わった放送も同年９月には完全に終了するに至った。

また同年、東京都台東区で、長年の夢と語っていたホスピス（死期が近い患者の終末ケアを行う施設）の建設を計画するものの、静かな住宅街に建設することへの生活不安、および環境悪化を理由にした地元住民約１０００名の反対署名運動にあい、２０１０年２月に同施設の建設を断念している。

江原啓之氏のメディア露出は、その後、数年間、減少した。

けれども活動休止状態だったわけではない。著作は発表し続け、２０１０年には、大手通販サイト「Ａｍａｚｏｎ」の10周年記念企画において、優れた作品を提供した著者として殿堂入りを果たす。このときは喜びのコメントを寄せている。

また、もともと歌が好きで、声楽を学ぶようになっていたことからオペラ歌手としても活動を行い、ＣＤを発売し、コンサートも開催している。

２０１１年３月には、「スピリチュアリズム研究所」を発展させ、「一般財団法人日本スピリチュアリズム協会」を設立。東京の表参道に絢爛豪華な「ザ・

スピリチュアリズム・サンクチュアリ」という施設を建てた。

さらに2013年には、静岡県の熱海市に、敷地面積が1000坪を超える土地を購入。そこで自宅も兼ねたスピリチュアル・ヒーリング・サンクチュアリ「昌清庵《まさきよあん》」を開設。半露天風呂などの豪華施設を備えた建物や庭園の様子を、徐々にテレビ番組に復帰して披露するようになっていった。

現在ではテレビ、ラジオ、雑誌等で複数のレギュラーを抱えるまでに活動状況は回復しつつある。

## ●江原啓之氏が持つ二つの面

江原啓之氏は、「霊能者」という一般的には怪しいイメージで見られていた肩書きを、「スピリチュアル・カウンセラー」という呼び方に代えることにより、従来のイメージから脱却することに成功した。

これはイギリスにいた当時、知り合った霊能者から渡された名刺に、「スピリチュアル・カウンセラー」と書かれているのを見て、『霊能力者』よりずっといい響き」だったので使うようになったのだという（『スピリチュアルな人生に目覚めるために』新潮社）。また『心霊相談』という言い方もやめて、『スピリチュアル・カウンセリング』と言うこと」にもしたという（同前）。こうした時代の先を読むセンスの良さは特筆すべき点かもしれない。

他方で残念な点もある。従来の自称霊能者が繰り返してきたような検証への消極的姿勢や、裏付けが取れない主張の多さである。

たとえば、江原啓之氏が語る個人的な心霊体験エピソードは、どれも客観的な裏付けが取れない。「霊能者を守護する霊能者」ということで箔《はく》が付けられている「昌清霊」にしても、もとの人物が戦国時代に実在していた証拠はない。

また、もし本当に霊能力があるのなら、なぜ未解決事件の犯人を霊視しないのかという疑問に対しては、安全性の問題をあげ、応じようとしない。イギリスの自称霊能者ネラ・ジョーンズから、犯罪捜査に関われば犯人に命を狙われると聞かされているからだという。

しかし、筆者はそのネラ・ジョーンズの過去の霊視を『謎解き超常現象Ⅱ』（ASIOS、彩図社）で検証したが、彼女が霊視で当てたというものは曖昧な情報だったり、すでに警察が発表している情報だったり、事実誤認だったりと、霊視が成功したといえるものは何一つなかった。

結局、犯人のことを霊視できておらず、役にも立たなかったのに、一体誰から命を狙われるというのだろうか。

他には前世についての霊視も疑問がある。江原啓之氏は『江原啓之 本音発言』（講談社）の中で、（「オーラの泉」に出演するゲストの）「前世や守護霊はどうして中世の賢者や貴族ばかりなのか」という疑問に対して、次のように答えている。

「時代については、現世を生きる人につく守護霊はだいたい二百年とか三百年前に生きた人の霊なんです。番組で指摘した守護霊は賢者や貴族より、武士や武家の女性が多いと思うのですが。理由は単純で、江戸時代に武士が多かったからです。武士というのはいまでいうサラリーマンですよ。数が多いのは当たり前です」

ところが、『近世日本の人口構造―徳川時代の人口調査と人口状態に関する研究―』（吉川弘文館）によれば、幕末の頃で、武士の身分別人口は全体のうち約7％しかいなかった（江戸時代を通じて大きな変化はなかったと考えられている）。数が多かったのは圧倒的に農民で、約80～85％である。しかし、その農民だと番組で霊視されたゲストはモデルの山田優氏ただ一人。

また、地域に偏りがあるとの指摘に対しては、「そんなことはないと思います。すべて、視えたことをお伝えしただけです。でも確かに、前世の地理的なことに関しては不確かな部分もあるかもしれません。（中略）服装や背景によって大体の特定をしているわけですが、各国の歴史をすべて把握しているわけではないので、多少のズレがあるかもしれません」（『江原啓之 本音発言』）と答えている。

しかし筆者の調べでは、番組で霊視された地域は日本＝76、ヨーロッパ＝68、アジア＝21、南米＝4、アメリカ＝4、アフリカ＝4、中東＝1、という結果だった。

「多少のズレ」などではない。江原氏の主張とは裏腹に、身分にしろ、地域にしろ、実際の霊視内容は大きく偏っている。本当に前世なるものを「霊視」していたのだろうか？

このように江原啓之という人物は、従来、一般的ではなかった用語を採り入れるなどの先進的な面を持つ一方で、従来のいわゆる霊能者が繰り返してきたような残念な面もあわせ持つ。

ただし商業面では、複数のベストセラーを生み出したり、高視聴率番組のレギュラーを務めたこともあったりと大成功を収めている。また、それらを支えた人気と知名度も群を抜いている。

そういったことを考えれば、間違いなく日本のオカルト史に名を残す人物だとはいえるだろう。

（本城達也）


［参考文献］

『スピリチュアル・カウンセラー 江原啓之物語』（江原啓之、和田育子、光文社）

『私の遺言』（佐藤愛子、新潮社）

『自分のための「霊学」のすすめ』（江原啓之、ハート出版）

『スピリチュアルな人生に目覚めるために』（江原啓之、新潮社）

『江原啓之への質問状』（江原啓之、丸山あかね、徳間書店）

「FNS27時間テレビ『ハッピー筋斗雲』に関する意見」（放送倫理・番組向上機構［BPO］、放送倫理検証委員会決定 第2号）

「『ハッピー筋斗雲』に関する報告書」（フジテレビ 取締役編成制作局長 鈴木克明）

「江原啓之公式サイト」（http://www.ehara-hiroyuki.com）

『江原啓之 本音発言』（江原啓之、講談社）

『近世日本の人口構造—徳川時代の人口調査と人口状態に関する研究—』（関山直太郎、吉川弘文館）

『オーラの泉』（テレビ朝日）

## ［インタビュー］
## 井村宏次さんの思い出
## ――横山茂雄氏に聞く

### 超心理学、霊術、東洋医学

井村宏次《こうじ》さん（１９４２?～２０１４）と初めて出会ったのは１９７４年のことです。そのとき私はまだ19歳の若造で、以降、亡くなられるまでの40年間というもの途切れずにお付き合いさせてもらいました。井村さんには多くの優れた著作、翻訳がありますが、とはいえ、本から伝わるのは彼のごく一部の側面にすぎません。少なくとも私にとっては、井村さんというのは存在自体が凄い人、存在そのものにこちらが圧倒されてしまう稀有《けう》な人物でした。

１９６０年代終わり頃から日本心霊科学協会関西支部で活動していた井村さんは、１９７１年からは『テレパシー研究』誌――後に『テレパシー』に改題――で頻繁に超心理学、心霊研究関係の原稿を発表しはじめる。これは新潟の市村俊彦さんという在野の研究者が独力で刊行していた雑誌ですね。井村さんの論じた題材は多岐にわたるのですが、欧米での動向の紹介には力が入っており、たとえば、ユリ・ゲラーについて日本で初めて言及したのは井村さんです。

この時期から既に、井村さんの超心理学やオカルトを研究する態度、姿勢は際立っていた。つまり、テレパシーの実験をするなら、きちんと実験管理して、正確なデータをもとに報告するし、海外の事例の紹介をするなら、すべて出典が明示されていました。当時はそんなことをする人は例外的存在で、この分野をまともに研究する人物が現れたという事実は心ある読者にはわかったと思います。そして、彼のこういった姿勢は最後まで揺らぐことはなかった。

１９７２年には、「生体エネルギー研究所」を立ち上げて、超能力者、そして、実験を手伝ってくれる若い人々を周囲に集めて、テレパシー、透視、オーラ視などの実験を本格的に開始します。キルリアン写真の撮影では日本で最尖端を走っていた。

さらに、超心理学の研究を通じてでしょう、井村さんは中国の「気」という概念の重要性を認識しはじめる。何でもとことんやらないと気がすまないのが井村さんという人物で、専門学校に入って鍼灸《しんきゅう》を正規に学び、70年代後半からは診療所を開業――最晩年まで治療家としての実践を続けると共に、多くの有能なお弟子さんを育てられた。

このように超心理学、東洋医学の分野で精力的な活動を続ける一方で、彼は近代日本における霊性という問題にも強い関心を持ち、これは１９８４年に『霊術家の饗宴』の刊行として結実します。綿密な資料調査をもとに執筆されたもので、宗教学者たちの誰も顧みなかった領域を扱った画期的、先駆的な研究書です。

## サイキック、予知、阪神・淡路大震災

ところで、井村さんの著作だけを読んでいる限りでは判然としないのですが、井村さん自身が「霊能者」であったことは、ここで明言しておいたほうがいいでしょう。厳密にいえば、彼の原点、出発点となったのは、自分には超常的能力が備わっているという認識だった。つまり、自らサイキックとして生きながら、あるいは、サイキックであるがゆえにこそ、超能力の実証的な研究を志したという非常に例外的な存在だったのです。別の言い方をすれば、自分自身を客観視、客体視できる霊能者という、とんでもない人だった。

井村さんが長期間にわたっておこなっていた実験のひとつは、予知に関わるものでした。サイキック能力があると見込んだ人たちを組織化して、たとえば「来年の日本に関して何を感じますか」と質問表を送る。その回答の中で何人もが類似したヴィジョンや閃《ひらめ》きを得ていて、なおかつ、それが翌年の出来事と実際に照応したようだという成果を積み重ねて

いくうちに、ある程度の予知は可能だという確信を強めていった。ただし、これにしても、いわゆる「未来が見える」のではないというのが井村さんの基本的な考えだったように思います。つまり、人間の予知能力というのは、たとえば動物が地震の前兆を未知のチャネルを通じて感知するのと同じレヴェルだろうと捉えていた。

先ほど、「自分自身を客観視できる霊能者」という表現を使いましたが、それが端的に現れているのは、井村さんは自分も含めてサイキック、霊能者を信用していなかった点でしょう。

つまり、こういうことです。仮にサイキックが何か強烈なヴィジョンを見たとすると、そのヴィジョン自体は未知のチャネル経由で流入した情報、信号だとしても、ほとんどすべてのサイキックは、自分の主観でそれを即座に解釈してしまう――「ああ、これは××に○○が起こるという意味だ」という具合に。要するに、情報や信号がたとえ本物だとしても、それを霊能者自身がノイズを混入させたり、歪めてしまうということです。

だから、井村さんは自分や周囲の霊能者たちがキャッチした生《なま》の信号を記録するよう努めた。後になって、その中の幾つかが「あれはそういう意味だったのか」とヒットしたことが分かるかもしれない。こういった「情報」――ヴィジョン、キーワード、数字などの群れ――は、年賀状に印刷されて、私も含めた周囲の人々に毎年送られてきました。

ただし、一度だけ例外があった。流言蜚《ひ》語《ご》になることを警戒して、井村さんはいくら確度が高いと思っても「近々に○○が起きる」なんてことは絶対に言わない人だったのですが、１９９５年の年賀状には『鯰』さま、お静かに！」とだけ書いてあった…。そうしたら、1月17日に阪神・淡路大震災が起きたわけです。あれにはたまげましたね。

## ユニークな視点で世界を捉える

井村さんは本当に多面的な存在で、私がまったく知らない側面もあったにちがいありませんが、きわめてユニークな視点で世界を捉えていた人でした。

たとえば世界中、古今東西のありとあらゆるジャンルの音楽を信じられないほど聴いていました。さらに、音楽の捉え方も独創的だった。東洋医学には「補《ほ》」「瀉《しゃ》」という概念がありますが、音楽にも同じことが言えるのだと。つまり、ヘビーメタルなどは、リスナーの体内から余剰なエネルギーを放出させる「瀉」の音楽で、一方、バッハなどはリスナーに不足するエネルギーを与えてくれる「補」の音楽——だから、その観点からすると、どちらも人間には必要なんだという。

TV番組の録画なども熱心にやっておられて、これも常人には発想できない観点からのものが多かった。司祭さん、牧師さんが話をするキリスト教番組というのが早朝に放映されていますが、その録画コレクションまであるのを知って驚きました。日本では、明治以降ずっと、キリスト教系知識人たちが文化の一部に強い影響を与えてきたのは疑えないから、日本の近代理解のために、この手の人々の話し方や気配を研究しているのだという。井村さんは東洋医学を実践しつつ西洋の医学、科学を高く評価していたけれど、他方、アジアの伝統的世界観が失われていくことには危機感を持っていたからなのですね。

ともかく、井村さんはオカルトという言葉だけでは決して括《くく》れない存在で、私が彼に長年魅かれ続けたのもまさにそのためでした。実証的、科学的合理精神と高度の霊的感受性が同居していたという点だけをとっても、あんな人物はめったに出てこないでしょうね。

**横山茂雄**　英文学者、作家。奈良女子大学教授。著書に『聖別された肉体——オカルト人種論とナチズム』(書肆風の薔薇)、『神の聖なる天使たち——ジョン・ディーの精霊召喚作業一五八一〜一六〇七』(研究社)。稲生平太郎名義で『定本 何かが空を飛んでいる』(国書刊行会)、『アクアリウムの夜』、『アムネジア』(共に角川書店)。

# 昭和・平成の日本オカルト年表

本書に収録された項目を中心に、昭和と平成の時代に起きたオカルトに関連する事例の年表を作成した。

**1928年（昭和3）**

**1月14日**：高野山大学教授（当時）の福来友吉によって「財団法人大日本心霊研究所」が設立される。福来は理事長に就任。

**1929年（昭和4）**

**5月**：名古屋に「中京心霊協会」が設立される。

**7月**：大阪に「大阪心霊科学協会」が設立される。

**月日不詳**：続いて東京に「東京心霊科学協会」が設立される（353ページ参照）。

**12月**：雑誌『猟奇画報』（日本風俗研究会）が創刊。巻頭でクリスタル・スカルが写真つきで紹介される（331ページ参照）。

**1930年（昭和5）**

**11月3日**：心霊研究家の小田秀人により心霊研究団体「菊花会《きくかかい》」が設立される（353ページ参照）。団体名は、設立日が文化の日にあたり、菊にまつわる祝日ともされていたことから名づけられた。

**12月8日**：天津教の教主・竹内巨麿《きよまろ》が詐欺罪の容疑で事情聴取を受ける（後に不起訴）。第一次天津教事件が起きる。

**1931年（昭和6）**

**6月24日**：福来友吉によって「日本最高の超能力者」と称賛された三田光一《こういち》が、それまで誰も見たことがなかった月の裏側を念写したと主張。しかし1959年以降、旧ソ連をはじめ各国の探査機が実際に月の裏側を撮影した結果、それらの写真と三田の念写像と称するものはまったく違うことがわかった。

**1934年（昭和9）**

**1月21日**：ネッシーが『読売新聞』の「巷の話」というコーナーで取り上げられる。

**1月31日**：同じくネッシーが『朝日新聞』の「何と不気味 大怪物の姿」という見出しの記事で取り上げられる（63ページ参照）。

**4月**：酒井勝軍《かつとき》が広島県庄原市で「葦《あし》嶽《たけ》山ピラミッド」を「発見」する（28ページ参照）。

**1935年（昭和10）**

**12月8日**：警官隊数百人が、京都府綾部と亀岡の大本教本部、ならびに島根県松江の大本教別院に突入。不敬罪と治安維持法違反で出口王仁三郎《おにさぶろう》をはじめとする大本教の幹部や信者を次々に連行。第二次大本事件が起きる（164ページ参照）。

**1936年（昭和11）**

**2月13日**：竹内巨麿《きよまろ》と信者5人が不敬罪などの容疑で逮捕。第二次天津教事件が起きる（173ページ参照）。

**1937年（昭和12）**

**2月3日**：心霊研究家として著名な浅野和三郎《わさぶろう》が急性肺炎により死去。

**1938年（昭和13）**

**12月29日**：自称「町の化学者」本多《ほんだ》維富《これとみ》が、水からガソリンができるという詐欺を考案。最初の公開実験を東洋化成工業の蒲田工場で行う（168ページ参照）。

**1940年（昭和15）**

**7月6日**：酒井勝軍が死去（370ページ参照）。

**1941年（昭和16）**

**5月16日**：「財団法人大日本心霊研究所」が「財団法人敬神崇祖《けいしんすうそ》協会」と改称。

**1943年（昭和18）**

**2月20日**：日本的製鉄法について、『朝日新聞』が「砂鉄製錬の技術成功」との見出しで報じ、『読売報知』（第二次世界大戦中に『読売新聞』と『報知新聞』が合併した新聞）も「砂鉄の新製錬法」との見出しで報じる（170ページ参照）。

**1946年（昭和21）**

**9月30日**：「財団法人敬神崇祖協会」が「財団法人むすび協会」と改称。

**12月1日**：東京で、弁護士の吉田正一や東京心霊科学協会の会員だった宮沢虎雄ら14人が発起人となって「日本心霊科学協会」が設立される。初代理事長には吉田正一が就任（353ページ参照）。

**1948年（昭和23）**

**1月19日**：出口王仁三郎が死去。

**1949年（昭和24）**

**7月**：吉田正一の尽力により「日本心霊科学協会」が法人格を取得。「財団法人日本心霊科学協会」となる。

**1950年（昭和25）**

**5月1日**：『産業経済新聞』（現在の産経新聞）に「奇蹟の少女現る 科学時代にこんな話題が」との見出しで、後に占い師として有名になる藤田小女姫《こととめ》が大きく取り上げられる。

**1952年（昭和27）**

**3月13日**：日本の心霊・超能力研究の先駆者となった福来友吉が死去。

**1954年（昭和29）**

**8月**：UFOコンタクティーとして有名なジョージ・アダムスキーの空飛ぶ円盤搭乗体験を記したとされる『空飛ぶ円盤実見記』（デスモンド・レスリー、ジョージ・アダムスキー、高文社）が発刊。第一次UFOブームが起こる（146ページ参照）。

**1955年（昭和30）**

**7月1日**：日本初の全国的なUFO研究団体「日本空飛ぶ円盤研究会」（JFSA）が設立される。会長には荒井欣一が就任（359ページ参照）。

**1956年（昭和31）**

**11月**：UFO研究団体「近代宇宙旅行協会」（MSFA）が設立される。会長には高梨純一が就任（360ページ参照）。

**12月**：雑誌『別冊実話特報』（双葉社）が創刊される（334ページ参照）。

**1957年（昭和32）**

**8月**：UFO研究団体「宇宙友好協会」（CBA）が設立される（363ページ参照）。

**1959年（昭和34）**

**11月10日**：東京大学医学部の小川鼎《てい》三《ぞう》教授を隊長とした雪男探検隊がヒマラヤへ向けて日本を出発。異常な雪不足により雪男の足跡は発見できなかったものの、ラマ僧院に秘蔵されていた雪男の頭皮の一部とされるものなどを持ち帰り、1960年3月7日に帰国（当時の分析では標本の正体は明らかにできなかった）。

**12月1日**：オカルトを扱って人気を博したアメリカの人気テレビドラマ『世にも不思議な物語』（日本テレビ）が日本語吹き替えで放送開始。

**12月21日**：NHK総合テレビの番組『生活の知恵』で占いが取り上げられ、占い師の藤田小女姫などが出演。

**1960年（昭和35）**

**1月29日**：『産経新聞』に「CBA事件」（リンゴ送れC事件）のきっかけとなる記事が「〝地球最後の日が来る〟賛否両論でテンヤワンヤ 空飛ぶ円盤ファンの珍騒動」との見出しで書かれる（183ページ参照）。

**6月9日**：宮城県仙台市で「財団法人福来心理学研究所」が設立される（355ページ参照）。その後長らく「財団法人むすび協会」の付属機関とされたが、1981年に同協会が「財団法人福来心理学研究所」に改称するかたちで統一された。

**8月29日**：NHK第1ラジオの番組『朝の訪問』に東京工業大学教授で心霊研究家の板谷《いたや》松樹《まつき》が出演。霊魂や生まれ変わりについて肯定的に語ったところ、放送後に全国の聴取者から板谷の連絡先を問い合わせる投書が殺到する事態になった。

**1961年（昭和36）**

**12月**：占いの易《えき》を一般向けに解説した

書籍『易入門 自分で自分の運命を開く法』（黄小娥《こうしょうが》、光文社）が発刊。硬貨6枚で簡単に占いができるとしたことや、著者の黄氏の出生が謎につつまれていたことなどから話題を呼んだ。1962年の年間ベストセラー・ランキング（出版年鑑、以降も同様）では第1位を記録。占いブームを巻き起こす。

**1962年（昭和37）**

**2月**：手相占いについて解説した書籍『手相術 自分で、自分の成功が予知できるか』（浅野八郎、光文社）が発刊。著者である占い師の浅野氏は数千人の実地鑑定を行ったとされ、本書に掲載されている著名人の手相の鑑定結果も話題になった。1962年の年間ベストセラー・ランキングでは第5位を記録。占いブームの一翼を担う。

**4月**：雑誌『世界の秘境シリーズ』（双葉社）が創刊される（334ページ参照）。

**8月6日**：北海道・萬念寺《まんねんじ》の髪が伸びる人形として有名になる「お菊人形」の最初の話が、『週刊女性自身』（光文社）の記事「あっ！ 今の声は幽霊だった」で紹介される。初登場時は人形をかわいがっていた女の子の名前が菊子ではなく「清子」になっていたり、人形を預けにきた人物や年代が異なっていたり、後に定着する怪談とは相違点がいくつもあった。

**1963年（昭和38）**

**3月**：防衛大学の大谷宗司氏らによって「超心理学研究会」が設立される（354ページ参照）。

**6月1日**：オカルト雑誌『不思議な雑誌』（日本文芸社）が創刊される（335ページ参照）。

**1965年（昭和40）**

**1月27日**：竹内巨麿が死去（373ページ参照）。

**9月15日**：NETテレビの番組『アフタヌーンショー』に霊媒師が出演。降霊術を披露し、視聴者からの大反響を呼ぶ（276ページ参照）。

**1967年（昭和42）**

**12月19日**：双葉社の編集者だった竹下一郎氏により出版社「大陸書房」が設立される（311ページ参照）。

**1968年（昭和43）**

**3月**：かつて太平洋に超古代文明があったと主張する『失われたムー大陸 太平洋に沈んだ幻の大帝国』（ジェームズ・チャーチワード、大陸書房）が発刊。

**4月**：雑誌『パイデイア』（竹内書店）が創刊される（339ページ参照）。

**10月1日**：出版社「新人物往来社」が設立される（314ページ参照）。

**11月14日**：フジテレビの番組『万国びっくりショー』に心霊手術師のアントニオ・アグパワーが出演。大きな反響を呼ぶが、アントニオは1968年11月8日に、詐欺罪でFBIに逮捕されていたことが後に判明。新聞や週刊誌でも報じられ問題となる（277ページ参照）。

**11月17日**：「超心理学研究会」が発展的に解消され、「日本超心理学会」が設立される。初代会長には明治大学の小熊虎之助が就任（354ページ参照）。

**1969年（昭和44）**

**4月**：瓜谷侑広《うりたにゆうこう》によって出版社「たま出版」が設立される（315ページ参照）。

**8月**：超古代文明やオーパーツを肯定的に取り上げた『未来の記憶 超自然への挑戦』（エーリッヒ・フォン・デニケン、早川書房）が発刊。

**1970年（昭和45）**

**7月20日**：広島県比婆郡西城町（現在の庄原市西城町）で獣人型UMA「ヒバゴン」の最初の目撃報告が寄せられる。以降、1974年までヒバゴンの目撃報告が続いた。

**10月3日**：宇宙からくる侵略者の脅威を描いたイギリスのSFドラマ『謎の円盤UFO』（日本テレビ）の放送が始まる。

**1972年（昭和47）**

**5月29日**：ツチノコ探索について取り上げた田辺聖子氏の小説「すべってころんで」の連載が『朝日新聞』の夕刊でスタート。ツチノコが全国的に知られるきっかけとなる。

**8月25日～9月22日**：高知県高知市介良《けら》地区で、地元の中学生たちが小型の空飛ぶ円盤を捕獲したとされる事件が発生。後に「介良事件」と呼ばれ、UFOファンの間で有名になる。

**1973年（昭和48）**

**2月**：雑誌『幻想と怪奇』（歳月社）が創刊される（339ページ参照）。

**3月23日**：漫画家の矢口高雄氏が『週刊少年マガジン』（講談社、4月15日号）でツチノコ探索を描いた漫画「幻の怪蛇バチヘビ」を不定期で連載開始。ツチノコブームに火をつける。

**6月1日**：康芳夫氏（418ページ参照）が「ネス湖怪獣国際探検隊」を結成。1973年9月7日から11月28日までネス湖で調査を行う（65ページ参照）。

**7月**：日本初のUFO専門雑誌『コズモUFOと宇宙』（コズモ出版社）が創刊される（342ページ参照）。

**7月**：雑誌『牧神』（牧神社）が創刊される（339ページ参照）。

**7月25日**：『あなたの知らない世界』（日本テレビ）が放送開始（285ページ参照）。

**8月4日**：漫画家のつのだじろう氏が「恐怖新聞」を『週刊少年チャンピオン』（秋田書店、9月3日号）で連載開始。心霊ブームを巻き起こす。（297ページ参照）。

**11月**：『ノストラダムスの大予言 迫りくる1999年7の月、人類滅亡の日』（五島勉、祥伝社）が発刊。1974年のベストセラー・ランキングでは第2位を記録（115ページ参照）。

**11月7日**：漫画家のつのだじろう氏が「うしろの百太郎」を『週刊少年マガジン』（講談社、12月2日号）で連載開始。こっくりさんブームや心霊ブームを巻き起こす（297ページ参照）。

**12月27日**：『木曜スペシャル』（日本テレビ）で初のオカルト回となる「現代の怪奇！決定版・これが空飛ぶ円盤

だ!!」が放送される。

**1974年（昭和49）**

**1月21日**：関口淳君が『13時ショー』（NETテレビ）に出演。スプーン曲げ少年として注目を集める。

**2月21日**：スプーン曲げブームの火付け役となるイスラエル出身の自称超能力者ユリ・ゲラーが初来日。

**3月7日**：ユリ・ゲラーが出演した番組『木曜スペシャル 驚異の超能力!! 世紀の念力男ユリ・ゲラーが奇蹟を起こす！』（日本テレビ）が放送され、スプーン曲げブームが巻き起こる（91ページ参照）。

**5月15日**：スプーン曲げ少年の関口淳君が実験でトリックを行ったことを報じた『週刊朝日』（5月24日号）が発売。大反響を呼ぶ（96ページ参照）。

**7月**：日本ではじめて心霊写真を集めた書籍『恐怖の心霊写真集』（中岡俊哉、二見書房）が発刊。心霊写真ブームを巻き起こす（133ページ参照）。

**7月13日**：アメリカのホラー映画『エクソシスト』が日本で公開される。1975年の興行収入ランキング（外国映画部門）は第1位、興行収入は27億3200万円を記録。

**7月31日**：『カタカムナのウタヒ』を研究した楢崎《ならさき》皐《さ》月《つき》が死去（377ページ参照）。

**8月3日**：映画『ノストラダムスの大予言』が文部省（当時）の推薦つきで公開される。1974年の興行収入ランキング（日本映画部門）は第2位、興行収入は8億8300万円を記録。

**1975年（昭和50）**

**1月4日**：秋田県秋田市の修道院「聖体奉仕会」で、聖母マリア像が涙を流すという落涙現象の最初の報告がなされる。

**2月23日**：山梨県甲府市で、地元の小学生二人が宇宙人に遭遇し、肩をたたかれたとされる事件が発生。後に「甲府事件」と呼ばれ、UFOファンの間で有名になる。

**6月**：大西洋のバミューダ海域で船や飛行機の謎の消失事件が相次いでいるとした書籍『謎のバミューダ海域 UFO基地か四次元の断層か』（チャールズ・バーリッツ、徳間書店）が発刊。総発行部数は140万部となり、1975年のベストセラー・ランキングでは第6位を記録。

**7月**：「全日本大学超常現象研究会連合」が設立される（367ページ参照）。

**1976年（昭和51）**

**4月**：雑誌『地球ロマン』（絃映社）が創刊される（340ページ参照）。

**5月5日**：オランダの自称超能力者ジェラール・クロワゼが『水曜スペシャル』（NETテレビ）に出演。透視によって当時行方不明の少女の遺体を発見したとされ、大きな話題を呼ぶ（219ページ参照）。

**7月**：謎の未確認動物を意味する「UMA」という用語が初めて使われた書籍『UMA謎の未確認動物』（實吉達郎、スポーツニッポン新聞社出版局）が発刊。もともと「UMA」は超常現象研究家の南山宏氏によって考案された用語で、本書発刊以降、日本では未確認動物を表す用語として定着していった。

**7月15日**：人とチンパンジーの混血種といわれたオリバー君（正体はチンパンジー）が初来日。

**7月22日**：オリバー君の特集番組『木曜スペシャル 人間か？類人猿か？謎の怪奇人間・オリバー！世界初公開』（日本テレビ）が放送される。

**8月20日**：『あなたのワイドショー』（日本テレビ）で生首を描いた掛け軸が紹介される。その際、生首の閉じていたはずの目が開いていたと放送後に視聴者の間で話題となり、8月24日には『読売新聞』夕刊でも「掛け軸の生首の目が開いた!!」との見出しで報道されるほどの騒ぎになる。

**9月**：雑誌『オカルト時代』（みのり書房）が創刊される（340ページ参照）。

## 1977年（昭和52）

**4月25日**：日本の漁船「瑞洋丸《ずいようまる》」がニュージーランド沖で謎の未確認動物といわれたニューネッシー（正体はウバザメ）の死骸を引き揚げる。

**6月25日**：「決して、ひとりでは見ないでください」のキャッチコピーで有名になったイタリアのホラー映画『サスペリア』が日本で公開される。1977年の興行収入ランキング（外国映画部門）は第5位、興行収入は10億9000万円を記録。

**7月20日**：ニューネッシーについて『朝日新聞』が最初に報じ、各メディアでも取り上げられ大きな話題となる。

## 1978年（昭和53）

**2月25日**：宇宙人と人類との遭遇を描いたアメリカの映画『未知との遭遇』が日本で公開される。1978年の興行収入ランキング（外国映画部門）は第2位、興行収入は32億9000万円を記録。

**4月**：人生でトラブルが集中しやすい時期を「天中殺《てんちゅうさつ》」として示した占いの書籍『算命占星学入門：自分を知りつくす中国最高の占法』（和泉宗章《いずみそうしょう》、青春出版社）が発刊。1979年のベストセラー・ランキングでは第1位を記録。天中殺ブームを巻き起こす。

## 1979年（昭和54）

**2月15日**：東京大学の竹内均教授を団長とする「ムー大陸調査団」がミクロネシア連邦のポンペイ島へ向けて出発。約2週間にわたり、ムー大陸の調査を行う（83ページ参照）。

**3月8日**：のちに10代女性の占い雑誌として人気を博すことになる『MY BIRTHDAY』（実業之日本社）が創刊される。

**6月**：『天中殺入門：算命占星学2』（和泉宗章、青春出版社）が発刊。1979年のベストセラー・ランキングでは『算命占星学入門』に次ぐ第2位を記録。

**6月**：1978年10月頃から発生した「口裂け女」の噂が全国的に広がり、噂のピークを迎える。

**10月9日**：オカルト雑誌『ムー』（学

習研究社）が創刊される（349ページ参照）。

**12月**：『ノストラダムスの大予言Ⅱ 1999年の破局を不可避にする大十字《グランド・クロス》』（五島勉、祥伝社）が発刊。1980年のベストセラー・ランキングでは第3位を記録。

**1981年（昭和56）**

**2月**：『ノストラダムスの大予言Ⅲ 1999年の破滅を決定する「最後の秘詩」』（五島勉、祥伝社）が発刊。1981年のベストセラー・ランキングでは第7位を記録。

**9月15日**：秋田市の修道院「聖体奉仕会」で、聖母マリア像が涙を流すという落涙現象の最後の報告がなされる。現象の報告は1975年からの約6年半で101回に達した。

**1982年（昭和57）**

**5月**：占い師の細木数子氏の著書『六星占術による運命の読み方 あなたの運命は12年周期で揺れ動く』（ごま書房）が発刊。総発行部数は70万部を記録。翌年から第一次六星占術ブームを巻き起こす（151ページ参照）。

**5月26日**：武田崇元氏により出版社「八幡書店」が設立される（317ページ参照）。

**12月4日**：宇宙人と人間の少年との交流を描いた映画『E.T.』が日本で公開される。1982年の興行収入ランキング（外国映画部門）は第1位、興行収入は35億円（最終的には135億円）を記録。

**1983年（昭和58）**

**3月12日**：漫画や小説の『幻魔大戦』（296ページ参照）をもとにしたアニメ映画『幻魔大戦』が公開される。1983年の興行収入ランキング（日本映画部門）は第8位、興行収入は10億6000万円を記録。この映画がひとつのきっかけとなり、やがて「前世、転生ブーム」が起こる。

**10月9日**：『UFOと宇宙』の誌名と出版元を変更した『トワイライトゾーン UFOと宇宙』（KKワールドフォトプレス）が刊行される（343ページ参照）。

**1984年（昭和59）**

**3月26日**：「世界一の予言者」といわれたアメリカのジーン・ディクソンが矢追純一氏の招きに応じて初来日。27日に赤坂プリンスホテルで日本テレビ主催の記者会見を開く（4月2日収録の『11PM』に出演）。

**3月28日**：赤坂の料亭「佳境亭」で「ジーン・ディクソンを囲む会」が開かれる。出席者は服部セイコー（現在のセイコーホールディングス）、立石電機（現在のオムロン）、佐川急便、バンダイ、麻生セメントなどの社長や重役たち20数名。30日には同じ料亭で大和証券と山種証券（いくつかの合併を経て現在はSMBC日興證券）の社長をはじめとする経営者たちや新聞社の編集者たちが出席して同様の会が開かれた。

**3月31日**：京都にある佐川急便の社長宅でジーン・ディクソンを招いての晩

餐会が開かれる。出席者は同社の社長や京セラの社長をはじめとした京都の経済界のトップたち。そこでは1999年に世界核戦争が勃発するとの予言が発表され、核兵器はヨーロッパのスロバキアから発射、世界人口の約3分の1が死滅するとされた。しかし予言は完全に外れてしまった。

**1985年（昭和60）**
**7月5日**：作家の黒沼健が死去（389ページ参照）。

**1986年（昭和61）**
**3月**：オウム真理教の教祖・麻原彰晃の初の著書『超能力「秘密の開発法」すべてが思いのままになる！』（大和出版）が発刊。表紙には麻原が空中浮遊したときの写真と称するものが使われ、信者獲得に利用された。
**6月18日**：この日に放送された『夜のヒットスタジオ』（フジテレビ）に、岡田有希子（1986年4月8日に亡くなったアイドル）の霊が映っていたとして、放送後に子どもたちの間で話題となる（他の週の放送でも目撃の噂は出た）。
**9月**：恐怖の心霊写真集シリーズの最後となる書籍『決定版 恐怖の心霊写真集』（中岡俊哉、二見書房）が発刊。シリーズ累計では150万部発行のベストセラーになった（138ページ参照）。

**1987年（昭和62）**
**7月15日**：オカルト雑誌『Az』（新人物往来社）が創刊される（346ページ参照）。
**8月**：俳優の丹波哲郎の著書『大霊界 死んだらどうなる』（学習研究社）が発刊。

**1988年（昭和63）**
**9月5日**：オカルト雑誌『ワンダーライフ』（小学館）が創刊される（344ページ参照）。

**1989年（平成元年、昭和64年）**
**1月14日**：丹波哲郎の著書『大霊界 死んだらどうなる』をもとにした映画『丹波哲郎の大霊界 死んだらどうなる』が公開される。1989年の興行収入ランキング（日本映画部門）は第9位、興行収入は9億円を記録。
**1月21日**：矢追純一氏のUFO現地取材シリーズ第1弾『緊急UFO現地取材特報・米政府が宇宙人と公式会見!?恐怖の秘密協定を結んでいた!?』（日本テレビ）が放送される（287ページ参照）。
**9月27日**：1989年5月頃からはじまった人の顔をした犬の噂について、フジテレビの番組『パラダイスGoGo！』が取り上げる。その際、テレビ番組では「人面犬」という名前がはじめて使われ、人面犬の名前と共に噂が全国的に広がる。
**11月4日**：「坂本弁護士一家殺害事件」が起きる。その後、オウム真理教による犯行だったと明らかになる（186ページ参照）。

**1990年（平成2）**
**2月18日**：第39回衆議院議員選挙が行

われ、オウム真理教が「真理党」として擁立した麻原彰晃を含む信者25人全員が落選。後に麻原は不正選挙が行われたとの陰謀論を主張した（188ページ参照）。

**6月8日**：雑誌『FRIDAY』（講談社）の6月22日号に、「『人面犬』の仲間か『悪霊』のたたりか…山形県の寺で怪奇『人面魚』を発見したぞ！」というタイトルの記事が人面魚のカラー写真つきで掲載される。これにより各地でも目撃情報が寄せられ、人面魚ブームが起きる。

**7月25日**：漫画家の石垣ゆうき氏による漫画「MMR マガジンミステリー調査班（初回は読み切りで「UFOからのメッセージ」というタイトル）」が『週刊少年マガジン』（講談社、8月8日号）に掲載。以降、不定期での連載が始まる（304ページ参照）。

### 1994年（平成6）

**6月27日**：オウム真理教が長野県松本市の住宅街で毒ガスのサリンを散布。死者8人、重軽傷者約590人を出す「松本サリン事件」が起きる（185ページ参照）。

### 1995年（平成7）

**3月20日**：オウム真理教が東京の地下鉄車両内でサリンを散布。死者13人、重軽傷者約6300人を出す「地下鉄サリン事件」が起きる（185ページ参照）。

**9月9日**：阪神大震災を予言したとして話題になった（実際は予言できていなかった）占い師の銭天牛《せんてんぎゅう》氏や元気象庁職員の相楽正俊氏が、この日に関東大震災が起こると予言。これをオカルト漫画『MMR』（講談社）や『サンデー毎日』（毎日新聞出版）をはじめ、スポーツ紙や夕刊紙などが取り上げた。その結果、関東大震災について気象庁へ200件を超える問い合わせが押し寄せる騒動になるものの、結局、大地震は起こらなかった。

**11月22日**：オカルトをテーマにしたアメリカの人気テレビドラマ『X-ファイル』がテレビ朝日で放送開始（日本では1994年にビデオのレンタルが開始され、話題になっていた）。

### 1996年（平成8）

**2月**：超古代文明の存在を主張した書籍『神々の指紋』（グラハム・ハンコック、翔泳社）が発刊。ベストセラーとなり超古代文明ブームを巻き起こす。

**2月2日**：欧米で大きな話題となった「宇宙人解剖フィルム」が『金曜超テレビ宣言！UFO墜落から48年 今世紀最大の衝撃映像 宇宙人は本当に解剖されていた!!』（フジテレビ）で初めて放送される。

**5月8日**：オカルト雑誌『ボーダーランド』（ケーアンドディー・エンタープライズ→角川春樹事務所）が創刊される（348ページ参照）。

### 1997年（平成9）

**5月27日**：1992年から93年にかけて、日本テレビの番組で難病が治せるかのごとく紹介されていた中国の自称超能力者・邵錦《しょうきん》らに対する裁判で、東京地裁が約1億円の損害賠償の支払いを命じる判決を出す（280ページ参照）。

**1998年（平成10）**

**1月31日**：ホラー映画『リング』が公開される。1998年の興行収入ランキング（日本映画部門）は第9位、興行収入は10億円を記録。

**1999年（平成11）**

**月日不詳**：怪奇作家の佐藤有文が死去（427ページ参照）。

**4月**：岐阜県加茂郡富加町の町営住宅で一連のポルターガイスト事件の発端となる最初の不審音の報告が寄せられる（201ページ参照）。

**7月**：このころに向けて『ノストラダムスの大予言』（五島勉、祥伝社）にあった1999年7の月に人類滅亡という予言を扱う報道が増加。

**8月18日**：この日をはじめとする数日に、惑星が十字形に並ぶ「グランドクロス」が起き、地球に大異変が起きるとの噂が飛び交う。さらにこれを一部のマスメディアが取り上げたことで噂が拡散。国立天文台ではこのグランドクロスに関する問い合わせが頻繁に寄せられ、多大な迷惑をこうむっているとの声明を8月12日に公式サイトで発表。「惑星が十字形になろうと、八字形になろうと、直列しようと、地球に何らかの異変が起こることなど、科学的な立場からはまったく考えられない」といった説明が行われた（実際、何も異変は起きなかった）。

**11月11日**：千葉県成田市内のホテルで、自己啓発セミナー団体「ライフスペース」代表・高橋弘二による「成田ミイラ事件」が起きる（195ページ参照）。

**2000年（平成12）**

**5月9日**：「法の華三法行」の教祖・福永法源氏が詐欺容疑で逮捕される（191ページ参照）。

**10月13日**：富加町のポルターガイスト事件について『中日新聞』が報道。他のマスコミも続き、全国的に知られるようになる（203ページ参照）。

**2001年（平成13）**

**9月24日**：怪奇作家の中岡俊哉が死去（399ページ参照）。

**2002年（平成14）**

**3月2日**：日本テレビで『FBI超能力捜査官』の第1弾が放送される。以降、番外編も含め、2008年までに全15回放送される人気シリーズ番組となる（215ページ参照）。

**10月17日**：自称コンタクティーの高坂和導が死去（431ページ参照）。

**2003年（平成15）**

**4月24日**：『週刊文春』（5月1日・8日合併号）に「戦慄スクープ！『タマちゃんのことを想う会』の正体はカルト宗教団体！千乃正法」とのタイトルの記事が掲載。当時、多摩川に現れるアザラシのタマちゃんを巡る騒動にカルト教団が関わっていると報じて話題を呼ぶ（230ページ参照）。
**5月6日**：自称霊能者の宜保愛子が死去（410ページ参照）。

**2004年（平成16）**
**8月10日**：細木数子氏が出演する番組『ズバリ言うわよ！』（TBS）がレギュラー放送開始。2004年11月5日からはフジテレビで『幸せって何だっけ』もレギュラー放送が開始され、第二次六星占術ブームが起きる。

**2005年（平成17）**
**4月5日**：江原啓之氏が出演する番組『オーラの泉』（テレビ朝日）が深夜の時間帯（0時46分～、4日の深夜）でレギュラー放送開始。スピリチュアルブームを巻き起こす（287ページ参照）。
**7月4日**：最高裁判所で、殺人罪に問われた「ライフスペース」代表・高橋弘二の上告が棄却され、懲役7年の実刑が確定する（195ページ参照）。
**7月15日**：東京地方裁判所で、詐欺罪に問われた「法の華三法行」の教祖・福永法源氏に懲役12年の実刑判決が言い渡される（2008年8月27日に最高裁判所が上告を棄却、実刑が確定。191ページ参照）。

**2006年（平成18）**
**9月15日**：最高裁判所で麻原彰晃の弁護側が行っていた特別抗告の棄却が決定される。これにより麻原彰晃の死刑判決が確定。
**12月**：関暁夫氏の著書『ハローバイバイ・関暁夫の都市伝説　信じるか信じないかはあなた次第』（竹書房）が発刊。「信じるか信じないかはあなた次第」のフレーズとともに都市伝説ブームが起きる。

**2007年（平成19）**
**2月21日**：全国霊感商法対策弁護士連絡会が日本民間放送連盟などに要望書を提出。要望書では霊感商法などを助長するおそれがあるとして、スピリチュアル番組などで安易に断定的なコメントが行われる傾向を是正するように求めた。
**9月**：血液型性格判断の書籍『B型自分の説明書』（Ｊａｍａｉｓ　Ｊａｍａｉｓ、文芸社）が発刊。初版は1000部の自費出版からスタートするが、後に100万部発行のベストセラーとなる。

**2008年（平成20）**
**4月**：『B型自分の説明書』の続編として、『A型自分の説明書』が発刊。6月には『AB型自分の説明書』、8月には『O型自分の説明書』（すべて文芸社）も発刊され、いずれもベストセラーになる。

**2009年（平成21）**
**6月4日**：空からオタマジャクシが降ってくるというファフロツキーズ（奇妙な落下物）現象が石川県で発生。以降、7月までオタマジャクシの他に魚なども降ってきたという報告が全国で相次ぎ、ワイドショーなどで連日取り上げられる。

**7月3日**：超常現象研究家の志水一夫が死去。

## 2010年（平成22）

**4月8日**：徳間書店の編集者だった石井健資氏らによって出版社「ヒカルランド」が設立される（319ページ参照）。

**7月5日**：日本のピラミッドともいわれる皆神山を舞台にしたオカルトアニメ『世紀末オカルト学院』（テレビ東京）が放送開始（2010年9月27日まで）。本作のテーマには1999年のノストラダムスの予言と2012年のマヤの予言が使われていた。監修はオカルト雑誌の『ムー』。

## 2013年（平成25）

**3月25日**：『幻解！超常ファイル ダークサイド・ミステリー』（NHKBSプレミアム）が放送開始（290ページ参照）。

**10月30日**：占い・スピリチュアル系サイト「ハピズム」がオカルト系ニュースサイト「TOCANA」（トカナ）にリニューアル。TOCANAは2018年時点で月間5000万ページビュー（ページが閲覧された回数）を超える巨大ウェブサイトになった。

## 2014年（平成26）

**2月**：東洋医学・超心理学研究者の井村宏次が死去（443ページ参照）。

**3月**：詐欺罪で実刑判決を受け、服役していた福永法源氏が刑期を終えて出所。

## 2015年（平成27）

**4月5日**：東京の品川で福永法源氏が復活祭を開催。このときは「法の華三法行」の残党が「天華の救済」という別団体を立ち上げ、現在は「第3救済慈喜徳会」という名称で活動を続ける（193ページ参照）。

**10月14日**：古代史研究家の古田武彦が死去（396ページ参照）。

## 2017年（平成29）

**4月14日**：作家の齋藤守弘が死去（412ページ参照）。

**8月21日**：細木数子氏が平成30年版の『六星占術 あなたの運命シリーズ』（ベストセラーズ）を出版。初版の発行部数が160万部を記録し、それまでの著書の発行部数を合わせた累計発行部数が1億部を超える。

## 2018年（平成30）

**7月6日**：地下鉄サリン事件などで死刑判決を受けていたオウム真理教の教祖・麻原彰晃と教団幹部6人の死刑が執行される。

**7月26日**：オウム真理教の幹部・林泰男ら6人の死刑が執行される。これにより、教団の死刑囚13人全員に刑が執行された。

**10月12日〜29日**：オカルト雑誌『ムー』が創刊40周年に先駆けて、東京の池袋パルコで「ムー展」を開催。好評を受けて2018年12月から2019年1月には福岡、2019年2月には名古屋でも同様の企画展が開催された。

（本城達也）

## 著者プロフィール（五十音順）

●はＡＳＩＯＳの会員、★はゲスト寄稿者です。

### ●秋月朗芳（あきづき・ろうほう）

１９６８年生まれ。２００５年にＵＦＯ愛好家を集めた「ＳＰファイル友の会」（http://sp-file.oops.jp/）を発足し15冊の同人誌を発行。現在『ＵＦＯ手帖』を年に1回発行している。音楽や現代美術、また暗号通貨にも興味がある。好きなＵＦＯ研究家はジョン・Ａ・キール。

### ★有江富夫（ありえ・とみお）

１９５７年生まれ。中学生の頃にＵＦＯに興味を持ち、大学生になって本格的な取り組みを始める。研究の対象は、内外の文献を収集し現象そのものよりも社会での扱われ方とか研究史に主題をおいている。ＵＦＯ現象が超常的な現象であるとするなら、ＭＧＭ映画『禁断の惑星』（１９５６年）に出てくる「イドの怪物」的な効果により発生しているのではと期待している。

### ●蒲田典弘（かまた・のりひろ）

ロズウェル事件研究家。ニセ科学問題、悪徳商法問題なども追っている。超常現象ビリーバーとして様々な超常現象の調査をしたことがきっかけで懐疑論者へ転向。ビリーバーとの対話を含めたインターネット上での活動はライフワークだと考えている。共著に『謎解き超常現象』シリーズ（彩図社）の他、『これってホントに科学？』『ホントにあるの？ホントにいるの？』（かもがわ出版）などがある。

### ●加門正一（かもん・しょういち）

国立大学名誉教授。専門は光シミュレーション工学。専門学会で研究会委員長、論文編集委員等を歴任。電子情報通信学会フェロー。大学では専門科目の研究教育のほかに教養科目で懐疑思考（Skeptical Thinking）を講義。その教材収集として超常現象の科学的調査にもいそしんだ。著書に『江戸「うつろ舟」ミステリー』（楽工社）、共著『トンデモ超常現象56の真相』（彩図社）、『新・トンデモ超常現象60の真相』（彩図社）、『The Mystery of Utsuro-Bune: Ancient UFO Encounter in Japan?』（Flying Disk Press, UK）。

### ★隈元浩彦（くまもと・ひろひこ）

サンデー毎日編集長。明治大政治経済学部卒業後、１９８５年毎日新聞社入社。東京社会部警視庁担当、ヘミングウェイ編集長、山形支局長、夕刊編集部長、編集局編集委員を経て２０１８年10月から現職。この間、15年4月から18年3月まで、慶應義塾大メディア・コミュニケーション研究所非常勤講師。著書に『私たちはどこから来たのか』（毎日新聞社）、共著に『「死後の世界」研究』（毎日新聞社）など。

### ★塚田穂高（つかだ・ほたか）

1980年生まれ。上越教育大学大学院助教。専門は宗教社会学。日本の新宗教運動・政治と宗教・カルト問題についての研究を行う。主著に、『宗教と政治の転轍点―保守合同と政教一致の宗教社会学―』（花伝社）、『徹底検証 日本の右傾化』（編著、筑摩選書）など。

### ●ナカイサヤカ

1959年生まれ。慶應大学大学院修了過程を考古学専攻で修了。文学修士。2人の娘を育てながら日英・英日翻訳を始める。ASIOS運営委員。2011年の東日本大震災および原発事故後、毎年講演会「ふくしまの話を聞こう」を主宰。この経験から現在は毎月サイエンスカフェスタイルのリテラシー勉強会「えるかふぇ」を開催中。訳書に「探し絵ツアーシリーズ」（文溪堂、2008年）、『超常現象を科学にした男――J.B.ラインの挑戦』（ステイシー・ホーン、紀伊國屋書店、2011年）、『エリザベスと奇跡の犬ライリー』（サウザンブックス社、2017年）、『世界恐怖図鑑』（文溪堂、2015年）、『代替医療の光と闇――魔法を信じるかい？』（ポール・オフィット、地人書館、2015年）、『反ワクチン運動の真実 死に至る選択』（ポール・オフィット、地人書館、2018年）など。

### ★長山靖生（ながやま・やすお）

1962年（昭和37）、茨城県生まれ。評論家、歯学博士。SFファンとアニメファンが未分離だった頃から評論活動を始め、1997年、『偽史冒険世界』（筑摩書房）で大衆文学研究賞を受賞、2010年、『日本SF精神史』（河出書房新社）で日本SF大賞と星雲賞をW受賞。他の著書に『奇異譚とユートピア』（中央公論新社）、『ポスト宮崎駿論』（新潮新書）、『帝国化する日本』（ちくま新書）など著書多数。

### ★中根ユウサク（なかね・ゆうさく）

古本好き。日本古典SF研究会会員。

### ★新田五郎（にった・ごろう）

1967年生まれ。趣味で一般的評価の対象外となった漫画の捜索をしている。口裂け女や「恐怖新聞」におびえ、UFOやスプーン曲げをテレビで見まくった少年時代を過ごした。共著に『トンデモマンガの世界』（楽工社）。元・と学会会員。

### ●羽仁礼（はに・れい）

ASIOS創設会員、超常現象情報研究センター（一般社団法人潜在科学研究所）主任研究員。著書に『超常現象大事典』（成甲書房）、『図解西洋占星術』（新紀元社）他。

**●原田実（はらだ・みのる）**

歴史研究家。１９６１年、広島県生まれ。龍谷大学文学部卒。八幡書店勤務、昭和薬科大学助手を経て帰郷、執筆活動に入る。元市民の古代研究会代表。と学会会員。ＡＳＩＯＳ会員。古代史関連の偽史、偽書を中心とした著述家として活躍。著書に、江戸しぐさが架空であることを明かした『江戸しぐさの正体』（星海社）の他、『トンデモ日本史の真相　史跡お宝編』『トンデモ日本史の真相　人物伝承編』『天皇即位と超古代史』（文芸社文庫）、『日本トンデモ人物伝』『トンデモニセ天皇の世界』（文芸社）、『日本の神々をサブカル世界に大追跡』『「古事記」異端の神々』『「古史古伝」異端の神々』（ビイング・ネット・プレス）、『トンデモ偽史の世界』（楽工社）、『もののけの正体』（新潮社）、『つくられる古代史』（新人物往来社）、『オカルト「超」入門』（星海社新書）、『オカルト化する日本の教育』（筑摩書房）、『偽書が描いた日本の超古代史』（河出書房新社）など。
ホームページ
「原田実の幻想研究室」http://douji.sakura.ne.jp/

**★廣田龍平（ひろた・りゅうへい）**

１９８３年生まれ。東洋大学非常勤講師。専門は文化人類学的・民俗学的な妖怪研究。訳書にマイケル・ディラン・フォスター『日本妖怪考　百鬼夜行から水木しげるまで』（２０１７年、森話社）、共著にＡＳＩＯＳ編『ＵＭＡ事件クロニクル』（２０１８年、彩図社）、論文に「怪奇的自然は妖怪を滲出する　非近代的諸世界における「人ならざるもの」の褶曲」（『ユリイカ』２０１８年２月号）など。

**★藤倉善郎（ふじくら・よしろう）**

１９７４年、東京都生まれ。北海道大学文学部中退。在学中から「北海道大学新聞会」で自己啓発セミナーを取材し、中退後、東京でジャーナリストとしてカルト問題のほか、チベット問題やチェルノブイリと福島第一の両原発事故現場を取材。これと並行して、２００９年からニュースサイト「やや日刊カルト新聞」を開設し、総裁として活動。特に幸福の科学をめぐるトラブルや、大学生を勧誘する各カルト集団に注目して記事を執筆している。著書に『「カルト宗教」取材したらこうだった』（宝島ＳＵＧＯＩ文庫）、『徹底検証 日本の右傾化』（筑摩選書、共著）など。

**●藤野七穂（ふじの・なほ）**

偽史ウォッチャー。Ｊ・チャーチワード愛好家。１９６２年生まれ。『上津文』『竹内文献』『宮下文献』をはじめとする「偽史」の流布・受容論をフィールドとする。その他、神代文字・言霊学・太霊道・ムー大陸・偽書といった未開拓テーマにも取り組んでいる。論稿に「偽史と野望の陥没大陸」「現伝〝和田家文書〟の史料的価値について」「神代文字論における〝古史古伝〟の出現」「「古史古伝」未解決の噂」など。現在、連載稿『偽史源流行』の単行本化のため筆入れ中。

●本城達也（ほんじょう・たつや）

1979年生まれ。2005年からウェブサイト「超常現象の謎解き」を運営。2007年からはASIOSの発起人として代表を務める。2013年から一般社団法人超常現象情報研究センター会員。超常現象とされるものを調べることがライフワーク。オカルト雑誌『ムー』とは生年月日が1週間の違い。

★幕張本郷猛（まくはり・ほんごうたけし）

5歳のときに近所のお兄さんからもらった中岡俊哉先生の記事に衝撃を覚え、怪奇に目覚めた。ジャガーバックス、ドラゴンブックスはリアルタイム世代。現在、少年少女雑誌の怪奇記事や児童書の蒐集に励む。心霊現象は一切、信じていないが、大好きである。

★山津寿丸（やまつ・すまる）

超常現象情報研究センター（一般社団法人潜在科学研究所）所属。仏リヨン第2大学博士課程（歴史学専攻）留学、東京大学大学院博士課程単位取得満期退学。ウェブサイト『ノストラダムスの大事典』（https://www42.atwiki.jp/nostradamus/）の管理者。『検証 予言はどこまで当たるのか』（共著、文芸社）の刊行後、NHK『幻解！超常ファイル』など、マスメディアのノストラダムス企画への資料・情報提供も行った。

●山本弘（やまもと・ひろし）

SF作家。著書は『神は沈黙せず』『アイの物語』（角川書店）、『シュレディンガーのチョコパフ』（早川書房）、『時の果てのフェブラリー』（徳間デュアル文庫）、『ニセ科学を10倍楽しむ本』（ちくま文庫）、『BISビブリオバトル部』シリーズ（創元SF文庫）ほか多数。『去年はいい年になるだろう』（PHP研究所）で第42回星雲賞・日本長編部門を受賞。

●横山雅司（よこやま・まさし）

ASIOSのUMA担当。UMAというより動物全般に関心がある。著書に『極限世界の生き物たち』『憧れの野生動物飼育読本』『激突！世界の名戦車ファイル』『本当にあった！特殊兵器大図鑑』『本当にあった！特殊乗り物大図鑑』『本当にあった！特殊飛行機大図鑑』（彩図社）他、共著に「謎解き超常現象」シリーズ（彩図社）他がある。

[編著者紹介]


**ASIOS（アシオス）**

2007年に日本で設立された超常現象などを懐疑的に調査していく団体。名称は「Association for Skeptical Investigation of Supernatural（超常現象の懐疑的調査のための会）」の略。海外の団体とも交流を持ち、英語圏への情報発信も行う。メンバーは超常現象の話題が好きで、事実や真相に強い興味があり、手間をかけた懐疑的な調査を行える少数の人材によって構成されている。公式サイトのアドレスはhttp://www.asios.org/


# 昭和・平成オカルト研究読本


2019年7月15日　初版第1刷発行
2020年11月28日　初版第2刷発行

編著者　ASIOS
発行者　揖斐　憲
編　集　高橋聖貴
カバー写真　高橋枝里
装　丁　坂本龍司（Cyzo inc.）
DTP　上野秀司
発行所　株式会社サイゾー
〒150-0043 東京都渋谷区道玄坂1-19-2-3F
電話 03-5784-0790（代表）

印刷・製本　株式会社シナノパブリッシングプレス





ISBN 978-4-86625-118-9